研究生"十四五"规划精品系列教材

环境污染与健康

主　编　徐红梅　孙　健　沈振兴　张　倩
副主编　常　甜　占长林　柳　山

图书在版编目(CIP)数据

环境污染与健康 / 徐红梅等主编；常甜，占长林，柳山副主编. -- 西安：西安交通大学出版社，2025.4. (西安交通大学研究生"十四五"规划精品系列教材). ISBN 978-7-5693-3919-2

Ⅰ.X503.1

中国国家版本馆 CIP 数据核字第 2025BQ7179 号

书　　名	环境污染与健康 HUANJING WURAN YU JIANKANG
主　　编	徐红梅　孙　健　沈振兴　张　倩
副 主 编	常　甜　占长林　柳　山
策划编辑	田　华
责任编辑	王　娜
责任校对	李　佳
装帧设计	伍　胜
出版发行	西安交通大学出版社 (西安市兴庆南路 1 号　邮政编码 710048)
网　　址	http：//www.xjtupress.com
电　　话	(029)82668357　82667874(市场营销中心) (029)82668315(总编办)
传　　真	(029)82668280
印　　刷	西安五星印刷有限公司
开　　本	787mm×1092mm　1/16　印张 21　字数 459 千字
版次印次	2025 年 4 月第 1 版　2025 年 4 月第 1 次印刷
书　　号	ISBN 978-7-5693-3919-2
定　　价	58.00 元

如发现印装质量问题，请与本社市场营销中心联系。

订购热线：(029)82665248　(029)82667874

投稿热线：(029)82668818

版权所有　侵权必究

前　言

随着工业化和城市化的快速发展，环境污染问题日益突出，对人类健康的影响也愈发显著。环境污染对人类健康的影响已成为全球关注的焦点，涉及化学性、物理性和生物性污染物健康效应的研究是环境科学与公共健康领域的重要课题。为满足研究生教学和科研的需求，我们编写了这本《环境污染与健康》教材，系统介绍了各类环境污染物的特征、来源、健康危害及其作用机制，目的是为相关领域的研究生提供一本内容丰富、科学严谨的参考书。

本教材共分为10章，内容涵盖环境与健康概述、化学性污染物、物理性污染、生物性污染及不同环境介质或场所（水体、土壤、大气、室内）中污染物及其健康效应。第1章介绍了环境与健康的基本概念、环境污染的分类及全球和我国的环境问题；第2章至第5章分别详细阐述了化学性污染物、新污染物，物理性和生物性污染的健康影响；第6章至第9章以环境介质为线索，分析了水、土、气及室内典型污染物及其健康风险；第10章总结了环境污染与健康的研究进展，并展望了未来本领域发展的方向。自2020年，我国《中共中央关于制定国民经济和社会发展第十四个五年规划和二〇三五年远景目标的建议》发布以来，我国政府和环境管理部门逐渐提高对新污染物的重视。本教材的第3章专门针对新污染物，介绍了持久性有机污染物、微塑料、抗生素、全氟污染物、邻苯二甲酸酯、溴化阻燃剂等的环境与健康效应。本教材大多数章节结合典型案例，以帮助读者深入理解理论与实际的联系。

本教材由西安交通大学徐红梅、孙健、沈振兴，西安建筑科技大学张倩担任主编；由陕西科技大学常甜，湖北理工学院占长林、柳山担任副主编；各章节内容由多位专家学者共同编写完成。在编写过程中，我们力求内容的科学性和实用性，结合国内外最新研究成果，突出环境污染物的健康风险，填补了同类教材的空白。本书的出版得到了西安交通大学出版社的大力支持，同时感谢各位编委的辛勤付出和协助。此外，我们还衷心感谢在教材编写过程中提供宝贵意见和建议的同行专家。本教材编写过程中，参阅了国内外相关专业的书刊资料，从中得到了许多启发和收获，对教材中所列相关参考资料的作者，在此也一并深表感谢。

由于编者水平有限，书中难免存在不足和错误之处，恳请读者提出宝贵意见和建议。

编者

2025年3月

目 录

第1章 环境与健康概述 ·· 1
  1.1 环境的定义和分类 ·· 1
    1.1.1 环境的定义 ·· 1
    1.1.2 环境的分类 ·· 1
  1.2 环境污染与环境问题 ·· 3
    1.2.1 环境污染 ··· 3
    1.2.2 环境问题 ··· 6
  1.3 环境污染与健康概述 ·· 11
    1.3.1 环境健康发展史 ·· 11
    1.3.2 环境与健康研究内容 ··· 16
  1.4 本书内容概览 ··· 19

第2章 环境化学性污染物与健康影响 ·· 20
  2.1 环境化学性污染物概述 ·· 20
  2.2 常见环境化学性污染物与健康影响 ··· 20
    2.2.1 常见无机污染物 ·· 20
    2.2.2 常见有机污染物 ·· 53
  2.3 典型案例 ··· 64
    2.3.1 日本水俣病 ·· 64
    2.3.2 陕西省凤翔血铅事件 ··· 66
    2.3.3 意大利农药厂爆炸中毒事件 ··· 67

第3章 新污染物与健康影响 ·· 68
  3.1 新污染物定义及研究进展 ·· 68
    3.1.1 新污染物概述 ··· 68
    3.1.2 国内外研究进展 ·· 69
  3.2 常见新污染物与健康影响 ·· 71
    3.2.1 持久性有机污染物 ·· 71
    3.2.2 抗生素 ··· 76
    3.2.3 全氟化合物 ·· 79

    3.2.4 邻苯二甲酸酯 …………………………………………………………… 82
    3.2.5 溴化阻燃剂 …………………………………………………………… 89
    3.2.6 有机磷阻燃剂 ………………………………………………………… 100
    3.2.7 双酚 A ………………………………………………………………… 106
    3.2.8 微塑料 ………………………………………………………………… 110
    3.2.9 其他新污染物 ………………………………………………………… 117
  3.3 典型案例 ……………………………………………………………………… 124
    3.3.1 微塑料的健康毒性和致癌性危害 …………………………………… 124
    3.3.2 邻苯二甲酸酯的内分泌干扰效应 …………………………………… 126

第 4 章 环境物理性污染与健康影响 ………………………………………………… 131
  4.1 环境物理性污染概述 ………………………………………………………… 131
  4.2 噪声和振动 …………………………………………………………………… 131
    4.2.1 噪声污染的特点和来源 ……………………………………………… 132
    4.2.2 振动污染的特点和来源 ……………………………………………… 134
    4.2.3 噪声和振动的健康危害 ……………………………………………… 135
  4.3 光污染 ………………………………………………………………………… 139
    4.3.1 光污染的概念和分类 ………………………………………………… 139
    4.3.2 光污染的健康危害 …………………………………………………… 140
  4.4 热污染 ………………………………………………………………………… 141
    4.4.1 热污染的形成原因和特点 …………………………………………… 141
    4.4.2 热污染的健康危害 …………………………………………………… 143
  4.5 电磁辐射污染 ………………………………………………………………… 144
    4.5.1 电磁辐射的天然来源 ………………………………………………… 144
    4.5.2 电磁辐射的人为来源 ………………………………………………… 145
    4.5.3 电磁辐射的特点 ……………………………………………………… 145
    4.5.4 电磁辐射的健康危害 ………………………………………………… 146
    4.5.5 电磁辐射的监管和标准 ……………………………………………… 147
    4.5.6 电磁辐射污染的未来趋势 …………………………………………… 148
  4.6 放射性污染 …………………………………………………………………… 148
    4.6.1 放射性污染的天然来源 ……………………………………………… 149
    4.6.2 放射性污染的人为来源 ……………………………………………… 150
    4.6.3 放射性污染的特点 …………………………………………………… 150
    4.6.4 放射性污染的健康危害 ……………………………………………… 151
    4.6.5 放射性污染的监管和标准 …………………………………………… 152
    4.6.6 放射性污染的职业暴露和健康危害 ………………………………… 153

4.6.7　放射性污染的未来趋势 ………………………………………… 153
　4.7　典型案例 …………………………………………………………………… 154
　　4.7.1　噪声和振动的投诉案例 ……………………………………………… 154
　　4.7.2　日本福岛核污染事件 ………………………………………………… 154

第5章　环境生物性污染与健康影响 …………………………………………… 157
　5.1　微生物性污染的健康影响 ………………………………………………… 157
　　5.1.1　致病菌对人体的伤害 ………………………………………………… 158
　　5.1.2　微生物导致的食品和药物污染及健康风险 ………………………… 163
　　5.1.3　微生物代谢产生的污染和健康危害 ………………………………… 164
　5.2　动物性污染与健康影响 …………………………………………………… 165
　　5.2.1　动物毒素 ……………………………………………………………… 165
　　5.2.2　动物导致人体的超敏反应 …………………………………………… 167
　　5.2.3　动物过度繁殖及其危害 ……………………………………………… 168
　　5.2.4　动物传播疾病 ………………………………………………………… 168
　5.3　植物性污染与健康影响 …………………………………………………… 170
　　5.3.1　植物毒素 ……………………………………………………………… 170
　　5.3.2　病媒植物对人体健康的危害 ………………………………………… 171
　　5.3.3　植物过度繁殖及其健康危害 ………………………………………… 171
　　5.3.4　植物导致的异味和过敏等 …………………………………………… 172
　5.4　典型案例 …………………………………………………………………… 173
　　5.4.1　新型冠状病毒及其健康危害 ………………………………………… 173
　　5.4.2　生物入侵的危害案例 ………………………………………………… 173

第6章　水体污染的健康效应 …………………………………………………… 176
　6.1　水质指标、污染源与健康危害途径 ……………………………………… 176
　　6.1.1　水质指标 ……………………………………………………………… 176
　　6.1.2　污染源 ………………………………………………………………… 185
　　6.1.3　水污染的健康危害途径 ……………………………………………… 187
　6.2　水中典型污染物与健康影响 ……………………………………………… 188
　　6.2.1　重金属污染 …………………………………………………………… 188
　　6.2.2　农药等有机污染物 …………………………………………………… 193
　　6.2.3　藻类污染 ……………………………………………………………… 195
　　6.2.4　微生物污染 …………………………………………………………… 197
　　6.2.5　消毒副产物残留 ……………………………………………………… 202
　6.3　典型案例 …………………………………………………………………… 204

6.3.1　太湖污染案例 …………………………………………………… 204
　　6.3.2　松花江污染案例 ………………………………………………… 206

第7章　土壤污染的健康效应 …………………………………………… 208
7.1　土壤污染的概念、特点与健康危害途径 ………………………… 208
　　7.1.1　土壤污染的概念及过程 ………………………………………… 208
　　7.1.2　土壤污染的特点及污染途径 …………………………………… 209
　　7.1.3　土壤污染的健康危害途径 ……………………………………… 211
7.2　土壤中典型污染物与健康效应 …………………………………… 215
　　7.2.1　土壤重金属污染 ………………………………………………… 215
　　7.2.2　土壤农药污染 …………………………………………………… 222
　　7.2.3　土壤氟污染 ……………………………………………………… 225
　　7.2.4　细菌和病毒 ……………………………………………………… 227
　　7.2.5　放射性污染 ……………………………………………………… 232
7.3　典型案例 ……………………………………………………………… 234
　　7.3.1　土壤镉污染典型案例——日本富山"痛痛病"事件 …………… 234
　　7.3.2　徽县血铅超标案例 ……………………………………………… 235

第8章　大气污染的健康效应 …………………………………………… 237
8.1　大气污染的组成、来源与健康危害途径 ………………………… 237
　　8.1.1　大气污染的组成 ………………………………………………… 237
　　8.1.2　大气污染的来源 ………………………………………………… 238
　　8.1.3　大气污染的健康危害及途径 …………………………………… 239
8.2　大气中典型污染物与健康影响 …………………………………… 244
　　8.2.1　大气颗粒物 ……………………………………………………… 244
　　8.2.2　挥发性有机化合物 ……………………………………………… 257
　　8.2.3　臭氧 ……………………………………………………………… 261
　　8.2.4　微生物 …………………………………………………………… 269
8.3　典型案例 ……………………………………………………………… 271
　　8.3.1　伦敦烟雾事件及其健康后果 …………………………………… 271
　　8.3.2　我国北方灰霾的健康危害 ……………………………………… 272
　　8.3.3　云南省宣威市燃煤污染导致的肺癌高发 ……………………… 273

第9章　室内空气污染的健康影响 ……………………………………… 275
9.1　室内空气污染物来源 ………………………………………………… 275
　　9.1.1　室外来源污染 …………………………………………………… 275
　　9.1.2　建筑和装修材料 ………………………………………………… 276

  9.1.3 居室内人的活动 ·· 277
  9.1.4 室内取暖和烹饪活动 ···································· 278
  9.1.5 家用电子或电器设备 ···································· 278
 9.2 室内主要污染物及其健康影响 ································ 280
  9.2.1 颗粒物 ·· 280
  9.2.2 挥发性无机化合物 ······································ 281
  9.2.3 挥发性有机化合物 ······································ 284
  9.2.4 重金属类污染物 ·· 286
  9.2.5 微生物污染物 ·· 286
  9.2.6 电磁辐射污染物 ·· 287
 9.3 典型案例 ··· 289
  9.3.1 新居室甲醛和挥发性有机污染物污染 ······················ 289
  9.3.2 室内微生物污染事件 ···································· 290
  9.3.3 室内固体燃料燃烧污染及其健康风险 ······················ 290

第10章 总结与展望 ··· 292
 10.1 环境污染物暴露导致人体健康的危害 ························· 292
  10.1.1 环境污染物进入人体的途径 ····························· 292
  10.1.2 环境污染物在人体中的分布和代谢 ······················· 294
  10.1.3 环境毒物对人体健康的危害总结 ························· 294
  10.1.4 不同介质的污染物对人体健康的危害 ····················· 295
 10.2 环境与健康促进策略 ······································ 297
  10.2.1 改进体制机构和扶持科研机构 ··························· 298
  10.2.2 建立健全环境与健康相关法律法规体系 ··················· 300
  10.2.3 鼓励公众参与环境保护 ································· 304
 10.3 环境健康科学新动向 ······································ 305
  10.3.1 多重环境与健康问题的挑战 ····························· 305
  10.3.2 新污染物的环境健康研究 ······························· 306
  10.3.3 环境与敏感和遗传易感人群的健康 ······················· 307
  10.3.4 新型建筑产生的健康问题 ······························· 308
  10.3.5 气候变化与人类健康 ··································· 309

参考文献 ··· 311

第1章 环境与健康概述

1.1 环境的定义和分类

1.1.1 环境的定义

环境是目前人们谈论得最多的热点话题之一,但在不同领域和学科中,环境的定义并不相同。《中华人民共和国环境保护法》对环境的定义如下:"环境是指影响人类生存和发展的各种天然的和经过人工改造的自然因素的总体,包括大气、水、海洋、土地、矿藏、森林、草原、野生生物、自然遗迹、人文遗迹、自然保护区、风景名胜区、城市和乡村等。"在环境科学领域中,环境是指以人类社会为主体的外部世界的综合体,即以人类为中心事物,其他生物和非生命物质被视为环境要素,构成人类的生存环境。按照这一定义,环境包括已经为人类所认识的、直接或间接影响人类生存和发展的物质世界的所有事物。它既包括未经人类改造过的众多自然要素,如阳光、空气、陆地、天然水体、天然森林和草原、野生生物等,也包括经过人类改造过和创造出的事物,如水库、农田、园林、工厂、港口、公路、铁路等。它既包括这些物理要素,也包括由这些要素构成的系统及其所呈现的状态和相互关系。生态学中的环境指的是研究对象(即生物)以外的所有事物,既包括研究对象生存的自然环境,也包括研究对象以外的所有其他生物(生物环境)。社会科学中的环境通常指人类生存及活动范围内的社会物质和精神条件的总和。环境生物学中的环境是指受到人类干预和破坏的自然环境。

由此可见,不同学科对环境的范畴做了不同的界定,但都有一个共同点,即环境是一个相对的概念,它有一个研究的主体和相对于主体而言的客体,客体与主体相互依存,环境的定义和内容随主体的不同而有所不同。总之,与某一中心事物有关的周围事物就是该中心事物的环境,二者构成了矛盾的两个方面,二者之间经常进行着物质、能量和信息的交换和交流。

1.1.2 环境的分类

环境是一个非常复杂的体系,没有形成统一的分类方法,目前主要可按下述这几类进行环境的划分。

1.1.2.1 按环境主体来分

按环境主体分类目前有两种体系。一种是以人类作为主体,其他的生命形式或非生命物质都被视为环境要素,即环境是指人类生存的环境,或称人类环境。它研究的是与人类的生存、生活和生产过程密切相关的环境,如我们呼吸的空气、饮用的水、食用的食物及生活的家居环境等。在环境科学中，很多研究领域采用这一种分类方法。

另一种是以生物体（界）作为环境的主体，这里的生物体可以有不同的等级，如分子水平、细胞水平、个体水平、种群水平、群落水平、生态系统水平甚至整个生物圈。生态学即采用这一种分类方法，在此分类方法中，人类被作为一个特殊的生物来对待。

1.1.2.2 按环境范围来分

按环境范围分类一般是根据具体的研究需要来划定的，分类相对简单。如在研究太空条件下人体将产生怎样的反应时，航天器的密封舱就可以看作一个特殊的环境；在研究生存环境对人体健康的影响时，居室就可以成为一个居室环境；在研究一个大型的建设工程（如"三峡工程""青藏铁路"等）对较大范围内环境的影响时，区域环境则成为研究对象。

具体来说，按照环境范围这一方法划分，环境可分为院落环境、村落环境、城市环境、地理环境、地质环境和星际环境等。

1. 院落环境

院落作为基本环境单位，是由建筑物和与其联系在一起的场院组成的。院落环境是人类发展过程中，为适应自身生产和生活的需要而因地制宜改造出来的，因而具有明显的时代特征和地方特征。如北极因纽特人的小冰屋、内蒙古草原的蒙古包、黄土高原的窑洞等。院落环境的污染主要来自生活中的废气、废水、废渣。

2. 村落环境

村落是农业人口聚居的地方。村落环境的多样性取决于自然条件的差异，农业活动的种类、规模和现代化程度等。村落环境的污染主要来自农业污染（如化肥、农药等污染）和生活污染。

3. 城市环境

城市是非农业人口聚居的地方，是人类利用和改造环境而创造出来的高度人工化的环境。城市化发展在为居民提供丰富物质和文化生活的同时，也带来了严重的环境污染。城市化改变了空气的热量状况，向空气、水体中排放了大量的污染物，导致地下水水面下降、城市空气污染等环境污染问题。

4. 地理环境

地理环境是由人类生存、生活所必需的水、土壤、空气、生物等环境因子组成的，与人类生活密切相关。这里有常温、常压的物理条件，适当的化学条件和繁茂的生物条件，为人类的生活和生产提供了大量的资料及资源。

5. 地质环境

地质环境指地表之下的岩石圈。人类生产活动所需要的矿产资源都来自地质环境。随着人类生产活动的发展，越来越多的矿产资源被引入地理环境中，其对地理环境的影响是不可低估的。

6. 星际环境

星际环境是由广阔的空间和存在于其中的各种天体及弥漫物质组成的。人类所居住的地球大小适宜，距太阳不远不近，正处于"可居住区"，是迄今为止我们知道的唯一有高等生物居住的星球。地球上的现象与变化是受其他星球的作用和影响的，如地球上的潮汐受月亮的影响、气候受太阳黑子活动的影响。目前环境科学对星际环境的认识还很不足，是有待于进一步开发和利用的极其广阔的领域。

1.1.2.3 按环境属性来分

按属性划分环境可分为自然环境和人工环境。

1. 自然环境

自然环境是指未经过人的加工改造而天然存在的环境，是客观存在的各种自然因素的总和。自然环境按环境要素可分为大气环境、水环境、土壤环境、地质环境和生物环境等，主要就是指地球的五大圈层，即大气圈、水圈、土圈、岩石圈和生物圈。

2. 人工环境

人工环境是指为了满足人类的需要，在自然物质的基础上，通过人类长期有意识的社会劳动、加工和改造自然物质、创造物质生产体系、积累物质文化等所形成的环境体系。人工环境是由于人类活动而形成的环境要素，它包括由人工形成的物质能量和精神产品及人类活动过程中所形成的人与人的关系，后者也称为社会环境。这种人为加工形成的生活环境主要包括住宅的设计和配套、公共服务设施、交通、电信、供水、供气、绿化等。

人工环境和自然环境的区别主要在于人工环境对自然物质的形态做了较大的改变，使其失去了原有的面貌。

1.1.2.4 按人类活动场所来分

按人类活动场所，环境可分为室内环境和室外环境。

1. 室内环境

室内环境不仅包括我们居住的空间，也包括日常工作、生活的所有室内空间，如办公室、教室、会议室、旅馆、影剧院、图书馆、商店、体育场馆、健身房、舞厅、候车候机室等各种室内公共场所及民航、飞机、客运汽车等交通工具。

2. 室外环境

室外环境是指室内环境以外的所有室外空间，包括室外的空气、水体、土壤等。

1.2 环境污染与环境问题

1.2.1 环境污染

1. 环境污染问题

环境污染主要指人类活动引起环境质量下降，有害于人类及其他生物的正常生存和发展的现象。环境污染的产生是从量变到质变的发展过程。当某种污染物质的浓度或总量超过环境自净能力时，就会产生污染。工业革命以后，工业迅速发展，人类排放的污染物大量增加，在一些地区发生了严重的环境污染事件，如1850年英国伦敦附近泰晤士河中水生生物大量死亡等。当时由于受科学技术和认识水平的限制，环境污染并没有引起重视。20世纪30年代到60年代，由于工业的进一步发展，在世界一些地区先后发生公害事件（见表1-1），环境污染才逐渐引起重视。这个时期的公害事件主要出现在工业发达国家，是局部的、小范围的环境污染问题。

表 1-1 世界历史上的八大公害事件

事件名称	时间、地点	污染源及污染现象	主要健康危害
马斯河谷事件	1930年12月1—5日，比利时马斯河谷工业区	二氧化硫等有害气体和煤烟粉尘污染的综合	一周内有60多人相继死亡，数千人患呼吸道疾病
洛杉矶光化学烟雾事件	20世纪40年代初期，美国洛杉矶市	晴朗天空出现蓝色刺激性烟雾，主要由汽车尾气经光化学反应造成	引发眼病、喉头炎和咳嗽等症状，死亡400多人
多诺拉烟雾事件	1948年10月26—31日，美国宾夕法尼亚州多诺拉镇	二氧化硫与金属元素、金属化合物相互作用，空气污染物在近地层积累	引起眼痛、肢体酸乏、呕吐、腹泻，造成17人死亡，共有5911人发病
伦敦烟雾事件	1952年12月5—8日，英国伦敦	二氧化硫、尘粒等在一定气候条件下形成刺激性烟雾	造成多人患呼吸系统疾病，4000多人相继死亡
四日市哮喘事件	1961年，日本四日市	石油化工厂排出的含二氧化硫、金属粉尘的废气形成的硫酸烟雾	多居民患哮喘等呼吸系统疾病；1972年，全市共确认哮喘病患者达817人，10多人死亡
富山县痛痛病事件	1955—1972年，日本富山县神通川流域	锌、铅冶炼工厂排入神通川的废水中含有金属镉，这种含镉的水又被用来灌溉农田，使稻米含镉	1963年前的患者人数不明，1963年至1979年3月共有患者130人，其中死亡81人
水俣病事件	1953—1956年，日本熊本县水俣湾	生产氮肥的工厂排放的含汞废水污染了鱼、贝类等，人食毒鱼后受害	中枢神经受伤害，听觉、语言、运动系统失调；1972年日本环境厅公布：水俣湾和新泻县阿贺野川下游有汞中毒者283人，其中60人死亡
米糠油事件	1968年3月，日本北九州地区	生产米糠油时所用的脱臭热载体多氯联苯混入米糠油中导致污染	至七八月份，患者超过5000人，其中16人死亡，实际受害者约13000人

20世纪80年代以来，环境污染的范围扩大了很多，像全球气候变暖、臭氧层耗损等已成为全球性环境污染问题，酸雨等也属于大面积区域环境污染问题。全球性的环

境污染和大面积的生态破坏不但发生在经济发达的国家,也发生在众多发展中国家,甚至有些情况在发展中国家更为严重。当今世界,空气、水体、土壤和生物所受到的污染和破坏已达到危险的程度,自然界的生态平衡受到日益严重的干扰,自然资源受到大面积破坏,自然环境正在退化。

环境污染根据其不同目的和不同研究角度可分为不同类型。具体如下:

(1)根据环境要素可分为大气污染、水体污染、土壤污染和固体污染等。

(2)根据污染物性质可分为生物污染、化学污染和物理污染等。

(3)根据污染物形态可分为废气污染、废水污染和固体废物污染,以及噪声污染、辐射污染等。

(4)根据污染产生原因可分为生产污染和生活污染,生产污染又可分为工业污染、农业污染、交通污染等。

(5)根据污染涉及范围可分为全球性污染、区域性污染、局部污染等。

(6)根据污染物生成过程可分为自然生成与人工合成污染、一次污染与二次污染等。一次污染是由污染源直接排入环境的污染,其污染物的物理化学性状未发生变化。二次污染是一次污染物在物理、化学或生物因素的作用下,或与环境中其他物质发生反应而形成的物理、化学性状与一次污染物不同的新污染物的污染过程。二次污染物如汽车尾气中的碳氢化合物、氮氧化物等污染物在紫外线作用下发生光化学反应的生成物;水体底泥中的无机汞经过微生物或化学作用转化成毒性更强的污染物等。

(7)根据污染方式可分为直接污染和间接污染,前者如化学毒物污染、核辐射等,能对人造成直接损害,后者如酸雨、温室气体、臭氧层耗损等,对人造成的健康危害较为隐蔽间接和长久慢性。

中国政府高度重视环境污染问题,近年来出台了一系列政策措施以控制和减少污染物排放。例如,2013年9月10日,国务院下发了《国务院关于印发〈大气污染防治行动计划〉的通知》,简称"大气十条",旨在改善空气质量,减少大气污染物排放;2015年4月16日发布《国务院关于印发〈水污染防治行动计划〉的通知》,简称"水十条",针对水环境污染问题,提出了一系列防治措施。

2. 环境污染物及其分类

环境污染物是指进入环境后使环境的正常组成和性质发生改变,直接或间接有害于人类与生物的物质。环境污染物主要来源于人类生产和生活活动中产生的各种物质和自然界释放的物质(如火山爆发喷射出的气体、尘埃等)。环境污染物按环境要素分为大气污染物、水体污染物、土壤污染物等;按形态可分为气体污染物、液体污染物和固体污染物;按性质可分为化学污染物、物理污染物和生物污染物。环境污染物还可以按其在环境中的物理和化学变化分为一次污染物和二次污染物。一次污染物是指直接从污染源排放的污染物质,如二氧化硫、一氧化氮、一氧化碳、颗粒物等。二次污染物是指一次污染物在受到自然界中物理、化学和生物因子的影响下性质和状态发生变化而形成的新的污染物。二次污染物对环境和人体健康的危害通常比一次污染物严重,例如甲基汞比汞及其无机化合物对人体健康的危害更大。

1.2.2 环境问题

所谓环境问题是指作为中心事物的人类与作为周围事物的环境之间的矛盾。人类生活在环境之中,其生产和生活不可避免地对环境产生影响。这些影响有些是积极的,对环境起着改善和美化的作用;有些是消极的,对环境起着退化和破坏的作用。另外,自然环境也从某些方面(例如严酷的环境条件和自然灾害)限制和破坏了人类的生产和生活。上述人类与环境之间相互的消极影响就构成了环境问题。引发环境问题的因素根据其性质主要可划分为自然因素和人为因素。前者包括火山爆发、地震、风暴、海啸等自然灾害。后者则指人类的生产、生活活动,主要包括人类活动排放的各种污染物超过了环境容量的容许极限,使环境受到污染和破坏;或是人类开发利用自然资源超出了环境自身的承载能力,使生态环境质量恶化或导致自然资源枯竭。

1.2.2.1 全球的环境问题

1991年6月在北京举行的发展中国家环境与发展部长级会议中,发表了《北京宣言》,指出当代"严重而且普遍的环境问题包括空气污染,气候变化,臭氧层耗损,淡水资源枯竭,河流、湖泊及海洋和海岸环境污染,海洋和海岸带资源减退,水土流失,土地退化,沙漠化,森林破坏,生物多样性锐减,酸沉降,有毒物品扩散和管理不当,有毒有害物品和废弃物的非法贩运,城区不断扩展,城乡地区生活和工作条件恶化特别是生活条件不良造成疾病蔓延,以及其他类似问题"。

目前,人类遭遇到的十大全球环境问题主要如下。

1. 全球变暖

2018年10月联合国政府间气候变化专门委员会(Intergovernmental Panel on Climate Change,IPCC)在韩国仁川发布了《IPCC全球升温1.5度特别报告》。报告指出,较工业化前水平,目前全球温升已经达到了1℃。全球变暖是一种大规模的环境灾难,它会导致海洋水体膨胀和两极冰雪融化,使海平面上升,危及沿海地区的经济发展和人民生活,影响农业和自然生态系统,加剧洪涝、干旱及其他气象灾害。此外,气候变暖还会影响人类健康,加大疾病危险和死亡率,增加传染病的传播风险。

2. 臭氧层破坏

1985年,英国科学家观测到南极上空出现臭氧空洞,并证实其同氟利昂分解产生的氯原子有直接关系。臭氧层耗损意味着大量紫外线将直接辐射到地面,导致人类皮肤癌、白内障发病率增高,并抑制人体免疫系统功能,导致农作物减产、海洋生态系统的食物链被破坏、生态平衡被打破。

3. 生物多样性减少

联合国2019年5月6日在巴黎发布《生物多样性和生态系统服务全球评估报告》显示,在全世界800万个物种中,有100万个正因人类活动而遭受灭绝威胁,全球物种灭绝的平均速度已经远远大于1000万年前。当前地球上生物多样性损失的速度比历史上任何时候都快,鸟类和哺乳类动物的灭绝速度可能是它们在未受干扰的自然界中的100倍,甚至1000倍。大面积砍伐森林、过度捕猎野生动物、工业化和城市化发展造成的土壤、水、空气的污染和破坏及全球变暖等，均是引起大量物种灭绝或濒临灭绝的原因。生物多样性的减少，将逐渐瓦解人类生存的基础。

4. 酸雨蔓延

目前，被称为"无声无息的危机""空中死神"的酸雨已成为一种范围广泛、跨越国界的污染现象。酸雨破坏土壤，使湖泊酸化，危害动植物生长；会刺激人的皮肤，诱发皮肤病，引起肺水肿，肺硬化；还会腐蚀金属制品、油漆、皮革、纺织品和含碳酸盐的建筑等。

5. 森林锐减

人类历史发展之初，地球约有 2/3 陆地被森林覆盖，森林面积达 76×10^7 km^2。根据联合国粮农组织的数据，2020 年全球森林面积占土地总面积的比例已经从 2000 年的 31.9% 降至 31.2%，仅约 41×10^6 km^2。联合国有关资料表明，全球森林面积的减少主要发生在 20 世纪 50 年代以后，其中 1980—1990 年期间全球平均每年损失森林 99500 km^2。

6. 土地荒漠化

目前，全球荒漠化面积已达 3600 万 km^2，占地球陆地面积的 1/4。据我国第 5 次荒漠化和沙化监测结果显示，截至 2014 年，我国荒漠化土地面积 261.16 万 km^2，占国土面积的 27.20%；沙化土地面积 172.12 万 km^2，占国土面积的 17.93%。《联合国防治荒漠化公约》指出，每年有 100 万 km^2 生产性土地退化。干旱正变得越来越常见，到 2050 年，预计将有四分之三的人口面临水资源短缺。荒漠化作为全球面临的重大环境问题，严重威胁着生态安全和可持续发展。

7. 大气污染

大气是人类赖以生存和发展的基本环境要素。大气污染物主要有悬浮颗粒物、一氧化碳、二氧化硫、氮氧化物、光化学烟雾、铅等。大气污染是世界各国面临的最大挑战之一，被各国政府高度重视，也是当前我国开展国际合作的重点议题之一。《IPCC 全球升温 1.5 度特别报告》提出，2030 年碳排放要比 2010 年减少 45%，2050 年实现碳中和。2019 年全球气候峰会(《联合国气候变化框架公约》第 25 次缔约方会议)上共有 77 个国家表达了要在 2050 年实现碳中和的目标。2021 年，中国政府提出了 2030 年二氧化碳排放量达到峰值、2060 年实现碳中和的目标。

8. 水体污染

水是生命之源泉，在人体内含量达 60%~70%，人体 60% 的水在细胞内，40% 在细胞外液内(成年人每天需水 2.5~3 L)，其中直接饮用 1 L 左右，食物中补充 1 L，人体新陈代谢形成 0.5 L。第九届世界水论坛开幕式上，联合国教科文组织发布了《2022 年联合国世界水发展报告》。报告指出，全球 2/5 的人口缺少生活用水，近 40 亿人在一年中至少有一个月面临严重缺水，21 亿人被迫饮用污水，80% 的污水未经处理直接排放，自 1990 年以来全球最具破坏性的 1000 起自然灾害中有 90% 与水有关。

9. 海洋污染

随着人类的不断发展，海洋污染问题变得日趋严重。沿海水产养殖，赤潮的加剧、石油的污染、固体垃圾及工厂废弃物的排放均加剧了海水污染情况。近年来，塑料污染渗透到水生生态系统的现象急剧增加。2021年联合国环境规划署（United Nations Environment Programme，UNEP）发布的综合评估报告称，海洋垃圾中85%是塑料，到2040年，流入海洋区域的塑料垃圾量预计将增加近两倍，每年海洋中将新增2300万~3700万t塑料垃圾，相当于全世界每一米海岸线将有50 kg的塑料垃圾。海洋垃圾和塑料污染对全球经济产生重大影响，2018年全球海洋塑料污染对旅游业、渔业和水产养殖的影响，加之其他成本（如清理成本），总经济成本至少达60亿~190亿美元。

10. 固体废物污染

固体废物侵占大量土地，对农田破坏严重，还可能严重污染空气和水体，甚至可能传播疾病，诱发癌症。2024年2月28日，UNEP发布了一项题为《超越废弃物时代：变废弃物为资源》的报告：随着城市废弃物（即固体废物）数量将增加三分之二，其环境成本在一代人内几乎翻倍，只有大幅减少废弃物产生才能确保一个宜居且负担得起的未来。预测显示，严重依赖露天倾倒和焚烧垃圾的地区，废弃物增长最快，这意味着污染迅速增加，迫切需要将废弃物产生与经济增长脱钩，转向零废弃物和循环经济方式。全球废弃物管理不作为给人类健康、经济和环境造成巨大损失，预计到2050年每年经济损失将超过6000亿美元。

针对全球性环境问题，中国政府积极参与国际合作，并在国内实施了一系列应对措施。例如，为应对全球变暖，中国提出了2030年前实现碳达峰、2060年前实现碳中和的目标，并出台了《应对气候变化国家方案》等政策措施。

1.2.2.2 中国的环境问题

全球性环境问题在我国同样存在，有些甚至十分严重。众多濒危物种灭绝、植被破坏、土地退化及全球性的环境问题正严重地威胁着我国经济的发展和环境的改善。但我国的自然环境经济社会发展模式等具有独特性，因此，有必要对我国的环境问题加以详细说明。与所有的工业化国家一样，我国的环境污染问题是与工业化相伴而生的。中华人民共和国成立初期，我国的工业化刚刚起步，工业基础十分薄弱，环境污染并未引起足够重视。此后，随着工业化的大规模展开，重工业的迅猛发展，环境污染问题日益显现。但此时的环境污染还主要集中在城市，污染程度也较轻。到了20世纪80年代，随着改革开放持续深入和经济的高速发展，我国的环境污染大有愈演愈烈之势，特别是乡镇企业的异军突起，使环境污染开始向农村急剧蔓延。同时，生态破坏的范围也在扩大。时至今日，环境问题已成为制约我国经济和社会发展的一大难题。我国环境保护工作始于20世纪70年代末，起步较晚，虽然目前取得了很大进展，但形势仍然非常严峻；大气污染程度在加剧，土地沙漠化造成的沙尘暴大范围蔓延，许多能源城市成了世界上污染最严重的城市；水环境污染也日益突出，环境污染从城市向农村扩展，农业污染成为新的棘手问题。

1. 生态环境破坏

我国的自然环境本身就十分脆弱，加上长期的不合理开发利用、管理效率低下、保护不力等原因，造成生态环境急剧退化，成为限制我国经济、社会可持续发展的沉重负担。

1）森林破坏

森林资源急剧减少是人类面临的一个重大生态问题，给全球环境带来了深刻影响。我国不仅森林资源少，而且分布不均匀，大量的森林都集中在个别地区。值得注意的是，我国一些地区的森林仍在遭到破坏，乱砍滥伐、毁林开荒和森林火灾等还在继续发展，必须采取措施给予制止。但可喜的是，第九次全国森林资源清查（2014—2018年）资料显示，全国森林覆盖率为22.96%，森林面积2204500 km^2，森林蓄积175.6亿 m^3。与第八次清查（2009—2013年）相比，森林覆盖率提高了1.33个百分点，森林面积净增127600 km^2，森林蓄积净增24.23亿 m^3，森林面积、森林蓄积量连续30年保持"双增长"。为保护和恢复森林资源，我国政府实施了一系列林业重点工程，如天然林保护工程、退耕还林还草工程等，并取得了显著成效。同时，《中华人民共和国森林法》等法律法规的出台和实施，也为森林资源保护提供了法律保障。

2）草原退化

我国是草原大国，总面积约为 393×10^6 km^2，约占全国陆地面积的40.9%。我国也是世界上草原退化严重的国家之一，草原生态脆弱的形势严峻，70%的草原处于不同程度的退化状态。长期以来，由于不合理开垦、过度放牧、重用轻养，使本来就处于干旱半干旱地区的草原生态系统，遭受严重破坏而失去平衡，造成草原生产力下降，质量衰退。20世纪末是我国草原退化最严重的时期。为减缓草原退化，我国陆续出台并实施了一系列草原生态恢复政策。2000年，我国启动京津风沙源控制计划，其中包括草地治理工程等；2003年，退牧还草法规施行，提出以草定畜、围栏封育和优化畜草产业结构等治理措施；2005年，《草畜平衡管理办法》施行，明确根据各类草原的产草量，限制草原使用者的牲畜数量；2011年，我国提出根据草原退化状况进行分类，并实施对应补贴计划；2021年，国务院办公厅发布的《关于加强草原保护修复的若干意见》明确提出要实施草原生态修复治理，加快退化草原植被和土壤恢复，提升草原生态功能和生产功能。一系列举措下，我国草原修复效果显著，生态环境明显改善，但草原退化仍是我国需要重视的生态环境破坏问题。

3）水土流失、土地沙漠化

我国水土流失严重，每年流失表土量达50亿 t，相当于我国耕地每年被刮去1 cm厚的沃土层，由此流失的氮、磷、钾相当于4000多万吨化肥。我国水土流失最严重的地区是黄土高原，流失面积达43万 km^2，占该区域总面积的75%，每平方千米土壤的侵蚀量为5000~10000 t，因此黄河水中的含沙量为世界之最，每立方米河水含沙量达37 kg以上。长江流域的水土流失面积也有36万 km^2，占流域总面积的20%，每立方米江水含沙量1 kg，已跃居世界大河泥沙含量的第四位。此外，土壤风蚀在我国一些地区也极为严重，尤其是西北地区，导致我国土壤沙化情况严重，但近年来在持续改善。我国政府自20世纪90年代以来实施了一系列生态恢复和保护政策，主要包括退耕还林（草）工程和三北防护林工程等。第六次全国荒漠化和沙化监测工作调查结果显示，截至2019年，我国荒漠化土地面积为2573700 km^2，沙化土地面积为1687800 km^2。与

2014年相比,5年间全国荒漠化土地面积净减少 37880 km²,年均减少 7576 km²。沙化土地面积净减少 33350 km²,年均减少 6670 km²。还有研究表明,黄土高原约 16000 km² 的农业用地已转为森林和草地,使该地区植被覆盖面积得到增加。但我国生态恢复和保护道路仍任重而道远。

4)水旱灾害日益严重

我国是个水旱灾害多发的国家,全国 1/2 的人口、1/3 的耕地和主要大城市处于江河的洪水位之下,工农业产值占全国 2/3 的地区受到洪水的威胁。全国年均成灾面积,20 世纪 80 年代是 50 年代的 2.1 倍,是 70 年代的 1.7 倍,这种情况的产生与水土流失造成湖泊淤积和围湖造田使湖泊水面大幅度减少有关。我国水利部发布的《2020 中国水旱灾害防御公报》显示,2020 年全国出现 1988 年以来最严重汛情,全国主要江河共发生 21 次编号洪水。西南、华北、东北和东南沿海地区先后发生区域性旱灾,其中云南发生冬春连旱,华北、东北、西南地区发生夏伏旱,东南沿海地区发生秋冬连旱。安徽、四川、江西、湖北 4 省洪涝灾害较重,直接经济损失占全国的 61% 以上。这种状况目前远未根本改变,还需加强重视,采取强力措施。

5)水资源短缺

我国的水环境污染严重。据《中国环境状况公报》统计,2014 年,我国长江、黄河、珠江、松花江等七大流域中,Ⅰ类水质仅占 2.8%,劣Ⅴ类占 9.0%;对全国 202 个地级以上城市的地下水水质监测,优良级以上的比例为 10.8%,较差级比例为 45.4%,极差级比例为 16.1%。全国地表水国控断面劣Ⅴ类水质比例高达 9.2%,已基本丧失水体使用功能;24.6% 的重点湖泊呈富营养状态。水资源问题已成为制约我国城镇化与经济发展的突出瓶颈。在我国北方地区,如宁夏、甘肃、陕西等西北地区,以及河南、山东、山西、河北等中东部地区,水资源量极度匮乏。山东省每年的水资源缺口约为 40 亿 m³,随着城镇化的快速发展将使城市水资源的供需缺口进一步扩大;河北省的人均水资源占有量甚至低于国际公认的人均 500 m³ 的"极度缺水"标准。据统计,全国 660 多个城市中有 300 多个城市缺水,108 个城市严重缺水。

2. 环境污染严重

随着我国经济的快速发展,城镇化水平越来越高,城市工业产生的废水、废气、固废,以及大量的汽车尾气排放和城镇居民生活污水排放等,导致城市环境质量急剧下降。同时,城市水污染、大气污染、土壤污染、噪声污染等问题,严重影响了我国的社会发展和城市居民的生活品质。

1)大气污染仍严重

我国能源消费不断攀升,发达国家历经近百年出现的环境污染问题在我国集中出现,大气环境呈现出区域性和复合型特征,大气污染形势非常严峻。这主要是因为我国目前仍然是一个以煤炭为主要能源的国家。2008 年,全国 23.2% 的城市空气质量未达到国家二级标准,城市空气中的可吸入颗粒物、二氧化硫浓度维持在较高水平,我国长三角、珠三角和京津冀三大城市群大气污染物排放集中,重污染天气在区域内大范围同时出现。2018 年,珠三角退出重点治理区域,而汾渭平原地区首次被列为大气污染防治重点区域。汾渭平原属于河谷地带，南面平原，北面高原，不利于污染物扩散，平原内城市之间污染物排放相互影响较为明显。除上述煤烟型和机动车复合污染外，夏季的臭氧和冬季 PM2.5 引发的灰霾也不容忽视，大气污染治理的难度不断加剧。为改善大气环境质量，我国政府不仅出台了《中华人民共和国大气污染防治法》，还实施了更为具体的《大气污染防治行动计划》（"大气十条"），通过严格控制煤炭消费、提高能源利用效率、加强机动车污染防治等措施，有效减少大气污染物排放。

2）水污染状况未根本解决

我国水污染主要是由于废污水的排放导致了地表水污染，进而影响了水资源质量。我国废污水排放主要来源于农业灌溉排水、生活及工业废水排放。我国是农业大国，2019 年全国农业用水总量为 3675 亿 m^3，占总用水量的 61.2%，农田灌溉水流经农田后携带化肥农药等下渗，补给地下水，易导致地下水污染。我国工业用水量也巨大，2019 年达到 1237 亿 m^3，占全国用水量的 21%，且主要集中在江河沿岸的大城市，工业废水处理不达标易造成城市下游江段河流水质严重污染，导致水环境恶化。21 世纪以来，我国沿海地区人类活动日益增强，导致沿海地区赤潮灾害频发。2002—2017 年，我国共发生赤潮 1177 次，涉及海域面积 161526 km^2。

3）固体废物增加

固体废物污染是我国面临的重要环境问题之一，随着人类经济快速发展和城市化进程加速推进，固体废物的产生和排放量不断增加，给人类健康和环境带来了巨大的挑战。据统计，2020 年，全国一般工业固体废物产生量为 36.8 亿 t，综合利用量为 20.4 亿 t，处置量为 9.2 亿 t。除工业固体废物外，城镇生活垃圾和农业固体废物的增加也不容忽视。近年来，城镇生活垃圾的产生量在迅速增长，城市生活垃圾的构成日益复杂，随之而来的城市生活垃圾的污染问题也越来越突出。目前，对城市生活垃圾的处理处置主要采用填埋、焚烧和堆肥三种方法，目前的处理能力仍然无法满足生活垃圾的快速增长。2012 年我国生活垃圾产生量为 17.08×10^7 t，2021 年末达到 24.86×10^7 t，约为 2012 年的 1.5 倍，预计到 2030 年将达到 48×10^7 t。农业固体废物污染威胁着农业生态环境安全和农产品质量安全。2021 年底城市生活垃圾日无害化处理（包含焚烧与填埋处理）为 105.7 万 t，而 2012 年为 44.6 万 t。从数据的变化趋势上发现，我国固体废物处置量也正在快速增长。另外，根据估算，全国每年约产生畜禽粪污 38×10^8 t，秸秆近 9×10^8 t，废旧农膜大于 2×10^6 t，生猪病死淘汰量约 6×10^7 头，农业固体废物污染防治形势严峻。

1.3 环境污染与健康概述

1.3.1 环境健康发展史

环境健康科学是在环境科学、生命科学、医学等学科高度发展的基础上形成的交叉学科。它的形成和发展是在人类社会步入高度工业化、农业现代化进程中引起环境质量下降,并威胁到人类健康和生存安全的前提条件下出现的。在环境中,人体借助机体内在调节和控制机制,与各种环境因素保持着相对平衡,表现出机体对环境的适应能力。但是这种适应能力是有限的,当有害的环境因素长期作用于人体或者超出一定限度,就会危害健康,引起疾病,甚至造成死亡。因此,探究人体健康与环境之间的关系对于改善环境质量、预防疾病、延长人类寿命来讲都十分重要。

1.3.1.1 环境健康科学的发展历程

1. 古代人类朴素的环境与健康思想

早在几千年前,人们就已认识到环境与自身健康的关系。《后汉书·礼仪志》载有"夏至日浚井改水……可以去瘟病"。古希腊医学家希波克拉底(Hippocrates)在他的论文"空气、水、土地"中,就从季节、气候、集市的位置及水质等方面阐述了环境与健康的关系。在大气与人体健康关系方面,公元61年罗马哲学家塞内卡(Seneca)就对因烹饪和供热用火引起的空气污染提出了谴责,并称之为"烟囱行径"。在居住环境和人体健康的关系方面,西晋《博物志》指出"居无近绝溪、群冢、狐蛊之所,近此则死气阴匿之处也"。公元2世纪,嵇康认为人居于地势高且土质干燥之地可以远离病患,即所谓的"居必爽垲,所以远气毒之患"。从史料可见,古代人对环境与健康的关系已有了朴素的认识。

2. 环境健康科学的前身——环境卫生学的诞生

随着18世纪欧洲工业革命的兴起,环境的日益恶化与人类健康的矛盾逐渐显现。人类为了保护和改善自身的生活环境,不断地同环境污染作斗争。例如,英国在19世纪中叶就建成了污水处理厂,美国在1885年就发明了用于处理大气烟尘的离心除尘器,20世纪中叶,就已将污染控制延伸到了物理性污染控制领域,形成了环境声学,探讨环境噪音与人体健康的关系。

此后,随着大规模工业化浪潮进一步涌现,人类在物质财富不断累积的同时,环境污染问题也日趋严重,越来越多的公害事件不但给人类赖以生存的自然环境造成了巨大负担,也给人类本身带来了灾难。1962年,美国海洋生物学家莱切尔·卡逊(Rachel Karson)在潜心研究美国使用杀虫剂所产生的种种危害之后,发表了环境保护科普著作《寂静的春天》,她以翔实的资料阐述了工业革命以来,化学药品特别是杀虫剂在自然界中的聚积,对生物乃至人类健康造成的不可挽回的影响。此后还出现了诸如罗马俱乐部和《增长的极限》等研究环境与人类关系的组织或报告,环境与人类关系问题已经演变成了全球政治议程中的一个中心议题。为此,联合国在1972年6月5日至16日在瑞典首都斯德哥尔摩召开了首次全球环境问题会议,并于次年1月在瑞士日内瓦成立了联合国环境规划署 UNEP(后迁至肯尼亚首都内罗毕并在世界各地设有7个地区办事处和联络处),由此派生了一门新学科——环境卫生学。

3. 当代环境健康科学的形成和发展

近几十年来,人类对环境问题的重视达到了空前的程度,环境领域的国际性合作效应也凸显出来,如确定了"世界环境日""世界保护臭氧层日"等国际性的环保纪念日,通过了《人类环境宣言》《内罗毕宣言》《里约环境与发展宣言》《京都议定书》等国际环境宣言，旨在关注人类面临的环境问题，提出改善措施，限制各国温室气体排放量，抑制全球变暖等。在此背景下，环境科学作为一门综合性的学科，与其他学科交叉，已逐步形成诸如环境医学、环境化学、环境生物学、环境毒理学、环境流行病学等与传统的环境卫生学在研究内容上相互交叉、相互渗透的庞大科学体系。环境卫生学的研究内容从强调卫生逐渐转变为以健康为核心，环境健康科学也应运而生。可见，环境健康科学是在环境卫生学的基础上逐渐发展起来的。

环境健康科学是环境科学的重要分支之一，也是公共卫生和预防医学的重要组成部分。环境健康科学研究环境中的物理、化学、生物、社会及心理因素与人体健康的关系，揭示环境因素对健康影响的发生、发展规律，为充分利用对人群健康有利的环境因素，消除和改善不利的环境因素，提出卫生要求和预防措施，并配合有关部门做好环境立法、卫生监督及环境保护工作。进入21世纪以来，在科学技术手段上，随着生命科学和环境科学的发展及分子生物学技术在环境健康科学中的应用，人们得以从分子水平上深入探讨环境与健康的关系。

1.3.1.2 我国环境与健康事业的发展

中华人民共和国成立之前，我国的环境健康科学事业十分落后。公共卫生学仅在少数医学院校开设，除个别地区进行了环境卫生的研究和调查工作，全国几乎没有环境卫生工作方面的研究成果。中华人民共和国成立初期，我国制订了"预防为主"的卫生工作方针，在卫生部门下设环境卫生机构，借鉴和翻译国外环境卫生学相关著作，在部分医学院校设立卫生学专业及开设环境卫生学必修课，积极培养卫生学专业人才。同时，在全国范围内常年开展群众性的爱国卫生运动。1958年2月12日，中共中央、国务院发出《关于除四害讲卫生的指示》，提出要在10年或更短的时间内，完成消灭苍蝇、蚊子、老鼠、麻雀的任务（后麻雀被臭虫代替，如今的四害应为苍蝇、蚊子、老鼠、蟑螂）。全国各地清除了大量的垃圾、污物，环境卫生面貌焕然一新。另外，我国在借鉴国外卫生标准和大量实验性研究的基础上，于20世纪50年代颁布了一系列环境卫生暂行标准或办法，以深化各部门的环境卫生工作：1954年国家卫生部拟定了一个自来水水质暂行标准草案，有16项指标，于1955年5月在北京、天津、上海等十二个大城市试行，这是中华人民共和国成立后最早的一部管理生活饮用水的技术法规。在1959年经国家建设部和卫生部批准，该草案定名为《生活饮用水卫生规程》。

从20世纪50年代起，我国卫生工作者就对长江、黄浦江、松花江等水系进行了卫生学调查和评价，对地方病如碘缺乏病、慢性氟中毒、克山病、大骨节病等化学性疾病的病因学、流行病学和防治措施进行了大量的研究和实践，对病区人群进行了科学宣传和预防治疗。1960年，在先后召开的全国农村和城市卫生工作现场会议上，又重点介绍和推广了山西稷山县、广东佛山市两个改造旧农村、旧城市卫生面貌的先进典型经验，使各地爱国卫生运动有了新的发展，开展了以改造农村环境卫生条件为主要目标的"两管、五改"，即管水管粪、改水井、改厕所、改畜圈、改炉灶、改造环境，使之成为指导农村爱国卫生运动的具体要求和行动目标。

进入20世纪70年代，随着环境污染及环境保护问题被提上国际层面，我国也开始积极参与到国际性合作中，并积极制定适合本国国情的环境健康策略。我国于1972年派团参加联合国第一次人类环境会议，从此我国的环境健康事业进入了全新的阶段。1973年8月，国务院召开第一次全国环境保护会议，审议通过了"全面规划、合理布局、综合利用、化害为利、依靠群众、大家动手、保护环境、造福人民"的环境保护工作32字方针和我国第一个环境保护文件——《关于保护和改善环境的若干规定》。1973年11月17日，原国家计委、建委、卫生部联合批准颁布了我国第一个环境标准——《工业"三废"排放试行标准》(GBJ 4—1973)，为开展"三废"治理和综合利用工作提供了依据。1974年10月25日，国务院环境保护领导小组正式成立。之后，各省、自治区、直辖市和国务院有关部门也陆续建立起环境管理机构和环保科研、监测机构。1976年制定了《生活饮用水卫生标准》(TJ 20—1976)，70年代后期确认了燃煤污染型地方性氟中毒、慢性甲基汞中毒、高碘甲状腺肿等新发地方病病例。1979年9月，中华人民共和国的第一部环境保护基本法——《中华人民共和国环境保护法(试行)》正式颁布，当年还召开了第一次全国环境卫生学学术会议。20世纪80年代初至90年代中后期，随着改革开放的日益深入，我国环境健康事业进入了快速发展阶段，表现在以下几方面。

1. 制度体系方面

截至2002年，我国共发布和修订国家环境卫生标准一百余项，形成了12个卫生标准种类，其中包括《环境空气质量标准》(GB 3095—1996)、《室内空气质量标准》(GB/T 18883—2002)、《地表水环境质量标准》(GB 3838—2002)、《生活饮用水卫生规范》(GB 5749—2001)等。2003年5月13日国务院颁布并实施了《突发性公共卫生事件应急条例》。2007年，卫生部、原国家环保总局等18个部委局办联合发布了《国家环境与健康行动计划(2007—2015)》(以下简称《行动计划》)，该计划是我国环境与健康领域的第一个纲领性文件，是一项环境保护和健康保护的系统工程，对更好地完善环境与健康管理、保护人民健康安全、科学推进我国环境与健康事业发展具有现实指导意义。中共中央、国务院于2016年印发了《"健康中国2030"规划纲要》，把加强影响健康的环境问题治理纳入健康中国建设的目标任务中。2017年，原环保部印发《环境保护"十三五"环境与健康工作规划》，针对我国环境与健康工作面临的形势，明确了推进调查和监测、强化技术支持、加大科研力度、加快制度建设、加强宣传教育五大重点任务，对有序推进我国环境与健康工作具有重大意义。2018年，原环保部出台《国家环境保护环境与健康工作办法(试行)》，首次明确地对环境与健康监测、调查、风险评估和风险防控等工作作出了原则性的指导和规范。2019年7月，国家层面出台《健康中国行动(2019—2030年)》，提出实施健康环境促进专项行动，从个人、社会和政府层面细化环境与健康工作要求。

2. 部门设置方面

在环境保护方面，1982年，城乡建设环境保护部设立环境保护局；1984年，国务院成立国务院环境保护委员会，领导组织协调全国环境保护工作；1988年，在国务院机构改革中设立国家环境保护局，并被确定为国务院直属机构；1998年该机构升格为国家环境保护总局，2008年成为国务院组成部门并升格为环境保护部，负责全国的环境保护工作。在公民健康保护方面,1981年,我国成立了"全国卫生标准技术委员会",我国环境健康部门体系也随之开始建立。为了提高全民健康水平,我国政府决定对卫生管理体制进行改革,于2018年3月17日,在第十三届全国人民代表大会第一次会议上审议通过了国务院机构改革方案,决定设立国家卫生健康委员会;3月27日,国家卫生健康委员会正式挂牌成立,标志着我国卫生健康管理体制的一次重大改革。

3. 宣传和工程改造方面

全国范围内实施的爱国卫生运动,开展了诸如"门前三包""五讲四美""卫生城市创建""除四害"等多项活动,定期对全国各个城市进行卫生大检查并评定各级卫生城市。截至2020年底,全国地级以上国家卫生城市占比超过60%,打造了一批健康城市建设的样板市,为健康中国建设打下了坚实的基础。同时,农村地区继续大力实施"改水改厕"工程,该项措施在改善农村生活环境、预防疾病、保障健康等方面发挥了积极作用。数据显示,截至2024年10月,全国农村卫生厕所普及率已提升至75%,显示出这项改革取得的显著成效。

4. 科学研究方面

我国在原有基础上,开展了基因遗传学生物技术在环境健康学中的研究,并取得了公认的研究成果。建立了肿瘤、心血管疾病、神经免疫性疾病、遗传性疾病的家系和疾病现场遗传材料的收集网络,取得了大量样品;建立了较完整的基因组研究技术体系,疾病基因和功能基因研究获得实质性进展,如在急性早幼粒细胞白血病的分子机理和新型治疗原理研究方面取得突破。研究发现维甲酸受体与白血病锌指蛋白所形成的融合基因,为白血病的分化疗法提供了依据。另外,我国于1999年跻身人类基因组计划,承担了1%的测序任务,虽然参加时间较晚,但是我国科学家提前两年于2001年8月26日绘制完成"中国卷",赢得了国际科学界的高度评价。近些年,我国还全面开展了大气污染对城市居民死亡影响研究、中国人群环境暴露行为模式研究、环境与健康风险评价方法学研究等多项基础调查和政策标准研究,在环境污染对人群健康影响方面获得了反映我国实际情况的一些研究结果。截至目前,我国已完成全国重点地区环境与健康专项调查、淮河流域癌症综合防治评估等,发布了13项环境与健康技术规范、《中国人群暴露参数手册》等,完成了首次中国居民环境与健康素养调查,并大力推动环境与健康重点实验室布局与建设。随着我国在环境和健康领域与国际全面接轨及公民环保意识的日益增强,相信在未来,我国的环境健康学科及相关事业必将继续深入发展。

党的"十八大"以来,我国生态文明建设取得历史性成就。从"两个文明"到"三位一体""四位一体",再到今天的"五位一体",生态文明建设在党的领导下不断发展进步。在全国生态环境保护大会上,习近平总书记强调,"坚持以人民为中心,牢固树立和践行绿水青山就是金山银山的理念,把建设美丽中国摆在强国建设、民族复兴的突出位置,推动城乡人居环境明显改善、美丽中国建设取得显著成效,以高品质生态环境支撑高质量发展"。坚持生态文明建设,在发展中保护环境,在保护环境中促进发展,实现经济、社会、环境的协调发展。

1.3.2 环境与健康研究内容

环境健康科学是在环境科学、医学、生物学高度发展的基础上形成的交叉学科，它是研究自然环境和生活居住环境与人群健康的关系，阐明环境因素的健康效应及其与疾病发生的关系，并研究如何利用有利环境因素和控制不利环境因素，从而预防疾病，保障人群健康的科学。人与环境之间存在着相互作用，只有人与环境之间保持和谐统一和平衡，人类才能更好地生活。无论是人类生存的自然环境还是社会环境，都受到各种环境因素的影响。因此，环境健康科学主要目的是研究各种环境因素对人体健康的影响，探索环境因素与人体健康的关系。其所关注的环境因素一般分为物理因素、化学因素和生物因素。

1.3.2.1 物理因素

常见的物理因素主要包括小气候、噪声、电磁辐射、电离辐射等。随着工业社会经济的快速发展，科技新产物不断涌现，这些物理因素的影响范围在不断扩大，越来越广泛和严重地影响人类的健康。

1. 小气候

小气候是指在局部范围内，因下垫面局部特性影响而形成的贴地层和土壤上层的气候。任何一个特定区域（如温室、仓库、车间、庭院等）都会受到该地区气候条件的影响，同时因下垫面性质不同、热状况各异，加上人类的活动等，就会形成小范围特有的气候状况。小气候中的温度、湿度、光照、通风等条件，直接影响农作物的生长、人类的工作状态及健康水平等。

在建筑物内，由于围护结构、墙、屋顶、地板、门窗等的分隔作用形成了与室外不同的室内气候，称为室内微小气候（又称为居室小气候），主要包括温度、湿度、气流和热辐射、周围物体表面湿度等四种气象因素。居室小气候对人体的直接作用表现为影响人体的体温调节。良好的小气候可以维持人体热平衡，使人体体温调节处于正常状态。相反，不良的小气候可以影响人体热平衡，使体温调节处于紧张甚至紊乱的状态。如果长期处于这种状态，还可能导致身体系统的失衡和各种疾病的发生。小气候变动超出一定范围后，可导致机体体温调节机制处于紧张状态，进而可能引起神经、消化、呼吸、循环等系统的功能减弱，患病率增加。

2. 噪声

声音由物体振动引起，以波的形式在一定的介质（如固体、液体、气体）中进行传播。噪声则是发声体做无规则振动时发出的声音，通常所说的噪声污染大多是由人为活动造成的，噪声对人体最直接的危害是损伤听力。人们在进入强噪声环境时，暴露一段时间即会感到双耳难受，甚至会出现头痛等症状。噪声能够通过听觉器官作用于大脑中枢神经系统，以致影响到全身各个器官，故噪声除对人的听力造成损伤外，还会给人体其他系统带来危害，使人出现头痛、脑涨、耳鸣、失眠、全身疲乏无力、记忆力减退、神经衰弱等症状。

3. 电磁辐射

电磁辐射是一种复合的电磁波，以相互垂直的电场和磁场随时间的变化而传递能量。人体生命活动包含一系列的生物电活动，这些生物电对环境的电磁波非常敏感，因此电磁辐射可以对人体造成影响和损害。人体受到电磁辐射后，电磁波干扰了人体固有的微弱电磁场，使血液、淋巴液和细胞原生质发生改变，影响人体的循环、免疫、生殖和代谢功能等。电磁辐射对于孕妇的危害更大，过量的辐射可导致胎儿畸形或流产。

4. 电离辐射

电离辐射是一切能引起物质电离的辐射总称，其种类很多，包括高速带电粒子（α粒子、β粒子、质子），以及不带电粒子（中子、X射线、λ射线）。电离辐射多存在于自然界，但目前人工辐射已遍及各个领域，例如核燃料及反应堆、X射线透视、工业部门的加速器等。强烈的电离辐射会对人体健康构成极大威胁。核武器的爆炸瞬间可致数十万人死亡，核工业发展的过程中产生的核辐射或核素的内照射都可对机体内的生命大分子和水分子造成电离和激发，进而呈现各种形式的身体损伤效应。最常见的是急性放射病、慢性放射病及远期的"致癌、致畸、致突变"作用。

1.3.2.2 化学因素

环境中的化学因素成分复杂，种类繁多，其中许多成分的含量适宜，是人类维持生存和健康必不可少的成分。然而随着社会经济的发展尤其是化学工业的推广，越来越多的化学物质被排放到环境中，不仅造成了严重的环境污染，也给人体健康带来了一定的危害。根据其性质，环境中的化学污染物可分为金属及类金属污染物、非金属类污染物、有害气体、农药类及石油化工类污染物等。关注的热点是对生物有急慢性毒性、易挥发、难降解、高残留，通过食物链危害健康的化学品。这些化学物质及其危害主要包括：

1. 环境荷尔蒙类

研究表明，大约有70种化学品（如二噁英等）能够进入人体干扰激素的分泌，导致两性特征退化，如男子的精子数量减少、活力下降。

2. 致癌、致畸、致突变化学品类

已发现有140多种化学品对动物有致癌作用，其中确认对人的致癌物和可疑致癌物有40多种；可使人或动物致畸、致突变的化学品更多。

3. 有毒化学品突发污染类

有毒有害化学品突发污染事故发生频繁，严重威胁人民生命财产安全和社会稳定，有的甚至会造成生态灾难。这一部分的内容非常的丰富，将在本书的后面几章详细介绍。

1.3.2.3 生物因素

生物圈中的生命物质都是相互依存、相互制约的，它们之间不断进行物质循环、能量流动和信息交换，共同构成生物与环境的综合体。有的生物本身在不断繁衍的过程中会为人类造福,有的生物则会给人类带来威胁,如致病性的微生物可成为烈性传染病的媒介。生物性有害因素的来源非常广泛,可能是地方性的,也可能是外源性的;可能是人类特有的,也可能是人畜共患的;可能源自生活性污染,也可能源自生产性污染。值得注意的是,这些生物性物质如得不到妥善管理,就可能成为生物性有害因素的重要来源。下面介绍几种典型的生物性疾病。

1. 鼠疫

鼠疫(plague)是由鼠疫耶尔森菌引起的自然疫源性疾病,也叫黑死病。鼠类是这种细菌的重要传染源,主要是以鼠蚤为媒介,经人的皮肤感染会引发腺鼠疫,经呼吸道感染会引发肺鼠疫。其临床表现为发热、淋巴结肿大、肺炎、出血倾向,严重者会发展为败血症。鼠疫传染性强,死亡率高,是危害人类最严重的烈性传染病之一,属国际检疫传染病。

2. 百日咳

百日咳(pertussis)是由百日咳鲍特氏杆菌引起的传染病,通过飞沫传播,婴幼儿百日咳会引起呼吸暂停,皮肤和黏膜呈现青紫色。百日咳多发生在6个月以下的婴儿中,是引起婴儿死亡的一个重要原因。1978年开始,我国将百日咳疫苗纳入国家免疫规划,随后的三十年间,百日咳发病率明显下降,全国报告病例数连续多年维持在3000例以下。但我国百日咳发病率从2014年起呈明显上升趋势,2022年和2023年全国报告百日咳病例数分别为38295例和37034例。百日咳再现的可能因素包括医务人员对百日咳的知晓度和关注度的提高、监测敏感度的提升、聚合酶链式反应(polymerase chain reaction,PCR)等实验室检测技术的应用、部分地区疫苗接种率下降、疫苗保护效果不佳、疫苗接种后保护作用持续时间较短等,需要引起充分重视。

3. 疟疾

疟疾(malaria)是由疟原虫引起的寄生虫病,夏秋季发病较多。在热带及亚热带地区一年四季都可以发病,并且容易流行。典型的疟疾多呈周期性发作,表现为间歇性寒热发作。一般在发作时先有明显的寒战,全身发抖,面色苍白,口唇发紫,接着体温迅速上升(常达40 ℃或更高),面色潮红,皮肤干热和出汗,大汗后体温降至正常或正常以下。

可见,大量的环境因素可能会危害人体健康,导致人体发生器质性病变,甚至威胁生命。因此,环境健康科学研究的重点是探究有害环境因素或环境污染物对人体健康的影响及如何控制有害环境因素或环境污染物对人类的危害。具体来讲,其研究内容主要包括:

(1)揭示各种环境因素与人体健康之间的关系。

(2)通过环境毒理学、流行病学等研究,揭示环境污染物的健康效应、作用机制、相关疾病发生、发展规律,为控制这些疾病提供对策和依据。

(3)进行与健康相关的环境监测,通过对环境致病因子、人体健康水平等方面的监测,阐明环境污染对人体健康的影响,为疾病预防提供科学依据。

(4)研究环境健康基准,为相关法律、法规、标准的制定提供科学依据。

总之，作为一门学科，环境健康科学需要研究的内容很广泛，涉及环境与人类健康的方方面面，随着时代的不同，其研究的侧重点和未来发展趋势也有所不同。当前我国的环境与健康研究得到了国家政策的大力支持。国家通过设立重大科研项目、建设重点实验室、提供科研经费等方式，积极推动环境与健康领域的基础研究和应用研究，为改善环境质量、保障人群健康提供科学依据和技术支撑。

1.4　本书内容概览

环境污染及其对人类健康的危害是当今政府、民众和科学家等共同关注的热点问题。我国主要的环境污染问题及其引发的健康风险是本书的主要内容。本书首先根据环境污染物的类型将环境污染物分为化学、物理和生物性污染，进而分别阐述其特点与健康危害。第 2 章从无机和有机污染物两大类详细介绍了典型的环境化学性污染物的特征、来源和健康危害，在此基础上，根据我国新污染物的研究现状和未来部署。第 3 章筛选了一些有代表性的持久性有机污染物、抗生素、全氟化合物、邻苯二甲酸酯、溴化阻燃剂、有机磷阻燃剂、双酚 A 和微塑料等新型污染物并对它们的健康风险进行介绍，填补了当前我国已有同类教材中该内容的空白。第 4 章围绕环境物理性污染详细介绍了噪声、振动、光、热、电磁辐射和放射性污染的来源、特点和健康危害。第 5 章以微生物性污染、动物性污染、植物性污染等为主线介绍了环境生物性污染特征及其健康风险。另外，本书还以不同的环境介质为分类标准，从第 6 章到第 8 章分别以水、土、气三个最主要环境介质中的典型有毒污染物为线索，围绕环境污染物引发健康风险的暴露途径、健康危害及其作用机制等方面展开详细讲述。另外，室内空气污染已成为人类健康的主要威胁之一，越来越受到重视，本书第 9 章详细介绍了室内常见污染源及其排放的主要污染物类型和健康影响。本教材的特色还体现于大多章节最后列举了生动的研究案例或污染实例，用于探索环境污染与人体健康的关系，例如新污染物塑料添加剂的内分泌干扰效应、日本福岛核废水污染事件、新型冠状病毒的暴发及其健康危害、我国北方灰霾引发的健康风险、家庭室内固体燃料燃烧及烹饪的潜在健康影响等，这些案例能让读者深刻地体会到环境污染对健康的负面影响。本书最后一章总结了环境污染物暴露的主要途径，在人体内的分布、代谢及其对人体健康的危害作用，探讨了我国环境与健康领域发展所面临的问题和挑战，提出了一些环境与健康促进的策略，并在此基础上展望了未来环境与健康领域研究的新动向。

第 2 章 环境化学性污染物与健康影响

近几十年来，越来越多的证据表明环境污染物暴露与人类多种不良健康结局之间存在关联。据世界卫生组织 2020 年报道，每年超过 900 万人的超额死亡归因于可预防的环境因素。随着经济的发展，更多的化学物质进入环境，这些污染物可能对人和动植物造成严重的危害。2017 年著名医学杂志《柳叶刀》污染与健康委员会报告显示，环境化学物质对空气、水和土壤等造成的综合污染可致全球约 2.68 亿伤残调整生命年(disability-adjusted life year，DALY)和 900 万人过早死亡。本章将污染较为严重、对人体危害性强的环境化学性物质分为有机物、无机物两大类，对其性质、污染情况、环境来源及健康危害进行讲述，以便更好地认识这些化学性污染物，从而减少或避免环境化学物质暴露对人类健康产生的危害。

2.1 环境化学性污染物概述

环境化学性污染物一般指由于人为活动或人工制造的化学物质(化学品)，主要包括农用化学物质、食品添加剂和工业废弃物等，这些物质进入环境后可能造成污染，可能使环境的组成和性质发生直接或间接的有害于人类的变化。

环境化学性污染物广泛存在于人类生活环境中，可通过呼吸道、消化道和皮肤等进入人体，产生多种健康危害效应，如导致呼吸系统疾病、消化系统疾病，以及干扰内分泌系统引起生殖系统异常。此外，环境化学污染物的暴露还会引起人体免疫系统的应激反应，持续的应激状态能击溃一个人的生物化学保护机制，使人的免疫力降低，更容易患心身疾病。铅、镉、汞、多环芳烃和多溴联苯醚等环境化学污染物还可通过氧化应激反应，产生活性氧(reative oxygen species，ROS)对细胞内生物大分子造成损伤。需要注意的是，瑞士著名毒理学家帕拉塞尔苏斯(Paracelsus)曾说过"化学物质只有在一定的剂量下才具有毒性。环境化学性污染达到一定剂量后可能对暴露人群造成健康风险，但并不一定导致暴露人群中的个体发生健康损害(个体健康损害的发生与其易感性有关)"。

环境化学性污染物可以分为有机物和无机物，本章将会针对不同类型的主要化学性污染物及它们对人体健康的影响进行阐述。

2.2 常见环境化学性污染物与健康影响

2.2.1 常见无机污染物

无机污染物(inorganic pollutant)是指由无机物构成的环境污染物。如各种有毒金属及其氧化物、酸、碱、盐、硫化物和卤化物等。地壳变迁、火山爆发、岩石风化等是无机污染物的自然来源，人类的生产和消费活动是无机污染物的人为来源。采矿、冶炼、机械制造等工业生产排放大量的污染物，其中硫、氮、碳的氧化物和金属粉尘是其中主要的无机污染物，可以直接危害人体和生态系统。或是会和烃类污染物进一步发生反应生成光化学烟雾，有的会发生液相反应，引起酸雨等，从而伤害动植物，腐蚀建筑材料，使土壤肥力下降。酸、碱和盐类是主要的水体污染物，往往会引起水质恶化等，其中所含的重金属如铅、镉、汞、铜会在沉积物或土壤中积累，通过食物链危害人类与生物。无机元素以不同价态或不同化合物的形式存在时，其环境化学行为和生物效应大不相同。各种无机污染物在环境中迁移和转化，参与并干扰其化学反应过程和物质循环过程，造成了无机物的环境污染。

环境中的无机污染物又可分为非金属和金属两类。

非金属污染：主要指含碳化合物、含氮化合物、含硫化合物，以及一些卤化物、硒和类金属砷等。

金属污染：主要指重金属（相对密度大于4.5）污染，重金属主要包括汞、铬、镉、铅等生物毒性显著的重金属元素。

无机污染物通过沉淀-溶解、氧化-还原、配合作用、胶体形成、吸附-解吸等一系列物理化学作用进行迁移转化，参与和干扰各种环境化学过程和物质循环过程，最终以一种或多种形态长期存留于环境中，形成永久性的潜在危害。

2.2.1.1 非金属无机污染物

1. 含碳化合物

1) 一氧化碳（CO）

一氧化碳是"煤气"的主要成分，是一种无色、无臭、无刺激性，对血液和神经系统有害的毒性气体，主要来自汽车尾气排放、燃料的不完全燃烧等。一氧化碳危害人体，轻者可引起贫血、心脏病及呼吸道感染等慢性疾病，重者会使人立即死亡。一氧化碳经呼吸道吸入人体后，通过肺泡进入血液循环，立即与血红蛋白结合，形成碳氧血红蛋白（carboxyhaemoglobin，COHb），使血红蛋白失去携带氧气的能力。一般认为一氧化碳与红细胞的亲和力比氧与红细胞的亲和力大230~270倍，故把血液内氧合血红蛋白中的氧排挤出来，形成碳氧血红蛋白，又由于碳氧血红蛋白的离解比氧合血红蛋白慢很多，故碳氧血红蛋白较之氧合血红蛋白更为稳定。碳氧血红蛋白不仅本身无携带氧的功能，其存在还影响氧合血红蛋白的离解，导致机体组织受到双重的缺氧作用，最终因缺氧而产生中毒症状。慢性一氧化碳中毒会出现头痛、头晕、记忆力降低等神经衰弱症。一氧化碳中毒者常出现脉弱、呼吸变慢等反应，可引起脑缺氧、脑水肿甚至脑供血不足，导致脑软化等严重的脑部病变，最后衰竭致死。研究发现，人体神经系统对缺氧最为敏感，故一氧化碳还会造成神经系统病变。血液中COHb含量不同会造成人的一系列症状甚至死亡，具体见表2-1。此外，胎儿对一氧化碳的敏感性很高；孕妇一氧化碳中毒时，一氧化碳可经胎血屏障进入胎儿体内，遗留神经系统缺陷，中毒深者会导致胎儿死亡。

表 2-1 人体血液中 COHb 含量对人体健康的影响

COHb 含量	症状
轻微升高	行为改变，工作能力下降
2%	时间判别能力发生障碍
3%	警觉性降低
5%	视觉对光敏感度降低
7%	轻微眩晕，轻度头痛
12%	眩晕，中度头痛
45%~60%	意识模糊，甚至昏迷
>70%	痉挛，直至死亡

2) 石棉

石棉指具有高抗张强度、高挠性、耐化学和热侵蚀、电绝缘和具有可纺性的硅酸盐类矿物产品。它是天然的纤维状硅酸盐类矿物质的总称。石棉按其成分和内部结构，分为蛇纹石石棉（温石棉）和角闪石石棉（包括青石棉、铁石棉等）两大类。石棉由纤维束组成，而纤维束又由很长很细的能相互分离的纤维组成。石棉具有高度耐火性、电绝缘性和绝热性，是重要的防火、绝缘和保温材料，在建筑领域中广泛使用。全世界现有工业产品中 3000 种以上的产品中含有石棉。石棉本身并无毒害，其最大危害为其中的纤维，这是一种非常细小、肉眼几乎看不见的纤维，当这些细小的纤维被吸入人体内，就会附着并沉积在肺部，造成肺部疾病，如石棉肺、胸膜和腹膜的间皮瘤，严重时还可引起肺癌。石棉已被国际癌症研究中心肯定为致癌物。有研究发现，吸烟对石棉纤维的吸入有增强作用，因此，吸烟者接触石棉对健康的危害更大。室内石棉的来源，除建筑材料（如一些住宅内的天花板、管路的绝热、隔音材料、石棉水泥等）外，由于石棉纤维的细小性，很容易附着在人身上，由室外带入室内。

石棉致病没有阈值，发病的潜伏期一般在 10~40 年，接触石棉尘的工人累计暴露量和年龄与石棉肺发病呈正相关。河北保定一患者 2023 年 3 月 10 日至 4 月 16 日因咳嗽、呼吸困难在某市级医院住院治疗，经胸腔镜取壁层胸膜结节组织病理活检及免疫组化确诊为右侧胸膜恶性间皮瘤。患者在 1977 年 5 月至 1980 年工作期间间断接触过石棉粉尘，累计接触时间 2 年 7 个月。该患者患恶性胸膜间皮瘤的潜隐期为 45 年 10 个月，可见石棉致病的潜伏期较长。在澳大利亚的一项研究中发现城市中石棉纤维的典型环境空气水平比农村地区（远离任何特殊石棉来源）高 10 倍。不同环境中影响潜在石棉暴露的因素包括含石棉建筑的拆除、房屋装修、石棉废物处置、自然灾害与石棉污染的扩散等（见图 2-1）。

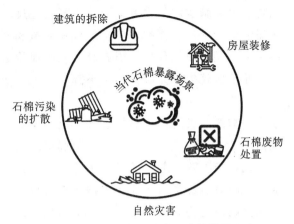

图 2-1　不同建筑环境中石棉的暴露风险

2. 含氮化合物

1) 氮氧化物（NO_x）

氮氧化物是 NO、N_2O、NO_2、NO_3、N_2O_3、N_2O_4、N_2O_5 等含氮气体化合物的总称，具有腐蚀性和较强的氧化性。其中，造成大气严重污染的主要是二氧化氮（NO_2）和一氧化氮（NO）。NO_2 呈褐色，有刺激性，20 ℃时的相对密度为 1.448，当温度低于 0 ℃时，NO_2 几乎全部形成 N_2O_4，呈无色晶体状。NO 为无色气体，遇到氧气能很快被氧化成 NO_2。另外，NO_x 在一定条件下可生成硝酸雾和光化学烟雾等，是光化学烟雾形成的起始和必备物质。NO_x 是一类难溶于水的化合物，可进入呼吸道的深部，对人体产生严重的危害，NO_2 的毒性比 NO 高 4~5 倍。近年来的科学研究认为，人体内存在一定量的 NO，它是人体生理活动所必需的化合物，可在体内起到信息和物质传递的作用，但过多的 NO 对人体则会产生危害。

氮氧化物是大气中最常见的污染物。由于空气中氮和氧两类元素含量最多，因此自然界中温度或电场因素作用于空气可形成氮氧化物。大气中氮、氧在高温或雷电作用下可以生成氮氧化物，火山爆发、森林大火及土壤中微生物对含氮物质的分解也会产生氮氧化物。天然排放的氮氧化物主要来自土壤和海洋中有机物的分解，自然界中各类含氮物质的消耗和生成构成了自然界中的氮循环过程。此外，工业或生活也可产生氮氧化物，特别是机动车尾气排放。另外，在人为的高温条件下，空气中的氧气和氮气可直接生成氮氧化物，因此各种生产过程中燃料的燃烧都会产生大量的氮氧化物，如冶炼厂、燃烧炉等。氮肥厂、军工炸药厂等由于生产氮元素制品，同样会排放氮氧化物。

氮氧化物对呼吸系统、血液系统及肾脏、肝脏等器官均能造成一定伤害，具体如下。

对呼吸系统的影响。氮氧化物大多难溶于水，对眼睛和上呼吸道黏膜等部位的刺激作用较小，其主要作用位置是深部呼吸道、细支气管及肺泡；但二氧化氮易溶于水，对上呼吸道和眼睛有刺激作用。长期吸入低浓度氮氧化物可引起肺泡表面活性物质过氧化，损害细支气管的纤毛上皮细胞和肺泡细胞，破坏肺泡组织的胶原纤维，并可发生肺气肿等症状。二氧化氮引起肺水肿的主要原因是,当它通过相对干燥的气管和支气管而到达肺泡时,缓慢地溶于肺泡表面的水分中形成亚硝酸和硝酸,对肺组织特别是肺泡黏膜产生强烈的刺激作用和腐蚀作用,引起肺部毛细血管通透性增加,使血浆蛋白从血管中渗出,一方面使血管内胶体的渗透性下降,另一方面使过多的液体流入组织间隙而导致肺水肿。

对血液系统的影响。在肺部形成的亚硝酸盐会进入血液及其他体液并与血红蛋白结合生成高铁蛋白,继而降低血红蛋白的携氧能力,引起组织缺氧,出现呼吸困难及中枢神经系统症状。一般地,当污染物主要是二氧化氮时,对肺的损害比较明显;当污染物主要是一氧化氮时,高铁血红蛋白血症及中枢神经系统损害比较明显。流行病学调查资料也表明,长期接触浓度为 $8.2\sim24.7\ mg/m^3$ 二氧化氮的人员,除了有慢性肺部疾病症状以外,还有血液病变的风险。此外,长期接触二氧化氮不仅可降低肺泡吞噬细胞和血液白细胞的吞噬能力,还能抑制血清中抗体的形成,从而影响人体的免疫功能。

其他影响。二氧化氮以亚硝酸根离子和硝酸根离子的形式通过肺部进入血液,在全身循环,可对人体其他器官如肾脏、肝脏、心脏等产生危害。动物实验表明,二氧化氮还具有促癌和致癌作用。当动物暴露于一定浓度的二氧化氮和苯并[a]芘环境中,二氧化氮能促使苯并[a]芘诱发的支气管鳞状上皮癌的发病率增加。二氧化氮还可与其他化学污染物发生联合作用。例如,一定浓度的二氧化氮和二氧化硫共存时,可引起呼吸道阻力增加,对人体肺功能的危害具有协同作用;一定浓度的二氧化氮和臭氧共存时,可以显著降低动物对呼吸道感染的抵抗力,对机体的危害也表现出协同作用;一定浓度的二氧化氮和烃类共存时,在强烈的日光照射下可发生光化学反应,生成一系列光化学氧化物,对机体产生危害;一定浓度的二氧化氮与多环芳烃共存时,可使其发生硝基化作用形成硝基多环芳烃,而硝基多环芳烃较其母体有更强的致突变与致癌作用。

世界卫生组织对二氧化氮的人体接触浓度建议年平均浓度不超过 $40\ \mu g/m^3$,每小时不超过 $200\ \mu g/m^3$,但从 2021 年的一项研究中对世界各地区的调查发现,世界上仍有许多国家的居民暴露于浓度高于世界卫生组织(World Health Organization,WHO)限值的二氧化氮环境中(见图 2-2)。

2) 硝酸盐及亚硝酸盐

亚硝酸盐指含有亚硝酸根阴离子(NO_2^-)的盐。最常见的亚硝酸盐是亚硝酸钠,是一种微咸的白色或黄色沙粒样粉末,外观类似于白砂糖,味道与食盐十分相似。自 20 世纪初,亚硝酸钠被作为食品的护色剂或防腐剂,以及肉类、鱼类或奶酪的抗菌剂等普遍应用于食品工业,而由于其容易吸附在电解液与金属之间形成阻隔膜而抑制金属腐蚀过程,故又作为防锈剂在工业和建筑业中被广泛应用。硝酸盐是硝酸(HNO_3)与金属反应形成的盐类,由金属离子(或铵离子)和硝酸根离子(NO_3^-)组成。常见的硝酸盐有硝酸钠、硝酸钾、硝酸铵和硝酸钙等。固体的硝酸盐在高温环境下能分解释放出氧,其中最活泼的金属的硝酸盐可放出一部分氧而变成亚硝酸盐;其余大部分金属的硝酸

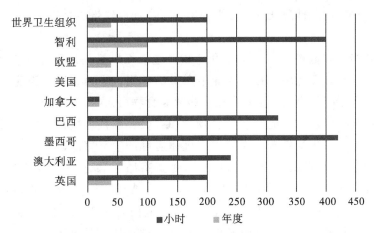

图 2-2 不同国家、地区或组织的大气二氧化氮限值

盐，分解为金属的氧化物、氧和过氧化氢。所以，硝酸盐可有条件地转变为亚硝酸盐。硝酸钠和硝酸钙是很好的氮肥，可促进光合作用，有助于植物合成叶绿素。硝酸钾和硝酸铵是制作火药的原料。但同时，硝酸盐和亚硝酸盐也作为环境污染物而广泛地存在于自然界中，尤其是在气态水、地表水和地下水中及动植物体与食品内。

  硝酸盐及亚硝酸盐主要造成水体污染，亚硝酸盐是水中氨在有氧条件下经亚硝酸菌作用形成的，是氨硝化过程的中间产物。亚硝酸盐含量高，说明水中有机物的无机化过程尚未完成，污染危害仍然存在。硝酸盐是含氮有机物氧化分解的最终产物。如果水体中硝酸盐含量高，而氨氮、亚硝酸盐的含量不高，表明该水体过去受到有机物污染，现已完成自净，污染危害基本消失；若氨氮、亚硝酸盐、硝酸盐均增高，则表明该水体过去和最近均存在有机物的污染，或过去受有机物污染，目前自净正在进行。氨氮、亚硝酸盐氮、硝酸盐氮这三项指标合称"三氮"，人们可根据三氮的含量及变化情况判断水质的污染状况。

  亚硝酸盐食物中毒主要是指因食用被亚硝酸盐污染的食物引起的急性或亚急性疾病，临床表现主要为紫绀、缺氧、意识改变、心律失常甚至死亡。中毒的机制主要是亚硝酸盐与血红蛋白作用，使正常的二价亚铁（Fe^{2+}）被氧化为三价铁（Fe^{3+}），即形成了高铁血红蛋白而导致机体出现缺氧症，特别是中枢神经系统对缺氧更为敏感。近 20 年来，我国大陆地区因化学性污染导致的食源性疾病暴发事件中，亚硝酸盐中毒占总数的 39.1%～54.4%，主要原因是亚硝酸盐的误食误用等。2021 年 6 月 29 日，张家港市疾病预防控制中心接报，某医院收治了 9 名病人，症状为头晕、恶心、口唇紫绀等，均为工具加工厂的员工，发病前均在公司食堂进食了午餐，经现场流行病学调查和实验室检验，最终确定是一起因虹吸作用导致自来水被防锈液污染而引起的急性食源性亚硝酸盐中毒事件。

  对于硝酸盐，动物实验表明，一些单胃动物，由于从非植物来源摄入过多硝酸盐，会出现流涎、呕吐、腹泻、腹痛、胃出血等症状。中毒动物在没有任何病症的情况下，可在 1 小时之内因缺氧惊厥而突然死亡，或在经过 12～24 小时或更长时间的临床病程后突然死亡。80%的急性致死性中毒者都出现了高铁血红蛋白血症。

3）氰化物

氰化物是指带有氰基（—C≡N）的化合物，包括无机氰化物和有机氰化物，这类化合物广泛存在于自然环境中，在工农业生产中的应用也十分普遍，因此可能导致中毒的途径很多，包括工业事故、火灾的烟雾吸入和食物摄入等。

氰化物的来源广泛，首先是含氰植物，如杏仁、李仁、桃仁、白果等果仁及木薯中含有氰的前体——生氰糖苷，它们进入机体后可产生氢氰酸，大量食用可引起氰化物中毒。联合国粮农组织和世界卫生组织食品添加剂联合专家委员会（Joint FAO/WHO Expert Committee on Food Additives，JECFA）规定一个成年人每日的摄入量不高于 0.02 mg/(kg·BW)。李拥军等人的一项研究探究了 2018—2019 年甘肃省市面上销售杏仁中氰化物的含量，结果如表 2-2 所示，这项研究的结果可作为成年人摄食杏仁制品的参考依据。其次是职业接触，这是氰化物中毒最主要的途径。氰化物是重要化工原料之一，广泛用于电镀、冶金、医药及贵重金属提炼等领域，生产及运输过程操作不当及"跑、冒、滴、漏"更增加作业工人直接或间接接触氰化物的机会，生产过程中大量含氰废料在处理不当的情况下可污染环境。含腈塑料等在日常生活中的广泛使用，导致氰化物接触人群及潜在危害不断增加。特别是近年来的研究发现，火灾发生时可以产生大量的氰化氢气体，在一个密闭的火灾情境中出现的意识水平的改变，特别是无法解释的低血压（成人收缩压≤90 mm Hg）可提示氰化物的中毒。其他的生氰物质，如卤化氰和腈类毒物（乙腈、丙腈、丙烯腈和正丁腈等）在体内代谢后也可导致氰化物中毒。

表 2-2　甘肃省市面上销售不同杏仁氰化物含量

种类		样品数	检出数	检出率 /%	浓度范围 /(mg·kg^{-1})	均数 /(mg·kg^{-1})
甜杏仁	熟（干）	48	48	100	0.48～20.9	0.74
	生（干）	24	24	100	1.05～151	4.51
	鲜	10	10	100	2.32～184	9.32
苦杏仁	熟（干）	41	41	100	359～597	99.9
	生（干）	33	33	100	359～720	578
	鲜	8	8	100	634～733	684

在所有的氰化物中，氰化氢的毒性最强，其次为能在空气或组织中释放出氰化氢气体（HCN）或氰离子（CN$^-$）的氰化物。CN$^-$对金属离子具有超强的络合能力，细胞色素氧化酶对其最为敏感。氰化物经不同途径进入人体后，释放出的 CN$^-$能迅速地与线粒体电子传递链的末端氧化酶即细胞色素 C 氧化酶的三价铁结合，从而抑制细胞色素 C 氧化酶的活性，阻断呼吸链使组织缺氧。由于有氧代谢被抑制，无氧呼吸成为主导，可产生乳酸等大量酸性物质，最终发生代谢性酸中毒从而引起一系列神经系统症状。口服大量氰化物或短时间内吸入高浓度的氰化氢气体，可在数秒内突然昏迷，造成"闪

击样"中毒,一般急性中毒可分为前驱期、呼吸困难期、痉挛期和麻痹期4个时期,主要引起头晕、头痛、恶心、呕吐、胸闷和耳鸣等非特异性反应,严重时可导致口唇发紫、呼吸困难、抽搐、昏迷甚至呼吸衰竭而死亡。长期低剂量的氰化物暴露还可导致帕金森样综合征、意识错乱和智力衰退等神经系统损伤症状。

3. 含硫化合物

1)二氧化硫(SO_2)

二氧化硫又称亚硫酸酐,是无色、有刺激性的气体,相对密度为1.4337,易溶于水形成亚硫酸,亦可溶于己醇和乙醛。在大气中可被光氧化或催化氧化形成三氧化硫,遇到水汽后即可形成硫酸雾,硫酸雾作为二次污染物对呼吸道的吸附性和刺激性更强,同时也是形成酸雨的主要物质之一。

二氧化硫是大气中最常见的污染物,生活或工业上一切含硫燃料如石油、煤炭、天然气的燃烧,含硫矿石的冶炼及加工各种含硫原料的工艺过程如橡胶、硫酸、硫磺的制造等均能排放二氧化硫。火力发电企业是二氧化硫的重要污染源,冶炼、化工、炼油等生产工艺过程中也会产生二氧化硫。我国是煤炭资源大国和消费大国,煤炭粗矿石含硫量偏高,因此我国大气中约80%的硫化物污染来自燃煤。国际上一致以大气中二氧化硫的浓度水平作为评价大气环境质量的重要指标之一,而我国普遍存在二氧化硫污染问题。魏夜香等人的一项研究选取了我国多尺度排放清单模型(Multi-resolution Emission Inventory for China,MEIC)公布的人为污染源排放清单和社会经济数据,探索了我国二氧化硫的主要来源。结果表明,二氧化硫浓度与工业源、民用源、电力源、交通排放源和第二产业占GRP比重呈现正相关。燃煤产生大量的二氧化硫,工业污染、生活污染和机动车产生的二氧化硫是中国大气中二氧化硫的主要来源,其中在黄河中游、长江中上游、东部沿海和北部沿海地区的相关性较强,相关系数达到0.8以上,这些地区经济发达,人口较多,工业的发展主要依靠化石燃料和煤炭的燃烧,排放大量的二氧化硫造成严重的空气污染。

二氧化硫对人体健康的危害主要体现在对呼吸系统的影响上。①对黏膜的刺激和腐蚀作用。二氧化硫有强刺激性,进入人体时可对眼部、鼻腔、呼吸道等组织黏膜产生刺激作用。此外,二氧化硫易与水分子结合形成亚硫酸,会对呼吸系统特别是上呼吸道产生腐蚀作用,这是因为吸入人体的二氧化硫大部分被鼻腔和上呼吸道黏膜的富水性黏液所吸收。二氧化硫被上呼吸道吸收后,约有40%~90%进入血液,分布于全身,通过代谢排出体外。②引起急慢性呼吸道炎症。吸入高浓度二氧化硫可使支气管和肺组织明显受损,引起急性支气管炎、肺水肿和呼吸道麻痹,甚至会危及生命。长期吸入低浓度的二氧化硫可引起支气管平滑肌反射性收缩、呼吸道阻力增加、肺功能受损,还可影响呼吸道的纤毛运动和黏液分泌等功能,进而引起慢性阻塞性肺部疾病。③致敏作用。二氧化硫吸附在可吸入颗粒物上是一种变态反应原,能引起支气管哮喘发作。④致突变和促癌作用。二氧化硫进入人体后经过一系列反应可在体内形成亚硫酸及其盐类,这些物质自身可进一步氧化而产生超氧阴离子自由基,导致细胞及其遗传物质的损伤从而增加突变概率。⑤造成代谢紊乱。二氧化硫进入人体后可与维生素C

发生氧化反应，使维生素C失去其抗氧化作用，同时二氧化硫可能影响维生素C的吸收和利用，从而降低维生素C在体内的含量和生物利用率。致使体内维生素C的平衡失调。二氧化硫还能抑制或破坏某些酶的活性，使体内蛋白质和酶的代谢发生紊乱，从而影响人体的正常生长发育。

2）硫化氢（H_2S）

硫化氢是一种无色有剧毒的酸性气体，高浓度时无明显气味，低浓度时具有强烈的臭鸡蛋味，浓度极低时便有硫磺味。即使是低浓度的硫化氢，也会损伤人的嗅觉。在工业应用中，硫化氢被用于硫化矿石的浮选过程中，也是生产硫和硫酸的重要原料。同时硫化氢也是许多工业过程中的副产品，例如在天然气提炼、石油炼制、废水处理和造纸工业中产生。硫化氢可以溶解在水中，也易溶于醇类和石油溶剂中。此外，硫化氢能够与空气形成爆炸性混合物，当遇到明火或高热时，会引起燃烧甚至爆炸。自然界中通过有机物的分解和某些微生物的代谢活动也会产生硫化氢。硫化氢的相对密度为1.189，略大于空气，可以在低洼地带聚集，形成潜在的危险区域。

血液中高浓度硫化氢可直接刺激颈动脉窦和主动脉区的化学感受器，致反射性呼吸抑制。硫化氢可直接作用于脑，低浓度起兴奋作用，高浓度起抑制作用，引起昏迷、呼吸中枢和血管运动中枢麻痹。其机理为：硫化氢是细胞色素氧化酶的强抑制剂，能与线粒体内膜呼吸链中的氧化型细胞色素氧化酶中的三价铁离子结合，从而抑制电子传递和氧的利用，引起细胞内缺氧，造成细胞窒息。因脑组织对缺氧最敏感，故最易受损。无论是刺激颈动脉窦还是刺激脑神经均可引起呼吸骤停，造成电击样死亡。在发病初如能及时停止接触，则许多病例可迅速和完全恢复，可能因硫化氢在体内很快氧化失活之故。继发性缺氧是由于硫化氢引起呼吸暂停或肺水肿等因素所致血氧含量降低，可使病情加重，如神经系统症状持久及发生多器官功能衰竭。硫化氢遇盐和呼吸道黏膜表面的水分后分解，并与组织中的碱性物质反应产生氢硫基、硫和氢离子、氢硫酸和硫化钠，对呼吸道黏膜有强刺激和腐蚀作用，引起不同程度的化学性炎症反应。

硫化氢还会导致心肌损害、急性中毒并导致心肌梗死样表现，这是由硫化氢的直接作用使冠状血管痉挛、心肌缺血、水肿、炎性浸润及心肌细胞内氧化障碍所致。急性硫化氢中毒致死病例的尸体解剖结果常与病程长短有关，常见脑水肿、肺水肿，其次为心肌病变。一般可见尸体明显发绀，解剖时发出硫化氢气味，血液呈流动状，内脏略呈绿色；脑水肿最常见，脑组织有点状出血、坏死和软化灶等；还可见脊髓神经组织变性。

3）亚硫酸盐

亚硫酸盐作为一类食品添加剂，具有漂白、防腐、抗氧化、抑制细菌生长、控制酶促反应等作用，被食品工业广泛应用。亚硫酸盐会抑制酚氧化酶的活性，防止食品的酶促褐变。亚硫酸盐能消耗食品组织中的氧，抑制好氧微生物的活性，并抑制微生物活动所需酶的活性，从而达到食物防腐的目的。在食品中比较常用的亚硫酸盐类主要有亚硫酸钠、亚硫酸氢钠、低亚硫酸钠、焦亚硫酸钠和硫磺等。JECFA确定了人体每日允许摄入量为 0.7 mg/kg，否则将会对人体带来危害。近年来，一些不法商贩为了牟取暴利，常常向食品中加入过量的亚硫酸盐。江西省公布 2013 年十大违法食品典型案例中，毒米粉位列其中。毒米粉即商贩在米粉中非法添加焦亚硫酸钠进行漂白和防腐。2014 年 5 月北京市食品药监局发布的不合格食品名单中，某品牌酸菜和另外两种食品因亚硫酸盐超标被下架。

亚硫酸盐对健康的危害主要表现在以下几方面。①对生殖系统的毒性。研究表明，亚硫酸盐对小鼠生殖细胞具有遗传毒性作用，对小鼠精子畸形、胎鼠身长和体重的影响很大，对胎鼠的存活率却没有明显的影响。另外，亚硫酸盐会降低睾丸内谷胱甘肽含量和谷胱甘肽巯基转移酶的活性，造成睾丸细胞 DNA 损伤，浓度越大，DNA 损伤越严重，说明二氧化硫具有生殖毒性。②对消化系统的毒性。通过染色观察被染毒一周后的小鼠肝脏变化，发现肝组织中有淋巴细胞、中性粒细胞、单核细胞润湿，并且均有明显的干细胞坏死，通过电镜观察发现肝脏细胞脂肪变、嗜酸颗粒变和坏死。另一项研究采用腹腔注射法，用亚硫酸盐对小鼠染毒，实验结果表明，小鼠食管的肌层和黏膜下层均明显地变厚，增加的厚度与亚硫酸盐的用量有明显的相关性，黏膜层的厚度和外膜均无明显变化。此外还会导致胃蛋白质的羰基含量增加，致使胃组织蛋白质产生氧化损伤。③对循环系统的毒性。动物实验研究发现，亚硫酸盐污染对运动大鼠心肌收缩功能产生明显负变力性效应，引起心肌系统的功能紊乱，是导致大鼠心肌收缩功能降低的原因之一。亚硫酸盐会增大心肌细胞钠、钾、L-型钙电流，从而增大心肌细胞的传导性和兴奋性，导致心律失常等一系列心肌损伤。④对免疫系统的毒性。摄入大剂量的亚硫酸盐会引起脾脏超微结构损坏，在一定剂量和时间范围内还会引起脾细胞凋亡加速，进而对机体的免疫系统造成一定损伤。

亚硫酸盐导致的酸雨也对人体健康存在危害。酸雨、酸雾会直接刺激人的皮肤、咽喉和眼睛，诱发皮肤病、气管炎、肺气肿、肺硬化、心脏病，严重的甚至致人死亡。另外，酸雨还会对人体健康产生间接影响。酸雨使土壤中的重金属被淋溶出来进入河流、湖泊，一方面使饮用水水源被污染；另一方面，这些有毒的重金属在农作物、鱼类体内积累，最后通过食物链危害人体健康。

4. 卤素及卤化物

1) 氯气(Cl_2)

氯气是氯元素形成的一种单质，常温常压下为黄绿色有异臭和强刺激性的气体，在高压下液化为液氯，易溶于水和碱性溶液，也易溶于二硫化碳和四氯化碳等有机溶液。干燥氯气低温下不活泼，遇水可生成次氯酸和盐酸，次氯酸再分解为氯化氢和新生态氧，其损害作用主要由氯化氢和次氯酸所致。氯气在高温下与一氧化碳作用，生成高毒的光气。氯气能与可燃气体形成爆炸性混合物，液氯与许多有机物，如烃、醇、醚、氢气等能发生爆炸性反应。

氯气由电解食盐产生，广泛用于氯碱工业及制造杀虫剂、漂白粉、消毒剂、合成纤维、塑料、颜料、氯化物等产业中。氯气能与有机物和无机物进行取代反应和加成反应生成多种氯化物，也可用作强氧化剂，在制药、皮革、造纸、印染、医院、游泳池、饮用水消毒、污水处理等方面都有应用。工业生产中所使用的氯气常为液态贮存，液氯在制造、灌注、运输、贮存和使用过程中均有可能因贮罐或设备漏气等原因导致氯气外泄，处于该环境中的人群短时间内吸入高浓度氯气即可引起中毒。自然界中的氯多以 Cl^- 的形式存在于矿物或海水中，也有少数氯以游离态存在于大气层中，不过此时的氯气受紫外线照射，被分解成两个氯原子（自由基），氯气也是破坏臭氧层的主要单质之一。氯气被列入《危险化学品名录》，并按照《危险化学品安全管理条例》管控。

氯气中毒是以呼吸系统损害为主的全身性疾病，重症者常可累及多个系统和器官，如治疗不及时或处理不当，可因呼吸衰竭或多器官受损而死亡。氯气的具体健康危害根据暴露浓度的不同产生不同反应，具体包括以下几种。①引起刺激反应，出现一过性眼与上呼吸道黏膜刺激症状，眼结膜、鼻黏膜和咽部充血，肺部无阳性体征或偶有散在干性啰音，一般在 24 小时内消退。②轻度中毒时表现为支气管炎或支气管周围炎，呛咳有少量痰，胸闷，两肺有散在干性啰音或哮鸣音，X 射线检查出现肺纹理增多、增粗、延伸、边缘模糊。③中度中毒时表现为支气管肺炎、间质性肺水肿或局限性肺泡性水肿或哮喘样发作，阵发性呛咳、咳痰、气急、胸闷明显，有时咳粉红色泡沫痰或痰中带血，两肺可有干、湿性啰音或弥漫性哮鸣音。④重症者尚可出现急性呼吸窘迫综合征，有进行性呼吸频速和窘迫、心动过速、顽固性低氧血症，一般氧疗无效，少数患者有哮喘样发作，出现喘息，肺部有哮喘音，极高浓度时可引起声门痉挛或水肿、支气管痉挛或反射性呼吸中枢抑制，而致迅速窒息死亡，并发症主要有肺部继发感染、心肌损害及气胸、纵隔气肿等。

2）氯化氢（HCl）

氯化氢常态下是一种无色、有刺激性气味的有毒气体，极易溶于水。工业废气中氯化氢主要来自化工及冶炼行业及生产中，例如采用盐酸做原料生产的行业、冶炼行业及电镀行业、钢铁工业、造纸行业、电镀行业、氯化石蜡的生产、油脂及硫辛酸的生产、电解氯化钠生产烧碱、电解氯化钾生产氢氧化钾、乙烯生产氯乙烯、烷烃生产氯烷烃、苯氯化生产六氯化苯等。由于氯化氢气体极易挥发，生产过程中通过设备、阀门、管道连接处不严密点，均可散发到作业场所，随着浓度增加，影响人体健康；还有其工艺末尾环节产生含氯化氢气体的废气，排入大气，严重影响生态环境。

氯化氢气体对呼吸道黏膜和眼睛有非常强烈的刺激作用。通常急性中毒轻症患者表现出头晕、头痛、眼睛痛、胸痛、胸闷、呼吸困难、恶心、声音嘶哑、咳嗽、痰中带血等症状。重者肺部产生炎症、肺水肿及肺不张。较高浓度长期接触，可引起胃肠功能紊乱障碍、慢性支气管炎及牙齿酸蚀症等慢性中毒表现。低浓度长期接触可引起咳嗽、头痛、失眠、呼吸困难、心悸亢进及胃剧痛等情况。直接接触会引起结膜炎、角膜坏死、皮肤损伤和黏膜受损，导致烧伤并伴有剧烈疼痛感。

3）氟化氢（HF）

氟化氢常态下是一种无色、有刺激性气味、腐蚀性极强的无机剧毒气体，极易溶于水，与水无限互溶形成氢氟酸。常用于许多工业工艺，如半导体工业中的蚀刻微芯片、砖清洗、皮革鞣制等。氟化氢主要来自工业中炼钢、电解铝、磷化工、氟化工、玻璃制造、半导体、太阳能电池等行业生产加工过程中产生的含氟废气中。工业铝生产通常采用冰晶石-氧化铝熔融电解法，生产过程中产生的烟气主要包括 Al_2O_3、粉尘、HF、CO、CO_2 及少量 SO_2，氟化物排放量为 $250\sim300$ mg/m^3，每生产 1 t 铝约排放 15 kg 氟化氢气体。磷肥企业生产过磷酸钙和钙镁磷肥的过程会排放大量的氟化氢废气。

氟化氢在室温下是气体，吸入后容易引发肺炎及支气管炎，同时刺激眼睛及呼吸道黏膜，易造成急性中毒或慢性中毒。通常急性中毒事件多为高浓度的氟化氢泄露事件，$400\sim430$ mg/m^3 浓度下，可引起人体急性中毒致死；100 mg/m^3 浓度下，人体能耐受约 1 min；50 mg/m^3 浓度下，会感到皮肤刺痛、黏膜刺激。慢性中毒者多因长期进食或吸入低剂量氟化物所致，通常会引起眼鼻咽喉的炎症，对骨骼造成损伤，诱发氟骨病，导致骨关节疼痛、肢体运动障碍或畸形，并伴有氟斑牙。有研究表明，当人们暴露于 $3\sim5$ mg/m^3 的氟化氢超过 40 小时，氟化氢可能扩散到神经系统，导致神经系统症状，如头晕、耳鸣和头痛并长期伴随。氟化氢容易穿透皮肤，当氟化氢分子扩散到人体组织中，释放出氟离子，会造成深度化学烧伤，形成顽固坏死或溃疡。

4）溴（Br）

溴的原子序数为 35，原子量为 79.904。元素名来源于希腊文，原意是"臭味"。1824 年法国化学家巴拉尔（Balard）将氯气通入盐湖的苦卤母液，制得溴。溴在地壳中的含量为 0.00025%，均以溴化物的形式存在。海水中平均含溴 65 mg/L。溴有两种天然稳定同位素：^{79}Br 和 ^{81}Br。在常温常压下，溴是唯一的液态非金属元素，有恶臭，熔点 -7.2 ℃，沸点 58.78 ℃，密度 3.119 g/cm^3；气态溴为红棕色，液态溴为暗红色，固态溴几乎为黑色；溴在水中的溶解度较小，在非极性溶剂（如四氯化碳、二硫化碳）中的溶解度较大。溴化物如溴化钠、溴化钾、三溴合剂等均为医疗用药，中毒多因误服过量所致。溴化物排泄缓慢，长期服用可发生蓄积中毒。同时，溴化物易通过产妇过量服用引起胎儿中毒。吸入溴蒸气亦可中毒。溴对皮肤及黏膜有强烈的刺激和腐蚀作用，可引起皮肤、黏膜的灼伤。过量服用溴或蓄积中毒对神经系统有毒性损伤。一般溴中毒者血中溴离子浓度为 $1500\sim2000$ mg/L，脑脊液中溴含量常达 $750\sim2500$ mg/L，甚至更高，尿溴试验阳性。

溴中毒危害的主要表现分为以下几方面。①胃肠道表现：口服中毒者可有恶心、呕吐、腹痛、便秘或腹泻等症状，口内有臭味。②中枢神经系统表现：早期主要表现为神经系统抑制症状，如嗜睡、眩晕、意识障碍，其后出现兴奋症状如躁动、谵妄、幻觉、头痛或中毒性精神病，部分病人尚可有神经功能障碍，如震颤、言语不清、运动障碍、共济失调、浅反射减弱、深反射增强（也可减低或消失），重症病人可有颅高压表现。③急性吸入中毒：吸入低浓度溴蒸气，可有咳嗽、胸闷、黏膜分泌物增加、眼痛、流泪、畏光、鼻衄、咽喉烧灼等症状及全身不适感，部分患者可引起胃肠道症状；吸入高浓度的溴后，鼻咽部和口腔黏膜可染成褐色，呼气有特殊的臭味，有流泪、畏光、剧咳、嘶哑、声门水肿或痉挛等症状，甚至窒息，严重的可引起化学性肺水肿、肺炎等。④皮肤损害：溴对皮肤有强烈的刺激和腐蚀作用，接触后迅速引起灼伤，并染成浅黄色、局部疼痛、发红、表面轻度突起，继之表皮发白、溃烂，形成难以愈合的溃疡。

5. 硒(Se)

硒是人体必需微量元素，是维持正常生理、生化功能，生长发育和生殖繁衍必不可缺的元素。缺硒会引起克山病（因该病在我国黑龙江省克山县首次被发现，故命名之），轻者会出现心悸、心音弱、肝肿大等心力衰竭症状，重者甚至会造成死亡。补充硒逐渐成为日常饮食的重要组成部分，人们可以通过多样化饮食来获得，包括食用硒富集的食品，如坚果、全谷物、蔬菜、肉类、海产品和硒酵母等。在富硒食品生产和加工过程中，硒以不同氧化还原态存在，包括Se^{6+}、Se^{4+}、Se和Se^{2-}，每种状态的硒都具有其独特的结构和多种功能。离子硒是许多功能性酶的组成部分，参与机体抗氧化防御、免疫调节和DNA合成等重要生物化学反应。因此，硒缺乏可能导致上述生理过程受损，如加剧人体内某些慢性和退行性疾病。但是，硒并不是说越多越好。当体内硒达到一定浓度后，会对机体产生生理毒性，造成不可逆的损害。WHO建议成年人每日硒摄入量为55 μg，若成年人每日摄入的硒总量低于40 μg，可能引发多种健康问题。若成年人每日摄入超过400 μg硒也可能导致一系列健康问题，如脱发、肝损伤、脑水肿和神经中毒等。

根据美国地质调查局(U.S. Geological Survey，USGS)2022年公布的数据，世界硒资源储量约为10万t，2021年全球范围内硒资源年产量约为3100 t，各国硒资源的预测储量如表2-3所示。

表2-3 各国硒资源储量

国家	硒资源储量/t	国家	硒资源储量/t
中国	26000	加拿大	6000
俄罗斯	20000	波兰	3000
秘鲁	13000	其他国家	21000
美国	10000		

自然界中，硒同碳元素一样，其吸收和排放虽不断变化，但始终处于平衡状态。硒主要通过火山运动、大气蒸发和雨水淋溶等过程分布在大气、土壤和海洋中。地下层岩中常含有大量硒，主要通过火山运动进入自然界循环，火山运动的喷出物主要是岩石碎屑，在火山喷发后，一部分硒(SeO_4^{2-}、SeO_3^{2-})可聚集在沉积物中，另一部分(如H_2Se)则随火山气体分布于大气中；油页岩、煤、石油中的硒(如H_2Se)含量比较丰富，通过燃烧后的废气进入大气，同时也进入土壤和水体。土壤中的硒有多种氧化态：元素硒(Se)、硒酸态硒(SeO_4^{2-})、亚硒酸态硒(SeO_3^{2-})和有机态硒。硒作为人与动植物体的有益元素，植物吸收是土壤硒的重要转化过程。由于硒只有极少部分被带到海洋中，且由于密度差异，硒多聚集在沉淀物中；海水中硒含量极少，为0.1~6.0 μg/L；河水中硒含量一般为0.5~10.0 μg/L。植物主要通过根部吸收营养物质，土壤中的硒也随之进入植物体内，这是硒进入自然生态循环的重要途径之一。

饮食是硒进入人体的重要途径之一,在进入机体后,随着血液运输,硒会优先流向血液供应充足的器官,然后将根据不同组织的"亲和力"进行硒分配。在正常的吸收和代谢中,硒的主要生物学功能通过硒蛋白介导,而谷胱甘肽过氧化物酶系则是硒蛋白的一个重要组成部分。研究表明,硒作为人体的微量营养素,被人体摄入的硒可迅速掺入活性酶中,强化机体的抗氧化功能,是维持心血管系统及甲状腺代谢正常水平酶系的主要辅助因子。临床研究显示,对抑郁症患者而言,补充硒有助于抑制其机体的炎症,减轻氧化应激症状。硒对多种疾病有正向作用,但在免疫反应中,硒蛋白可能与其他物质或其自身结合,产生性质相反的作用,这取决于其生化环境、调节机制、相对浓度及活性。何姣姣等人的研究证明了硒会影响氯化甲基汞在大鼠组织中的蓄积分布,影响大鼠各组织病理改变程度及肝肾功能。黄蕾等人的研究发现,硒的过量摄入也会引发硒中毒,常见表现为头发和指甲变脆而易脱落、皮肤损伤、神经系统异常等。研究还表明,硒元素可影响脂质代谢和细胞分化,脂肪连接蛋白水平降低是导致妊娠后期胰岛素抵抗的主要因素。硒元素可促使外周组织、肝脏胰岛素抵抗明显增加,胰岛素抵抗情况下,硒元素可限制脂肪细胞分化,导致线粒体功能障碍和肝脏 ROS 生成增加,脂肪组织异位脂质沉积和脂肪分解,影响脂质代谢。

6. 砷(As)

砷是广泛分布于自然界的非金属元素。在自然条件下,含砷化合物可以通过风化、氧化、还原和溶解等反应将砷释放到环境中。土壤砷浓度平均为 5 mg/kg,河水中为 0~0.01 mg/kg。砷如果进入地下水,可导致地下水砷浓度升高。我国一些主要河道干流中砷含量为 0.01~0.6 mg/L,某些观察点甚至达 15.8~48.6 mg/L。自然界的砷多为五价化合物,毒性则以砷的氧化物为高。水中的砷,多为无机砷,且常为五价砷。但深井水中的砷,多为三价砷。除自然风化外,含砷化合物在工农业生产中也有广泛应用,也可造成砷对环境尤其是水体的污染。

砷是一种严重危害人类健康的环境毒物和已知的人类强致癌物。亚洲是砷污染最为严重的地区,目前世界上的砷污染主要集中在孟加拉国、印度和中国,以砷污染地下水为主。在孟加拉国东部和西部,超过 4000 万人暴露在饮用水砷含量超过 50 μg/L 的环境中。随着全球粮食危机的进一步加剧,水稻生产成为解决粮食危机的焦点问题。砷作为无临界值的一类致癌物,在水稻中的累积是对人体健康的一个重大威胁,水稻砷污染是一个全球性问题。人类对砷的暴露按来源分为地球化学性砷暴露和环境污染性砷暴露两种。

1) 地球化学性砷暴露

地球化学性砷暴露指人群从饮水、空气或食物中长期摄入过量的砷,其过量摄入的砷来源与砷在地球中的分布密切相关,具有明显的地域性特点。主要表现为皮肤损害、色素沉着、色素脱失、皮肤角化,严重者可患鲍温病和皮肤癌,还可能与周围神经损伤、心血管疾病、内脏癌等相关。由于地球化学性砷暴露引起的慢性中毒也称为地方性砷中毒。

国内外均有地球化学性砷暴露的案例。国外报道均为饮水型地球化学性砷暴露,研究中指出世界有5000多万人口正面临着饮水型地方性砷中毒的威胁。印度、孟加拉、泰国、智利、阿根廷、美国、加拿大、英国、法国、德国、匈牙利、芬兰、秘鲁、墨西哥、巴西、玻利维亚、加纳、尼日利亚、南非等20余个国家均发现该病。在这些地方性砷中毒地区，地下水砷的含量远远超过该地区饮用水中砷的标准。据英国地质调查局报道，孟加拉国地下水砷污染面积达150000 km^2，该地区人口为3000万，地下水砷质量浓度为0.5~2500 μg/L，最高砷含量是该国饮用水砷标准(50 μg/L)的50倍。

我国地方性砷中毒流行严重。根据2003年我国地方性砷中毒分布调查报告，除台湾地区外，我国内陆地方性砷中毒病区主要分布在10个省(区)32个市(县)1189个自然村中，影响人口(病区人口)267多万人，患者8676例。到2014年，吉林省的地方性砷中毒仍然有44个轻病区、317个潜在病区。2022年呼和浩特市地方性砷中毒仍涉及2个旗县的177个村。国内地球化学性砷暴露类型主要包括饮水型和燃煤型。

(1) 饮水型地球化学性砷暴露。中国疾病控制中心环境所于2001—2002年在全国开展的中国地方性砷中毒分布调查研究结果表明，饮水型地方性砷中毒分布于8省市区40个县旗市，受影响人口2343238人，遍布台湾、山西、新疆、内蒙古等地区。其中饮水砷含量大于0.05 mg/L的高砷暴露人口522566人，查出砷中毒7821人。20世纪80年代在新疆发现了砷中毒问题，研究表明该地区地下水砷浓度达1200 μg/L。

(2) 燃煤型地球化学性砷暴露。燃煤型砷中毒流行于贵州和陕西两省，其室内生活用煤中的砷含量大于100 mg/kg，导致室内空气砷污染和粮食砷污染。其中，贵州省兴仁市是20世纪80年代末卫生部首个确定的燃煤型砷中毒病区(也是世界上最早被确认的燃煤型砷中毒病区)，当地的煤砷含量均值为417.7~2166.7 mg/kg，远高出国际标准的数十倍至数百倍。2014年流行病学调查发现，贵州燃煤型砷中毒病区有9个乡镇、32个行政村、876户家庭，暴露人口数万人，砷中毒患者3000多人。到2020年，贵州仍有204例砷中毒患者，其中男性87例、女性117例。近几年来，病区因肝硬化、肝癌、皮肤癌、肺癌、乳腺癌死亡人数已达240多人，严重危害了当地居民的身体健康，制约了社会经济的协调发展。其中，贵州省兴仁市交乐村是世界上罕见的因燃用高砷煤引起的燃煤型砷中毒重病区。当地居民长期敞灶燃用高砷煤做饭取暖、烘烤食物等，产生高浓度含砷煤烟污染空气、食品等，从而引起慢性砷中毒。

2) 环境污染性砷暴露

该类型的暴露主要来源于人类活动，主要与冶金和矿物开采有关。有色冶金行业被公认是环境中各种重金属的重要污染源，冶炼过程中砷及其他重金属通过废水、废气、废渣等途径被释放到周围环境中，致使环境中重金属超过环境背景值，形成潜在的生态危害。近年调查发现，我国湖南、云南、广西、贵州及湖北一些地区也面临着严重的砷污染问题。其中，广西、湖南两地受到砷污染的土壤至少有1000 km^2。这些地区除地质因素造成的砷污染外，还因为矿藏开采中忽略了对环境的保护，使得这些矿区周围30~40 km都受到砷污染的影响。河南民权县大沙河上游成城化工有限公司为降低生产成本，违规采购含砷量高的硫砷铁矿代替硫铁矿，用于生产硫酸，而公司自备污水处理工艺中没有砷处理一项，导致大量的砷随着废水直接流入大沙河中。河水中砷浓度均值最高时超过国家地表水三类水质的百倍，河南、安徽两省交界处的居民，遭遇了迄今为止国内最大一次水体砷污染事件。2008年底，一次跨省界的"消砷行动"开始，经过4个月的治理，超过1×10^7 t的砷污染污水得到了处理，耗资千万。

砷进入人体被富集后，会对肾脏、血液和循环系统、免疫系统和神经系统产生损害，此外砷还有很强的致癌、致突变作用。

(1) 肾脏损害。进入人体的砷主要经尿液排出，因此不可避免地会对肾脏产生一定的影响，导致肾脏的形态和功能均可能出现异常。研究表明，慢性砷接触可产生明显的肾脏病理改变，如小管细胞空泡变性、炎性细胞渗入、肾小球肿胀、间质肾炎和小管萎缩，重复腹腔注射三价砷可使炎性病变加重，慢性经口接触则主要表现为变性病变。慢性燃煤型砷中毒确已造成肾脏损害，可能是由砷暴露引起的肾小球滤过膜通透性下降和肾小球上皮细胞受损所致。

(2) 血液和循环系统损害。砷吸收后通过血液循环分布到全身各组织、器官，因此对循环系统的危害首当其冲。临床上主要表现为与心肌损害有关的心电图异常，局部微循环障碍导致的雷诺综合征、球结膜循环异常、心脑血管疾病等。心肌损伤的机制与生物膜损伤有关，砷导致心肌细胞的溶酶体膜破坏，溶酶体酶释放，使细胞不可逆损伤，最终导致心肌细胞的破坏崩解，而这种膜损伤可能是砷导致的膜通透性增加和脂质过氧化共同作用的结果。慢性砷中毒病人常伴有血管损害，其中尤以动脉血管损害为突出，可导致局部循环障碍。砷造成血管损害的机制十分复杂，动脉粥样硬化可能是其中最重要的机制之一。动脉粥样斑块中最主要的细胞类型是血管平滑肌细胞，砷导致的平滑肌细胞 DNA 链断裂可能是动脉粥样斑块细胞中突变率较高的原因，由基因突变所产生的细胞异常增殖在动脉粥样斑块的发病机制中也发挥着一定的作用。

(3) 免疫系统损害。流行病学和实验研究表明，砷的摄入会对机体免疫功能产生抑制作用。慢性地方性砷中毒患者外周血 T 淋巴细胞亚群 CD2、CD4 及 CD4/CD8 较正常人显著降低。原因可能与砷抑制淋巴细胞增殖，诱导淋巴细胞凋亡有关。此外还有研究证实，无机砷暴露还可导致儿童唾液溶菌酶活性显著降低，并且可以降低噬菌细胞吞噬和消化微生物等外来抗原的活性。

(4) 神经系统损害。砷具有神经毒性，长期砷暴露可观察到中枢神经系统抑制症状，如头痛、嗜睡、烦躁、记忆力下降、惊厥甚至昏迷，以及外周神经炎伴随的肌无力、疼痛等。大脑中海马神经细胞是学习和记忆的结构基础。通过光学显微镜、流式细胞技术和免疫细胞化学等方法检测砷暴露对海马细胞的影响，发现随着砷浓度的加大，逐渐出现核染色质深染、核浓缩、凝聚、边移呈半月形，而且随着作用时间延长，细胞核损伤程度加重。由此推断砷可能通过影响海马神经细胞凋亡，进而影响学习记忆等功能的正常发挥。砷还通过影响中枢神经系统神经递质的浓度发挥神经毒性作用。乙酰胆碱是中枢神经胆碱能区域和胆碱能纤维通路的重要神经递质。人和动物的觉醒和睡眠、摄食、饮水、体温调节等许多基本的生理功能，以及学习记忆等高级神经活动都与乙酰胆碱有着密切联系。乙酰胆碱在体内主要是通过乙酰胆碱酯酶被水解。近几年的研究表明，砷可以导致大鼠脑中乙酰胆碱酯酶活性下降。此外，砷暴露还可使纹状体、海马和大脑其他区域中的儿茶酚胺含量发生改变。随着暴露时间的延长，中脑和大脑皮层的单胺含量亦可发生变化。还有研究表明，砷的中枢神经系统毒性可能与机体氧化损伤有关。

(5) 致癌、致突变毒性。砷是国际癌症研究机构(International Agency for Research on Cancer, IARC)确认的人类致癌物之一，可引起皮肤癌、肺癌、膀胱癌和肾癌。近年，有学者报道无机砷的摄入也可诱发肝癌和其他器官的癌症。肺脏是砷致癌的主要靶器官之一，长期砷暴露可导致肺癌发病率升高。有资料显示，孟加拉国数百万人因长期饮用含砷地下水使健康受到不同程度的影响，其中至少有 15 万人患有癌症，含砷水所致癌症将造成 2027 万人的死亡。研究表明，砷不是一种直接致突变物，但可以改变染色体的完整性。台湾西南部一个乌脚病流行地区，采用淋巴细胞染色体畸变观察癌症发生的危险性，在 686 人组成的队列研究中，4 年内有 31 人发生癌症，其中 11 例皮肤癌、4 例膀胱癌、3 例肺癌、3 例子宫和子宫颈癌。

2.2.1.2 金属无机污染物

重金属是对人体健康有害的环境污染物，它们在环境中的降解速率缓慢，而且可被生物体富集，某些重金属还可转变成毒性更强的甲基化合物。重金属可以通过食物链在人体内蓄积，严重危害人体健康。长期暴露会造成细胞中的 DNA 损伤，还会破坏线粒体膜结构的稳定。环境中重金属的主要来源为化石燃料燃烧、交通排放、有色金属冶炼、电镀与矿石冶炼等。随着电子产品使用的普及，电子垃圾的拆解也逐渐成为重金属的重要来源之一，粗放式电子垃圾拆解方式会导致多种重金属和持续性有机物等化学污染物释放到环境中，对生态环境造成严重污染。重金属进入人体后也会对人体产生危害，其中孕妇和儿童更为敏感。重金属的健康危害常常是非特异的，会累及机体多个器官系统(即具有多靶器官、靶系统健康效应)；某些重金属同时也具有特异性健康危害。一般情况下，环境重金属暴露剂量较低，且是长期累积性的，罕见急性健康效应多见于职业暴露人群。

目前普遍关注的重金属主要有镉、铅、汞、铬、铊、钴和镍等。本节概括介绍上述环境重金属污染物的来源、污染现状、暴露途径及对人体的健康危害。

1. 镉(Cd)

镉在自然界的丰度不高，主要存在于锌、铜和铝矿内，锌矿石内含量最高。环境中的镉主要来源于铅锌矿、铜矿、有色金属冶炼、电镀等的工业三废(废气、废水、废渣)中。

大气中镉的存在形式主要是氧化镉尘粒，来源于工厂排放的镉尘及煤和燃料燃烧的废气。镉的沸点较低(767 ℃)，熔炼过程中被蒸发，遇冷后凝结成直径小于 2 μm 的颗粒。排入大气中的镉尘经由自然沉降或雨水冲刷到地面，可富积于土壤中。在大气中，镉借助沉降物或降水进行迁移。工厂高烟囱排出的镉传输广泛，不足 10% 的排放物沉降在局部地区，其余则在更大的范围内传播。在冶炼设备周围，其沉降率距污染源最近处明显高，随距离的增加，沉降率很快降低，这种污染可以反映在当地的表层土和植被中。表层土的镉污染可反映大气镉的长期沉降历史，在靠近大气污染源的农作物中镉含量一般较高。但是对于农作物常常难以区分污染是直接来源于大气沉降，还是来源于植物的根部吸收，因为这些地区的土壤含镉量一般也高于正常水平。

镉在天然水中的含量很低（$0.1\times10^{-9}\sim10\times10^{-9}$ mg/kg），地下水中含量高于地面水中含量。水体中的镉主要来源于含镉工业废水。排入水体中的镉一般呈悬浮状颗粒，容易被泥沙或有机质吸附而沉降（吸附沉降），形成含镉底质。但是在酸性废水中可溶性镉含量较高，故河道的pH值越低，镉的迁移距离越远。镉污染的河流可以通过农田灌溉、挖掘沉积物或河水泛滥污染周围的土地。工业废水中的镉能被水中的颗粒物所吸附，呈悬浮状态，或沉降于河底。镉能从上游的污染源扩散到下游较远的地方。

土壤镉的主要污染形式有两种。①气型污染，有色金属冶炼厂产生的含金属烟尘通过烟囱高空排放，四处扩散造成大气污染的同时，还能沉降于地面，造成土壤中金属累积性污染。②水型污染，矿场的选矿废水、冶炼厂的废水排入水渠、河道，导致河流湖泊等水体污染，再经灌溉等途径污染农田土壤。土壤中镉的本底值约为0.06×10^{-6} mg/kg，一般不超过$0.3\times10^{-6}\sim0.5\times10^{-6}$ mg/kg，超过1.0×10^{-6} mg/kg时可认为土壤被污染。土壤中的镉分为水溶性和非水溶性两种。水溶性镉能为作物所吸收，非水溶性镉不易被作物吸收，但随着环境条件的变化，二者可互相转化。土壤偏酸性时，镉溶解度增高，在土壤中易于移动；土壤偏碱性时，镉不易溶解，作物难以吸收。如氢氧化镉（在环境中常以这种形式存在）在pH=8时，可释出1×10^{-6} mg/kg镉离子，在pH=10时降低到0.1×10^{-6} mg/kg，故提高土壤的碱性（如投加石灰）可以有效地抑制镉的溶解。作物对土壤中镉的吸收与积蓄按根、茎、叶、籽、实的顺序递减。进入植物体的镉，有50%~80%蓄于根部。籽实中的镉只占植物体内含镉量的很小一部分，均匀分布于种皮和胚乳中，碾磨过程并不降低镉的浓度。

郭日等人的一项研究采集了我国安徽、北京、河北、湖南、江苏、江西、山东、陕西、四川及浙江十省市2013—2020年间1200个点位共1730份样品，测定了土壤中镉浓度的变化，年变化如图2-3所示。镉浓度最高年份为2016年（0.42 mg/kg），最低年份为2018年（0.21 mg/kg）。1730份土壤样本中镉镉含量监测数据中有1352个监测数据无镉污染，269个监测点位轻度污染，72个监测点位中度污染，37个监测点位重度污染。

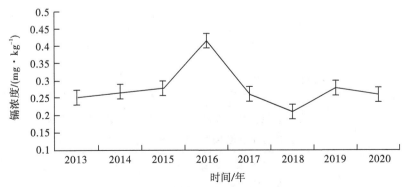

图2-3 我国十省市监测点位镉浓度年度变化趋势

镉是人体非必需元素,在自然界中常以化合物状态存在,一般含量很低,正常环境状态下,不会影响人体健康。镉和锌是同族元素,在自然界中镉常与锌、铅共生。当环境受到镉污染后,镉可在生物体内富集,通过食物链进入人体引起慢性中毒。镉被人体吸收后,在体内形成镉硫蛋白,选择性地蓄积在肝、肾等器官中。其中,肾脏可吸收进入体内近1/3的镉,是镉中毒的靶器官。其他脏器如脾、胰、甲状腺等也有一定量的蓄积。由于镉损伤肾小管,病者可能出现糖尿、蛋白尿和氨基酸尿。还可使骨骼的代谢受阻,造成骨质疏松、萎缩、变形等一系列症状。

(1) 肾脏危害。长期暴露于镉污染环境下,肾脏可聚积大量镉,而成为慢性镉损害的主要靶器官。靶部位是肾近曲小管,主要改变质膜、线粒体、溶酶体等细胞器,临床特征是管型蛋白尿。据文献报道,即使是脱离镉接触多年,镉所致肾功能损害仍不可逆转。长期吸入镉所导致的肾脏损害,其早期变化是低分子蛋白尿排出增加,初期呈间歇性,以后发展为持续性。随着镉对肾的进一步损害,还可出现大分子蛋白尿。其特点是肾小球滤过功能正常,而肾小管重吸收功能有所下降。除有蛋白尿外,还可出现糖尿、氨基酸尿,钙排出量增加。镉引起的尿钙增多是由肾重吸收钙障碍造成的,可能与镉引起的肾脏钠泵、环核苷酸、谷胱甘肽和脂质过氧化等改变有关,可能的原因是:肾重吸收钙减少,使尿镉排泄增多;细胞内钙代谢障碍,进一步影响肾功能;甲状腺素对肾小管重吸收钙的促进作用。有资料表明,镉染毒可诱发肾脏皮质和髓质的脂质过氧化,并且肾脏髓质中蓄积的镉,为了对抗机体的应激作用可加强脂质过氧化反应,从而增强镉对肾脏的损害。钠泵和钙泵活性降低可能与镉的直接作用、谷胱甘肽消耗和脂质过氧化作用有关。生活在镉污染区的居民发生的肾小管机能障碍是不可逆的,通常预后不良,最终会导致肾病和心脏衰竭的死亡危险增加。镉的肾毒性主要病变部位是肾小管,严重时可累及肾小球,表现为毛细血管内皮细胞肿胀、增厚,血管系膜增生,血管基膜增厚,基膜和内皮细胞间有电子致密物沉积,足细胞次级突起间裂孔缩小、裂孔膜变薄等。肾皮质镉含量与肾超微结构改变的关系见表2-4。

表2-4 肾皮质镉含量与肾超微结构改变的关系

染毒剂量 (mg·kg^{-1})	肾皮质镉含量 (mg·kg^{-1})	肾超微结构的改变	肾小球状况
对照组	0.019±0.009	近曲小管上皮细胞刷状缘排列整齐,大量线粒体,核圆,清晰	完好
0.19	1.620±0.228	刷状缘结构整齐,少数细胞靠近刷状缘处,少量线粒体,略有浓缩,核圆,清晰	完好
0.65	5.240±0.384	刷状缘肿胀,排列紊乱,大量初级溶酶体,次级溶酶体可见空泡状线粒体,核无损	完好
2.28	17.12±1.658	刷状缘肿胀,断裂,线粒体核溶酶体少,核浓缩,大量空泡,可见坏死物质	基本无损
7.99	31.200±2.919	大量细胞出现凝固性坏死	肾小球崩解

(2) 肝脏危害。镉是一种亲肝毒物，低剂量长期接触镉可引起肝组织坏死。镉是一种二价金属，因其离子半径与电荷均与 Ca^{2+} 近似，因而能够在生物体内与 Ca^{2+} 在和一些生物活性点结合时产生竞争，如膜钙通道及钙转运蛋白。目前研究表明，肝细胞损伤与细胞内钙稳态和钙-钙调蛋白($Ca-CaM$)信号系统有关。过去一般认为，CaM 有 4 个 Ca^{2+} 结合点，Ca^{2+} 是 CaM 的唯一配体。但最新研究发现，镉也能与此 Ca^{2+} 结合点结合，和 Ca^{2+} 竞争钙调蛋白上的 Ca^{2+} 结合点，还能同 Ca^{2+} 一样激活钙调蛋白，从而使得一系列依赖钙调蛋白的靶酶活性异常升高，造成 $Ca-CaM$ 信号系统调节失调，干扰细胞的正常生理生化功能，从而介导肝细胞损伤。实验表明，随着镉作用浓度的增加，进入肝细胞内的镉含量不断升高，而细胞内磷酸化酶 a 活性无明显变化，间接地反映出细胞游离 Ca^{2+} 水平也无明显变化。据此推测，当镉作用时，镉与 Ca^{2+} 竞争膜上的 Ca^{2+} 通道进入肝细胞，而抑制膜外 Ca^{2+} 内流和细胞器内 Ca^{2+} 外流，使得细胞内 Ca^{2+} 浓度维持不变。有实验发现，进入肝细胞的镉含量与钙调蛋白活性之间存在剂量-效应关系。

(3) 骨骼毒性。镉的慢性毒性对骨骼的损害主要表现为骨质密度降低，骨小梁减少，骨骼中矿物质含量降低，进而表现出骨质疏松现象。一般认为，镉所致的骨损伤继发于肾损害。镉中毒时，肾脏对钙、磷的重吸收率下降，对维生素 D 的代谢异常。近年来的研究表明：镉也可损伤成骨细胞和软骨细胞，镉致肾损害时的肾镉阈值是镉致骨损伤时所需的组织镉含量的数千倍。镉对骨骼影响的典型病例为"痛痛病"。"痛痛病"是因摄食被镉污染的水源而引起的一种慢性镉中毒，实质上是镉慢性中毒时肾损伤、骨骼改变等的综合表现，是十大公害病之一。镉引起的骨质疏松、软骨病和骨折不仅发生于长期镉环境污染暴露人群，在长期接触镉的职业人群中也有发生。62 例痛痛病患者活检的骨结构和形成参数显示骸骨的矿物质含量、壁厚度显著下降，骨质量严重减少。有研究报道镉侵害骨皮质峰密度平均降低 10%~20%，骨髓宽度增加。

(4) 血液和循环系统危害。镉是有害的微量元素，在各种金属元素中，镉是唯一可因摄入过量引起动物高血压及动脉粥样硬化的微量元素。流行病学血液调查证明，空气中镉浓度和高血压及动脉粥样硬化性心脏病死亡率之间有高度相关关系。在芬兰东北地区，全血中的高镉现象非常普遍，全血镉浓度一般在 10.0 nmol/L 以上，且吸烟者的血镉浓度比非吸烟者高出约 3 倍。32% 的居民血镉测定值为 15 nmol/L，10% 的测定值为 45 nmol/L，另外 3% 测定值高达 90 nmol/L(此水平为镉致肾脏损害的临界值)。过多摄入镉后，体内的镉能置换锌，干扰某些需要锌的酶的作用，如碳酸酐酶、血管紧张素转移酶等，导致细胞膜破坏，体内自由基过多，从而诱发冠心病。高血压患者血清中镉含量显著升高，肾组织内含镉量明显增多，锌/镉比值降低。研究证实肾脏内锌/镉比值越小，高血压发病率越高。死于高血压的患者肾镉含量和锌/镉比值较死于其他疾病患者高得多；伴有肾损害的高血压患者尿镉排出量较对照组高 50 倍。慢性染镉或长期接触镉可产生血液系统的毒性，表现为贫血、血红蛋白减少，这可能与胃肠道铁吸收减少和镉直接影响骨髓造血细胞有关。主要致病机制是红细胞由于脆性增加而被大量破坏，临床上可出现中度贫血等症状。另外，红细胞是镉的主要靶器官之一，血液中约90%以上的镉是与红细胞结合的,镉接触者可出现低色素性贫血。

(5)免疫系统危害。低水平的镉就能引起免疫指标的改变,而且作用复杂。镉对免疫系统的影响既有抑制作用,又有刺激作用,与实验动物的种属、剂量、时间等因素有关。大量动物实验发现,有些种系的动物对镉的毒性较敏感,如C3HA系和WAG系大鼠。镉引起的变态反应为Ⅳ型(即迟发性变态反应),表现为接触性皮炎、局部皮肤发红、硬结、水疱,转为慢性时则局部出现湿疹。迟发性变态反应实验(delayed hypersensitivity reaction,DHR)表明,镉对细胞免疫系统具有抑制功能;T淋巴细胞对镉的作用更敏感;抗体产生量显著下降。镉在体内外均影响巨噬细胞功能。体外研究表明,镉对K细胞和NK细胞功能有明显抑制作用。(C3HA,C3H－derived H Antigen strain of rats,源自C3H的抗原系易感大鼠;WAG,Wistar Albino Glaxo,指来源于美国费城威斯达(Wistar)研究所培育的Wistar大鼠。)

(6)神经系统危害。镉对中枢神经系统的毒性作用主要表现为抑制一些酶的活性及影响中枢神经递质的含量。长期低浓度、慢性接触镉,可导致去甲肾上腺素、5-羟色胺、乙酰胆碱水平下降,对脑代谢产生不利的影响。中枢神经系统对镉的敏感性随着脑组织发育的成熟而降低。由于儿童脑组织发育不够完善,镉可引起新生儿及幼儿脑出血和脑病。镉还可引起记忆障碍和弱智。

(7)生殖系统危害。镉在哺乳动物体内可被生殖系统如性腺和子宫吸收,对生殖系统和后代发育产生明显的毒副作用。镉能明显损害睾丸和附睾,使精子数量减少直至消失。实验表明,吸入$0.1\ mg/m^3$浓度的镉能使大鼠的活精子数明显减少,精子活动障碍,渗透性和抗酸性减弱。慢性镉接触可使大鼠子宫和卵巢的小血管壁变厚,卵巢萎缩。镉可干扰排卵、转运和受精过程,引起暂时性不育。另外,镉还可明显地抑制胚胎的生长发育,怀孕敏感期内染镉可引起各种畸胎和死胎。

研究表明,镉对动物有明显的发育毒性,并导致人类低出生体重儿的发生。根据欧洲共同经济体(European Economic Community,EEC)和世界经济合作与发展组织(Organization for Economic Cooperation and Development,OECD)对致畸物的分类,镉属于潜在的致畸物。畸形发生率最高的部位有颅脑、四肢和骨骼。主要为脑积水、露脑、无肢、短肢、缺趾、趾异常、肋骨和胸骨畸形和骨骼钙化不全等。镉的发育毒性表现在以下几个方面。①改变母体内的锌水平,锌是保证胚胎正常发育的必需微量元素,锌缺乏可导致胚胎发育异常。②干扰胎盘的正常结构和功能,胎盘是镉的靶器官之一,镉可通过干扰胎盘的子宫胎盘血流量、物质转运和内分泌及物质代谢等功能而影响胚胎的正常发育。③改变卵黄巢的功能,在胚胎发育早期,镉可透过卵黄囊并干扰其物质转运功能。④诱导氧化损伤,胚胎的抗氧化能力很低,对氧化损伤有较高的敏感性;镉的发育毒性可能与其诱导的氧化损伤有关;镉可通过诱导氧化损伤而导致早期胚胎发育异常;抗氧化剂可抑制镉的发育毒性。

(8)呼吸系统危害。长期吸入氯化镉可引起肺部各种病变,如肺部炎症、支气管炎、肺气肿、肺纤维化,甚至肺癌。镉引起肺损害的一个重要机制是肺的炎症反应及活化的炎症细胞释放的细胞因子所产生的氧化损伤。由于镉的毒性作用,肺泡膨胀、肺泡壁增厚。一般病程进展缓慢，多有慢性支气管炎的病史。病人有进行性呼吸困难，活动时加重，并伴有心悸。在 X 射线影像上可有典型的肺气肿表现。此外，接触镉可导致鼻部损害。镉所致的鼻部改变以干性鼻炎最为普遍，其次为萎缩性鼻炎，再次为鼻中隔黏膜溃疡、鼻出血。这种次序一定程度上反映了鼻部改变的发展趋势。镉对鼻部的损害是一种慢性中毒，由长期接触较高浓度的镉尘粒、镉蒸气引起。吸入镉尘粒和镉蒸气含量较高的空气，可使鼻黏膜受到长期的直接刺激，促使鼻部微血管扩张、充血、红肿。特别是鼻中隔克氏区为吸入气流变更方向之处，尘粒极易沉淀于此，易损伤其黏膜，使之糜烂、溃疡，甚至产生鼻出血。尘粒沉积于鼻黏膜后，可阻塞黏膜处腺管，影响黏液毯和纤毛的正常运动，引起黏膜干燥、萎缩。若病变累及嗅区黏膜，则可引起嗅觉减退或丧失。

(9) 致癌、致突变毒性。镉是一种广泛存在的环境污染物。大量研究表明，镉具有致癌、致突变作用。1993 年 IARC 明确指出，镉是人类和实验动物肺癌的肯定致癌物，已被 IARC 归为第一类致癌物。镉具有高度组织特异性，肺脏和前列腺似乎也是镉致人体癌症的靶器官。通常认为蛋白质金属硫蛋白（metallothionein，MT）与镉具有高度亲和力而可解除镉的毒性，故对刺激缺乏 MT 反应性，进而可使更多的染毒镉与引发肿瘤的关键靶分子发生相互作用。镉的性腺毒、胚胎毒和致突变效应也非常明显。镉可与 DNA 共价结合，引起链断裂、移码及复制中的失真，并导致碱基修饰产物 8-羟基脱氧鸟苷的生成。镉还能影响哺乳动物的基因调节和细胞信号传导，诱导多个细胞系的凋亡。镉还可以作用于其他许多金属酶，因其可以改变包括核酸代谢酶在内的多数酶的活性，故可直接作用于基因的调节，增加与 X 染色体相关联的基因位点的突变率。

2. 铅(Pb)

铅是构成地壳的元素之一，广泛用于工业生产，因此铅遍布于土壤、水体和空气中。环境铅污染主要来自矿山开采、有色金属冶炼、橡胶生产、染料制造印刷生产、陶瓷制造、铅玻璃制造、焊锡、电缆制造及铅管制造等生产过程产生的废水和废弃物。研究表明，生物圈中 95% 以上的铅是由于人为因素造成的，铅释放物进入大气、土壤、水体等环境介质中会对生态系统和人类健康造成危害（见图 2-4）。汽车尾气曾是大气铅污染的重要来源，但随着含铅汽油被无铅汽油取代，其已不是大气铅的主要来源。油漆和颜料中也含有铅化合物。目前我国油漆中的铅含量平均高达 5%。另外，一些以铅做为稳定剂的塑料制品、厨具以及搪瓷、陶瓷制品的釉彩里也含铅。儿童经常接触这些产品，容易摄入铅。儿童啃咬手指、所持玩具或学习用品是十分普遍的现象，儿童玩具及蜡笔、涂改笔等学习用具中含铅现象比较普遍。研究发现胃液对玩具和学习用品中所含可溶性铅的吸收率高达 76%。

蓄电池制造、金属冶炼等工业生产中产生的含铅废气，未经净化处理直接排放到大气中，可造成大气铅污染。含铅蒸气及细小铅氧化物微粒的废气为铅烟。铅加热焰化时产生大量铅蒸气，它在空气中生成铅氧化物微粒，即铅尘。大气中的铅及其无机化合物以铅烟和铅尘的形式存在。大气中的铅污染物可被人体吸入，经呼吸道吸收进

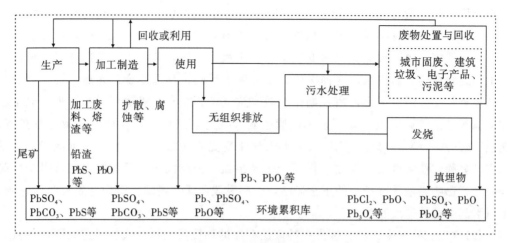

图 2-4 铅元素人为循环环境释放物形态分析

入血液。滞留在上呼吸道的含铅微粒还有可能被人体吞咽从而经胃肠道再次吸收。许多地区，特别是工业发达的大城市，大气铅含量较高。大气中含铅颗粒主要积聚在距离地面约 1 m 的高度，处于儿童呼吸带，因此大气发生铅污染时，其所引起儿童铅暴露情形较成人更加严重。

水体中的铅可来源于岩石、土壤、大气降尘和含铅废水的排放。用铅污染的水灌溉，可导致农田土壤铅污染，继而导致种植的农作物铅含量增高。地下岩层中铅背景值较高时，可能渗透到地下水中，导致地下水中铅含量超标，人们饮用了铅超标的地下水即有可能发生铅负荷增高。在使用镀铅金属输水管道的地区，经漂白处理的自来水呈弱酸性，可能缓慢溶出含铅金属水管中的铅。据估计，来自含铅金属水管的自来水中铅含量可高达 $50\mu g/L$。在水源水质较软的地区，输水管道中铅的溶出比例更大，从而使饮用水中铅浓度更高。饮用水铅污染地区的人群体内铅含量明显升高。如使用不含铅输水管道和禁止使用含铅材料对输水管道进行焊接，可使人体内铅负荷明显降低。

城市、矿山和冶炼厂附近的土壤含铅量因大气降尘而增加。土壤是人体铅暴露的另一个重要途径，特别是对于年幼儿童。儿童卫生习惯较差，手口行为较多，容易将含铅的土壤或尘土从口摄入，造成体内的铅负荷升高。重工业地区土壤铅污染较重。如我国重工业城市沈阳大约 15.3% 的尘土中铅含量超过了我国人群健康风险土壤含铅标准(350 mg/kg)，是当地儿童户外活动时铅摄入的重要来源。室内尘土中的铅也是人体铅暴露的重要来源，其大部分来自室外的铅污染。

环境中的铅由于不能被生物所代谢分解，属于持久性污染物，可通过气象因素、物理作用发生迁移，通过植物的吸收进入生态系统。大气中的铅可被雨水带入土壤中。被铅污染的灌溉水浇灌农田后，可造成农田土壤铅污染。土壤中的铅可被农作物吸收、富集。进入水体的铅，一部分被水生生物富集于体内，一部分沉积于底泥中。水体、土壤、空气中的铅被生物吸收而向生物体转移，造成全世界各种植物性食物中含铅量均值范围为 0.1~1 mg/kg(干重)，食物制品中的铅含量均值为 2.5 mg/kg，鱼体含铅均值范围为 0.2~0.6 mg/kg,部分沿海受污染地区甲壳动物和软体动物体内含铅量甚至高达 3000 mg/kg 以上。

铅及其化合物具有一定的毒性,进入机体后,会对神经系统、造血系统、消化系统、泌尿系统、心血管系统和内分泌系统等多个系统产生危害。

(1) 肾脏危害。铅会导致两种肾病。一种是常在儿童中观察到的急性肾病,这是由短期高水平铅暴露,造成线粒体呼吸及磷酸化被抑制,能量传递功能受到损坏而导致的。这种损坏作用一般是不可逆的。另一种肾病是由长期铅暴露导致肾小球过滤降低及肾小管的不可逆萎缩导致的。肾近曲小管是铅作用的靶器官。铅毒性肾损害不仅损害肾小体,使肾小球增大、毛细血管充血,肾小球和间质出现纤维化增生,而且损害肾小管上皮细胞,导致线粒体变性、内质网扩张、溶酶体增多、核内包涵体出现等,这些反应会导致一系列的细胞损害效应,可引起细胞凋亡,最终导致肾脏损害、肾衰竭。慢性铅中毒尸检病例常见有细小动脉硬化性固缩肾报告。近年来,国外仍有慢性铅中毒引起高血压和肾脏损伤的报告。急性铅中毒病例,可发生明显的中毒性肾病,近曲小管上皮有广泛颗粒变性、脂肪变性乃至坏死。铅中毒时,肾小管上皮细胞核内常出现包涵体,核内包涵体也可见于肝细胞和脑的星形胶质细胞。同时还伴有氨基酸尿、糖尿和过磷酸盐尿。此外,肾小管上皮细胞还可出现呼吸与磷酸化能力受到损伤等形态与功能的改变。

铅所致肾脏损伤的早期病理形态学改变主要发生在近曲小管,晚期可见肾小球膨胀、球囊粘连、肾间质局部纤维化、肾小管萎缩等;尿蛋白增高是慢性铅中毒肾损伤的一个重要标志,由于铅的主要靶部位在肾小管,所以低分子蛋白尿的测定有助于判断肾损伤程度,通常将尿微球蛋白作为肾小管早期损伤的指标;肾小管损伤后,对糖的重吸收减少,因此铅中毒引发肾损伤的病人还会出现尿糖症状;肾脏功能早期损害即会出现肌酐清除率下降。肾小管细胞中有丰富的酶类,肾脏损伤时,尿中的酶类增高,N-乙酰-β-葡萄糖苷酶(N-acety-β-glucosaminidase,NAG)是铅暴露早期肾损伤的敏感指标。有研究发现,高血压病人体内铅负荷与慢性肾脏疾病的发生具有相关性,而血压正常者其体内铅负荷与此无相关,表明铅负荷增高能促进高血压病患者慢性肾脏疾病的发生和发展。

(2) 骨骼毒性。人体内绝大部分铅贮存在骨骼和牙齿中。铅滞留于骨骼中可长达数十年之久。骨骼铅可被再吸收重新分布于血液中(例如儿童生长发育阶段、妇女妊娠期、哺乳期等),从而充当潜在的铅内暴露来源。同时骨骼也是铅毒性作用的重要靶器官。铅一方面通过损伤内分泌器官而间接影响骨功能和骨矿物代谢的调节能力,另一方面通过毒化细胞、干扰基本细胞过程和酶功能、改变成骨细胞-破骨细胞耦联关系,并影响钙信使系统从而直接干扰骨细胞的功能。动物实验表明,铅对成骨细胞有毒性作用,可抑制其增殖、分化,可能是铅暴露影响骨骼发育的机制之一。研究发现铅高暴露儿童头骨、第三和第四颈椎骨矿物质密度高于低暴露儿童,可能是由铅抑制了甲状旁腺素相关肽的作用,间接导致骨骼过早成熟,而儿童稍大后又出现骨质疏松。

(3) 血液循环系统危害。铅可抑制血红蛋白合成过程中的一些关键酶的活性,如 δ-

氨基乙酰丙酸脱水酶(delta-amino levulinic acid dehydratase，ALAD)，使通过 δ-氨基乙酰丙酸(delta-amino levulinic acid，ALA)形成叶胆原的量减少；还可抑制粪卟啉原氧化酶和铁络合酶的活性，阻碍粪卟啉原Ⅲ及原卟啉Ⅳ与亚铁离子结合形成血红素，使血红蛋白合成受阻，致使血液中 ALA 和粪卟啉(coproporphyrin，CP)增多，经尿液排出的量增多。同时红细胞内游离原卟啉(free erythrocyte protoporphyrin，FEP)也增多。尿中 ALA 和 CP、血中 FEP 增多是铅中毒的早期征象。由于血红蛋白合成障碍，骨髓内幼红细胞代谢性增生，外周血液中点彩红细胞、网织红细胞和嗜多性红细胞增多。铅对红细胞具有直接毒性作用。铅可抑制红细胞膜三磷腺苷酶的活性，使细胞内外钾、钠离子分布异常，红细胞膜皱缩、弹性降低、脆性增大，不能耐受机械性损伤，从而在通过毛细血管时破裂而发生溶血。铅对血管也具有毒性作用。铅可引起小动脉痉挛，可能与其使卟啉代谢障碍、干扰自主神经有关，也可能与铅直接作用于平滑肌有关。腹绞痛、中毒性脑病、神经麻痹可能是血管痉挛引起的。铅容是皮肤血管收缩所致；腹绞痛时往往伴有视网膜小动脉痉挛和高血压；急性铅中毒时可出现肾小动脉痉挛、肾血流量减少；铅中毒脑病是一种高血压病，是由脑血管痉挛、脑贫血，甚至脑水肿引起的。

贫血也是急性或慢性铅中毒的一个早期表现，而且是慢性低水平铅接触的重要临床表现，为幼红细胞核血红蛋白过少性贫血。有关铅中毒患者研究表明，贫血是成熟红细胞直接被溶血的结果，而与血红素的生物合成无关。更多的资料认为铅可影响血红素、血红蛋白的合成，使 ALAD 受到抑制，使血红素和血红蛋白的合成发生障碍，表现为血液中 ALA 和 CP 增高，以及尿液中的成分改变。

(4)心血管系统危害。主要表现在心血管病死亡率与动脉中铅过量密切相关，心血管病患者血铅和 24 小时尿铅水平明显高于非心血管病患者。铅暴露能引起高血压、心脏病变和心脏功能变化，使心血管疾病发生概率增大，这可能与铅导致反应氧族合成增多及一氧化氮生物利用度降低有关。有研究发现，长期铅高暴露是导致人体在大气污染严重时心律失常发生的易感因素之一，铅高暴露人群高血压的发病率显著高于低暴露人群。

(5)免疫系统危害。铅具有免疫毒性。有报道提示，血铅对学龄前儿童 T 淋巴细胞有损害作用。另有研究者发现血铅负荷对儿童 T 细胞亚群表达具有影响，使外周血 CD3(cluster of differentiation 3，分化簇 3)的表达，以及 CD4 与 CD8 的比值下降，儿童免疫功能下降。研究发现，年龄越低的儿童血铅平均水平较高；3 岁以下血铅高于 15 $\mu g/dL$ 的儿童，免疫球蛋白浓度及外周血 B 细胞浓度与血铅浓度呈正相关。也有学者称长期低水平铅暴露并不会对人体的免疫系统产生毒性作用。可见，低水平铅的免疫抑制作用还不甚明了。

(6)神经系统危害。铅对多个中枢和外围神经系统中的特定神经结构有直接的毒害作用。在中枢神经系统中，大脑皮层和小脑是铅毒性作用的主要靶组织。铅可能干扰脑组织的代谢。在铅中毒早期或在铅的轻微影响下，大脑皮层兴奋和抑制过程发生紊乱，皮层-内脏的调节也发生障碍，进一步则可发生神经(包括大脑、小脑、脊髓、周围神经)系统组织结构改变。此外,铅还可影响脑发育过程中必需的调节因子,如激素、氨基酸、微量元素、生物因子等的释放、合成或摄入,具有较强的神经发育毒性。在周围神经系统中,运动神经轴突是铅毒害的主要靶组织。

铅会毒害中枢神经系统,使铅中毒者的心理发生变化,例如出现忧郁、烦躁等症状。儿童则表现为多动。铅中毒会导致智力下降,尤其是儿童会出现学习障碍。据报道,高铅负荷儿童的智商值较低。铅中毒者可发生感觉功能障碍,出现视觉功能障碍、视网膜水肿、球后视神经炎、盲点、眼外展肌麻痹、视神经萎缩、眼球运动障碍、瞳孔调节异常、弱视或视野改变、嗅觉或味觉障碍等。铅可降低周围神经系统的运动功能和神经传导速度,导致肌肉损害。铅中毒时,桡神经特别容易受累,表现为非对称性腕下垂。受损神经的病理学变化为可见明显的轴索周围改变,髓鞘崩解成颗粒状或块状,有时完全溶解。

(7)生殖毒性。铅可降低成年男性精子活性,使精子数量减少。铅可影响性激素分泌,可降低男性的生育力。铅暴露对女性也具有生殖毒性。体内铅负荷增高的孕妇易发生流产、早产、死产及生产低体重婴儿。妇女孕期体内铅负荷高可累及胎儿及儿童的发育。众多研究表明,妊娠期妇女骨骼发生重塑,骨骼中的铅可被重吸收释放至血液中,引起胎儿母体内铅暴露。有研究表明,产妇血铅浓度与脐带血铅浓度具有很强的相关性,提示母体中的铅可迁移至胎儿。

3. 汞(Hg)

汞是一种毒性较强的有色金属,在常温下为银白色发光液体,俗称水银。汞可以溶解许多金属(钠、钾、锌、铅等)形成汞齐,在常温下可与硫结合,毒性可大大降低。金属汞几乎不溶于水,易溶于硝酸、热硫酸,但与稀硫酸、盐酸、碱都不反应。一价汞大多数不溶于水,仅有少数如硝酸亚汞溶于水。通常俗称的甘汞(Hg_2Cl_2)即是重要的一价汞化合物。最常见的二价汞盐为氯化汞($HgCl_2$),也称之为升汞,是消毒剂和化工生产的重要原料。汞其他常见的化合物还有硫化汞(HgS,即朱砂)、硫酸汞($HgSO_4$)、草酸汞(HgC_2O_4)、碘化汞(HgI_2)等。它们在水中的溶解度相差很大,硝酸汞、硫酸汞溶解度很大,氯化汞、氰化汞次之,碘化汞几乎不溶于水。二价汞大多数为无色,碘化汞为红色或黄色,硫化汞为黑色或红色,氧化汞为红色。

大气中汞的本底含量为 $1 \sim 10 \ ng/m^3$,其来源分为自然源和人为源。每年约1/3的汞来自自然源释放,包括火山爆发、地热活动、水体和土壤中汞的迁移、植物表面的蒸腾作用和森林火灾等。汞的人为来源主要有煤和石油的燃烧、冶炼含汞的矿石(铜、铅、锌)、制造水泥产品(石灰中的汞)、制造含汞产品(温度计、压力机及各类化妆品)等。大气中汞的存在形式主要有原子态汞(Hg^0)、水溶性无机汞化合物(Hg^{2+})、有机汞和颗粒态结合汞。其中95%以上是以原子态形式存在的,其蒸汽压高、水溶性低,能在大气中长时间停留和远距离传输,是导致全球汞污染的一个重要因素。

大气中汞可经过干沉降和湿沉降两个过程去除。降尘中的汞可能累积在植物叶部,进而被树叶吸附或沉降到地面,是森林土壤汞库的重要组成部分。大气中颗粒汞除能被降水淋洗外,还可经重力沉降、湍流扩散等过程沉降于陆地与水生生态系统中。同时有研究显示汞沉降和酸沉降之间有着某种程度的同源性和协同性，即使大气中汞的浓度维持不变，由于酸沉降也将造成大气汞干湿沉降的增加。研究表明，北欧各国大气中的汞与湖泊中鱼汞的生物累积相关。同时也有研究证明，因大气汞的传输和沉降，瑞典10000个湖泊都受到了严重的汞污染。

天然水体中汞含量甚微，为 $0.03\sim2.8\ \mu g/L$。水体中的汞除了其自身含有的以外，还有人为生产排放的汞。水中汞的主要来源有含汞矿物的开采、冶炼，各种汞化合物的生产和应用（如冶金化工、化学制药、造纸、油漆颜料生产、炸药制造等）。当含汞工业废水排放污染水体后，可导致水体中的含汞量明显增加，如日本水俣湾海水含汞量达 $1.6\sim3.6\ \mu g/L$。进入水体中的汞大多数都吸附在固体微粒上，并沉降于水底，因此底泥中的汞含量一般较水中高。我国松花江是汞污染比较严重的河流，1973年松花江吉林段污水排放口附近沉积物中汞含量为 $1.6\ mg/kg$，到2020年，松花江吉林段污水排放口附近沉积物汞含量下降为 $0.183\ mg/kg$，排放水体中汞含量从严重超标降低至 $0.016\ \mu g/L$，已经低于《地表水环境质量标准》第Ⅱ类标准中规定的数值 $0.05\ \mu g/L$。

土壤中的汞主要来源于成土母岩，不同地区和不同类型的土壤中含汞量有一定差异，同时也受环境汞来源，如大气汞的干湿沉降、污水灌溉及污泥利用、农药和化肥使用等的影响。有综述文献显示，2021年，安徽黄山太平湖中沉积物的汞含量为 $0.14\sim0.39\ mg/kg$。有些受污染的地区汞含量较高，美国加利福尼亚州有些矿区的土壤汞含量可达 $10\sim100\ mg/kg$，日本汞矿附近农用土壤中汞含量为 $0.05\sim5.00\ mg/kg$，最高为 $67\ mg/kg$。土壤中汞以 0、+1、+2 价存在。在正常的土壤 Eh 和 pH 范围内，汞以零价状态存在是土壤中汞的特点。研究显示，土壤中的汞约91%是以无机难溶态存在的，其中85%又以 HgS 形态存在。土壤通过物理吸附、化学吸附使外源汞滞留在土壤中，然而，该过程并不是一成不变的。土壤汞可以被激活，形态可发生变化，在土壤中发生物理、化学和生物迁移。

人为活动汞的生命周期物质流向如图2-5所示。汞的物质流向可分为有意排放和无意排放2类。①有意排放活动，如原生汞矿采冶和汞回收利用是汞产品的主要供应源，供应至添汞产品生产、汞触媒生产、含汞工艺的工业活动［聚氯乙烯（polyvinylchloride，PVC）、氯碱等的生产］、手工与小规模炼金等。②无意排放活动，如煤炭焚烧、有色金属冶炼、水泥熟料生产等。

汞是一种常见的有毒金属，长期接触或摄入汞可能会对人体造成多种危害。

(1) 肾脏危害。肾脏是无机汞排泄、蓄积和毒性作用的主要器官，肾脏比大脑和肝脏能蓄积更高水平的汞。实验研究表明，大鼠皮下注射氯化汞，可使 NAG、尿蛋白和尿汞含量、血尿素氮 (blood urea nitrogen, BUN) 和肾汞含量随着染汞剂量的增加而升高。核因子 κB (nuclear factor-κB, NF-κB) 是一种筑基依赖性转录因子，可以促进细胞存活，保护细胞免于凋亡。已经证实，二价汞离子是强筑基结合剂中的一种，能损伤 NF-κB 的活性，微量的二价汞离子即可结合肾上皮细胞 DNA，暴露效应通常发生于近曲小管细胞。暴露于 $5\ mg/kg$ 汞土壤环境中2年，可引起汞中毒，导致血浆肌酐水平增高，甚至肾功能不全。

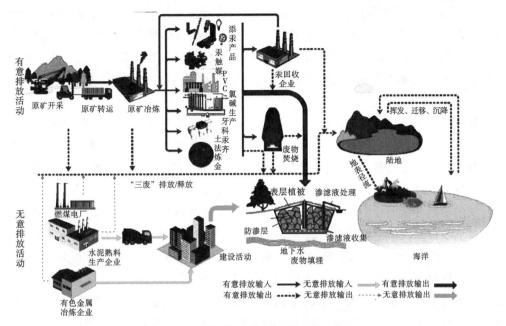

图 2-5　人为活动汞的生命周期物质流向

(2) 血液循环系统危害。最近的研究表明，低剂量汞对心血管系统存在影响，主要表现在鱼体内汞的含量可以抵消摄入鱼类对心血管疾病的保护效应。孕妇产前暴露于汞可能影响胎儿心血管系统的内环境稳定，当脐带血的汞浓度从 1 μg/L 增加到 10 μg/L 时，会导致低出生体重儿、胎儿收缩压和舒张压增加 1.75 kPa。

(3) 免疫系统危害。免疫系统在机体防御机制中起着非常重要的调控作用。汞可造成机体免疫系统功能紊乱，发生诸如自身免疫性狼疮加重、多发性硬化、自身免疫性甲状腺炎、特异性湿疹等。某些自身免疫性和变应性疾病患者的淋巴细胞在体外受低剂量的无机汞刺激时会发生增生。汞能诱导或加重敏感种群大鼠和小鼠的自身免疫性狼疮。

(4) 神经系统危害。慢性汞中毒可对成人造成记忆丧失、老年性痴呆症样痴呆、注意力不集中、共济失调、感觉迟钝、发音障碍、亚临床手指震颤、听觉和视觉损伤、感觉紊乱、疲劳加重等损害；对儿童、婴幼儿可造成语言和记忆能力短缺、注意力不集中、孤独症等损害。

(5) 生殖系统毒性。汞可造成男性和女性的生育力降低、后代出现畸形。动物实验表明，甲基汞可透过血-睾屏障，在睾丸组织中蓄积，影响生精过程，从而降低雄鼠的交配率和雌鼠的受孕率。急性毒性实验表明，小鼠在未出现明显神经系统中毒症状前，睾丸组织中甲基汞含量已明显增高，并出现明显病理改变，包括精原细胞和精母细胞退行性变、细胞空泡化、核膜溶解、线粒体肿胀、出现异常颗粒及细胞碎片等，说明睾丸对甲基汞的毒性更为敏感。氯化甲基汞也能影响雌性动物卵巢细胞周期，使 G1 期细胞增加，出现明显的 G1 期阻滞，DNA 合成受抑制，细胞有丝分裂延迟，并且氯化甲基汞能对卵巢细胞线粒体产生损伤，造成能量代谢异常，导致卵巢功能改变。

(6)致癌、致突变毒性。研究表明,当汞浓度低于 50 $\mu g/g$ 时,可发生淋巴细胞的遗传学损伤。短期血培养暴露于氯化汞后,会导致细胞姊妹染色体交换,并诱导细胞分裂后期有丝分裂异常。另外,研究发现当汞浓度超过 1 $\mu mol/L$ 时,汞的染色体遗传毒性表现为影响微管组装,当汞浓度升至 10 $\mu mol/L$ 左右时,微管组装被完全抑制。

4. 铬(Cr)

环境中的铬(包括各种铬酸盐)在自然界的迁移十分活跃。由于风化、地震、火山爆发、风暴、生物转化等自然现象,使岩石中的铬由岩石圈进入土壤、大气、水及生物体内,其迁移主要是通过大气(气溶胶和粉尘)、水和生物链来完成的。美国国家毒理研究中心出版的《致癌物报告》中指出,美国的自来水中总铬的含量为 $0.4\sim8.0$ $\mu g/L$,河流和湖泊中铬含量通常为 $1\sim10$ $\mu g/L$。据加拿大国家研究理事会和德国海洋研究所的资料报道,世界大气中铬的本底值为 1 $\mu g/m^3$,地表水中铬的本底值为 10 $\mu g/L$,海水中小于 1 $\mu g/L$,土壤和底泥中铬的含量分别为 $5\sim300$ mg/kg 和 $6\sim1240$ mg/kg。

铬广泛存在于自然环境中,地壳内含有大量的铬。铬在地壳中分布是不均匀的,有些地区地壳铬含量非常高,形成铬铁矿、铬铅矿和硫酸铬矿等,通过岩石风化释放到大气、水体和土壤中。造成环境污染的大多是三价铬,即 Cr(Ⅲ),其污染程度主要取决于岩石中铬的含量,因地质条件不同而有很大差异。工业生产的含铬废水是铬污染的重要人为来源,其中主要是六价铬(Cr(Ⅵ))。钢铁冶炼、耐火材料、电镀、制革、颜料和化工生产及燃料燃烧均可排出含铬废气、废水和废渣。铬在电镀工业用量最多(占铬用量的 43.2%)。在铬电镀的过程中,废弃及意外排放的电镀液是铬污染的最主要来源。水洗过程的废水亦会带出铬而污染环境。镀铬工艺只有 10% 的铬附着在镀件上,30%~70% 的铬随生产废水排放,废液中一般含铬量为 10 mg/L 左右,最高可达 600 mg/L;铜、铁等金属制品、金属零件也常使用铬酸酐清洗,以增强其导电性及耐磨性,因此,废弃的铬酸酐液也是铬的主要污染源。含铬废渣的堆放若不严格管理,经雨水冲淋,可使大量 Cr(Ⅵ) 渗溶和流失,导致地下水受到铬的污染。

不同水体中铬的含量差别很大。海水中铬的含量较低,在 1 $\mu g/L$ 以下,多为 $0.05\sim0.5$ $\mu g/L$。Cr(Ⅲ) 及 Cr(Ⅵ) 是自然界水中主要的存在形式,但随着水深增加,Cr(Ⅲ) 含量逐渐增加。铬在海水中具有多种存在方式,如无机状态的离子、无机和有机配合物、颗粒态铬等。其中,与矿物质颗粒结合的较粗铬颗粒主要集中在靠近河口部位和陆地边缘,而胶体、亚胶体含铬微粒经常以微细悬浮物形式存在于海水中。天然水体中,在正常 pH 条件下,Cr(Ⅲ) 和 Cr(Ⅵ) 可以相互转化,由于亚铁离子、有机物和某些还原性物质存在,Cr(Ⅵ) 可被还原成 Cr(Ⅲ)。水中溶解氧及二氧化锰等物质可使 Cr(Ⅲ) 氧化为 Cr(Ⅵ)。江河水中铬的含量比海水高。我国沈阳和锦州地区地下水的铬污染曾较为严重,城市自来水中铬的含量为 $0\sim35$ $\mu g/L$,平均 0.43 $\mu g/L$。

铬在空气中的含量一般较低。由于工业含铬废气的排放及铬在环境介质中的循环和转化,大气中铬的含量和分布非常不均匀。一般来说,陆地近地层空气中的铬浓度明显高于海洋上空,相差 10 倍以上。由于煤中含铬量约为 10 mg/kg,金属冶炼、火力发电等企业燃煤排放的含铬废气可能污染大气。气溶胶对于铬在大气中的存在和转移具有特殊意义。大气中铬的主要载体是气溶胶,即悬浮在空气中的固体颗粒。大气中的铬含量既受到地壳中含铬岩石风化的影响,又受到附近含铬生产工业的影响。

铬在土壤中主要以 Cr^{3+}、CrO_2^-、$Cr_2O_7^{2-}$ 和 CrO_4^{2+} 四种形态存在。研究表明 Cr(Ⅲ)化合物进入土壤后,90%以上迅速被土壤吸附固定,以铬和铁的氢氧化物的混合物形式存在。Cr(Ⅵ)进入土壤后能迅速被土壤中的有机质转化为 Cr(Ⅲ),而被吸附固定,难以迁移,减轻了其对植物和人体的危害,但累积若超过了土壤的自净作用,后果也很严重。土壤黏土矿物吸附 Cr(Ⅲ)的能力为吸附 Cr(Ⅵ)能力的 30~300 倍。由于 Cr(Ⅵ)具有较强的迁移能力,更容易被植物吸收,迁移的范围广,相应产生的环境健康危害也更大。

铬的价态不同,人体吸收铬的效率也不一样。Cr(Ⅵ)是铬毒性最大的形态,也是目前我们日常生活中主要接触的形态,因为它是许多工业制品的主要成分之一。Cr(Ⅵ)的毒性非常强,通过吸入、口服或皮肤接触等途径进入人体后,会对人体造成严重的毒性影响,包括刺激性、腐蚀性和致癌性等。铬健康危害主要表现在恶性肿瘤、消化道损伤、呼吸系统损伤、皮肤损伤、泌尿系统损伤和心血管循环系统损伤等。

(1)肾脏危害。接触含铬化合物的早期肾脏损伤主要发生在肾脏近曲小管,表现为近曲小管重吸收功能障碍,引起肾功能改变;肾脏近曲小管细胞中的酶和蛋白也会进入尿液,导致尿液中相应酶和蛋白的含量升高。实验表明,大鼠皮下注射重铬酸钾后,发现最早且最敏感的非损伤性功能改变是尿蛋白阳性率的升高。铬中毒大鼠肾、尿中各种铬结合物与肾损害关系的实验研究结果提示,低分子铬结合物是铬主要的排泄形式,与铬的解毒可能有密切关系;随着肾损害进展,小分子铬结合物明显增多,这可能是铬攻击靶器官的主要活性因素。

γ-谷氨酰转肽酶(γ-GT)和 NAG 主要存在于肾脏近曲小管上皮细胞内。当接触含铬化合物引起肾脏近曲小管损伤时,尿中 γ-GT 和 NAG 的活性就会增高。近曲小管损伤能导致重吸收功能障碍,会引起尿中 β_2-微球蛋白(β_2-MG)、碱性磷酸酶(alkaline phosphatase,ALP)、溶菌酸等小分子蛋白质含量增高。流行病学研究结果表明,长期暴露于 Cr(Ⅵ)化合物中会造成慢性肾损伤,损伤部位为近曲小管,尿铬水平高于 15 $\mu g/g$ 肌酐可作为肾中毒的阈剂量。γ-GT、NAG 和 ALP 可作为肾损伤的早期生物学指标。

(2)生殖毒性。长期接触铬化合物还可能对人类的性腺和附性腺、内分泌及性欲、性功能及生育力产生影响。有研究报道了铬酸盐对生产工人生殖结局的影响。结果显示,铬酸盐生产男工妻子的自然流产率为 4.92%,显著高于对照组 2.67%。且随工龄的增长,其发生率有增长趋势。自然流产是人类生殖损伤的重要指标,所调查的铬酸盐男工,其妻子均不接触对生殖有害的化学物质和放射线,所以可能是因男工在生产中接触多种铬化物直接损伤生殖细胞(精子),以致影响受精卵和胚胎的发育,导致胚胎死亡,发生流产。

(3)致癌、致突变性。Cr(Ⅵ)具有致癌并诱发基因突变的作用。美国环境保护局(U. S. Enviromental Protection Agency,USEPA,即美国环保局)将 Cr(Ⅵ)确定为 17

种高度危险的毒性物质之一。六价铬化合物口服致死量为 15 g 左右，水中 Cr(Ⅵ)含量超过 0.1 mg/L 就会中毒。铬对人体的毒害作用类似于砷，其毒性作用随价态、含量、温度和个体差异而变化。

5. 铊(Tl)

铊是一种质软、银（蓝）白色稀有分散重金属，密度为 11.85 g/cm³，熔点仅 304 ℃，沸点为 1473 ℃。铊有两种同位素，^{203}Tl 和 ^{205}Tl。铊主要的两种离子状态为氧化Ⅰ态(Tl^+)和氧化Ⅲ态(Tl^{3+})，Tl^+ 相对于 Tl^{3+} 更加稳定。较为稳定的 Tl^+ 易溶于水，具有较高的可溶性和流动性；而 Tl^{3+} 易被吸附且毒性更强，但环境迁移能力较弱，更易出现在强氧化环境中。在自然条件下，两者转化较为困难，但是若 Tl^{3+} 与其他电子形成了 $TlCl^{2+}$、$TlCl_2^+$、$TlCl_4^-$ 等络合物，则使得两者之间的转化易于实现。Tl^+ 具有亲石和亲硫两种特性。亲石性表现为 Tl^+ 与 K^+、Rb^+、Ag^+ 具有相似的地球化学行为，因此，铊经常可以取代 K^+ 进入含钾的硅酸盐或硫酸盐矿物中。亲硫性表现为铊可与铅、锌、铜和铁等硫化物形成元素共生组合，尤其是在低温热液硫化物成矿过程中。黄铁矿、白铁矿、雄黄和辰砂等矿物中常含有大量的铊。据美国地质调查局(United States Geological Survey, USGS)的统计，虽然铊的地壳丰度很低(0.45 μg/g)，但蕴含于铅锌矿床中的铊资源量可达 1.7 万 t。

事实上，铊一直被认为是毒性最强的重金属元素之一，吞食是铊进入人体的主要途径，铊也可以经由呼吸道及皮肤黏膜等途径快速被人体吸收。急性铊中毒可引起胃、肝、肾、脑、肠、心血管和神经系统等的病理改变，甚至可导致死亡。Tl^{3+} 比 Tl^+ 和许多其他金属（如 Cd^{2+}、Cu^{2+} 和 Ni^{2+}）毒性大得多，其毒性接近于 Hg^{2+}。普遍认为，铊致病机理与铊离子的化学特性密切相关。铊及其化合物进入消化系统后，经消化吸收随着血液循环至全身器官，并且易在肾脏、骨骼、大脑、肝脏等部位积聚。铊的中毒机制主要体现为以下 3 个方面。①严重干扰 K^+ 在机体内的正常生命活动，动物细胞中钾通常仅以 K^+ 的形式参与化学反应，铊是一种能够模拟多种元素的物质，能够在许多生化反应中取代 K^+。目前临床公认铊对 K^+ 存在竞争性抑制作用。②铊能够在一定程度上抑制 Na^+-K^+-ATP 酶的活性，铊与 Na^+-K^+-ATP 酶的亲和力为 K^+ 的 10 倍，铊在 K^+ 含量高的组织中积聚并产生症状。这种酶具有穿越细胞和线粒体膜的反端口机制，使三个 K^+ 移动到两个 K^+ 上，电荷上的差异为葡萄糖、氨基酸和营养物质的输入提供了动力。③Tl 通过抑制丙酮酸脱氢酶、琥珀酸脱氢酶、电子传递链(electron transfer chain, ETC)的复合物Ⅰ、Ⅱ和Ⅳ，以及减少 ATP 合成的氧化磷酸来降低线粒体能量的产生，最后特异性与蛋白或酶分子疏基结合，干扰其生物活性。

6. 钴(Co)

钴是质地硬而脆的一种金属元素，熔点达到 1500 ℃ 左右，沸点约 3100 ℃，相对密度 8.9 g/cm³。钴有很多特性，其在高温下能够保持较高的强度，并且具有较低的导热性和导电性及较强的铁磁性。钴是生产耐热合金、硬质合金、防腐合金、磁性合金和各种钴盐的重要原料。钴消费中约 70% 是金属态钴，主要用于超级耐热合金、工具钢、硬质合金、磁性材料等方面；以化合物形式（催化剂、干燥材料、试剂、陶瓷釉等）的消费量约为 25%，其余约为 5%。钴的外貌和纯铁或镍相似，硬度高于铁，电解沉积出来的钴硬度又高于高温生产的金属钴。钴中含有少量碳（最高达 0.3%）时，会增大钴金属的抗张强度和耐压强度，而不会影响其硬度。钴可以机械加工，但略有脆性。钴的物理性质在极大程度上依赖于钴的纯度，还依赖于存在的异形变体。钴的化合价为 +2 价和 +3 价。在常温下不和水作用，在潮湿的空气中也很稳定。在空气中加热至 300 ℃ 以上时氧化生成 CoO，在白热时燃烧生成 Co_3O_4。钴是中等活泼的金属，其化学性质与铁、镍相似。高温下发生氧化作用。加热时，钴与氧、硫、氯、溴等发生剧烈反应，生成相应化合物。钴可溶于稀酸中，在发烟硝酸中因生成一层氧化膜而被钝化。钴会缓慢地被氢氟酸、氨水和氢氧化钠浸蚀。

空气中钴主要来自煤炭的燃烧，每千克煤中的钴含量为 1~90 mg，平均每千克煤中钴含量为 4 mg，每千克石油中仅有 0.05 mg 钴。钴在天然水中常以水合氧化钴、碳酸钴的形式存在或者沉淀在水底，或者被底质吸附，很少溶解于水中。淡水中钴的平均含量为 0.2 μg/L。在酸性溶液中其以钴的水合络离子或其他络离子的形式存在，在碱性溶液中以 $[Co(OH)_4]^{2-}$ 的形式逐渐增大溶解度。在海水中钴的平均含量只有 0.02 μg/L，溶解的钴主要以 CO^{2+} 和 $CoCO_3$ 的状态存在。水体中钴的污染主要来自工业废水的排放。排入水体的钴会在入海河口附近沉积物中富集，对鱼类和水生动物的毒性影响极大。水体钴浓度达到 10 mg/L，就可使鲫鱼和丝鱼死亡。人一次性摄入钴超过 500 mg 即会中毒。钴曾用作啤酒的起泡剂，大量饮用啤酒的人可能会引起钴中毒事件。土壤中的钴主要来自岩石的风化。

钴的过量摄取可对机体造成多种毒性效应，被钴损害的器官包括神经系统、呼吸系统、循环系统、内分泌系统等几乎所有的重要脏器。钴中毒引起的感觉神经系统最常见疾病包括神经炎、耳鸣和进行性听力下降及视觉障碍。钴中毒引起的呼吸系统最常见疾病包括肺炎、慢性弥漫性肺间质纤维化、支气管哮喘。钴中毒引起的循环系统最常见疾病是心肌病。钴中毒引起的内分泌系统常见疾病是甲状腺肿。钴还能引起接触性皮炎等皮肤系统疾病。钴中毒引起的消化系统疾病主要表现为胃肠功能紊乱等。此外，钴中毒还可降低许多种酶的活性、降低机体抵抗力甚至激发癌变，因此，国际癌症机构将钴和钴的化合物列为人类可能致癌物质的 2A 级。

关于钴中毒的细胞损害机制包括以下几方面。①引发氧化失衡。许多活体动物实验和离体培养实验结果表明，进入细胞内的钴离子可诱发氧自由基的过量产生，通过芬顿反应（Fenton reagent）催化自由基的过量生成，并催化过氧化氢形成氧化性极强的羟基自由基。钴离子还可以抑制细胞的抗氧化能力，如作为细胞内抗氧化剂的硫辛酸在钴中毒过程中可以被钴离子大量消耗，从而在增强自由基的同时又削弱细胞的抗氧化能力，最终造成细胞的氧化/抗氧化失衡。因此，钴引起的细胞中毒性损害是从增强自由基对组织的破坏和削弱抗氧化系统这两个方面同时对组织细胞展开的攻击，导致细胞内丙二醛和脂质过氧化物及过氧硝酸盐等浓度显著增加，从而使细胞在自由基过剩的恶劣环境中激发了多种细胞凋亡信号的释放而最终导致细胞凋亡。②造成线粒体损伤。钴离子的特异性会影响线粒体功能，主要在于钴离子与三羧酸循环中的含巯基分子结构发生特异性配位结合，从而消耗了线粒体内储存的硫辛酸，并导致三羧酸循环中以硫辛酸作为协同因子的丙酮酸对乙酰辅酶 A 的氧化脱羧反应遭到抑制或破坏，最终导致线粒体对氧的摄取发生障碍。③引起细胞缺氧。如前所述，线粒体是钴中毒过程中发生最明显破坏的细胞器之一，由于线粒体是细胞唯一的呼吸器官，因此一旦线粒体受到攻击，难免会发生一系列的缺氧性病变。缺氧可使线粒体内的电子流中断，造成氧化磷酸化障碍并导致细胞内 ATP 缺乏。由此造成细胞内各种功能障碍，例如细胞膜和细胞内膜系统中的钠钾泵在钴中毒过程中由于能量缺乏而停止运转，造成膜内钠离子潴留，由于渗透作用又使大量水进入，于是在细胞内迅速形成线粒体水肿、内质网扩张及细胞气球样变形。钴中毒引起细胞缺氧的另外一种机制涉及钴对 HIF-a 亚族泛素化降解系统的干扰。缺氧诱导因子(hypoxia-inducible factor，HIF)与细胞缺氧反应密切相关，但 HIF-a 亚族转录因子可被蛋白体酶信号通路有效降解。在健康状况下，HIF 羟基化酶能激活蛋白体酶通路使 HIF 降解，但是钴离子可以竞争性占据 HIF 羟基化酶的金属离子结合位点，从而使羟基化酶无法催化，从而形成不可逆性细胞缺氧。

7. 镍(Ni)

镍近似银白色，硬而有延展性，是一种具有铁磁性的金属元素，它能够高度磨光和抗腐蚀。溶于硝酸后，呈绿色。主要用于合金(如镍钢和镍银)及用作催化剂。化学性质较活泼，但比铁稳定。室温时在空气中难以被氧化，不易与浓硝酸反应。细镍丝可燃，加热时与卤素反应，在稀酸中缓慢溶解，能吸收相当数量的氢气。天然水中的镍常以卤化物、硝酸盐、硫酸盐及某些无机和有机络合物的形式溶解于水。镍与氨基酸、胱氨酸、富里酸等形成可溶性有机络离子，可随水流迁移。镍在水中主要形成沉淀和共沉淀，以及在晶形沉积物中向底质迁移，这种迁移的镍共占总迁移量的 80%；溶解形态和固体吸附形态的迁移仅占 5%。因此，水体中镍大部分都富集在底质沉积物中，沉积物含镍量可达 18~47 mg/L，为水中含镍量的 38000~92000 倍。土壤中的镍主要来源于岩石风化、大气降尘、灌溉用水(包括含镍废水)、农田施肥、植物和动物遗体的腐烂等。植物生长和农田排水又可以从土壤中带走镍。通常，随污灌进入土壤的镍离子被无机和有机复合体吸附，主要累积在表层。镍污染会在谷物中富集，我国谷物类食品镍含量的平均值为 0.520 mg/kg，总体检出率在 50% 以上，在各种谷物类食品中，小米的镍含量最高。有研究发现北方地区谷物中的镍含量相对南方地区更高。

镍是最常见的致敏性金属，约有 20% 的人对镍离子过敏，女性患者的人数要高于男性患者。在与人体接触时，镍离子可通过毛孔和皮脂腺渗透入皮肤，从而引起皮肤过敏发炎，其临床表现为皮炎和湿疹。一旦致敏，镍过敏常能无限期持续。患者所受的压力、汗液、大气与皮肤的湿度和摩擦会加重镍过敏的症状。镍过敏性皮炎临床表现为瘙痒、丘疹性或丘疹水疱性的皮炎，伴有苔藓化。每天摄入可溶性镍 250 mg 会引起中毒。有些人比较敏感，摄入 600 μg 即可引起中毒。依据动物实验，慢性超量摄取或超量暴露，可导致心肌、脑、肺、肝和肾退行性变。有研究显示，每天喝含高镍浓度的水会增加癌症发病率，特别是已患癌症在放化疗期间应必须杜绝与镍产品接触。

重金属污染对人体的多个系统均有潜在危害，尤其对儿童和孕妇等敏感人群影响更大。针对重金属污染，我国政府陆续出台了《重点区域大气污染防治"十三五"规划》《重金属污染防治"十三五"规划》等政策法规，对重金属污染防治作出明确要求。《重点区域大气污染防治"十三五"规划》中不仅对重点行业重金属排放实行总量控制，设定排放总量指标和强度指标，限制重金属排放总量，从源头减少重金属污染，同时，针对重金属污染防控重点区域制定实施重金属污染综合防治规划，对重金属污染严重的区域开展专项治理行动，加大污染治理投入，提升重金属污染治理水平，对受重金属污染的农田、水体等开展修复治理，减少重金属进入农产品和饮用水的情况。此外，政府还加强监管执法建立重金属排放监测体系，监测重点区域和行业的重金属浓度以及时发现和查处违法排放行为。通过上述全方位措施，我国正在持续推进重金属污染防治工作，努力为人民群众创造更加安全的生活环境。

2.2.2 常见有机污染物

环境中除含有无机污染物外，还含有有机污染物（organic pollutant）。有机污染物是指以碳水化合物、蛋白质、氨基酸及脂肪等形式存在的天然有机物质及某些其他可生物降解的以人工合成有机物质为组成的污染物，可分为天然有机污染物和人工合成有机污染物两大类。有机污染物种类极多，其中特定有机污染物具有毒性大、积累性强、难降解等特点，被列为优先污染物的有机化合物。一些有机污染物由于结构稳定，在自然界中难以降解，且可通过食物链被人类吸收，对人类健康和生态环境都有重大负面影响，已成为重大环境问题。下面将分类为非金属和金属两类介绍几种健康危害较为明显的有机污染物。

2.2.2.1 非金属有机污染物

1. 多环芳烃

多环芳烃（polycyclic aromatic hydrocarbon，PAH）是有机化合物中的一个大类，是指含有两个或两个以上的苯环以苯环共有的稠环形连在一起的化合物（见图 2-6），也称稠环芳烃，通常为气态或附着于颗粒物之上。常见的多环芳烃类大多数由 4～7 个苯环组成，一般由 4～5 个苯环组成的烃类具有致癌作用，由 6 个苯环组成者也有一部分为致癌物，由 6 个以上苯环组成的致癌可能性较小。多环芳烃的生成与有机质在高温和无氧条件下的不完全燃烧有密切的关系。一般认为多环芳烃在 800～1200 ℃ 供氧不足的燃烧中产生得最多。由于多环芳烃主要是有机质不完全燃烧的产物，所以不仅在煤的焦化及半焦化、石油的热裂过程中有大量多环芳烃生成，而且汽油和柴油在内燃机内的燃烧，甚至煤和木炭在炉台中燃烧及在吸烟过程中烟草的燃烧、熏烤食品的过程中也有一定量的多环芳烃产生。研究表明，我国空气、土壤、水体及植物等均受到多环芳烃的污染。

多环芳烃是数量最多、分布最广的一类环境致癌物，目前人类已知的总数已达 1000 多种的致癌物中，多环芳烃约占 1/3 以上。多环芳烃主要可以引起皮肤癌、肺癌和胃癌。在多环芳烃中，以苯并[a]芘致癌性较强。焦炉工人的作业环境存在着大量的

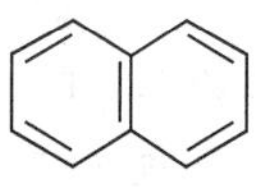

萘 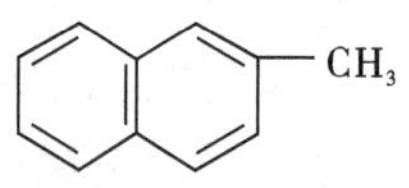　　2-甲基萘 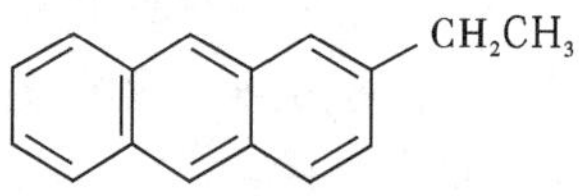　　2-乙基蒽

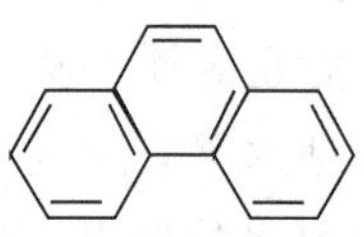

菲 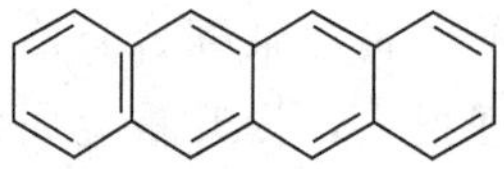　　并四苯 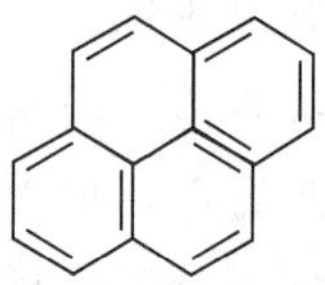　　芘

图 2-6　常见稠环多环芳烃结构式

多环芳烃类物质，是导致焦炉工人呼吸系统疾病及焦炉工人肺癌发生的主要原因。多环芳烃与人类的关系最为密切，在人类日常生活中的某些活动及某种嗜好常常与多环芳烃的产生有密切关系。如吸烟是产生多环芳烃的重要途径，近年来已被证实是诱发人类肺癌的重要因素；又如在油脂类食物的煎、烤、熏等烹调过程中也有致癌性多环芳烃的产生，并被认为是某些地区胃癌率增高的主要原因之一。有关执法部门曾做过抽样检测，发现每千克烤羊肉串中含苯并[a]芘的量大大超过国际卫生组织规定的食品标准（1 μg/kg）。近年来有报道表明，某些偏僻山区也由于当地居民使用室内火炉取暖、做饭的习惯，而造成多环芳烃的严重污染。煤和木材燃烧产生的多环芳烃全部弥漫在室内，造成室内极高的浓度，并由此在当地居民中导致某些呼吸道癌症发病率升高。因此，多环芳烃是分布最广、与人的关系密切、对人的健康威胁极大的致癌物，必须予以足够的重视。

多环芳烃可以通过多种途径进入体内，但主要是经皮肤渗入及由呼吸系统吸入。

(1) 皮肤接触。局部皮肤受多环芳烃污染后，多环芳烃先以较快的速度进入皮脂腺，然后再向邻近组织中扩散。在组织中，多环芳烃先溶解在组织的脂质中，并与组织中成分疏松地结合在一起，一部分被代谢为各种衍生物，还有一部分则可通过细胞间液或微血管系统被移往别处，另有一些可随变性的皮脂细胞脂栓重新回到皮肤表面。多环芳烃进入皮肤的速度随着溶液浓度的增大而增大，但当达到一定浓度后，再增大浓度也不能加快其进入皮肤的速度。以苯并[a]芘为例，当含量从0.01%增至0.1%时，进入皮肤的速度急速上升；但当浓度从0.3%增至3%时，进入皮肤的速度几乎没有改变。多环芳烃进入皮肤的速度与单位面积皮肤中皮脂腺的数量存在一定关系。单位面积皮脂腺数量越多，苯并[a]芘的吸收量也就越大，反之越小。

(2) 经肺吸入。目前的资料大都是取一定量的多环芳烃注入实验动物肺中，然后以不同的时间分批杀死动物，取出肺脏，分析肺中残留的多环芳烃而得来的。这样得到的资料并不能全部表示被肺所吸收的量，因为其中有一部分可能直接被肺组织所代谢，还有一部分可能经过肺的自净作用被重新排出肺外。另外，由于多环芳烃在空气中大都是吸附在烟、尘等固体微粒上，随着微粒进入人的呼吸道，所以微粒的大小和性质对多环芳烃的暴露影响也很大。多环芳烃进入人体的过程中，细颗粒物扮演了"顺风车"的角色,大气中的大多数多环芳烃吸附在颗粒物的表面,尤其是粒径在 2.5 μm 以下的颗粒物上。也就是说,空气中细颗粒物越多,我们接触多环芳烃的机会可能也越多。还有研究表明,单纯注射苯并[a]芘于田鼠肺内,不易使动物发生肺癌;但如果将苯并[a]芘吸附在氧化铁粉尘上再注入田鼠肺中便较容易诱发肺癌。这说明粉尘对苯并[a]芘在肺中有潴留,可能起着促进作用。

2. 亚硝胺类化合物

亚硝胺类化合物多为液体或固体,结构通式为 $\begin{matrix} R_1 \\ R_2 \end{matrix} \!\!\! N{-}N{=}O$,$R_1$、$R_2$ 可分别为烷基、芳香基或环状化合物。当 R_1、R_2 都为甲基时,被称为二甲基亚硝胺。R_1、R_2 的变化可生成多种亚硝胺类化合物,其中具有致癌性的有数十种之多。特别是 R_1、R_2 中一个或两个皆是小分子基团(甲基或乙基)时,表现为强致癌性,其中二甲基亚硝胺是致癌作用最强的一种。亚硝胺类化合物大多不溶于水,溶于有机溶剂,具有光敏性,在紫外线照射下,易发生光解作用。

亚硝胺类化合物在环境中天然含量并不高,但可在人类、动物体内和某些食品及其加工过程中发生生物合成。其前体物是硝酸盐、亚硝酸盐、仲胺(二级胺)和蛋白质、氨基酸等。有研究提出,日本人患胃癌者众多,与日本人多吃腌菜和海鱼有关。因为咸菜中含较多硝酸盐和亚硝酸盐,海鱼中含较多胺类化合物,两者可在体内结合成亚硝胺而致癌。亚硝酸盐和仲胺并不具有致癌作用,但在酸性条件下可以生物合成亚硝胺类化合物。事实上不止仲胺类可以合成亚硝胺,凡含有=N— 结构的化合物都可以生成亚硝胺,例如酰胺类、某些氨基酸、肽类、肌酸、肌酐和氨基甲酸乙酯等。

在蔬菜和许多种肉制食品(腊肉、灌肠、火腿、午餐肉等)中含有较多的硝酸盐和亚硝酸盐。由于在蔬菜种植地里长时期施用氮肥,使很多种蔬菜如卷心菜、菠菜、芹菜等含有大量硝酸盐。含硝酸盐的蔬菜在加工条件下会转成亚硝酸盐,所以实际防腐作用来自亚硝酸盐。腌泡蔬菜中含有一种白地霉菌,可将蔬菜中原先含有的硝酸盐还原为亚硝酸盐。腌菜和酸菜中的蛋白质可以分解成胺类,蔬菜中含有大量的硝酸盐,在腌制过程中极易被还原成亚硝酸盐,所以腌菜和酸菜中亚硝胺含量较高。在腌制肉制品时,为了防腐加入了硝酸盐和亚硝酸盐,它们对肉毒梭菌有很强的抑制作用。另外,在肉中加入的硝酸钠被硝酸盐还原菌还原成为亚硝酸盐,亚硝酸盐在肌肉中乳酸的作用下,形成对热稳定的红色亚硝基红蛋白,使肉呈鲜红色。同时肉中含有丰富的胺类,亚硝酸盐和胺类这两种亚硝胺合成的前体物同时存在,为亚硝胺生物合成提供了条件。啤酒在发酵过程中能形成大量的仲胺,不加蒸馏直接饮用时,亚硝胺含量也较高。

亚硝胺对人体的危害作用通常以致癌作用为主。人体内合成亚硝胺类化合物的主要场所是胃。正常情况下人类胃液 pH 值为 1~4,这种酸性环境有利于亚硝胺类化合物的生物合成。食物、饮水中都可能含有亚硝酸盐或硝酸盐,胺类可在食物中存在,被细菌或霉菌污染的食物中胺类及亚硝酸盐含量均较高,这些食物进入胃中则较易合成亚硝胺类化合物。动物实验发现，有90多种亚硝胺类化合物有致癌性，但它们的致癌程度差异很大，最强的为二甲基亚硝胺和二乙基亚硝胺。已证明亚硝胺主要引起肝、食道、胃等器官的肿瘤，也可诱发脑、大小肠、皮肤、肾、咽喉、肺、鼻腔、胰、膀胱、造血器官、淋巴等的肿瘤。亚硝胺对鱼、小鼠、大鼠、犬和猴等动物的不同组织、器官均有强致癌作用，尤以啮齿动物最敏感。亚硝胺的致癌作用与其化学结构、给药途径、药物剂量和动物种类等因素有关。对称的亚硝胺主要引起肝癌，致癌性又随烷基碳原子的增加而减弱。不对称的亚硝胺，特别是有一个甲基的亚硝胺主要引起食道癌。小鼠经口摄入二甲基亚硝胺可导致肝癌，而腹腔注入时则引起血管瘤或肺腺瘤。从剂量来看，长期给予大鼠低剂量的二甲基亚硝胺能引起肝癌，而一次大剂量时则引起肾癌。此外，不同动物种属、动物的年龄、性别和健康状况对致癌作用都有一定影响。

经长期研究论证，人的肿瘤与亚硝胺有重要关系。从国内外流行病学调查结果来看，人类的某些癌症可能与亚硝胺有关，如在我国、南非和伊朗的部分地区食管癌的发病率相当高。我国科学工作者已揭示了食管癌的发病率和尿中的亚硝基氨基酸相关。在我国和南非，霉变食品中的亚硝胺污染已被认为是食管癌的诱因。在我国南方，鼻咽癌较为常见，研究表明其发病率与亚硝基脯氨酸相关，摄入较多的咸鱼是其重要的致病因素。在蒸咸鱼中可检出亚硝胺，用广东咸鱼干喂养大鼠可诱发鼻癌。这些证据证明了亚硝胺是鼻咽癌的致病因子，可能与人类鼻咽癌有关。

总之，亚硝胺是一大类多方面的致癌物，可诱导动物包括人类的多种癌症，包括口腔癌、肺癌、食管癌、胰腺癌、肝癌、鼻咽癌和膀胱癌等，是一种完全的致癌剂，无须促进或促癌剂。例如一名26岁美国男性化学工作者在手部接触从容器中溢出的二甲基亚硝胺后6天，感觉恶心和上腹胀痛，后又出现黄疸和肝脾增大，48天后死亡，经尸检发现其肝脏有实质性病变。

3. 苯胺

苯胺是结构最简单的芳香族胺类化合物，是重要的化工原料。但苯胺具有明显的"三致"危害，美国和欧盟分别在1977年和1982年将其列入环境优先污染物黑名单。我国也已将其列入环境优先污染物名单。苯胺分子中的氢被取代后生成的苯胺类化合物，如硝基苯胺、氯苯胺、二苯胺、联苯胺等，也具有强环境污染性和人体危害性。《2022—2028年中国苯胺行业分析与发展前景预测报告》显示，2021年我国苯胺产量约为264.3万t，同比增长2.1%。苯胺的生产与应用使得大量苯胺类化合物进入环境。

苯胺是染料工业中最重要的中间体之一，在染料工业中可用于制造酸性墨水、酸性媒介、阳离子桃红等。苯胺是橡胶助剂的重要原料，用于制造橡胶防老剂、促进剂等，也可作为医药磺胺药的原料，同时也是生产香料、塑料、清漆、胶片等的中间体；苯胺还可作为炸药中的稳定剂、汽油中的防爆剂及用作溶剂；还可以用作制造对苯二酚、2-苯基吲哚等。苯胺也是生产农药的重要原料，由苯胺可衍生N-烷基苯胺、烷基苯胺、邻硝基苯胺、环己胺等，可作为杀菌剂敌锈钠、拌种灵、杀虫剂三唑磷、哒嗪硫磷、喹硫磷、除草剂甲草胺、环嗪酮、咪唑喹啉酸等的中间体。目前，苯胺的最大用途是生产二苯基甲烷二异氰酸酯(methylene diphenyl diisocyanate，MDI)。

苯胺的急性中毒主要表现为引起高铁血红蛋白血症和肝、肾及皮肤损害。短期内皮肤吸收或吸入大量苯胺者先出现高铁血红蛋白血症，表现为紫绀，舌、唇、指(趾)甲、面颊、耳廓呈蓝褐色，严重时皮肤、黏膜呈铅灰色，并有头晕、头痛、乏力、胸闷、心悸、气急、食欲不振、恶心、呕吐，甚至意识障碍。当高铁血红蛋白达到10%以上，红细胞中出现赫恩氏小体。苯胺中毒4天左右发生溶血性贫血；中毒后2—7天内发生毒性肝病。口服中毒除上述症状外，胃肠道刺激症状较明显。苯胺重度中毒时，皮肤、黏膜严重青紫，呼吸困难、抽搐，甚至昏迷、休克，出现溶血性黄疸、中毒性肝炎及肾损害，并可伴有化学性膀胱炎。眼睛接触苯胺后可出现结膜角膜炎，皮肤接触苯胺可引起皮炎、湿疹。苯胺的慢性中毒表现为长期低浓度接触可引起中毒性肝病、神经衰弱综合征等表现，伴有轻度紫绀、贫血和肝、脾肿大。

男性膀胱癌被认为是男性泌尿系统最常见的癌症，也是全球最常见的男性恶性肿瘤之一。苯胺对男性膀胱的损害极为严重。根据2020年的统计，每年超过500000例男性患者被诊断为男性膀胱癌，约20万人死于男性膀胱癌相关疾病。男性膀胱癌是一种遗传因素与后天因素综合作用而产生的恶性肿瘤，其亦被称为环境肿瘤。导致男性膀胱癌的发病危险因素很多，其中包括了环境、职业尿路感染和慢性炎症、膀胱结石、膀胱异物、盆腔放射治疗等，但最显著的职业性因素是接触苯胺类化学物质。

4. 硝基苯

硝基苯(nitrobenzene，NB)属于芳香族化合物，是一种无色或微黄色的油状液体，有苦杏仁味，又称密斑油或苦杏仁油。硝基苯的分子式是$C_6H_5NO_2$，熔点为5.85 ℃，沸点为210.9 ℃。硝基苯微溶于水，易溶于乙醇、乙醚等有机溶剂，高溶于脂质。1834年，硝基苯首次由苯和发烟硝酸反应合成，1856年开始在英国商业化生产。硝基苯可用于苯胺、联苯胺、喹啉、偶氮苯、橡胶化学品、炸药、染料、香料、涂料、药品和农药等的生产。20世纪70年代或之前，硝基苯是肥皂、鞋用染料、墨水和其他家用产品的常见成分。硝基苯是合成苯胺染料的中间体，是制造纤维素醚和乙酸盐的溶剂；硝基苯也是一种油漆溶剂，用作鞋油、金属抛光剂和丝网印刷。在原材料的装卸、使用和处理过程中，人体可因暴露在含硝基苯的环境中引发急性中毒。

硝基苯的代谢途径包括：①氧化为对硝基苯酚；②还原为苯胺，苯胺进一步氧化为对氨基苯酚。镍三苯和苯基羟胺是硝基苯还原反应的中间体，属于剧毒化合物。苯胺将血红蛋白氧化为高铁血红蛋白。硝基苯及其中间产物通过肺和肾被消除，其中约13%~16%以对硝基苯酚、10%以对氨基苯酚的形式在尿液中排泄。这两种物质均以硫酸盐或葡萄糖醛酸结合物的形式被消除，半衰期为2~20天。硝基苯进入血液后多还原为苯胺进行代谢，从而引起高铁血红蛋白血症。硝基苯使血红蛋白氧化形成高铁血红蛋白，失去携氧能力，影响血液向组织器官的氧气输送。通常小于0.8 mg/(kg·d)的剂量不会引起高铁血红蛋白血症，当摄入2~6 g硝基苯则达到致死量。

硝基苯中毒的临床表现不同，其症状严重程度取决于血液中高铁血红蛋白浓度水平，症状从头痛、乏力、恶心等轻微反应到心律失常、昏迷、癫痫发作、呼吸窘迫、乳酸酸中毒、心血管衰竭、高血红蛋白血症、溶血性贫血、肝肾功能障碍、心源性肺水肿及中毒性脑病等危及生命的事件。高铁血红蛋白血症是硝基苯中毒的主要症状。高铁血红蛋白是血红蛋白的氧化形式，即亚铁以三价铁的形式存在。在正常生理状态下，高铁血红蛋白都会被两种不同的还原酶转化回还原的血红蛋白。一旦硝基苯摄入量达到中毒水平时，随着氧化应激的增加，人体摄入硝基苯后造成上述还原途径失效，导致高铁血红蛋白比例增加，血红蛋白无法携氧。硝基苯中毒后几日内可出现红细胞破裂和溶血，红细胞计数在3~4天内迅速下降，经1~2周积极治疗可恢复正常。硝基苯进入人体后转化生成中间产物，可致还原型谷胱甘肽减少。还原型谷胱甘肽是维持红细胞细胞膜正常功能的物质，对红细胞的生存具有重要作用，当还原型谷胱甘肽减少则极易引起溶血。

硝基苯可通过呼吸道、消化道或皮肤接触等途径引起中毒。在生产过程中，硝基苯蒸气主要通过皮肤被人体吸收，人体皮肤以 2 mg/(cm^2·h)的速率吸收硝基苯。硝基苯蒸气也可以通过呼吸道吸收，环境温度升高会增加硝基苯吸入中毒的风险。硝基苯中毒可导致吸入性急性肺损伤。呼吸系统是有害气体侵入人体最重要的门户，是最早、最易受累器官之一。硝基苯中毒时，毒气被吸入肺组织，导致肺泡上皮和肺毛细血管内皮损伤，肺间质特别是肺泡渗出引起动-静脉分流，出现常规氧疗难以纠正的低氧血症。硝基苯中毒还可导致肝功能障碍，症状通常发生在中毒后2~3天。硝基苯中毒对肝脏的影响包括血浆总蛋白含量低、白蛋白/球蛋白比例增加、间接胆红素水平增加、肝酶不同程度升高、胆固醇酯降低、邻苯二甲酸潴留；肝功能受损，引起肝脏肿大、压痛；组织学检查可见肝萎缩伴实质变性和坏死灶。

硝基苯中毒也可致泌尿系统障碍。游离血红蛋白在血浆内浓度超过130 mg时，即通过尿液排出褐色样血红蛋白尿，还表现为少尿、血尿，严重者可出现无尿。此外，溶血产物损害肾小管细胞，引起肾小管坏死和肾小管内血红蛋白沉积及周围循环功能不全等致急性肾功能衰竭。硝基苯中毒的神经系统症状也较为明显。早期可出现恶心、呕吐、头晕、头痛、嗜睡等；严重时可出现高热、出汗、癫痫发作、感觉障碍和昏迷，少数患者可能会出现脑损伤。传统研究认为硝基苯中毒后的神经系统症状是由脑缺氧引起的高铁血红蛋白血症并发症。然而一些研究表明，硝基苯中毒者的脑损伤具有靶向性而非缺氧性脑病。此外，中毒性脑病更多发生在小脑和脑干，大多数病变部位呈对称分布。

5. 酚类化合物

酚类化合物是指苯环上的氢原子(H)被羟基(OH)取代所生成的化合物，最简单的是苯酚(又称石炭酸)。根据苯环上羟基数目的多少，酚类化合物可分为一元酚、二元酚、三元酚等，含两个以上羟基的酚类称作多元酚。自然界中存在的酚类化合物有两千多种，大多是植物生命活动的结果，人为产生的酚类化合物主要来自工业活动。总的来说，根据其挥发性，酚可分为挥发酚和不挥发酚两种，其中危害较大的是挥发酚。酚类化合物都具有特殊的芳香气味，均呈弱酸性，易溶于水，在环境中易被氧化，一元酚与自来水中的余氯结合可形成氯酚，对人体危害较大。具有环境健康科学意义的酚类化合物有苯酚、甲酚、五氯酚及其钠盐等，其中苯酚主要来自于工业生产中排放的废水，易挥发，对人体毒性大。

酚是一种重要的工业原料，其制成品被广泛地应用于消毒、灭螺、防腐、防霉等方面。由于在工业生产中被广泛使用，使得含酚废水已成为危害严重的工业废水之一，若不加以处理，将对水体环境和人体健康构成极大威胁。含酚废水的主要来源是炼焦、炼油、制取煤气和利用酚作为原料的工业企业，其次是造纸、制革、印染、橡胶、农药、树脂、木材防腐等行业。比如，每生产 1 t 焦炭约产生 0.2～0.3 t 含酚废水，而我国是煤炭大国，其含酚量可见一斑。另外，酚类化合物被应用于消毒、除锈、防腐、防霉等过程中，也可能在其运输、储存、使用和突发事件中进入水体，导致二次污染。

酚是中等强度的化学原浆毒物，可与细胞中的蛋白质发生化学反应，低浓度时使细胞变性，高浓度时使蛋白质凝固。酚可经皮肤黏膜、呼吸道及消化道进入体内，被吸收后主要分布在肝、血、肾和肺。在肝脏经代谢氧化后，大部分酚被氧化成苯二酚、苯三酚，并同葡萄糖醛酸结合而失去毒性，随尿液排出，仅小部分转化为多元酚。一定量的酚在吸收后，24 小时内即可代谢完毕，不在体内蓄积。也就是说，酚进入人体后机体通过自身的解毒代谢功能可使之转化为无毒物质而排出体外，只有当人体持续摄入并发生体内蓄积时才会导致慢性酚中毒，表现为头晕、头痛、精神不安、食欲不振、呕吐、腹泻等症状，同时尿酚含量显著增高。短时间大剂量地摄入酚会导致急性酚中毒，主要表现为大量出汗、肺水肿、吞咽困难及造血器官损害、组织坏死、虚脱甚至死亡。1974 年 7 月，美国威斯康星州南部地区曾由于运送酚的车厢脱轨而发生酚污染及中毒事件。

由于大量摄入酚类化合物才会引起中毒，因此酚类化合物中毒多发生在生产事故中，即事故性急性中毒。苯酚急性中毒可对人体皮肤、黏膜产生强烈的腐蚀作用，抑制中枢神经，出现头痛、头晕、乏力、视线模糊等症状，还可损害肝、肾功能，继而出现急性肾功能衰竭，甚至死于呼吸衰竭。误服过量的苯酚会引起消化道灼伤，出现烧灼痛，呼出气带酚味，呕吐物或大便可带血液等。人类接触五氯酚后表现为呼吸困难、麻木、高热、发汗和昏迷。1980 年 12 月，湖北鄂州梁子湖曾出现过因为捕鱼投入过量的五氯酚钠，造成水源污染，引起 1223 人急性中毒的事件。除了发生急慢性中毒外，根据国内外研究结果，酚还可能是一种促癌剂。在动物皮肤致癌试验中发现，5% 的酚即有弱促癌作用，20% 的酚则显示强致癌作用。近年的研究还发现，五氯酚等酚类化合物具有一定的致畸性和内分泌干扰作用。人群调查资料显示，酚还对妇女正常内分泌功能有干扰作用，从而影响后代生长发育。

6. **阴离子表面活性剂**

表面活性剂是一类具有固定的亲水亲油基团，能在溶液的表面定向排列，并明显改变两相表面物理性质的化合物。表面活性剂的分子结构按性质来分由两部分组成：一端为亲水基团，另一端为憎水基团；亲水基为极性基团，如磺酸基、羧酸基、氨基等，也可以是酰胺基、羟基等；而憎水基团常为非极性烃链，如 10 个碳的直链烃链等。由于表面活性剂具有润湿、增溶、乳化或破乳、起泡及杀菌等一系列的作用，所以广泛用于日常生活及工业生产各领域。

表面活性剂的分类有很多种，既可按照亲水基团结构分为羧酸盐、硫酸盐等，也可以按照疏水基团结构分为直链型、支链型等。人们普遍按照化学结构将其分以下几类。①阳离子型表面活性剂：是指分子溶于水电离后，亲水基带正电荷的一类表面活性物质，其憎水基与阴离子表面活性剂类似，一般为长链烃链。②两性离子表面活性剂：此类物质由于分子中同时含有阴离子基团和阳离子基团，在水解电离时会随pH值的变化，同时带上正电荷或负电荷，因而同时具有阳离子型和阴离子型表面活性的性质。③非离子型表面活性剂：此类物质溶解到水中不会产生离子，本身具有亲水性很强的基团。④阴离子型表面活性剂：指分子溶于水电离后，起表面活性作用的部分带负电荷的表面活性剂。在表面活性剂中，阴离子表面活性剂使用的历史最悠久，使用范围最广，且种类繁多。18世纪兴起的肥皂业生产的肥皂就是其中的一种，属于脂肪酸盐型的阴离子表面活性剂。由于其生产成本低、性能好，且毒性较低的特点，产量巨大。

阴离子表面活性剂通常又可分为以下三类。①磺酸盐类，最具代表性的就是烷基苯磺酸钠，烷基苯磺酸钠是黄色油状体，经过纯化可以形成六角形或斜方形薄片状晶体，微毒性，已被国际安全组织认定为安全化工原料，且价格低廉，常用于洗涤剂的生产；烷基苯磺酸钠可分为支链结构（ABS, alkyl benzene sulfonate，支链烷基苯磺酸盐）和直链结构（LAS, linear alkylbenzene sulfonate，直链烷基苯磺酸盐）两种。②脂肪酸盐类，此类活性剂是历史上最早生产和使用的阴离子表面活性剂，包括高级脂肪酸的钾、钠、铵盐及三乙醇铵盐，其活性有效成分是水中电离产生的脂肪酸根阴离子；代表产品是肥皂，其有较好的发泡、润湿、去污效果，其缺点是耐硬水的性能差，与硬水中的钙、镁生成皂垢，粘在衣物上，影响去污效果。③硫酸酯盐类，主要是硫酸化油和高级脂肪醇、硫酸酯类，此类化合物特点是性质稳定，乳化效果好，但是对黏膜刺激比较大，一般用于各种软膏的乳化剂。

阴离子表面活性剂日益增长的使用量给我们赖以生存的环境造成了极大的破坏。基于阴离子表面活性剂的危害与污染特性，我国《地表水环境质量标准》将阴离子表面活性剂列为基本控制项目之一，其主要的环境健康危害表现在以下几个方面。

(1) 对水生生态环境造成的影响。阴离子表面活性剂浓度高时，水体表面会聚集大量的泡沫，这些泡沫漂浮在水面上，不光影响视觉效果，最主要是使水体与大气不能进行正常的气体交换，大大降低了水体中的溶解氧量，时间久了会使得水体恶化、发臭，严重破坏水生生态环境。

(2) 对水生动植物的毒害。以鱼类为例，当水体中存在阴离子表面活性剂时，可以快速被鱼苗的鱼鳃和皮肤吸附，当阴离子表面活性剂浓度高时，甚至在胆囊和肝胰腺中累积，严重影响各器官中ATP酶的合成，使鱼类无法进行正常的生命活动。对水生植物的影响研究表明，当阴离子表面活性剂的质量浓度大于 1 mg/L 时，会明显影响水生植物的生长，抑制水生植物的光合作用；浓度较高时，将会使水生植物的细胞乃至整个植株无法存活。

(3)对人体的危害。通过国外一些人体实验的研究，人体如果摄入阴离子表面活性剂，不仅会使血液中的白细胞数量发生变化，也会改变红细胞中血红蛋白的数量，使胆固醇升高，降低身体机能。体外长期接触阴离子表面活性剂，如使用含有表面活性剂的洗发露、洗涤剂会对人体的皮肤起刺激作用，使皮肤变得干燥，导致皮肤快速老化。被人体吸收进体内的阴离子表面活性剂，会抑制人体内酶的正常合成，严重妨碍人体的正常生理机能，导致人体器官发生病变，比如影响人体内转氨酶的合成，影响肝脏的解毒功能。

7. 多氯联苯

多氯联苯(polychlorinated biphenyls，PCB)也称氯化联苯，是由一个或多个氯原子置换联苯分子中的氢原子而形成的一类含氯有机化合物。该类物质是无色或淡黄色的黏稠液体，包括一氯联苯、二氯联苯、三氯联苯等，其化学稳定性随氯原子数的增加而增高，具有耐酸、耐碱、耐腐蚀及绝缘、耐热、不易燃等优良特性，是卤代芳烃中重要的一类物质，被广泛用于工业生产，如在变压器的绝缘液体、润滑油、农药及在油漆、复印纸、黏胶剂及封闭剂的生产过程中用作添加剂，在塑料黏胶制造中用作增塑剂等。PCB的主要污染来源是生产和使用PCB的工厂向环境中排放含PCB的废水和倾倒含PCB的废物。根据国外研究，美国的PCB年产量中只有20%是在使用中消耗的，其余80%都进入了环境中。PCB在水环境中极为稳定且有很强的蓄积性，如该类物质可通过生物富集作用于水生生物对人体构成危害。据研究，藻类对PCB的富集能力达千倍，虾、蟹类则为4000~6000倍，鱼类最高，可达数万至十余万倍。

人体受到PCB的危害，一方面主要是影响皮肤、神经、肝脏，破坏钙的代谢。例如，皮肤出现严重痤疮及色素沉着；出现疲劳、恶心和呕吐等症；对肝微粒体酶有诱导作用，因而对机体中的脂肪酸和脂溶性维生素等重要物质的氧化代谢有促进作用，这种作用如果长期持续会引起肝肿大及脂肪肝等肝脏病变。另一方面，PCB具有致癌作用。美国职业病安全与健康协会调查了在1940—1976年间，电容器工厂接触PCB的2567名工人的死亡情况，直肠癌和肝癌的死亡率明显高于一般对照人群。流行病学调查表明，PCB与直肠癌和肝癌的发生有一定的联系。还有研究表明，母体中的PCB能通过胎盘转移到胎儿体内，引起胎儿体重下降，并可有明显的皮肤色素沉着，而且胎儿肝和肾中的PCB含量往往高于母体相同组织中的含量。可见，PCB对子代也有极大的潜在危害，必须引起足够的重视。20世纪60年代日本的"米糠油事件"就是PCB危害的典型实例。它是1968年在日本北九州市爱知县一带发生的食品污染公害事件，原因是生产米糠油时用PCB做脱臭工艺中的热载体，因管理不善，混入米糠油中，导致食后中毒。患病者5000多人，实际受害者超过1万。中毒症状主要表现为皮疹、色素沉着、眼分泌物增多及胃肠道功能紊乱等，严重者可发生肝脏损害，出现黄疸、肝性脑病甚至死亡。该事件中，PCB还表现出对子代的健康危害，如孕妇分娩出现胎儿死亡、新生儿体重减轻及皮肤颜色异常、眼分泌物增多等。

8. 二噁英

二噁英是指氯苯氧基类化合物。这类化合物的母核为二苯并对二噁英，具有经两个氧原子联结的二苯环结构,两个苯环上的 1,2,3,4,5,6,7,8,9 位置可有 1~8 个取代氯原子,由氯原子数和所据位置的不同,可能组成 75 种异构体,总称多氯二苯并对二噁英(polychlorinated dibenzo-p-dioxins, PCDDs),简称二噁英。经常与之伴生,且与二噁英具有十分相似的物理和化学性质及生物毒性的另一类毒物是二苯并呋喃,全称为多氯二苯并呋喃(polychlorinated dibenzpofurans, PCDFs),它的氯代衍生物有 135 种。这两类污染物(合称 PCDDs/PCDFs)共计 210 种异构体,在毒性、致癌性、致畸性等方面存在有几个数量级的差别。所有 PCDDs/PCDFs 化合物皆为固体,均具有很高的熔点和沸点及很小的蒸汽压,大多难溶于水和各种有机溶剂,但易溶于油脂,易被吸附于沉积物、土壤和空气中的飞灰上。该类物质在水体沉积物和土壤中的半减期分别约为 1 年和 100 年。生物浓集因子可高达 10^4。所有 PCDDs/PCDFs 都具有很高程度的热稳定性、化学稳定性和生物化学稳定性。

在焚烧炉内焚烧城市固体废物或野外焚烧垃圾是二噁英的主要污染源。例如存在于垃圾中的某些含氯有机物,如聚氯乙烯类塑料废物在焚烧过程中可能产生酚类化合物和强反应性的氯、氯化氢等,从而成为进一步生成二噁英类化合物的前驱物。除生活垃圾外,燃料(煤、石油)、枯草残叶(含除草剂)、氯苯类化合物的燃烧及森林火灾也会产生 PCDDs/PCDFs 类化合物。在氯酚类(2,4,5-三氯苯酚、1,2,4,5-四氯苯酚和五氯苯酚)、多氯联苯类化学品及某些农药的生产过程中,PCDDs 和 PCDFs 是属于混在产品之中的无利用价值的副产品,所以在这些化工产品的生产厂及以这些产品为生产原料或药剂的木材加工厂、纸浆厂、制革厂等的排水、污泥、废渣中也可能出现这类污染物,并随排污而转移到水体或土壤环境中。

二噁英对人体健康的影响主要表现为急性和慢性的损伤作用,急性和慢性二噁英中毒可出现不同的临床症状,二噁英大多具有较强的急性致死性毒性作用,但多在中毒几周后才表现出来,故称延迟性致死作用,土壤中二噁英污染往往以低浓度、长期存在为特点,因此土壤二噁英污染对人体健康的影响以慢性损害为主。二噁英可造成皮肤、神经、免疫、生殖等多种器官和系统的结构功能损害且有致癌作用,一次污染可长期留存体内,长期接触可在体内积蓄,即使是低剂量的长期接触也会造成严重的机体损害作用。

在二噁英的众多异构体中,毒性最强的是 2,3,7,8-四氯二苯并对二噁英(2,3,7,8-tetrachlorodibenzo-p-dioxin, 2,3,7,8-TCDD),是氟化钠毒性的 10000 倍,是沙林(甲氟磷酸异丙酯)毒性的 2 倍;其致癌毒性是强致癌物黄曲霉素的 10 倍以上。TCDD 引发的症状表现在皮肤上是色素沉着、多毛,引发氯痤疮和卟啉症;对中枢神经的影响表现为多发性神经炎、知觉障碍、下肢乏力和神经衰弱;其他方面尚有肝功能障碍、脂质和碳水化合物代谢障碍等。TCDD 还具有致突变、致畸、致癌和辅致癌的效应。也可将其归属于环境激素类化合物,能对人体遗传因子、生殖功能等产生严重危害。

2.2.2.2　金属有机污染物

1. 有机汞

有机汞曾被作为农药杀菌剂,目前已经禁止使用,主要有烷基汞化合物、苯基汞化合物、烷氧基汞化合物。其中烷基汞化合物在体内不易释放出汞离子，而苯基汞与烷氧基汞化合物容易分解出汞离子。环境中的有机汞主要有两种化学形态：RHg^+（有机汞离子，如单甲基汞）和 R—Hg—R（有机汞共价结合物，如二甲基汞）。

土壤中汞的迁移转化主要受到土壤胶体吸附、无机与有机配位体对汞的络合及甲基化的影响。土壤中存在的无机汞化合物因其溶解度相对较低，迁移能力弱，常被固定在土壤中。在一定的条件下，土壤中吸附累积的汞之间可以相互转化，土壤中汞化合物受微生物（奥氏甲烷菌、粗糙链孢霉菌等）作用或化学物质作用（在甲醇、甲醛、醋酸共存的溶液中，受紫外光照射）转化成甲基汞。研究表明，这种转化与土壤质地和土壤环境（土壤 pH、Eh、有机质含量等）密切相关。有实验结果显示，土壤性质会影响二甲基汞（dimethylmercury，DMM）的挥发和转化，土壤黏土和细粒含量高、有机质含量高时，DMM 挥发性弱。汞的甲基化还受到土壤温度和汞离子含量影响。在一定温度范围内，温度越高，甲基化速度越快；在一定含量范围内，汞离子含量与甲基化产率呈正相关。但汞离子含量过高会抑制某些促进甲基化微生物的生命活性，导致甲基化作用反而下降。土壤中的甲基汞通过吸收转移进入各种农作物、动物和蛋类，最后通过食物链，进入人体造成健康危害。有机汞毒害事件中比较重大的一次是日本的水俣病。甲基汞对人体的危害具体如下。

(1) 肝脏危害。小鼠实验利用单细胞凝胶电泳技术检测甲基汞对肝细胞 DNA 的损伤情况，发现小鼠体内染汞后，肝细胞的存活率降低，肝细胞 DNA 的损伤率明显增高，且存在明显的剂量-效应关系。其机制可能是甲基汞改变了细胞膜的通透性，破坏细胞离子平衡，抑制营养物质进入细胞，引起离子渗出细胞膜，以及通过 C—Hg 键的断裂产生自由基，干扰细胞的正常形态和功能，导致细胞崩解死亡。此外，甲基汞属于亲疏基物质，易于与生物大分子及 DNA 分子结合，也可造成 DNA 损伤，从而引起细胞死亡。

(2) 免疫危害。当暴露于 5 $\mu g/L$ 低浓度的甲基汞时，大部分人群的淋巴细胞的反应性增强，在氯化甲基汞组，淋巴细胞具有最高的增殖反应性。延长暴露于低剂量无机汞中的时间会引起体内单核-巨噬细胞系统功能缺陷。暴露于非常低水平的金属汞中的某些工人，即使临床上无症状，其循环中单核细胞可能已经发生细微的损伤。

(3) 神经危害。胎儿更易受甲基汞毒性的影响。甲基汞可透过胎盘和血脑屏障，在胎儿体内蓄积，对神经系统具有强烈的毒性作用。不足以引起母体任何症状的低剂量甲基汞，却可导致其后代出现智力低下、精细行为和运动障碍、神经发育迟缓等症状。研究表明，具有广泛汞暴露，特别是甲基汞暴露 20 年以上的人群（以发汞含量作为标准）有明确的细胞毒性效应。甲基汞诱导的生殖细胞染色体损伤会引起后代畸形。实验研究发现甲基汞可损害大鼠大脑皮层、小脑、海马体等部位的神经细胞，如抑制小脑颗粒细胞生长，引起颗粒细胞核浓缩和核碎裂，降低发育大鼠的大脑皮层神经元膜电势，导致兴奋性增高等。

2. 有机砷

有机砷的污染越来越受到重视。有机砷制剂是一种在畜牧业中被广泛应用的饲料添加剂，主要有阿散酸和洛克沙砷两种形式。它们既可以刺激动物生长，又可抗菌、抗球虫，还能提高饲料利用率，降低养殖成本，因此具有良好的经济效益，在我国应用十分广泛。有机砷化合物进入动物机体后，先是以五价砷形式存在，之后五价砷被还原成三价砷，三价砷在酶作用下进一步甲基化和二甲基化，最终代谢成甲砷酸和二甲基次砷酸等甲基化产物迅速随尿排出体外。这些化合物对畜禽基本没有毒性，但是进入环境后，能通过多种作用转化为迁移能力更强、毒性更大的化合物，从而对环境和人类健康造成危害。在我国，洛克沙砷已非常普遍地应用于养猪业和养鸡业，因而必定有大量洛克沙砷随着动物排泄物进入环境。由于洛克沙砷绝大部分以原形随粪便排出，因而施用粪肥的农田及粪便堆肥的周围土壤便常受到有机砷的污染。我国的很多养殖场，对畜禽的排泄物未进行干湿分离，只经过简单的处理便排入环境，对周围的土壤及水环境造成污染。

3. 有机镍

金属镍几乎没有急性毒性，一般的镍盐毒性也较低，但羰基镍却能产生很强的毒性。羰基镍(nickel carbonyl, Ni(CO)$_4$)是镍基法精炼镍工艺中产生的一种剧毒化合物之一。主要通过呼吸道侵入机体，侵入后可导致肺、肝、脑、肾等多器官损伤。羰基镍在浓度为 3.5 $\mu g/m^3$ 时，会使人感到有如灯烟的臭味，低浓度时会让人产生不适的感觉。吸收羰基镍后可引起急性中毒，10 min 左右就会出现初期症状，如头晕、头疼、步态不稳，有时恶心、呕吐、胸闷；后期症状是在接触 12 至 36 小时后再次出现恶心、呕吐、高烧、呼吸困难、胸部疼痛等。人类急性羰基镍中毒后，肝脏门静脉区可见细胞浸润，肝细胞内有棕黑色的色素颗粒。在接触高浓度镍时，会发生急性化学肺炎，最终出现肺水肿和呼吸道循环衰竭而致死亡。人类镍中毒特有症状是皮肤炎、呼吸器官障碍及呼吸道癌。

2.3 典型案例

2.3.1 日本水俣病

日本熊本县水俣湾外围的"不知火海"是被九州本土和天草诸岛围起来的内海，那里海产丰富，是渔民们赖以生存的主要渔场。水俣镇是水俣湾东部的一个小镇，有 4 万多人居住，周围的村庄还居住着 1 万多农民和渔民。"不知火海"丰富的渔产使小镇格外兴旺。早在多年前，就屡屡有过关于"不知火海"的鱼、鸟、猫等生物异变的报道，有的地方甚至连猫都绝迹了。1956 年，水俣湾附近发现了一种奇怪的病。这种病症最初出现在猫身上，被称为"猫舞蹈症"。病猫步态不稳，抽搐、麻痹，甚至跳海死去，被称为"自杀猫"。随后不久，此地也发现了患这种病症的人。患者由于脑中枢神经和末梢神经被侵害，症状如上。当时这种病由于病因不明而被叫作"怪病"。这种"怪病"就是日后轰动世界的"水俣病"，是最早出现的由于工业废水排放造成的公害病。

"水俣病"的罪魁祸首就是当时处于世界化工业尖端技术的氮生产企业。日本的氮产业始于 1906 年，氮可用于肥皂、化肥、化学调味料等日用品及醋酸（CH_3COOH）、硫酸（H_2SO_4）等工业用品的制造上。由于化学肥料的大量使用而使氮肥制造业飞速发展，甚至有人说"氮的历史就是日本化学工业的历史"，日本的经济成长是"在以氮为首的化学工业的支撑下完成的"。然而，这个"先驱产业"肆意的发展，却给当地居民及其生存环境带来了无尽的灾难。1925 年，日本氮肥公司在水俣湾建厂，后又开设了合成醋酸厂。1949 年后，这个公司开始生产氯乙烯（C_2H_3Cl），年产量不断提高，1956 年超过 6000 t。与此同时，工厂把没有经过任何处理的废水排放到水俣湾中。

氯乙烯和醋酸乙烯在制造过程中要使用含汞的催化剂，这使排放的废水含有大量的汞。当汞在水中被水生物食用后，会转化成甲基汞（CH_3Hg）。这种剧毒物质只要有挖耳勺的一半大小就可以致人于死命，而当时由于氮的持续生产已使水俣湾的甲基汞含量达到了足以毒死日本全国人口 2 次都有余的程度。水俣湾由于常年的工业废水排放而被严重污染了，水俣湾里的鱼虾类也由此被污染了。这些被污染的鱼虾通过食物链又进入了动物和人类的体内。甲基汞通过鱼虾进入人体，被肠胃吸收，侵害脑部和身体其他部分。进入脑部的甲基汞会使脑萎缩，侵害神经细胞，破坏掌握身体平衡的小脑和知觉系统。

据统计，当时有数十万人食用了水俣湾中被甲基汞污染的鱼虾。数千名居民受到中枢神经系统损害，表现为共济失调、肌肉萎缩、视力障碍等症状。大量胎儿受到影响，研究表明，水俣病导致的汞中毒对胚胎和胎儿的发育影响严重，其中约 30% 的婴儿出生时患有各种形式的先天缺陷，如智力障碍、神经系统发育异常等。据报道，截至 1971 年，已有超过 2000 名居民因水俣病受到影响。

除了"水俣病"外，四日市哮喘病、富山"痛痛病"等都是在这一时期出现的。水俣病的遗传性很强，孕妇吃了被甲基汞污染的海产品后，可能引起婴儿患先天性水俣病，就连一些健康者（可能是受害轻微，无明显病症）的后代也难逃厄运。许多先天性水俣病患儿都存在运动和语言方面的障碍，其症状酷似小儿麻痹症，这说明要消除水俣病的影响绝非易事。由此，环境科学家认为沉积物中的重金属污染是环境中的一颗"定时炸弹"，当外界条件适应时，就可能导致过早爆炸。例如在缺氧的条件下，一些厌氧生物可以把无机金属甲基化。尤其近 20 年来大量污染物无节制地排放，已使一些港湾和近岸沉积物的吸附容量趋于饱和，随时可能引爆这颗化学污染的"定时炸弹"。

水俣病是直接由汞对海洋环境污染造成的公害，危害了当地人的健康和家庭幸福，使很多人身心受到摧残，经济上受到沉重的打击，甚至家破人亡。更可悲的是，由于甲基汞污染，水俣湾的鱼虾不能再捕捞食用，当地渔民的生活失去了依赖，很多家庭陷于贫困之中。"不知火海"失去了生命力，伴随它的是无期的萧索。迄今已在很多地方发现类似的污染中毒事件，同时还发现其他一些重金属如镉、钴、铜、锌、铬等及非金属砷，它们的许多化学性质都与汞相近，这不能不引起人们的警惕。

水俣地区虽然污染情况已减轻，鱼贝类含甲基汞量已明显下降，但长期连续食用受污染的鱼虾，仍可出现中毒症状、体征和脑组织病理改变的慢性轻型水俣病。我国水质也曾受到严重的汞污染，如贵州百花湖、东北松花江、蓟运河和锦州湾地区。由于汞矿资源丰富，我国是目前汞生产、使用和排放量最大的国家。2017年世界汞矿产量约为3790 t，我国占89%。我国每年通过人为活动向大气排汞500~600 t，约占全球人为排放量的30%左右。作为汞的生产、使用和排放大国，我国在全球汞污染治理中承担多项责任。2013年10月10日，我国作为首批签约国签署《水俣公约》；2016年4月28日，全国人民代表大会常务委员会正式审议并批准公约的决定，并于2016年8月31日正式向联合国交存公约批准文书，成为第30个批约国。按照公约要求，我国将在公约生效15年(即2032年)后关闭境内所有汞矿。为减少汞对我国人民的影响，科学技术部于2013年启动国家重点基础研究发展计划项目"我国汞污染特征、环境过程及减排技术原理"。该项目由中国科学院地球化学研究所联合国内6家优势单位进行攻关，为我国汞污染提供坚强的科学支撑。

2.3.2 陕西省凤翔血铅事件

2009年8月，陕西省凤翔县长青镇发生615名儿童血铅超标事件，引起社会广泛关注。

2009年3月，由于马道口村9组6岁女童苗凡肚子疼，并表现出烦躁等现象，被家长带往凤翔县医院检查，诊断结果为铅中毒性胃炎，此事并未引起村民重视。同年7月6日孙家南头村1组村民薛亚妮带着8岁的儿子孙锦涛和其堂弟6岁的孙锦洋，前往宝鸡市妇幼保健院检查，二人血铅含量分别达到了239 $\mu g/L$和242 $\mu g/L$，大大超出了0~100 $\mu g/L$的正常值。经调查，该村附近为东岭集团的铅锌冶炼公司，2006年来受其影响，当地水、空气变味，孩子的血铅含量异常，估计与该企业有关系。检查结果迅速在两个村子传开。有村民带着家里的孩子到宝鸡市妇幼保健医院、宝鸡市中心医院、宝鸡市人民医院等进行体检，体检发现几乎所有儿童的铅含量均超过了标准。2009年8月3日至4日，情绪异常激动的村民围堵了东岭集团冶炼公司的大门，致使该公司不能正常生产，双方发生冲突。事发后，凤翔县委、县政府相关领导赶赴现场，组织人员统计"血铅超标"的儿童人数，环保部门也介入调查。

2009年7月下旬至8月7日，长青镇马道口村、孙家南头村239名儿童在宝鸡市一些医院自行检查血铅，其中138人血铅超标，邻近的高咀头村部分儿童后来也自行进行了血铅检测。经陕西省、宝鸡市卫生部门协调，凤翔县政府委托西安市中心医院开展血铅检测工作。据13日晚凤翔县政府召开的新闻发布会介绍，731名受检儿童均为14岁以下，他们来自长青镇东岭冶炼公司环评范围内的孙家南头村、马道口村，8月7日至11日，他们接受了西安市中心医院医疗小组血样采集。根据医疗小组13日下午传回的检测结果，731名儿童中，116人血铅含量在100 $\mu g/L$以下，属相对安全；305人的血铅含量在100~199 $\mu g/L$范围内，属高铅血症；144人血铅含量在200~249 $\mu g/L$范围内，属轻度铅中毒；163人血铅含量在250~449 $\mu g/L$范围内，属中度铅中毒；3人血铅含量达到450 $\mu g/L$以上，属重度铅中毒。

凤翔血铅事件的原因复杂，主要原因包括以下几方面。①企业违规排放污染物，铅酸电池生产企业长期大量排放含铅的废水和废气，严重污染了当地的土壤和水源环境,是直接导致环境污染和居民中毒的根源。②监管不力,地方政府部门对这家企业的排污行为长期监管不力,未能及时发现并制止其违规行为,导致污染持续恶化。③环境保护意识薄弱,一定程度上反映了当时一些企业和地方政府部门在环境保护方面的意识和重视程度较低。总之,这起事件突出了我国在环境监管、企业社会责任等方面的制度建设和执行还需进一步完善和强化。单纯追究个人责任难以从根本上解决问题,更需要从体制和社会动员层面加强环境保护。

这起凤翔血铅事件之后,我国政府出台了一系列相关政策,以杜绝此类事情的再次发生,保护民众健康。主要包括以下几个方面。①修订《中华人民共和国环境保护法》,增加了更严格的法律责任条款,制定《企业环境信息依法披露管理办法》等配套法规,防止企业出现偷排漏排现象。②建立健全地方环保部门和生态环境部等部门的环境监管责任,制定《突发环境事件应急管理办法》等应急预案和处置措施。③加大了对重点行业和区域的环境治理资金投入。④出台《环境信息公开办法》,提高信息公开和公众参与度,鼓励社会组织和公众参与环境保护监督。总的来说,这些政策措施旨在从制度、监管、投入等多个层面,加强环境保护的各项基础性工作,提高环境风险防控能力,促进社会各方更好地履行环境保护责任。

2.3.3 意大利农药厂爆炸中毒事件

1969年,位于意大利塞维索的一家化工厂生产一种名为2,4,5-三氯酚(trichlorophenol,TCP)的产品,它是一种用于合成除草剂的有毒的、不可燃烧的化学物质。由于该厂生产TCP需要在150~160 ℃下持续加热一段时间,因而为2,3,7,8-TCDD等二噁英类物质的产生创造了条件。1976年7月10日,该化工厂的1,2,3,4-四氯苯(tetrachlorobenzene,TBC)加碱水解反应釜突然发生爆炸。该反应釜的目的是使TBC经水解形成制造TCP的中间体——2,4,5-三氯酚钠,由于反应放热失控,引起压力过高而导致安全阀失灵形成爆炸。当时釜内的压力高达4个大气压,温度高达250 ℃,包括反应原料、生成物及二噁英等在内的化学物质一起冲破了屋顶,冲入空中,形成一个污染云团,这个过程持续了约20 min。在接下来的几个小时内,污染云团随着风速达5 m/s的东南风向下风向传送了约6 km,并沉降到面积约1810英亩(约7.3 km^2)的区域内,污染范围涉及多个城市。

7月13日,当地的小动物出现死亡;7月14日,当地的儿童出现皮肤红肿。不久,来自瑞士日内瓦的奇华顿公司总部传来消息,公司实验室在事故发生后第一时间于现场采集的样品中发现二噁英。据调查,爆炸当时反应釜内的物质包括2030 kg的2,4,5-三氯酚钠(或其他2,2′,5,5′-四氯联苯胺的水解产物)、540 kg的氯化钠和超过2000 kg的其他有机物。在清理反应釜时,发现了2171 kg的残存物,其中主要是氯化钠(约1560 kg)。按此推算,污染云团实际上包含了约3000 kg的化学物质,其中据估计包括有300 g~130 kg的二噁英,造成了严重后果。

第3章 新污染物与健康影响

自 2020 年,我国《"十四五"规划和 2035 年远景目标的建议》发布以来,政府和环境管理部门对新污染物的重视逐渐提高。对列入优先控制化学品名录的化学物质及抗生素、微塑料等重点新污染物开展了广泛研究,对新型化学物质的环境信息进行了调查和监测,对其环境风险进行了评估,并适时制定、修订了相关行业排放标准等。本章将针对持久性有机污染物、抗生素、全氟化合物、内分泌干扰物、新型阻燃剂、微塑料等新污染物的生态环境健康危害进行讲述。(本章部分英文缩写的中英文名称对照表见章后附表 3-1。)

3.1 新污染物定义及研究进展

3.1.1 新污染物概述

新污染物(emerging contaminants,ECs,亦称 emerging pollutants,EPs,本书统一采用 ECs)是指在环境和自然生态系统中可检测出来的,且对人体和生态系统带来较大健康和环境风险,但尚无法律法规和标准予以监管或规定的物质。目前最为突出的新污染物主要包括内分泌干扰物(EDCs)、抗生素、新型持久性有机污染物(POPs)、微塑料、全氟化合物(PFCs)等。随着人们对化学物质的环境和健康危害认识的不断深入及环境监测技术的不断发展,可能识别出的环境新污染物还会持续增加。新污染物可以广泛存在于水体、土壤、灰尘、空气和生物体中,具有以下特点:

(1)危害严重性:新污染物对器官、神经、生殖发育等方面都可能存在危害性,其生产和使用往往与人类生活息息相关,对生态环境和人体健康存在较大风险。

(2)风险隐蔽性:多数新污染物的短期危害不明显,一旦发现其危害性时,它们可能已经通过各种途径进入环境,导致不可逆或难修复的危害。

(3)环境持久性:新污染物大多具有环境持久性和生物累积性,在环境中难以降解,并在生态系统中易于富集,可长期蓄积在环境和生物体内。

(4)来源广泛性:我国是化学品生产使用大国,在产在用的化学品有数万种,每年还在新增上千种新化学物质,其生产消费都可能存在环境排放,来源非常广泛。

(5)治理复杂性:对于具有持久性和生物累积性的新污染物,即使以低剂量排放到环境中,也可能危害环境、动植物和人体健康,对治理技术和治理程度要求高。

3.1.2 国内外研究进展

3.1.2.1 国外研究进展

自 20 世纪 90 年代以来，众多国家与国际机构着手进行新型污染物的现况和潜在危害的调研，旨在通过持续的探索与应用实践，建立一个围绕全生命周期管理与分级优化理念的新型污染物风险预防与控制体系。这一过程积累了众多成功的经验，为我国提供了宝贵的参考价值。

1. 构建多方统筹协调机制

在国际合作方面，1996 年，经济合作与发展组织（OECD）启动了化学品测试导则的国家协调员工作组及 EDCs 的测试与评估咨询团，旨在协调成员国之间的 EDCs 风险预防工作。2010 年，阿根廷和乌拉圭共同建立了海上技术委员会，目标是加强对微塑料污染的源头控制。2014 年，联合国环境规划署（UNEP）成立了一个涵盖政府与非政府组织的 EDCs 环境暴露与影响咨询组，负责跨国 EDCs 的防控策略和政策研究。

在国家层面，美国国家环境保护局在 1996 年成立了 EDCs 筛选和监测顾问委员会，该委员会由来自国家环境保护局、其他联邦机构、州级部门、工业界、环保组织、公共健康组织和学术界的成员组成，共同协调 EDCs 的筛选与监测工作。1997 年，日本成立了一个跨部门的 EDCs 委员会，由环境省、经济产业省和厚生劳动省共同协调 EDCs 的研究。

2. 建立新污染物治理法律法规和标准体系

在法律法规方面，美国为了履行《斯德哥尔摩公约》关于持久性有机污染物的条款，建立了一个基于《国家环境保护法》《有毒物质控制法》等法律的全生命周期覆盖的政策体系。欧盟在 2006 年宣布所有成员国全面禁用促生长类抗生素，并在《兽医药品法典》中对使用广泛的抗生素兽药实施了严格的环境管理规定。美国食品药品监督管理局禁止使用 3 种全氟化合物作为食品接触材料。在微塑料污染控制方面，美国和加拿大分别在 2015 年和 2018 年出台了禁止含塑料微珠化妆品生产、进口和销售的法律。

关于标准的修订，日本在 2015 年更新了饮用水质量标准，新增了五种 EDCs 物质的限值。欧盟在 2018 年更新了生物农药中 EDCs 的标准，提出了更严格的判定和使用标准；2023 年 3 月，欧盟发布了新修订的《物质及其混合物分类、标签和包装法规》，引入了新的危害类别，适用于多类化学产品，旨在提升对人类健康和生态环境的保护水平。

3. 开展新污染物多级风险评估和监测框架建设

从 20 世纪 90 年代起，OECD、欧盟、美国及日本等相继确立了 EDCs 的筛选和监测基本框架，进而发展出双层次评估体系。自 2002 年开始，OECD 推出了一个五级的 EDCs 评估框架，包括"收集现有资料—进行体外实验—简易体内实验—资料验证—复杂体内实验"，以指导成员国进行 EDCs 风险评估。美国环保局自 2008 年起还发布了一系列测试指南，旨在层级化筛选 EDCs，并在 2009 年及 2013 年公布了化学品测试清单。自 1988 年起，在欧洲《远程跨界空气污染公约》框架下，已有 24 个成员国建立了

100个新型POPs监测站,以追踪其在欧洲的分布趋势。欧盟委员会在1999年推出了EDCs战略计划,包括监测计划的建立,旨在评估优先清单中EDCs的暴露及其影响。

4. 重视新污染物治理的科学研究

针对新污染物,尤其是EDCs、PTSs等,开展生态毒理、健康危害、生态风险、形成机理、迁移转化及减排、控制、处置和替代技术等研究,并不断提出新的关注物质。长期来看,发达国家和地区,如美国和欧洲,已经在EDCs的识别、筛选、风险测试等多个方面进行了广泛研究。近年,国际机构和发达国家将研究重点转向了PTSs,并实施了多个重大研究项目,如环境与生态健康影响评估方法研究,污染源的识别与解析研究,PTSs高风险区域的识别及其修复技术研究,PTSs的生成、反应、迁移、转化和毒理学研究,污染减少、控制和替代技术研究,以及基于生物工程和高级化学氧化的PTSs控制技术研究等。在环境科学的国际期刊上,关于新污染物的研究论文数量和质量在近年来显著提升。

3.1.2.2 国内研究进展

"十三五"期间,针对制约美丽中国、健康中国建设的环境污染问题,党中央、国务院作出打好污染防治攻坚战的战略部署并取得重大进展,我国以常规指标衡量的大气和水环境质量明显改善。但随着化工行业的迅猛发展,化学品被大规模生产和使用,我国面临巨大的新污染物污染风险,其已经成为新阶段我国面临的突出环境问题,加强新污染物风险防范与治理已迫在眉睫。

"十四五"时期是我国污染防治攻坚战取得阶段性胜利,继续推进美丽中国建设的关键期。党的二十大报告明确提出"开展新污染物治理""严密防控环境风险",为新时期深入推进环境污染防治指明了方向。近年来,我国新污染物治理受到党中央、国务院的高度重视。从《中华人民共和国国民经济和社会发展第十四个五年规划和2035年远景目标纲要》提出对新污染物治理的关注,经李克强总理在全国两会上强调加强固体废物与新污染物管理,到国务院发布《新污染物治理行动方案》(以下简称《行动方案》),对新污染物的管理实施了前所未有的重点关注。这一系列行动标志着我国新污染物治理的全面推进。全国各地相继推出具体的治理方案,积极落实相关工作。

《行动方案》在全国范围内对新污染物治理进行了全面部署,确立了"十四五"期间及未来一段时间内新污染物治理的总体要求、目标和行动措施。作为我国针对新污染物治理的首个顶层设计文件,《行动方案》设定了分阶段的目标和实施路径:到2022年,公布首批重点管控新污染物名单,完善相关地方政策和标准;到2023年底前,完成首轮化学物质基本信息的调查及首批环境风险优先评估化学物质的详细信息调查;并在2025年底前,初步建立新污染物的环境调查和监测体系。这些工作也正在有条不紊地按照规划推进。2022年12月,生态环境部连同其他六部门公布了《重点管控新污染物清单(2023年版)》,其中包括持久性有机污染物、有毒有害污染物、环境内分泌干扰物和抗生素等四大类14种重点新污染物,对这些污染物实施严格的禁用、限制和排放控制要求。国家还鼓励地方政府根据实际情况制定补充的重点管控新污染物清单和管理方案。

随着《行动方案》的发布,全国约30个地区相继发布了地方新污染物治理方案,设定了短期或长期的目标,并提出了推动重点行业化学物质基础信息调查、优先化学物质的筛选与环境风险评估,以及探索新污染物监测分析方法和网络建设等具体措施。这些方案中,虽然对于新污染物监测名单的具体内容尚有待完善,但已有地区在水中含氟化合物和含氯化合物的监测上取得进展。此外,加强能力建设也成为各地方案中的共同要求,主要涵盖新污染物监测技术、环境风险评估技术和管控技术的研究,以及监测设备及其他基础设施的完善。

我国目前把新污染物治理定位为生态环境保护的重点工作之一。尽管已经取得了一定进展,但与发达国家和地区的新污染物风险防控与治理相比,我国的工作仍然处于初级阶段,客观上面临治理难度大、技术复杂程度高、科学认知不足、治理能力和工作基础薄弱等现实困难,特别是在法律法规管理体制、科技支撑等方面存在明显短板。因此,立足新发展阶段,加强配套制度建设和科技创新,加快完善法律法规制度体系等,切实推进新污染物治理,对深入打好污染防治攻坚战具有重要意义。

3.2 常见新污染物与健康影响

3.2.1 持久性有机污染物

3.2.1.1 基本概念

持久性有机污染物(POPs)是一类在环境中能够长期存在的有机化合物,具备较长的环境半衰期和生物累积特性。这些化合物能够通过环境媒介,如大气、水体和生物进行广泛的长距离传输,并在远离排放源的区域沉积,进而在陆地和水生生态系统中聚集,对环境和生物造成深远的负面影响。POPs既包括自然产生的物质,也包括人为合成的有机物。

3.2.1.2 理化性质和污染特点

根据POPs的定义,一般认为其有以下4个方面的重要特性。

1. 环境持久性

POPs对正常的生物降解、化学分解和光解作用有较高的抵抗能力,因此一旦排放到环境中,分解过程就变得极其困难,使得这些物质能够在水、土壤及底泥等多种环境介质中长期存在,持续时间可能为数年、数十年或更久。例如,二噁英类化合物在气相中的半衰期范围为8~400天,在水相中为166天至21.9年,在土壤及沉积物中的存在时间为17~273年;多氯联苯(PCBs)的大气中的半衰期从3天至1.4年不等,在水环境中为60天至27.3年,在土壤和沉积物中为2.96~38年,而在人体内的半衰期则约为7年。这一特征也促成了POPs在全球范围内的迁移与循环。

2. 高毒性

POPs对生物具有极强的毒性,能够引发癌症、畸形和基因突变等重大健康问题。

它们还能够破坏或抑制神经和免疫系统的功能，扰乱内分泌系统，影响人类的生殖能力，导致所谓的"女性化"现象或引起生长发育障碍和遗传性缺陷。即使在低浓度下，POPs 也能对生物体造成显著伤害。例如，2,3,7,8-四氯二苯并对二噁英（TCDD）仅需极微量即可致豚鼠死亡。

3. 生物蓄积性

生物蓄积指的是生物体在其生长和发展过程中，直接从环境或通过摄入的食物，吸收并累积外源性物质的过程。POPs 由于其低水溶性和高脂溶性属性，倾向于在生物体的脂肪组织中累积，这一过程通过食物链的传递，能够在较高营养级的生物体内累积。即便是微小浓度的 POPs 也能在生物体内累积到高浓度。处于食物链顶端的人类因此面临着通过食物链的生物放大效应，导致 POPs 在体内浓度增至有害水平的风险。

4. 远距离迁移性

地球上相对远离污染源的北极圈曾发现 POPs 污染。POPs 通常表现为半挥发性，能够在室温条件下进入大气。POPs 可以以蒸气形式从水体或土壤中释放到大气中，或者附着在大气中的颗粒物上。由于它们具有高度的持久性，可以在大气中进行长距离的迁移而不会被完全分解。然而，它们的半挥发性质意味着它们不会永久地留在大气中，会在特定条件下沉降，随后可能在某些条件下再次挥发。这种循环的挥发和沉降过程使得 POPs 能够传播到全球各地。因此，包括大陆、沙漠、海洋及极地区域均检测到了 POPs 的存在。中纬度夏季的高温促进了 POPs 的挥发和迁移，而冬季的低温则有助于它们的沉降。因此，在向极地迁移的过程中，POPs 经历一系列的短距离跳跃，这一现象被称为"蚱蜢跳效应"。

3.2.1.3 主要种类

鉴于 POPs 对环境及人类健康可能带来的严重威胁，国际社会已通过一系列国际协议应对 POPs 问题，目的在于减少或消除 POPs 的生产与排放，以保护环境和公众健康。关于 POPs 达成的国际性环境保护公约主要有三个，分别是《关于在国际贸易中对某些危险化学品和农药采用事先知情同意程序的鹿特丹公约》（简称《鹿特丹公约》）、《控制危险废料越境转移及其处置的巴塞尔公约》（简称《巴塞尔公约》）及专门针对 POPs 的《关于持久性有机污染物的斯德哥尔摩公约》（简称《斯德哥尔摩公约》），这些公约构成了对 POPs 进行环境安全管理的框架。这些公约协议详细列出了需要控制的 POPs 种类。

(1)《斯德哥尔摩公约》。2004 年 5 月 17 日《斯德哥尔摩公约》生效。截至 2023 年 10 月，公约吸引了 186 个国家或地区加入。公约最初列出了 12 种需要控制的 POPs 物质，但公约逐渐认识到初始名单并未覆盖所有 POPs，因此设定了扩展名单的标准和程序，以便纳入更多具有 POPs 特性的化合物。这些物质被分类为杀虫剂、工业化学品和非故意产生的副产品。到 2019 年 5 月为止，受管制的 POPs 种类已扩展至 30 种，显示了国际社会在持续扩大 POPs 管控范围上做出的努力。

(2)《鹿特丹公约》。《鹿特丹公约》自 2004 年 2 月 24 日起正式施行，该公约包含 30 条正文及 5 个附件，并通过其附件三列出了受管控的化学品与农药目录。截至 2023 年

10月，该清单共计包括55种化学品：33种农药、3种农药制剂、18种工业化学品和1种同时属于农药和工业化学品类别的化学品。这个目录包含数种持久性有机污染物，如艾氏剂、氯丹、滴滴涕、狄氏剂、硫丹、七氯、六氯苯、林丹、毒杀芬和PCBs。

(3)《巴塞尔公约》。《巴塞尔公约》没有具体指明特定化学物质的清单，而是针对废物的来源与性质设定了标准。该公约特别指出，包含POPs的废物应纳入附件一（受控废物类别）和附件八（主要包括有机物但也可能含金属和无机物的废物清单，以及含无机或有机物的废物清单）进行管理。

面对POPs带来的挑战，全球各地的国际组织、区域机构和国家政府根据各自地区的特定状况，制订了相似的管控清单。尽管不同机构对这些物质的称呼各异，例如联合国环境计划署将其称作持久性有毒物质，美国环境保护署则将其命名为持久性生物累积性有毒物质（PBTSs），但所列出的化学物质大致相同，其中杀虫剂和阻燃剂属于主要的持久性化学污染源。

(1)联合国。在发布POPs清单的过程中，联合国环境规划署还在一份名为"收集、汇编和评价持久性有毒物质来源、环境水平和影响数据的指导文件（2000年9月）"中提到了一系列被认为具有长期环境存留能力、毒性、生物蓄积性和生物富集性的持久性有毒物质。这份文件明确了除已知的POPs外，包括有机金属化合物和重金属在内的其他持久性有毒污染物。文档共识别出28种此类物质，包括：艾氏剂、氯丹、滴滴涕、狄氏剂、异狄氏剂、七氯、六氯苯、灭蚁灵、毒杀芬、多氯联苯（PCBs）、多氯代二苯并二噁英（PCDDs）、多氯代苯并呋喃（PCDFs）、十氯酮、六溴联苯、六六六（HCH）、多环芳烃（PAHs）、多溴代二苯醚（PBDE）、氯化石蜡、硫丹、阿特拉津、五氯苯酚、汞和有机汞化合物、有机锡、铅和有机铅化合物、邻苯二甲酸酯类（如邻苯二甲酸二丁酯和邻苯二甲酸二辛酯）、辛基酚、壬基酚、镉。

(2)欧洲。在《关于长距离越境空气污染公约》的指导下，1998年6月，29个欧洲国家在丹麦的奥尔胡斯签署了《持久性有机污染物议定书》，该协议于2003年正式生效。作为减少或消除POPs影响的首次国际努力，该议定书标志着国际社会在防治POPs问题上的一个重要里程碑。协议最初控制的POPs包括16种化学品，如艾氏剂、氯丹、狄氏剂、异狄氏剂、六氯联苯、灭蚁灵、毒杀芬、滴滴涕、六氯苯、多氯联苯、六六六、林丹、二噁英、呋喃、多环芳烃和开蓬（十氯酮）。到2009年12月18日，议定书又增加了7种化学物质，包括六氯丁二烯、八溴二苯醚、五氯苯、五溴联苯醚、全氟辛烷磺酸、多氯化萘和短链氯化石蜡。

(3)美国。美国环保局已识别并列出了5类化合物和16种具有持久性、生物蓄积性和毒性的化学物质，前者包括二噁英及二噁英类物质、六溴环十二烷（HBCD）、铅化合物、汞化合物、多环芳香族化合物（PACs）等；后者包括艾氏剂、苯并芘、氯丹、七氯、六氯苯、异艾氏剂、铅、汞、甲氧氯、八氯苯乙烯、二甲戊灵、五氯苯、PCBs、四溴双酚A、毒杀芬、氟乐灵。

(4)中国。我国在1998年便开始对POPs进行严格管理，首批限制或禁止的化学品名单中包括多氯联苯、多溴联苯、艾氏剂、狄氏剂、异狄氏剂、滴滴涕、六六六、七氯、六氯苯、氯丹、五氯酚等。2005 年，灭蚁灵被加入第二批名单，2017 年，林丹、全氟辛基磺酸及其盐和全氟辛基磺酰氟也被正式纳入(自 2018 年 1 月 1 日起施行)。此外，我国生态环保部于 2023 年 3 月 1 日起实施《重点管控新污染物清单(2023 年版)》，全氟辛基磺酸及其盐类和全氟辛基磺酰氟(PFOS 类)、全氟辛酸及其盐类和相关化合物(PFOA 类)、十溴二苯醚、短链氯化石蜡、六氯丁二烯、五氯苯酚及其盐类和酯类、全氟己基磺酸及其盐类和其相关化合物(PFHxS 类)、得克隆及其顺式异构体和反式异构体和已淘汰类(六溴环十二烷、氯丹、灭蚁灵、六氯苯、滴滴涕、α-六氯环己烷、β-六氯环己烷、林丹、硫丹原药及其相关异构体和多氯联苯)被纳入其中。

值得注意的是，POPs 的清单是动态的，随着新的研究、讨论和评估，更多的物质可能会被识别并纳入管控清单。可以预见 POPs 的清单将持续增长。

3.2.1.4　健康危害

POPs 能经由多种途径进入生物体，随后在脂肪组织、胚胎和肝脏等器官中累积，当累积至特定浓度时便开始对生物体产生有害影响。目前，关于各类 POPs 的具体毒性作用机制尚未完全阐明。通常认为，POPs 对人体的伤害并非由单一种类或一组 POPs 独立造成，而是多种 POPs 之间的相互作用所致。绝大多数 POPs 具有致癌、致突变及致畸效应。此外，POPs 与糖尿病、出生缺陷、性激素分泌失调等健康问题相关，并能够影响及改变免疫系统、神经系统和内分泌系统的正常调节功能。

1. 致癌作用

国际癌症研究机构(IARC)依据广泛的动物实验和调查研究，对 POPs 的致癌性进行了评级。2,3,7,8-四氯二苯并对二噁英被归类为Ⅰ类(对人类致癌)，PCBs 混合物被认定为ⅡA 类(对人类有较高致癌可能)，而氯丹、滴滴涕、七氯、六氯苯、灭蚁灵及毒杀芬则被分到ⅡB 类(可能对人类致癌)。

2. 免疫毒性

POPs 被发现能够抑制免疫系统的正常功能，影响巨噬细胞活性，并降低机体对病毒的抵抗力。在研究因纽特人母乳喂养与奶粉喂养婴儿的健康影响时，发现婴儿 T 细胞与受感染 T 细胞的比例与母乳喂养的时长及母乳中含有的杀虫剂类 POPs 含量之间存在关联。这表明，POPs 的存在不仅对成年人的健康构成威胁，其在母乳中的累积也可能影响到下一代的免疫健康。

3. 内分泌毒性

POPs 中的某些成分因显示出明显的内分泌毒性，被认定为环境内分泌干扰物。这些物质能够与雌激素受体紧密结合，从而干预受体的正常活性并影响基因表达。例如，有机氯杀虫剂展现了模拟雌激素的能力；PCBs 在体内实验中也显示出雌激素样的活性。研究表明，与患有良性乳腺肿瘤的女性相比，乳腺癌患者的乳腺组织中 PCBs 的浓度更高，指示这些物质可能与乳腺癌的发展有关。

4. 生殖和发育毒性

在生物体内，特别是脂肪组织中富集的 POPs 能够通过胎盘传输和母乳喂养对胚胎的发展造成不利影响。这包括导致生殖功能障碍、先天性畸形、死胎和发育延缓等一系列问题。一项研究追踪了 150 名在怀孕期间食用受有机氯污染鱼类的女性及其子代的健康状况，结果显示，这些婴儿与普通婴儿相比，出生时体重偏低，头围较小。到 7 个月大时，这些儿童的认知能力低于常规水平；4 岁时，他们在阅读、写作和记忆方面的能力较弱；到 11 岁，这些孩子的智商较低，在阅读、写作、计算和理解能力方面均表现不佳，这些发现强调了 POPs 对于生殖和儿童早期发展的潜在危害。

5. 糖尿病发病的影响

近年来，全球范围内 1 型糖尿病（T1DM）的发病率有显著上升的趋势。2021 年全球有 840 万人患有 T1DM，如果其死亡率与一般人群的死亡率相匹配，则还有 370 万"未统计人口"患有 T1DM，估计到 2040 年，将有 1350 万至 1740 万人患有 T1DM。在探讨 T1DM 发病率增加的原因时，学者们将目光转向了环境因素，特别是持久性有机污染物（POPs）的作用。研究发现，双酚 A 能直接损害 B 淋巴细胞，使其更容易遭受自身免疫系统的攻击。关于 POPs 与 T1DM 之间关系的研究还存在一定的争议。例如，瑞典研究人员在观察母体血清中的 PCBs 和有机氯农药水平与其子代 T1DM 发病的研究中，并未发现二者之间有直接关联。这一结果并不排除 POPs 与 T1DM 之间可能存在的联系，该联系的原因可能是 POPs 的剂量-反应关系具有特殊性。

关于 POPs 与 2 型糖尿病（T2DM）的关系，已有较多研究和流行病学证据支持。POPs 的暴露不仅与胰岛素抵抗和 T2DM 的发病率有明显的关联，而且 T2DM 患者的血液中 POPs 含量是非 T2DM 患者的 2 至 7 倍。即便是在 POPs 环境浓度较低的情况下，通过饮食的慢性长期接触，POPs 也能在体内累积，增加 T2DM 的发病风险。在实验中，使用含 POPs 的食物饲养小鼠后，发现小鼠出现了胰岛素抵抗、脂质和糖代谢损伤等病理变化，说明长期接触 POPs 可以降低小鼠对胰岛素的敏感性。POPs 与 T2DM 之间的潜在作用机制可能包括对胰岛素及脂联素信号系统的异常影响、炎症反应及氧化应激，这些因素既单独存在也相互作用，共同促进了胰岛素抵抗的发展。

6. 肥胖及代谢性疾病

亲脂性的 POPs 在血液中的浓度相对较低，但在脂肪组织中的浓度则有所增加，与肥胖之间存在正相关性。研究指出，双酚 A 对骨骼肌的作用可能导致葡萄糖转运蛋白 4（GLUT4）的水平降低，进而引起血糖水平上升和能量代谢的失调，最终诱发肥胖。PCBs 通过减少脂肪细胞对瘦素受体的响应性，可能引发肥胖和其他代谢性疾病。而二氯二苯三氯乙烷（DDT）的作用机制包括激活过氧化物酶体增殖物激活受体 γ（PPARγ），促进已分化脂肪细胞的再分化。此外，2,3,7,8-四氯二苯并对二噁英能够抑制脂肪细胞中 GLUT4 的表达，并诱导脂质分解，进一步影响肥胖的发展。

7. 其他毒性

POPs 还会影响多个器官系统，引发包括皮肤角化过度、色素沉积、过度出汗及弹性纤维组织的病理变化等皮肤问题。此外，特定的 POPs 可能与精神健康问题相关联，表现为焦虑、持续疲劳、易怒性和抑郁等症状。同时，POPs 对肝脏和神经系统的毒性作用不容忽视，可能导致肝功能损害和神经功能障碍。

POPs 污染是全人类面临的共同挑战，关乎人类命运共同体构建和人类文明永续发展。《关于持久性有机污染物的斯德哥尔摩公约》(以下简称《公约》)于2001年5月22日在瑞典斯德哥尔摩通过,2004年5月17日生效。作为《公约》文书制定和首批签约国之一,中国高度重视POPs控制,承诺与国际社会携手共同应对这一挑战,保护人类健康和环境免受POPs的危害。第十届全国人民代表大会常务委员会第十次会议批准《公约》,2004年11月11日《公约》对中国生效。历经二十载的坚持与不懈努力,我国POPs控制工作取得显著成效,生态环境质量持续改善,绿色发展水平不断提升,POPs控制能力明显提高,为开展POPs等新污染物治理提供宝贵经验,走出了一条符合中国国情的POPs管控之路。

3.2.2 抗生素

3.2.2.1 定义与来源

抗生素是一类能够抑制或杀死微生物(包括细菌、真菌、原生动物等)的化合物。自1929年青霉素被弗莱明(Fleming)发现并由弗洛里(Florey)和钱恩(Chain)用于临床以来,已有百余种抗生素被开发利用,它们被广泛用于医学领域。抗生素的发现和应用是医学历史上的一项重要突破,它们在治疗感染病症方面发挥着关键作用。在农业中,抗生素被用于促进畜牧业生产,预防动物疾病,以及植物保护。此外,抗生素还在工业中用于发酵和生物技术,同时也在环境保护中发挥作用,如废水处理和环境监测。抗生素通过不同的机制作用于微生物,例如阻止细菌细胞壁的合成、抑制蛋白质合成、影响核酸合成等。然而,抗生素的过度使用可能导致包括生物耐药性的增加和环境污染等问题,因此需要采取措施来合理使用和监控抗生素的应用。

3.2.2.2 环境现状

中国生产和使用抗生素量巨大,每年约有210000 t被广泛应用于畜牧业、医疗和其他领域。我国人均抗生素年消费量为138 g,分别是欧洲和美国的两倍和十倍。令人更为担忧的是,这些抗生素中大约一半被用于家禽和其他动物,其中约30%不能被生物体吸收,以废物的形式通过粪便、尿液和其他分泌物进入环境。这些被浪费的抗生素最终会对环境和生物造成严重危害,甚至通过食物链威胁人类健康。

地表水环境中抗生素被频繁检出。研究人员运用固相萃取和液相色谱-串联质谱法研究了珠江三角洲关键水域(包括珠江、维多利亚港、深圳河和深圳湾)中9种典型抗生素的污染情况。结果显示,珠江广州段(枯水期)和深圳河的抗生素污染尤为严重,最高含量达到1340 ng/L。这些地表水中的大多数抗生素含量明显高于美国、欧洲等发达地区的河流。红霉素(脱水)、磺胺甲唑等的含量与国外污水中的水平相当,甚至更高;在维多利亚港,只有较低含量的诺酮类和大环内酯类抗生素被检出。饮用水中的药物含量虽然普遍较低,但其潜在风险仍然值得关注。据美联社报道,美国24个主要城市的供水中检测出多种抗生素,影响至少4100万居民的日常饮用水安全。这一发现凸显了公共饮用水系统中药物残留问题的普遍性和潜在的健康风险,呼吁全人类对现有的水处理和监测系统进行评估和改进,以确保饮用水的安全性。

土壤中的抗生素主要来自畜牧业的粪便、废水处理厂的污泥施用、农业直接使用及医院和家庭的废水排放。抗生素在土壤中的浓度差异很大，取决于地理位置、土地使用类型及当地对抗生素的使用习惯。特别是在一些密集养殖区和周边土壤中，抗生素浓度尤其高。土壤中的抗生素不仅影响微生物群落的结构和功能，还可能促进抗药性基因的传播，对人类健康构成间接威胁。

尽管相比于水和土壤环境，大气中的抗生素浓度相对较低，但抗生素和抗药性基因可以通过粉尘、气溶胶等形式传播。沙尘暴等自然现象及人类活动（如废物焚烧）可以将抗生素传播到较远的地区。大气传播的抗生素可能通过呼吸进入人体，虽然目前对人体健康的直接影响尚不明确，但长期暴露于低剂量的抗生素环境中可能会增加抗药性的风险。

3.2.2.3 环境危害

抗生素经过人体和牲畜体的吸收、污水处理工艺的净化后，在水环境中的残留量虽然普遍较低，只有痕量水平（10^{-6}数量级），但是仍然对生态环境构成潜在危害。

1. 对水生微生物的危害

抗生素在抑制特定病原体生长方面发挥着作用。然而，由于抗生素的长期、广泛且大规模使用，一部分未经代谢和净化的抗生素被排放到水体环境中，这可能对水生环境的微生物群落构成潜在威胁。这种影响主要通过促进耐药性细菌的形成来体现，即非耐药菌株被消除，耐药菌种得以大量增殖。因此，抗生素在环境中的长期存在以较低浓度对微生物群落产生显著影响，这种影响可能通过食物链传递，影响更高级别的生物，进而破坏生态平衡。众多研究已经证实，抗生素的使用促进了耐药性病原体的形成，特别是在动物饲料中长期使用大剂量抗生素的情况下，导致了一些强力抗生素也无法抵抗的病原体的产生。这些病原体对人类和动物健康构成了极大的威胁。此外，抗生素还可能促使耐药基因的形成，这些基因可以在不同细菌间传播。一旦耐药基因转移到致病菌中，就大大增加了其对人类健康的风险。由耐药性细菌引起的感染可能导致无药可治的情况，造成严重的社会和经济负担。

2. 对植物和水生生物的危害

通过动物排泄物和城市污水的施用，抗生素进入农田，能对作物的生长及发育产生影响。研究揭示，特定的抗生素类别，如喹诺酮类，可能会干扰叶绿体DNA的复制过程；而四环素类、大环内酯类、林可酰胺类、氨基糖苷类等抗生素能影响蛋白质的合成过程，包括翻译和转录。同时，磺胺类和三氯生等抗生素会干扰植物的基本代谢途径，例如叶酸和脂肪酸的合成。研究还发现，含有微量四环素（$0.009\sim0.012$ mg/L）的动物粪便对植物组织培养的毒性影响显著，而$300\sim900$ mg/L的磺胺地索辛可明显抑制如车前草和玉米等农作物的生长，并在植物的根和叶中累积，尤其是根部浓度较高。

尽管在水环境中，药物浓度通常较低，不足以引起水生生物的急性中毒，但长期暴露于低浓度的药物环境下，水生生物可能表现出慢性毒性反应。抗生素在环境或生物体内的累积，对于那些拥有相似或相同组织或细胞类型的水生生物，可能构成特定的威胁。由于抗生素种类繁多，它们对水生生物的毒性差异显著。例如，通过发光菌检测法，研究人员评估了四环素、磺胺和喹诺酮类抗生素的毒性，发现尽管这些抗生素的整体毒性较低，但是它们的半致死浓度差异巨大，揭示了它们不同的毒性水平。研究人员观察到，红霉素、环丙沙星和磺胺甲噁唑对月牙藻光合作用的影响，包括对光反应、电子转移和碳同化过程的抑制，其中红霉素对月牙藻的毒性超过了环丙沙星和磺胺甲唑。

3.2.2.4 健康危害

抗生素残留在食品和饮用水中会对人类健康构成直接威胁。在畜牧业中，动物长时间摄入含抗生素的饲料和水，导致抗生素在其体内累积，进而在动物源食品如肉、蛋、奶及动物内脏中有抗生素残留。当人们消费这些含有抗生素残留的产品时，根据生物放大原理，抗生素会通过食物链传递给人类，可能导致过敏反应，严重时甚至引发食物中毒。某些药物还可能具有致癌、致畸、致突变或激素样作用，严重影响人体生理功能。同样，水生产品中的抗生素残留，主要来源于饲料中的添加，这些残留通过生物富集作用在人体内累积，增加人体病原体的耐药性，从而降低免疫系统的功能。

抗生素在饮用水中虽然浓度较低，不易引起直接的急性过敏反应或毒副作用，但由于现有的水处理技术未能完全去除饮用水中的抗生素，加之对现行消毒技术影响抗生素的研究缺乏，即便是微量的抗生素残留，长期摄入也可能对人体免疫系统造成影响，降低免疫力。例如，β-内酰胺类抗生素如青霉素可能引起过敏反应；庆大霉素对肾脏有强烈的毒性作用；喹诺酮类能增加对光线的敏感度；四环素类严重影响儿童牙齿的发育。此外，对于儿童这一特殊群体，他们的某些重要器官尚未完全发育成熟，喹诺酮类药物对骨骼、肝脏、肾脏等的发育可能产生不利影响，《抗菌药物临床应用指导原则》建议避免在18岁以下的未成年人中使用该类药物，表明喹诺酮类抗生素对儿童健康的潜在风险极大。

当前，国际社会高度关注微生物耐药问题，特别是在新冠肺炎疫情全球蔓延的背景下，加强抗微生物药物管理显得尤为重要。世界卫生组织多次呼吁要合理使用抗微生物药物，更好地应对疫情带来的挑战；联合国大会和G20峰会等国际会议将微生物耐药列为重要议题，在更高层面进行研究讨论。各地要高度重视，将抗微生物药物管理作为保障公众健康、防范生物安全风险、促进社会和谐稳定的重要内容，持续做好工作部署和责任落实。卫生健康行政部门要落实加强抗微生物药物管理的指导监督责任，医疗机构要落实合理使用抗微生物药物的主体责任，采取扎实管用的措施，减少抗微生物药物的不合理使用。

为进一步加强抗微生物药物管理，积极应对微生物耐药，持续提高临床合理用药水平，2021年，国家卫生健康委印发了《关于进一步加强抗微生物药物管理遏制耐药工作的通知》(以下简称《通知》)。《通知》立足于当前社会高度关注的微生物耐药问题，从五个方面提出了具体要求。一是充分认识做好抗微生物药物管理的重要性，要求各地高度重视抗微生物药物管理工作，持续做好工作部署和责任落实。二是统筹部署推进，全面加强抗微生物药物管理，要求各地规范感染性疾病的临床诊疗工作，开展有针对性的理论和实践培训,医疗机构应科学地调整优化抗微生物药物供应目录。三是完善管理措施,进一步提高合理用药水平,要求各地将抗微生物药物合理使用情况纳入医院评审、公立医院绩效考核、合理用药考核等工作中,进一步增加全国抗菌药物临床应用监测网、细菌耐药监测网入网医疗机构数量,试点开展抗微生物药物体外敏感性折点研究。四是立足多学科协作,提高感染性疾病诊疗能力,要求医疗机构加强感染性疾病科建设,实施临床重要耐药微生物感染的个性化循证防控措施,优先培养配备抗感染领域的临床药师,规范 β-内酰胺类药物皮试。五是加强宣传引导,提高全民合理用药意识,要求各地重点宣传抗微生物药物使用误区和不合理使用的危害,建立抗微生物药物合理使用定期宣传机制,切实提升公众对合理使用抗微生物药物的认知水平。

3.2.3 全氟化合物

3.2.3.1 定义与来源

全氟化合物(PFC)是指所有的碳—氢键被碳—氟键取代的有机氟化合物,包括仅含碳氟原子的碳氟化合物,以及可以视为其衍生物的氯氟烃、全氟醇、全氟醚、全氟羧酸、全氟磺酸、全氟磺胺等。全氟化合物种类众多,其中全氟和多氟烷基物质(PFAS)是一系列非天然人工合成有机化合物,主要由碳原子和氟原子构成,不但具有亲水性功能团及疏水性烷基侧链,还具备耐火性、高稳定性和持久性。在纺织、表面活性剂、食品包装、不粘涂层、灭火泡沫等领域广泛应用。PFAS的来源包括农药、涂料、洗发水、不粘锅、耐污材料、摄影、消防泡沫、快餐包装和农药等。

3.2.3.2 理化性质

由于PFAS拥有极难被破坏的碳—氟单键(C—F键),使其具有高热稳定性和化学稳定性,可在环境中持久存在,几乎不被生物降解,也被称为"永久性化学品"。PFAS污染不仅对环境构成长期威胁,而且容易在食物链中累积,进而对各类生物体,包括人类,造成潜在健康风险。自2004年《斯德哥尔摩公约》生效以来,全球各国已经采取了一系列针对PFAS危害的管控措施。

PFAS具有以下几个关键的环境和健康影响特性。

(1)持久性。PFAS在自然环境中极其稳定,难以通过自然过程分解成无害物质。这种持久性意味着它们一旦释放到环境中,就会长期存在,难以去除。

(2)流动性。这类化合物在环境中易于迁移,可以通过水流、大气运输等途径传播,从而可能导致局部污染扩散到全球范围,形成广泛的环境污染。

(3)生物累积性。PFAS在生物体内容易累积,且随着食物链的传递,其浓度可在生物体内逐级放大。这种生物累积特性导致顶级捕食者体内的PFAS浓度尤其高。

(4)毒性。PFAS化合物对生物体和环境均具有潜在的危害,可能干扰生物体的内分泌系统,与多种健康问题相关,如癌症、肝脏损害、免疫系统抑制、生殖问题和发育缓慢。由于PFAS家族包含成千上万种化合物,许多化合物的具体影响尚需进一步研究分析。

鉴于PFAS的这些特性，全球环境和公共健康机构正寻求更有效的监管策略和清除技术，以降低这些化合物对环境和人类健康的影响。

3.2.3.3　环境现状

全球地下水中普遍存在PFAS，这会给依赖饮用地下水的人群带来重大健康问题。报告称，自2012年以来，地下水中的PFAS比在地表水中检出率高。研究人员对美国存在的PFAS进行了研究，发现地下水、饮用水中PFAS的检出率均是地表水的两倍。2024年4月，美国环保局发布了PFAS的含量不超过10 ng/L的饮用水强制标准，其中全氟辛酸和全氟辛烷磺酸的含量不超过4 ng/L。这些化学物质可以在含水层中垂直和水平迁移，从消防和训练设施下游三个不同地点采集的沉积物样本中，PFAS的含量在35～88 ng/g范围内。可见这些设施内和周围的环境受到PFAS的严重污染。在湖北省的24个采样点中，地下水中PFAS含量最高为844 ng/L。据研究，该采样点的污染物来源于PFAS生产设施。24个采样点中有4个报告全氟辛烷磺酸含量超过70 ng/L。根据对亚洲整理研究的审查，中国报告其地下水样本中全氟辛烷磺酸和全氟辛烷值最高，超过了美国环保局饮用水健康咨询所允许的限值。

在亚洲地区，相对于地下水，地表水体的PFAS研究更为广泛，以下是一些典型案例。研究表明，中国的小清河接收了一家含氟聚合物制造商的废水，其PFAS含量异常高，达到320000 ng/L。我国相关研究发现，PFAS最高含量出现在平山河，为598.66 ng/L，该点的PFAS污染是由附近汽车厂的废水造成的。

除了来自我国的采样数据外，大多数国家报告的PFAS含量均低于570 ng/L。然而，有报告称在日本淀川(Yodo)河流域的桂川(Katsura)河，PFAS的含量为2568 ng/L，主要来源是污水处理厂向桂川河排放的污水。与地表水相比，沿海和海水的PFAS污染研究较少。有报告称，在我国渤海莱州湾发现了显著的PFAS影响，其在海水中的PFAS含量为591.7 ng/L。莱州湾位于小清河河口附近，受到一家含氟聚合物制造商排放废水的影响，导致水中PFAS大量积累。据报道，位于韩国工业区的峨山水库的PFAS含量为450 ng/L。此外，PFAS作为一类持久性有机污染物，会在环境中积累，对生态系统和人体健康存在潜在危害，如干扰内分泌系统等。

土壤中的PFAS污染主要来源于工业排放、消防泡沫、废水处理厂的排放和污泥施用及含PFAS产品(如某些防水防污布料、涂料、食品包装材料等)的使用和处置。PFAS在土壤中的分布不均匀，高度依赖于污染源的位置和性质。工业区、军事基地和机场附近的土壤通常受到较高程度的污染。

PFAS可以通过土壤和水中已有PFAS的挥发、粉尘颗粒携带和工业排放进入大气。虽然PFAS在大气中的浓度相对较低，但它们可以通过大气传输，在全球范围内扩散，影响遥远地区。大气中的PFAS对人类健康的直接影响尚未完全明确，但存在通过呼吸摄入的风险，尤其是在靠近污染源的地区。关于大气中PFAS的研究和监测相对较少，需要更多的科学研究来评估其在全球大气中的分布、浓度及潜在健康影响。

3.2.3.4　健康危害

人类可通过多种途径接触PFAS，主要途径为饮食和饮水。研究人员的报告表明，鱼类和甲壳类动物等食物的摄入与女性血浆中 PFAS 浓度呈正相关，而大豆制品和水的摄入与较低的 PFAS 浓度有关。同样，研究人员使用 PFAS 血清水平的基准模型，发现相当大比例的人群超过了基于饮食暴露的拟议每周可耐受摄入量（TWI）。表 3-1 为 PFAS 暴露对人类健康的影响及相关风险。

表 3-1 PFAS 暴露对人类健康的影响及相关风险

健康影响类别	PFAS 暴漏结果	风险
脂质	高暴露可能增加心血管疾病风险，成人中发现与高胆固醇血症存在低相关性	已知
尿酸	有有限证据支持高尿酸血症和 PFAS 之间存在关联	尚未确定
肾脏疾病	存在有限且不一致的证据将其与慢性肾脏疾病联系起来	尚未确定
心脏病和高血压	目前无明确证据表明 PFAS 暴露与心脏病、高血压发病直接相关	无
脑血管病	造成中风的证据有限	尚未确定
糖尿病	与 Ⅱ 型糖尿病不太可能存在强关联（基于[大规模人群队列研究文献	无
肝功能与肝病	与肝功能生物标志物、肝病阴性患病率或发病率（包括肝炎、非酒精性或酒精性脂肪肝等）存在不一致的正相关	尚未确定
免疫功能	无证据表明非传染性肺病风险因 PFAS 暴露增加	无
自身免疫病	暴露与溃疡性结肠炎之间可能存在联系，但 PFAS 与类风湿性关节炎、狼疮、Ⅰ 型糖尿病、克罗恩病或多发性硬化症等其他自身免疫性疾病之间无明确可能联系	尚未确定
关节炎和骨矿物质密集	关于关节炎的证据有限且不一致	尚未确定
甲状腺疾病	证据有限且不一致	尚未确定
神经学和神经退行性疾病	关于认知障碍或神经退行性疾病发展的证据有限	尚未确定
儿童认知混乱和行为障碍	相关证据有限	尚未确定
生殖和发育	生殖和发育相关结果的证据有限且不一致	尚未确定
超重和肥胖	关于早期暴露于 PFAS 并伴有后期肥胖的证据有限且不一致	尚未确定

2021 年 8 月 4 日，欧盟修订《化学品注册、评估、授权和限制法规》附录 ⅩⅦ（即该法规附录 17"限制物质清单"），开始对 PFAS 实施管控。全氟类化合物对人类健康和生态环境存在危害，已引发众多国家及国际组织关注，正逐渐被纳入法规管控范围。

丹麦、德国、芬兰、挪威和瑞典相关当局编制了 PFAS 相关资料。2023 年 1 月 13 日，限制 PFAS 投放环境的提案被提交至欧洲化学品管理局（ECHA）。ECHA 网站目前提供了约 10000 种 PFAS 的详细信息。后续，ECHA 的科学委员会将启动对该提案的评估，考量其对人类、环境的风险及社会因素影响。

这些法规和提案的实施意义重大。一方面，能提升产品与工艺安全性，减少PFAS在当地环境中的投放量，降低人群暴露于有害化合物的风险，保障公众健康，改善环境质量；另一方面，在全球层面，有助于强化国际社会对环境保护与可持续发展的共识，推动更健康、可持续的发展模式。

3.2.4 邻苯二甲酸酯

塑化剂(plasticizer)，又称增塑剂，属于"类溶剂"型有机物质。1868年，海厄特首次将樟脑用作硝酸纤维素的塑化剂，自此之后，塑化剂的应用范围迅速拓展，广泛应用于塑料、黏合剂、纤维素、树脂、医疗器械、电缆、食品包装、玩具、化妆品等成千上万种产品中，其作用是增强材料的柔软性、可塑性和耐用性等。

塑化剂通常不与高分子聚合物通过共价键结合，而是借助偶极力以物理方式结合，这使得塑化剂分子能保持相对独立的化学性质。也正因如此，塑化剂分子可通过浸出、蒸发、迁移或磨损等途径从材料中释放出来，进而对环境造成污染。目前，在大气、降尘、水体和土壤中均已检测到不同程度的塑化剂污染。

塑化剂有多种不同的种类，其分类方法包括溶解性、相容性、作用方式、应用性能、分子质量和化学结构等。其中，按照化学结构分类是各国最常用的方法。根据塑化剂的化学结构，可以将其分为邻苯二甲酸酯类、脂肪族二元酸酯类、磷酸酯类、柠檬酸酯类、环氧类、对苯二甲酸酯类、苯多酸酯类、石油醋类、氯化石蜡类和聚酯增塑剂类等不同类别。

邻苯二甲酸酯(PAEs)类是目前市场份额最大、应用最广泛的塑化剂，约占塑化剂市场份额的80%以上。PAEs主要具有增塑和软化作用，在聚苯乙烯、聚氯乙烯(PVC)等塑料生产领域广泛应用。PAEs在大气、水体、土壤、动植物及人体中均能被检测到。随着工业的迅速发展和环境保护措施的滞后，我国水环境遭受了严重的PAEs污染。大量研究表明，PAEs对环境和人类健康造成潜在危害。PAEs的存在可能对水生生物产生毒性影响，对水生态系统造成负面影响。此外，PAEs还可能通过食物链传播至人体，对人类健康构成潜在风险，如内分泌干扰、生殖系统异常、神经系统影响等。因此，针对PAEs的环境污染问题，需要加强监测和治理措施，减少其在生产和使用过程中的释放。这里以PAEs为例，对增塑剂进行介绍。

3.2.4.1 定义与来源

1. 定义

PAEs是一类由邻苯二甲酸酐与醇反应形成的酯类化合物，是增塑剂工业中最重要的品种之一，约占增塑剂市场份额的80%。PAEs能够增强产品的可塑性和韧性，在PVC塑料制品中的含量高达20%～50%。研究人员对36种日常塑料包装中的6种PAEs进行了检测和统计分析，结果显示仅有2.78%的塑料样品中未检测到PAEs，而50%的样品中含有两种或两种以上的PAEs。其中，邻苯二甲酸(2-乙基己基)酯(DEHP)和邻苯二甲酸二丁酯(DBP)是应用最广泛的PAEs，存在于97.2%的样品中。

PAEs 主要以非共价键的形式结合在塑料制品中，随着时间的推移，它们可以从制品中释放到环境中，然后通过呼吸道、消化道、皮肤等途径进入人体，引发多种器官和组织的毒性反应。

2. 来源

PAEs 在自然界中含量极少，主要是人工合成的产物。目前已确认的 PAEs 种类有 29 种，本节在表 3-2 中列出了部分 PAEs 的缩写及理化性质等。根据分子量的大小可将 PAEs 分为两类：短链的 PAEs，如邻苯二甲酸二丁酯(DBP)和邻苯二甲酸丁基苄基酯(BBP)，主要用于个人护理产品(如洗发水、香水、化妆品)、黏合剂、洗涤剂、药物包衣、医用血袋、管道和一次性手套等领域；高分子量的 PAEs，例如邻苯二甲酸(2-乙基己基)酯(DEHP)、邻苯二甲酸二异壬酯(DINP)和邻苯二甲酸二丁酯(DBP)，主要用于建筑材料、电线电缆、PVC 制品、车辆涂料、汽车内饰、水管、地板、服装、家具、儿童玩具和食品包装材料等领域。从不同环境介质的角度，PAEs 的来源主要有以下几种。

(1) 大气。大气中的 PAEs 以蒸气和气溶胶的形式存在。环境空气中的 PAEs 主要来自工业和矿山企业的通风管道排放，在污染源周围 100~300 m 范围内的环境空气中通常可以检测到增塑剂的存在。PAEs 在塑料和树脂产业的广泛应用，也导致了大量的挥发和排放。

(2) 水体。水体中的 PAEs 主要源自含有 PAEs 的工业废水排放、雨水的冲刷、固体废物的堆放及大气中 PAEs 的干湿沉降。工业废水中 PAEs 的浓度可高达 1000 mg/L。此外，由于城市普遍使用硬聚氯乙烯管道，城市供水管网中也可能存在 PAEs。地表水、地下水和海水中均可检测到不同含量的 PAEs。

(3) 土壤。我国城郊土壤中 PAEs 的主要来源是工业排放导致的大气沉降；农业土壤中 PAEs 的主要来源包括农用薄膜的使用、污泥的施用和污水的灌溉。

表 3-2 常见 PAEs 理化性质

缩写	英文名称	名称	分子量	密度 /(g·cm^{-3})	熔点 /℃	沸点 /℃	性状
DMP	dimethyl phthnlntc	邻苯二甲酸二甲酯	194.18	1.19	2	283~284	无色油状液体
DEP	diethyl phthalate	邻苯二甲酸二乙酯	222.24	1.12	-4	295	无色油状液体
DBP	dibutyl-phthalate	邻苯二甲酸二丁酯	278.35	1.05	-35	340	无色或浅色油状液体
DOP	dinoctylo-phthalate	邻苯二甲酸二正辛酯	390.56	0.98	-40	340	浅黄色油状液体
BBP	butyl benzyl phthalate	邻苯二甲酸丁基苄基酯	312.37	1.10	-35	389	无色油状液体
DEHP	bis(2-ethylhexyl) phthatate	邻苯二甲酸(2-乙基己基)酯	390.56	0.99	-50	389	无色油状液体

3.2.4.2 理化性质

PAEs 的基本结构如图 3-1 所示,取代基 R_1 和 R_2 可相同,也可不同。

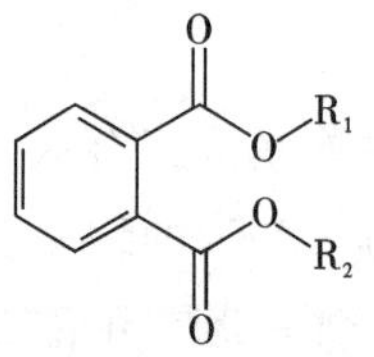

图 3-1 PAEs 结构通式

PAEs 通常呈无色或淡黄色的透明油状物质,多数带有独特的气味。这些化合物难溶于水,挥发性低,具有较低的凝固点,并能较好地溶解于有机溶剂如甲醇、乙醇和乙醚等。随着 PAEs 分子中烷基侧链碳原子数量的增加,其正辛醇/水分配系数(K_{ow})和蒸汽压(P_v)会逐渐降低,表明短侧链的 PAEs 相较于长侧链的 PAEs 在水中的溶解度更高。侧链较短的 PAEs 表现出更强的亲水性,而侧链较长、分支较多的 PAEs 则表现出更强的亲油性,同分异构体也相应增多。在表 3-2 中列出的六种典型的 PAEs,密度几乎都接近 1 g·cm^{-3},其中 DMP 的熔点为 2 ℃,其他类型的熔点都在 0 ℃ 以下,且沸点普遍较高,除 DMP 和 DEP 外,其余类型的沸点超过 300 ℃,因此在常温下它们维持为液态。DEHP 作为使用最广泛的一种 PAE 单体,是无色且无臭的液体,具有 390.56 的分子量和 0.99 g·cm^{-3} 的密度,熔点极低(-50 ℃),沸点高达 389 ℃,显示出其化学性质的稳定性和优良的综合性能。

3.2.4.3 污染现状

PAEs 通过氢键或范德华力与聚乙烯塑料分子相结合,在接触水分或有机溶剂时,易于从塑料中释放出来,进而造成环境污染。PAEs 应用广泛,导致其对空气、土壤、水资源及动植物均产生了污染,现已成为全球范围内常见的环境污染物之一。目前,在大气、各类水体(如地表水、饮用水、河流水)、土壤、河流底泥、湖泊和海洋沉积物、固体废物、食品及生物组织中,均检测出 PAEs 的存在。

1. 大气

大气中的 PAEs 污染在近年来受到了广泛关注。气态 PAEs 主要源自塑料产品,释放后能迅速地附着于大气颗粒物上。气温是影响 PAEs 大气含量的关键因素。例如,在南京,随着气温的上升,大气中 PAEs 的总含量(包括颗粒和气态)呈下降趋势,1 月份浓度最高,7 月份最低。在印度的喀布尔市,PAEs 含量在春季和冬季达到峰值,夏季则较低。在冬季,大气中形成的逆温层是高 PAEs 含量的一个主要原因,而夏季,雨水的清洗效果及大气光化学反应的加剧导致 PAEs 含量降低。济南市塑料大棚内外的空气测试显示,大棚内 PAEs 含量显著高于室外,这可能是因为农业塑料薄膜含有大量的 DBP 和 DEHP,在使用中向外部环境挥发,导致大棚内 PAEs 含量上升。在呼和浩特,城区大气中的 PAEs 含量显著高于草原区,且冬季含量略高于夏季,可能是由于该市冬季较长的采暖期和特殊的地理及气候条件所致。在北京冬季大气气溶胶中发现了 19 种 PAEs，其中一些是美国环保局优先管控的污染物。

PAEs 能够通过大气沉降广泛分布于室内环境，导致室内空气污染。在英国，室内空气中 DEP 和 DMP 的平均含量分别达到 283 ng/m³ 和 516 ng/m³，是 PAEs 中主要的污染物；美国的情况略有不同，BBP 和 DBP 是主要的空气污染物，平均含量分别为 100 ng/m³ 和 380 ng/m³；而在挪威，空气污染相对较轻，BBP 和 DEHP 的含量都低于 30 ng/m³。日本的室内空气中 PAEs 含量远高于户外，尤其是 DBP，其含量高出室外 100~1000 倍，室内降尘中的主要污染物亦为 DBP 和 DEHP。在北京进行的调查表明，学生宿舍、家庭和办公室空气中 PAEs 的污染程度依次减小，而降尘中的 PAEs 含量在家庭、办公室、宿舍中依次减小，均以 BBP 为主。

2. 水体和底泥

雨水能将空气中的 PAEs 带入地表，导致其在河流、湖泊及底泥中普遍存在。重庆市及三峡库区的监测表明，长江和嘉陵江（重庆段）受有机物污染严重，PAEs 的检出率和浓度均最高，尤其是邻苯二甲酸二异丁酯（DIBP）和 DBP 的含量突出。例如，嘉陵江和长江水源在各个水厂检测期间均发现这些物质，DIBP 和 DBP 的含量分别高达 13.24 μg/L 和 9.48 μg/L。三峡库区和其他地区的研究也显示 PAEs 是主要污染物，全年检出率为 100%，其中 DBP 和 DEHP 的含量分别可达 2.78 μg/L 和 5.42 μg/L。浙江省 10 个水厂的源水中 PAEs 普遍存在，DBP 最高含量达 33 μg/L。珠江广州段检出 60 多种有机污染物，包括高含量的 PAEs，如 DBP 含量高达 218.8 μg/L。

PAEs 由于水溶性差，主要累积于固体沉积物和底泥中，导致这些区域污染更甚。黄海和东海表层沉积物中的 PAEs 污染程度高于国际多个地区的河流。研究还发现，PAEs 的分布受到自身性质、水动力条件、沉积物特性和季节变化的影响，如冬季 PAEs 浓度普遍高于夏季，这可能与夏季较大的降雨量和河水流速较快有助于稀释 PAEs 有关。

3. 土壤

PAEs 容易在土壤中沉积，在全球广泛检出。农业土壤中的 PAEs 污染很可能源于农膜和污泥使用。大气沉降也会增加土壤 PAEs 浓度。我国土壤中的 PAEs 含量（0.89~46 mg/kg，平均 5.5 mg/kg）超过欧洲某些地区，主要污染物为 DEHP 和 DBP（共占检出 PAEs 的 24%~95%），其他如 DEP、DMP 的含量均较低。我国多地农田土 PAEs 含量超国际水平，如北京、上海等地区农田土中 DEHP、DBP 的含量均为 0.89~10.0 mg/kg，平均 3.43 mg/kg；广东省农区中，美国环保局优先管控的 6 种 PAEs 化合物的含量总和小于等于 25.99 mg/kg，每种平均为 0.67 mg/kg；江苏省农田土 DBP 含量为 0.31~0.87 mg/kg，DEHP 含量为 0.01~1.11 mg/kg。山东寿光基地的土样中，DBP 和 DEHP 普遍存在，部分样品中含量高达 10~20 mg/kg，而 DMP 和 DEP 通常均低于 1.0 mg/kg。以上揭示了我国土壤 PAEs 污染的广泛性和严重性。

4. 垃圾填埋地

近年来，有研究发现垃圾填埋地浸出液中含有高浓度的 PAEs。对 10 份样本检测发现，浸出液中 DEHP 含量最高，而 DMP 和 DEP 的浓度相对较低；相较于淡水，浸出液中 PAEs 含量较高。研究数据同样指出，PAEs 的污染水平和人类活动密切相关。

3.2.4.4 健康危害

PAEs 为环境中的一种内分泌干扰化合物，它们能够在生物体内累积，并通过食物链的生物放大效应在机体内富集。这类化合物扰乱了负责调控生殖、发育和行为的自然激素的正常功能，包括激素的合成、分泌、结合、转运及清除过程，进而影响个体在幼年阶段的生殖系统发展及成年阶段生殖细胞的成熟与分化。除此之外，PAEs 通过激活过氧化物酶体增殖物激活受体 γ(PPARγ)和减少 DNA 甲基化水平，促使肝癌的发生。它们还具备免疫毒性特性，能够抑制巨噬细胞的免疫功能，增加过敏性哮喘的风险。PAEs 同时也被视为潜在的致癌因素，能促进包括乳腺癌、卵巢癌在内的多种癌症的发生和进展。

1. 生殖发育毒性

PAEs 具有明显的性别差异影响，尤其对雄性生殖系统造成损害，引起如附睾及外生殖器畸形、精子损伤和生殖能力降低等问题。这些影响归因于 PAEs 对激素合成、精细胞和塞尔托利氏(Sertoli)细胞的损害，以及通过细胞凋亡影响精细胞。实验表明，PAEs 暴露可导致雄性动物睾酮水平下降、睾丸萎缩和精子减少。尤其是关于 DEHP 的研究显示，DEHP 能引起氧化应激、细胞 DNA 损伤和生殖系统的明显毒性。人群研究显示，接触 PAEs 的男性工人血液中睾酮浓度降低，暗示职业暴露与生殖问题有关。动物和人类研究均表明 PAEs 可穿越屏障，损害睾丸质量和精子质量，增加生殖疾病和不孕风险。女性生育过程，从性腺发展到孕育，依赖内分泌系统精确调控。如受到化学物质干扰，可能导致生殖功能损伤。PAEs 通过干扰"下丘脑—垂体—性腺"轴，抑制甾体生成，对子宫和卵巢造成毒害，可能引起子宫内膜异位、肌瘤、月经周期异常等问题，并通过胎盘或母乳影响婴儿，敏感期内尤为危险，可致低体重出生儿等问题。动物研究显示，PAEs 影响排卵，延长动情周期，其代谢物还可能导致卵巢功能障碍及胚胎畸形。

邻苯二甲酸二正丁酯(DNBP)或邻苯二甲酸二异丁酯(DIBP)对雄鱼睾丸和雌鱼卵巢的内分泌干扰通路分别如图 3-2 和图 3-3 所示。DNBP 和 DIBP 会影响生殖相关的信号通路中关键基因的转录表达，从而破坏雌性斑马鱼的生殖能力。DNBP 颗粒破坏了精子形态和活力、精原细胞的细胞黏附性及低密度脂蛋白(LDL)合成相关基因的表达，其中 LDL 合成抑制会影响用于生成睾丸激素的胆固醇的生成，从而诱导了抗雄激素作用。DNBP 和 DIBP 还可通过影响生殖相关的信号通路，从而破坏雌性斑马鱼的繁殖能力。

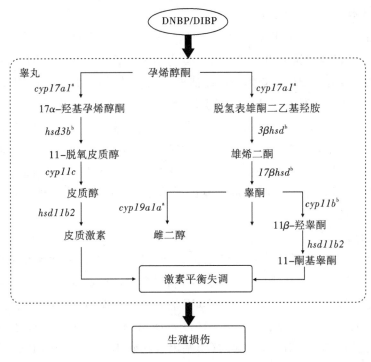

上标 a 基因表示转录增加；上标 b 基因表示转录减少。

图 3-2　DNBP/DIBP 对雄性斑马鱼睾丸的内分泌干扰作用机制

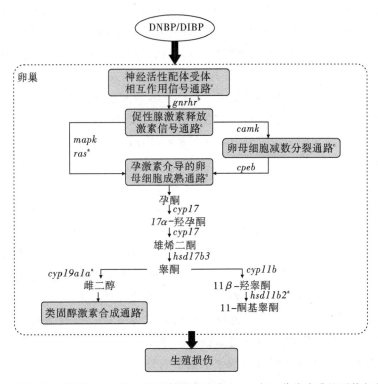

上标 a 基因表示转录增加；上标 b 基因表示转录减少；上标 c 代表内分泌干扰相关通路。

图 3-3　DNBP/DIBP 对雌性斑马鱼卵巢的内分泌干扰作用机制

2. 肝脏毒性

大量研究指出 PAEs 对肝脏有显著毒性。美国国家毒理规划署(NTP)发现，长期口服 DEHP 的大鼠和小鼠易患肝癌。通过检测动物肝脏中的过氧化物酶体和过氧化物酶体增殖物激活受体(PPAR)变化，可评估外源物质的肝毒性。PAEs 激活 PPAR，导致过氧化物酶体增多、体积增大，可能引发肝肿大或肝癌。DNA 低甲基化也是肝毒性的一个机制。研究认为，DEHP 可诱发肝癌前细胞，暗示其具有遗传毒性。然而，即便在缺少 PPARα 的小鼠中，DEHP 也能增加肝癌风险，表明 PAEs 可能通过多种核受体影响基因转录。DNA 甲基化水平降低已被认为是肿瘤发展的早期标志，且 Wistar 雄性大鼠口服 DBP 后，肝细胞中 $c-myc$ 基因甲基化程度降低，此变化与 DNA 复制和甲基转移酶活性无关。

3. 免疫毒性

研究表明，PAEs 具有显著的免疫系统影响，包括免疫佐剂性质和免疫抑制作用。虽然 BBP 本身不具有佐剂作用，其代谢产物苯甲醇却能引起免疫抑制。实验表明，人角膜内皮细胞在暴露于 DBP、BBP 和 DEHP 后，其增殖能力下降，特别是 DBP 暴露的细胞显示出炎症细胞因子白细胞介素-1β(interleukin - 1β，IL - 1β)、白细胞介素-8(IL - 8)和白细胞介素-6(IL - 6)的分泌和基因表达水平上升，表明 PAEs 能激发炎症反应。在巨噬细胞 THP - 1 中，DEHP 的暴露导致了多种炎症因子和趋化因子的 mRNA 表达水平上升，暗示 PAEs 能通过促进炎症因子表达来影响免疫反应。不同浓度的 DBP 对巨噬细胞的吞噬能力有影响，并且能显著降低表面清道夫受体的表达，揭示了 PAEs 的免疫抑制作用。此外，PAEs 还可能引起超敏反应，通过激发辅助性 T 细胞 2(Th2)介导的炎症反应导致过敏性皮炎和哮喘。研究发现，DBP 暴露能增加胸腺基质淋巴细胞生成素(TSLP)水平，这是调控 Th2 反应的关键因子，表明 PAEs 能通过影响免疫调节通路促进过敏性疾病的发展。流行病学研究也支持了这一发现，显示 PAEs 暴露与儿童哮喘和过敏性疾病的风险增加有关，尤其是产前/产后 BBP 和 DEHP 暴露与儿童哮喘风险的增加相关，其机制可能与肿瘤坏死因子相关。

4. 肿瘤及致癌性

PAEs 引发的 DNA 甲基化、蛋白质性质变化、新陈代谢和胞嘧啶甲基化改变，可直接导致肿瘤和肝癌。其致癌机制包括 DNA 和染色体损伤、增加癌症风险和细胞死亡逆转，以及对核受体和基因表达的影响。研究表明，DEHP 和其代谢物邻苯二甲酸单乙基己基酯(MEHP)可导致大鼠肝癌和睾丸间质细胞肿瘤。MEHP 激活 PPARs 和视黄醇类 X 受体，引发基因突变和肿瘤。DEHP 暴露增加大鼠的泡细胞腺瘤、萧迪希(Leydig)细胞肿瘤、乳腺癌、卵巢癌和肝毒性细胞瘤风险，具有剂量依赖性。低剂量 DEHP 可造成 DNA 损伤，增加染色体畸变和多倍体数量，影响细胞分裂、凋亡和增殖，激活特定核受体。BBP 通过淋巴细胞增强因子-1(LEF-1)过表达促进乳腺癌细胞增殖，DBP 暴露能加快卵巢癌细胞增殖，损伤内分泌系统。

20 世纪 90 年代，有关 PAEs 可能致癌的流行病学报告首次出现。针对美国塑料厂员工的研究显示，其胰腺癌发病率有所上升。墨西哥的研究对比了 233 名乳腺癌患者与221名健康妇女的尿液,发现患者尿液中邻苯二甲酸单乙酯(MEP)含量显著更高,且在调整绝经状态后,与乳腺癌风险的正相关性更为明显。美国和中国台湾地区的研究指出,滴滴涕(DDT)、多氯联苯(PCBs)及PAEs暴露是子宫肌瘤的潜在危险因素。关于PAEs引发肝脏肿瘤的机制,早期研究认为PPARγ是关键因素,但后续研究发现PPARγ激活剂并不直接促进癌细胞增殖。另有研究表明,PAEs可能通过激活芳香烃受体(AhR),促进癌细胞分化和增殖,并通过影响线粒体和半胱天冬酶-3途径诱导细胞凋亡,这些发现揭示了PAEs与癌症关联的潜在机制。

5. 其他毒性

PAEs及其代谢产物对心脏、肾脏、肺和神经系统等有显著影响。研究显示,PAEs能损害心脏细胞功能,引发心律不齐和血压升高,威胁心血管健康。对SD大鼠的研究表明,DBP和DEHP独立或联合暴露可短期内导致肾脏氧化损伤,尤其是联合暴露时损伤更重。PAEs暴露还与成年男性肺功能下降相关。DEHP对雄性大鼠脑细胞的研究揭示,短期高剂量暴露可能导致神经细胞损伤,表现为细胞核变深、固缩、核仁模糊和染色质凝集。此外,PAEs暴露与成年男性甲状腺功能减退有关,美国研究发现血清T3、T4水平降低与尿MEHP浓度升高相关。斑马鱼模型研究指出,高剂量PAEs会影响甲状腺轴,导致Dio1和UGT1ab基因表达变化,这与T4水平降低有关。

6. 管理措施

我国在《食品安全国家标准 食品接触材料及制品用添加剂使用标准》(GB 9685—2016)中也列入了多种邻苯二甲酸酯类,包括DBP、BBP、DEHP、DINP等,以对这几种邻苯二甲酸酯类的使用进行监管。

2022年3月14日,工业和信息化部的电器电子产品污染防治标准工作组组织召开的"深化电器电子产品有害物质限制使用管理工作启动会"上提到,已提交《电子电气产品中限用物质的限量要求》(GB/T 26572—2011)标准修改单,在原有6种有害物质(铅、镉、六价铬、汞、多溴联苯和多溴联苯醚)基础上新增4种邻苯二甲酸酯类有害物质的限量要求,同时,将制定《电器电子产品有害物质限制使用要求》强制性国家标准。该标准的出台能够限制使用有害物质,减少有害物质对环境的污染,降低资源浪费,促进可持续发展,同时能够减少有害物质在电子电器产品中的使用从而降低人们长期接触这些物质带来的健康风险,保护公众健康;此外,制定强制性国家标准可以规范电子电器制造行业的生产活动,提高产品质量和安全性,推动整个行业向更健康、绿色的方向发展;最后,符合国际环保标准的产品将更容易进入国际市场,提升我国电子电器产品在国际贸易中的竞争力。

3.2.5 溴化阻燃剂

3.2.5.1 定义与来源

阻燃剂是一类重要的化学品,用于提高材料的防火性能,可通过各种机制,包括阻碍燃烧过程中的化学反应、形成保护层隔离氧气、降低材料的热解温度等,防止火灾的发生和蔓延。根据其化学组成,阻燃剂可以分为无机阻燃剂、磷系阻燃剂、氮系阻燃剂和卤素阻燃剂（主要是溴系和氯系）。溴化阻燃剂（BFRs）因其优异的阻燃效能、良好的加工性能、对高分子材料物理和机械性能的影响较小、所需添加量少和成本较低等优点，在全球范围内得到了广泛应用。它们主要用于塑料、纺织品、电子电器设备、建筑材料和家庭装饰材料等领域。常见的 BFRs 包括多溴二苯醚（PBDEs）、四溴双酚 A（TBBPA）、六溴环十二烷（HBCD）、多溴联苯（PBBs）和溴化聚苯乙烯（BPS），其中 PBDEs 和 TBBPA 约占 BFRs 总量的 50%。

BFRs 在防火方面的作用不可忽视，但它们的环境和健康影响也已引起全球关注。BFRs 具有持久性、生物累积性和远距离迁移能力，可在环境中广泛分布，并在生物体内累积。这些化学物质已被发现对野生动物和人类健康会造成影响，包括内分泌干扰、神经系统损害和生殖系统影响等。鉴于这些潜在的负面影响，联合国环境规划署已将特定的 BFRs，如 PBDEs、PBBs 和 HBCD 列入《斯德哥尔摩公约》的禁用名单。这些措施旨在减少这些化学物质的生产和使用，以保护环境和人类健康。同时，TBBPA 作为目前产量最大、使用最广泛的 BFRs 之一，其对生态系统和人体健康的影响也越来越受到关注，促使科学界、产业界和监管机构寻求更安全的替代品。

多溴二苯醚（PBDEs）自 20 世纪 70 年代起，因其出色的阻燃性能、高热稳定性和相对低廉的成本，而被广泛用作多种材料中的添加型阻燃剂。PBDEs 的应用范围广泛，从家用电器、家具、纺织品到建筑材料等，几乎遍及日常生活的各个方面。然而，PBDEs 的环境行为和生物累积性引起了环保人士和科学家的深切关注。环境中 PBDEs 的来源主要分为直接和间接两类。直接来源涉及 PBDEs 的工业产品和消费品在生产、运输、使用和废弃时释放到环境中的部分，以及废物填埋场的渗漏部分。间接来源则包括电子设备、家具和纺织品在高温下的释放，电子废物的回收处理过程释放，以及高溴代二苯醚转变为低溴代化合物的脱溴作用中的释放。

PBDEs 未与高分子化合物形成化学键，易从阻燃材料中释放。电子产品在使用中因温度升高会释放 PBDEs；电子废物在不当处理如焚烧时也会释放 PBDEs。全球每年约产生 5000 万 t 电子废物，尤其集中在发展中国家。例如，我国广东省贵屿地区是以电子废物拆解为主要经济来源的区域，其处理过程释放的 PBDEs 直接污染空气、水和土壤，成为显著的 PBDEs 释放源。垃圾焚烧、填埋、电器回收和火灾等也是 PBDEs 释放的途径。研究表明，环境中的 PBDEs 能累积在土壤、污水、污泥和底泥中，通过污水排放和污泥处理再次进入环境，成为 PBDEs 的来源之一。

3.2.5.2 理化性质

PBDEs 是一类以溴为基础的有机卤素化合物，化学通式为 $C_{12}H_{(0\sim9)}Br_{(1\sim10)}O$，氢原子和溴原子数目之和为 10，PBDEs 的化学结构式见图 3-4。与 PCBs 的编号系统类似，PBDEs 是按 IUPAC 系统进行编号的，依据苯环上溴原子数目和取代位置的不同分为 10 个同系组，共 209 种同系物。

商业用 PBDEs 是演化的二苯醚同系物混合物，主要包括五溴二苯醚（液体，主要成分为四溴二苯醚、五溴二苯醚和六溴二苯醚）、八溴二苯醚（固体，主要成分为六溴二苯醚、七溴二苯醚、八溴二苯醚、九溴二苯醚和十溴二苯醚）和十溴二苯醚（固体，

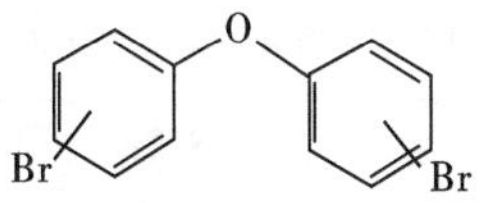

图 3-4 PBDEs 的化学结构式

主要成分为十溴二苯醚及少量的九溴二苯醚）。环境中检测到的 PBDEs 种类并不是很多，最常见的 PBDEs 名称与缩写代码见表 3-3。

表 3-3 常见的 PBDEs 名称与缩写代码

名称	缩写代码
2-溴联苯谜	BDE-2
4,4'-二溴苯醚	BDE-15
2,4,4'-三溴苯醚	BDE-17
2,4,4'-三溴苯醚	BDE-28
2,2',4,4'-四溴苯醚	BDE-47
2,3',4,4'-四溴苯醚	BDE-66
3,3',4,4'-四溴苯醚	BDE-77
2,2',3,4,4'-五溴苯醚	BDE-85
2,2',4,4',5-五溴苯醚	BDE-99
2,2',4,4',6-五溴苯醚	BDE-100
2,2',4,4',5,5'-六溴苯醚	BDE-153
2,2',4,4',5,6'-六溴苯醚	BDE-154
2,2',3,4,4',5',6-七溴苯醚	BDE-183
2,2',3,4,4',5,5',6-八溴苯醚	BDE-205

在室温下，PBDEs 的沸点为 310~425 ℃，具有蒸气压低、亲脂性强、在水中溶解度小等特点。随着溴原子个数的增加，PBDEs 的蒸气压和水溶性逐渐降低，亲脂性逐渐增强，更易吸附于颗粒物并发生生物富集。PBDEs 同系物的基本性质见表 3-4 和表 3-5。

PBDEs 具有相当稳定的结构，很难通过物理、化学或生物的方法降解。在高温下 PBDEs 可释放溴原子，在燃烧条件下可生成毒性更强的多溴代二并噁英（PBDDs）和多溴代二苯并呋喃（PBDFs）。此外，十溴二苯醚（BDE-209）在光照（紫外光或太阳光）条件下可生成低溴代二苯醚、PBDDs 及 PBDFs。

表 3-4 PBDEs 同系物的基本性质

溴原子数	PBDEs 同系物名称	分子量	同分异构体数	$\log P_L$	$\log K_{ow}$
1	一溴联苯醚(mono-BDEs)	249.0	3	0.7~0.9	4.31
2	二溴联苯醚(di-BDEs)	327.9	12	1.6~2.2	4.8~5.3
3	三溴联苯醚(tri-BDEs)	406.8	24	2.3~3.0	5.6~6.1
4	四溴联苯醚(tetra-BDEs)	485.7	42	3.1~3.8	5.9~9.2
5	五溴联苯醚(penta-BDEs)	564.6	46	3.8~4.7	6.5~7.0
6	六溴联苯醚(hexa-BDEs)	643.5	42	4.8~5.4	7.6~7.9
7	七溴联苯醚(hepta-BDEs)	724.4	24	5.6~6.2	8.35
8	八溴联苯醚(octa-BDEs)	801.3	12	6.4~7.0	8.4~8.9
9	九溴联苯醚(nona-BDEs)	880.3	3	7.3~7.7	—
10	十溴联苯醚(deca-BDEs)	959.2	1	8.4	10

注：K_{ow} 为正辛醇-水分配系数；P_L 为饱和蒸气压。

表 3-5 部分代表性 PBDEs 同系物的理化性质

IUPAC 编号	溶解度/(mg·L^{-1})	熔点/℃	蒸气压/Pa	$\log K_{oa}$	$\log K_{ow}$
BDE-28	7.0×10^{-2}	64	2.19×10^{-3}	9.46	5.53
BDE-47	1.5×10^{-2}	84	1.86×10^{-4}	10.53	6.11
BDE-99	9.4×10^{-3}	92	1.76×10^{-5}	11.32	6.61
BDE-100	4.0×10^{-2}	100	2.86×10^{-5}	11.18	6.51
BDE-153	8.7×10^{-4}	162	2.09×10^{-6}	11.86	7.13
BDE-154	8.7×10^{-4}	132	3.80×10^{-6}	11.93	—
BDE-183	1.5×10^{-3}	172	4.68×10^{-7}	11.96	7.14
BDE-209	1.3×10^{-8}	>300	5.42×10^{-11}	—	10.0

注：所有参数均为 25 ℃下测定，K_{ow} 为正辛醇-水分配系数；K_{oa} 为正辛醇-空气分配系数。

3.2.5.3 污染现状

低溴二苯醚易于迁移、溶解和发生生物累积，主要在水体、沉积物和生物体中检出较多。高溴二苯醚由于挥发性和水溶性较低，吸附性较强，主要存在于沉积物中。不同环境介质中 PBDEs 的浓度分布与人类活动密切相关。

1. 大气

大气是 PBDEs 传播和扩散的重要介质。污染物在大气中的分布包括气相和颗粒相，由于 PBDEs 的蒸汽压随溴含量增加而降低，故低溴二苯醚主要分布于气相，而高溴二苯醚则主要分布于颗粒相。

根据已报道的监测资料，全球各地大气中 PBDEs 的含量存在较大差异。尽管受到采样时间、地点及分析检测 PBDEs 同系物数量不同的影响，但总体表明，大气中

PBDEs的含量水平呈现出PBDEs生产厂或电子垃圾回收厂等区域＞城市＞城郊/乡村地区＞极地或偏远地区的趋势。例如，研究人员对瑞典一家电子产品回收厂内不同类型粉尘进行分析，发现呼吸性粉尘、总粉尘和可吸入性粉尘中PBDEs的含量分别为$6.2×10^3$ pg/m^3、$3.4×10^4$ pg/m^{3}和$2.1×10^5$ pg/m^3。在广东贵屿地区，大气中PBDEs的含量最高可达11742 pg/m^3。研究显示，巢湖市空气中PBDEs的含量为0.015~10.2915 pg/m^3，整体高于当地农村空气中的含量（0.0082~0.2471 pg/m^3），这与人口密集程度及地区经济发展水平密切相关。

室内空气中的PBDEs含量普遍高于室外水平，可高达800 pg/m^3，一些职业环境中甚至可高达67000 pg/m^3。来自加拿大的监测结果显示，居民家庭室内空气中PBDEs的平均含量为100 pg/m^3，约是室外浓度的50倍，同时室内灰尘中PBDEs的平均含量为1800 ng/g。我国香港某电子生产厂、办公场所和居住场所的室内空气悬浮颗粒物中PBDEs的含量分别为2120~40200 ng/g、397~40236 ng/g和685~18385 ng/g，可见大量含阻燃剂产品的生产和使用会导致PBDEs在室内空气中的含量明显增高。

PBDEs具有长距离迁移能力，在偏远地区和南北极大气中也能检测到。在南北极地区大气环境中检出的PBDEs同系物以低溴联苯醚为主，南极主要为BDE-17和BDE-28，北极主要为BDE-47和BDE-99。大气的干湿沉降和温度变化能影响PBDEs的长距离迁移。低溴二苯醚在温度较高时易挥发到空气中，随空气流动向远方迁移。当遇到冷空气时，会凝结并通过干湿沉降进入水体，通过不断地挥发、凝结、再挥发、再凝结的循环作用，使其遍及世界各地。高溴二苯醚则吸附在空气中的颗粒物上，随空气流动实现长距离迁移。

2. 水体和沉积物

PBDEs自身的理化性质是决定其在水体中环境行为的一个主要影响因素。PBDEs具有较高的正辛醇-水分配系数和较低的水溶性，故水体中含量相对较低。随着溴原子数的增加，PBDEs的$\lg K_{ow}$值增加，其在水中的溶解度减小，因此水中低溴二苯醚主要存在于溶解相中，容易在水体中迁移，而高溴二苯醚更易于吸附于颗粒物和沉积物中。

研究表明，全球海水和淡水均不同程度地受到PBDEs的污染，其来源包括水体附近的污染源排放、水体的迁移和大气长距离迁移后的干湿沉降。一般情况下，水相PBDEs最主要的组成为BDE-47和BDE-99。北美安大略湖表层水体中PBDEs含量为4~13 pg/L，其中BDE-47和BDE-99的总含量占90%以上。我国香港附近海域表层海水中PBDEs的含量为31.1~118.7 pg/L，珠江三角洲附近伶仃洋海水样品PBDEs的平均含量为$5.0×10^5$ pg/L，珠江入海口处PBDEs的含量最高可达$6.8×10^4$ pg/L。尽管PBDEs在水中的含量不高，但是它们一旦被生物体（如藻类、鱼类等）吸收，就可以发生累积并通过食物链放大几十万倍，最终对食物链中的顶级消费者（如鲸、人类等）造成严重危害。

沉积物是亲脂性有机污染物的累积库，高亲脂性的PBDEs特别是高溴二苯醚极易在沉积物中累积。尼亚加拉河沉积物中 PBDEs 含量为 0.72~148 ng/g，荷兰境内的斯凯尔特河口沉积物中除 BDE-209 外的 PBDEs 含量为 14~22 ng/g，BDE-209 浓度为 240~1650 ng/g。我国珠江三角洲和南海北部海域沉积物中 PBDEs 含量为 12.7~7361 ng/g，多数样品中 BDE-209 占 PBDEs 总量的 80% 以上。渤海沉积物中除 BDE-209 外的 PBDEs 含量为 0.07~5.24 ng/g，BDE-209 的含量为 0.30~2776 ng/g。不同地区沉积物中 PBDEs 的分布及含量的差异可能是由于生产和使用 PBDEs 的类型、数量及水体污染来源不同所致。

3. 土壤

土壤由于其具有极强的吸附能力和一定的容纳能力，成为有机污染物的主要汇聚地。PBDEs 可以通过大气沉降和地表水渗透等多种途径进入土壤环境中，并被土壤颗粒截留吸附，不断累积且长期滞留。

全球范围内，从美洲到亚洲的土壤中都检测到了 PBDEs。阿根廷布兰卡港地区土壤中其含量为 0.16~2.02 ng/g，80% 为 BDE-209。挪威偏远地区土壤中 PBDEs 含量为 0.065~12 ng/g，主要是 BDE-47 等。欧洲土壤中 PBDEs 背景值的组成和商业五溴二苯醚的组成相近。美国密歇根州农业土壤中其含量为 0.02~55.1 ng/g；该地某泡沫厂附近最高为 76.0 ng/g，BDE-47 和 BDE-99 各占一半。越南中部土壤中 PBDEs 含量最高可达 15.0 ng/g。在我国的不同地区，土壤中 PBDEs 的污染状况呈现出显著的地域差异，这些差异主要受到当地产业活动的影响。广东贵屿的电子产品酸浸处理区域土壤中 PBDEs 含量高达 2720~4250 ng/g，而打印机硒鼓堆放区 PBDEs 的土壤含量也较高，在 593~2890 ng/g 范围内，其中 BDE-209 的比例非常高，达到 35%~82%。台州的电子拆解区及其周边区域土壤中 PBDEs 的含量也很高，尤其是拆解区，平均含量高达 4874 ng/g，远高于居民区和农田区，显示了电子废物处理对土壤环境的重大影响。

研究人员进一步揭示了我国不同地区土壤中 PBDEs 污染的负荷水平。山东潍坊和江苏省作为中国主要的 BFRs 生产基地，以及广东东莞作为主要使用地，展示了不同地区土壤中 PBDEs 污染的差异。潍坊地区 PBDEs 的平均含量高达 316.5 ng/g，BDE-209 的平均丰度占比高达 89.8%，显示了产业活动对环境的直接影响。与潍坊相比，江苏省土壤中 PBDEs 的平均含量仅为 6.67 ng/g，但苏南地区的土壤中 PBDEs 含量显著高于苏北地区，同样显示出产业布局的影响。东莞工业生产地区土壤中 PBDEs 含量为 2.46~4066 ng/g，其中 BDE-209 的丰度占比最高，为 96.8%，反映了电子信息产业对当地环境的不利影响。

4. 生物体

PBDEs 具有亲脂性、难降解性和高富集性，尤其在高营养级生物体内的累积更为明显。环境中的 PBDEs 含量与生物体内的含量密切关系。PBDEs 在各种海洋生物中被检出，差异显著。对日本濑户内海 7 种鱼类的研究发现，7 种 PBDEs 中 BDE-47 的占比最高。瑞典维斯坎河梭子鱼 PBDEs 含量为 4600 ng/g lw(脂重)，BDE-47 占 50%~90%。夏威夷某些鱼和蟹中 PBDEs 含量为 28~1845 ng/g，主要为 BDE-47 等。我国香港近岸贻贝中 PBDEs 含量在 27.0~83.7 ng/g 范围内，主要组分为 BDE-47。我国淡水和海水养殖鱼 PBDEs 中位值分别为 13.6 ng/g 和 10.1 ng/g，BDE-47 占比均为 53.2% 左右。北海灰海豹幼仔脂肪中 PBDEs 含量为 45~1500 ng/g，组成以 BDE-47 为主。研究表明低溴代二苯醚在生物体内富集，原因可能是其较高的生物富集性和慢的代谢速率。

相较于水生生物，陆生生物中高溴代 PBDEs 更为常见。以北京地区为例，在 8 种猛禽体内检测出的 PBDEs 中，BDE-153、BDE-209 等是主导同系物，尤其是秃鹰等猛禽体内以 BDE-209 为主。电子垃圾处理区域的家禽体内同样以 BDE-209 为主导，这可能与其摄入含有高溴代 PBDEs 的食物或接触受污染尘土有关。

研究表明，PBDEs 含量会随营养级升高而增加。以北海地区生物为例，6 种 PBDEs 含量从鱼类到哺乳动物逐级递增。鱼类体内 PBDEs 含量至少是贝类的两倍，鱼鹰体内 BDE-47 含量约为低级消费者的近 40 倍，充分显示了 PBDEs 在食物链中的传递与放大效应。其中，BDE-99 因高代谢率，在高营养级生物中含量相对较低。

在食物中，PBDEs 普遍存在。美国市场相关研究发现，鱼类中 PBDEs 含量最高，平均为 1120 pg/g；肉类、奶制品次之，分别为 383 pg/g 和 116 pg/g。西班牙的研究也有类似结论，鱼类中 PBDEs 含量最高，达 2359 pg/g，而蔬菜和水果中含量较低，分别为 8 pg/g 和 6 pg/g。

5. 人体

人体对 PBDEs 的暴露主要通过消化道、呼吸道和皮肤接触这几种途径，而暴露水平受到饮食习惯、生活环境、职业活动和地理位置等多种因素的影响。普通人群主要通过室内空气、灰尘和食物（包括母乳）摄入 PBDEs，而职业人群则主要暴露于含有 PBDEs 的工作环境中。研究表明，血清和母乳是评估人体内 PBDEs 含量的主要生物介质，但也有研究涉及头发、精液和脂肪组织等。

地理位置对人体内 PBDEs 含量有显著影响。例如，我国莱州湾居民血清中 PBDEs 含量为 130.3~4478.4 ng/g lw，表明高污染地区居民受到 PBDEs 的影响较大。相比之下，美国得克萨斯州奥斯汀的人群血清 PBDEs 含量为 6.7~501.6 ng/g lw，而韩国某些地区人群血清中 PBDEs 含量小于等于 84.0 ng/g lw，反映出环境污染状况与人体内 PBDEs 含量之间的密切关联。在我国，19 个省市人群母乳中 PBDEs 的平均含量为 1.49 ng/g lw，显著低于加拿大的 95.6 ng/g lw 和美国的 75.5 ng/g lw，而与日本的 1.7 ng/g lw 接近。这些数据揭示了不同国家间环境污染水平和人群暴露风险的差异。研究显示，母亲和婴儿血清中 PBDEs 的含量分别为 15~580 ng/g lw 和 14~460 ng/g lw，表明婴儿体内 PBDEs 水平与母体中含量相差不大，暗示母体可以将 PBDEs 直接传递给婴儿。此外，流产儿肝脏组织中 PBDEs 的检出（4.0~95.5 ng/g）证实了 PBDEs 可以通过胎盘影响胎儿，进一步强调了减少 PBDEs 暴露的重要性，尤其是对孕妇和婴儿这类敏感人群。

特殊职业人群由于长期处于高浓度 PBDEs 环境中，体内 PBDEs 含量往往显著高于一般居民。如有研究显示，浙江台州地区电子垃圾回收厂工人头发中 PBDEs 含量为

21.5~1020 ng/g dw(干重)，相比之下，上海居民头发中 PBDEs 含量仅为 12.6~127 ng/g dw。这一对比明显反映了职业暴露对 PBDEs 体内负荷的影响。在台州的另一项研究中，研究人员分析了 101 份血清和精液样本，发现血清中 PBDEs 含量为 53.2~121 pg/g lw，精液中 PBDEs 含量为 15.8~86.8 pg/g dw。这些数据不仅揭示了 PBDEs 在人体精液中的存在，而且还指出了职业暴露可能对生殖健康产生的影响。

3.2.5.4 健康危害

1. 体内过程

(1) 吸收。人体主要是通过消化道、呼吸道和皮肤接触等途径摄入 PBDEs。目前 PBDEs 的吸收代谢研究主要以鼠为动物模型，相关结果显示低溴代二苯醚(BDE-47、BDE-85 和 BDE-99)很容易通过胃肠吸收，且吸收率较高。如分别对 C57BL 小鼠和 SD 大鼠灌胃染毒 BDE-47，暴露 5 天后，C57BL 小鼠未吸收的 BDE-47 只占暴露量的 7%，SD 大鼠仅有 5% 未吸收。相比而言，高溴代 BDE-209 在哺乳动物体内则表现出不同的代谢方式，由于其分子量较大，经胃肠道吸收困难，经灌胃后仅有 10% 能被小鼠吸收。

(2) 分布。PBDEs 进入人体后，主要富集在肝脏和乳房等脂肪含量丰富的组织，其次为体液，如血浆、血清、母乳和脐带血等。此外，胎盘组织和头发中也有一定富集。研究人员研究 BDE-99 和 BDE-100 在大鼠体内的分布情况，结果显示 39% 的剂量累积在脂肪、皮肤和肾上腺中，且比其他组织累积的浓度要高。将 BDE-47、BDE-99、BDE-100 和 BDE-153 经尾静脉注射入 C57BL 小鼠，5 天后从小鼠的脂肪、肺、肝、脾、肾、肌肉、皮肤、血液和脑中均可检测到本体物质，且 4 种物质在脂肪组织中的累积水平分别为暴露量的 16.64%、24.69%、35.06% 和 44.0%，远远高于其他组织。此外，幼年动物对 PBDEs 的排泄能力较差，导致体内各组织中 PBDEs 的负荷要高于成年鼠水平。虽然在大鼠体内肝、肾、肾上腺、心、脾和脂肪等组织中也能检测到高溴代 BDE-209 的存在，但浓度较低，即使在脂肪组织中也仅为暴露量的 0.3%，表明 BDE-209 的生物富集性并不高。

(3) 代谢。对 BFRs 生产厂和电子产品制造厂工人血液样本进行分析，发现 BDE-209 的半减期为 15 天，而 3 种九溴二苯醚(BDE-206、BDE-207 和 BDE-208)的半减期分别为 18g 天、39 天和 28 天，4 种八溴二苯醚(octa-1、octa-2、BDE-203 和 octa-3)的半减期分别为 72 天、85 天、37 天和 91 天。研究人员对成年人脂肪组织中 PBDEs 的半减期进行分析，发现 BDE-47、BDE-99、BDE-100、BDE-154 和 BDE-153 的半减期分别为 3.0 年、2.9 年、5.4 年、5.8 年和 11.7 年，可见 BDE-209 的代谢率远高于其他 PBDEs 同系物。大量研究显示，生物体能够利用体内氧化、还原等多种机制将 PBDEs 转化为毒性更强的低溴二苯醚、羟基-PBDEs(OH-PBDEs)和甲氧基-PBDEs(Meo-PBDEs)等代谢产物。一般低溴二苯醚容易在生物体内通过脱溴、羟基化等方式产生脱溴产物、羟基化产物、高分子的复合物和溴酚类物质等，而高溴代 BDE-209 在生物体内的代谢转化主要是通过脱溴生成低溴二苯醚，其代谢速度更快。进入人体的 PBDEs 大多形成羟基化或甲氧基化代谢产物，其中以 6-OH-BDE-

47为主。

(4) 排泄。研究表明，PBDEs主要通过粪便排泄清除，也有少部分通过尿液排泄。对C57BL小鼠和SD大鼠进行PBDE-47灌胃染毒，持续5天后，发现小鼠分别能通过粪便和尿液排泄暴露量的20%和33%，大鼠通过粪便和尿液则分别排泄暴露量的14%和低于0.5%。BDE-99和BDE-100在雄性SD大鼠体内排泄的情况类似。分别采用灌胃和置入胆管的方式对大鼠染毒，经3天暴露后，发现灌胃组大鼠通过粪便排泄暴露量的43%，置入胆管组大鼠通过粪便排泄暴露量的86%，而通过尿液和胆汁的排泄量低于1%，且排泄物中90%以上是本体化合物。高溴代BDE-209在哺乳动物体内具有吸收差、排泄快、累积性低的特点，经灌胃后约90%经小鼠肠道粪便排泄。

2. 毒性

PBDEs的商业应用品中，五溴二苯醚的毒性最大，八溴二苯醚毒性次之，十溴二苯醚的毒性与其他两者相比较弱。PBDEs经口发生急性中毒的半数致死量(median lethal dose, LD 50)>5 g/kg，故很少发生急性中毒。PBDEs的毒性效应主要表现为肝肾毒性、内分泌干扰作用、神经毒性、生殖和发育毒性、免疫毒性等。

(1) 肝脏毒性。肝脏是五溴二苯醚和八溴二苯醚的主要靶器官，小鼠肝脏中的一些有机阴离子转运多肽可以运输PBDEs(如BDE-99、BDE-47和BDE-153)，从而引起肝脏中PBDEs的积累。PBDEs对肝脏的毒性主要表现为激活肝微粒体酶活性、造成肝肿大及细胞变性改变，干扰肝脏正常功能。研究人员对F344/N大鼠及B6c3F1小鼠进行低溴二苯醚(BDE-47、BDE-99、BDE-100及BDE-153)暴露实验，结果表明，大鼠和小鼠均发生肝细胞肥大及细胞质液泡化改变，肝脏重量及细胞色素P450(CYP1A1、CYP1A2及CYP2B)水平均随暴露浓度升高而增加。BDE-209对大鼠的暴露研究同样得到类似结论。此外，BDE-209还可引起小鼠肝脏组织结构及肝细胞超微结构的异常改变。PBDEs及其代谢产物在体外对人胚胎肝细胞(L02)和人肝癌细胞(HepG2)具有细胞毒性作用，可导致细胞存活率降低、活性氧簇(ROS)水平上升、乳酸脱氢酶漏出率增加及细胞凋亡。体内外研究表明，PBDEs暴露可降低肝脏细胞抗氧化酶的活力，使其清除活性氧自由基的能力下降，从而诱导肝脏细胞发生氧化应激，这可能是PBDEs产生肝脏毒性的重要机制之一。

(2) 肾脏毒性。研究人员分析研究PBDEs对鲫鱼肾脏的影响，结果表明，BDE-47及BDE-209均可引起肾脏组织DNA氧化损伤产物8-羟基脱氧鸟苷及p53蛋白含量的上升，且呈现剂量-效应关系。对成年大鼠进行为期45天的BDE-99灌胃处理(暴露浓度分别为0.6 g/kg和1.2 g/kg)，肾脏过氧化氢酶活性明显下降，氧化型谷胱甘肽(GSSG)及GSSG/谷胱甘肽(GSH)比值显著升高，肾小管吞噬溶酶体数量随BDE-99暴露浓度增加而增加。一定浓度的BDE-47($10^{-6} \sim 10^{-4}$ mol/L)暴露可引起人胚肾细胞(HEK293)发生毒物兴奋效应、细胞能量代谢紊乱、蛋白质分解代谢增加、ROS水平升高和细胞凋亡等。进一步研究发现，Bcl-2家族、Caspases家族及p53在BDE-47诱导HEK293细胞凋亡过程中发挥着重要的调控作用。

(3) 内分泌干扰作用。PBDEs作为内分泌干扰物，主要影响体内甲状腺激素(THs)

和性激素的水平,从而对人体健康造成危害。PBDEs 对甲状腺的危害作用,主要包括甲状腺组织形态结构和 THs 水平的改变。PBDEs 对甲状腺的直接损伤主要表现在甲状腺组织和甲状腺滤泡上皮细胞形态学的变化。研究人员将雌性大鼠从妊娠第 6 天开始暴露于 700 μg/kg 的 BDE-47 中,直至子代出生后第 100 天结束,发现子代甲状腺滤泡形状变得不规则、不典型,大量滤泡上皮细胞从基底膜分离且变得肥大。目前针对 PBDEs 对甲状腺功能影响的研究,大多数关注于 PBDEs 对 THs 水平的影响。自 1994 年首次报道成年小鼠经 DE-71 急性染毒引起循环甲状腺素(T4)水平降低后,PBDEs 对 THs 的干扰效应引起了国内外的广泛关注,陆续有研究者采用不同种属的动物染毒模型进行研究,结果一致显示:几乎所有检测的 PBDEs 同系物都可引起 THs 异常,造成循环 T4 降低,而三碘甲状腺原氨酸(T3)和促甲状腺激素(TSH)水平变化不大或没有变化。PBDEs 对 THs 的作用机制尚不十分明确,但可能涉及以下两方面:一是 PBDEs 可诱导与 THs 代谢相关酶(UDPGT、P4501Al 和 P4502B)的活性,而且溴含量越低的 PBDEs 同系物对肝脏中酶的诱导作用越强,对甲状腺的毒性也就越大。二是 PBDEs 及其代谢产物与 THs 激素结构类似,可增强、降低或模仿 THs 的生物学作用,并阻碍 THs 与相关蛋白结合,影响其转运和代谢。

(4)神经毒性。PBDEs 的神经毒性及其作用机制是当前环境卫生学的研究热点。一系列动物实验研究结果表明,对妊娠期或者哺乳期的动物暴露于近似人体负荷量的 PBDEs 同系物,PBDEs 均可传递给后代,从而影响其神经行为的发育,导致其早期行为缺陷。对出生 10 天的动物进行急性 PBDEs 暴露,可影响其神经运动系统的发育,损伤学习记忆能力,改变其神经行为,并随着染毒剂量增加或年龄增长而呈现恶化趋势。提示:在大脑发育关键期暴露于 PBDEs 中,可影响大脑正常发育,引起以运动、行为和认知功能损害为主的神经毒性。

PBDEs 的神经毒性尚未完全阐明,目前认为可能存在两种并行不悖、相互补充、可同时作用的机制。一是 PBDEs 对 THs 的干扰。THs 在大脑发育中起着重要作用,甲状腺机能异常通常伴随着大量的神经学和行为改变。PBDEs 的结构与 THs 相似,PBDEs 暴露可通过影响 THs 的水平来影响甲状腺,从而导致甲状腺功能失调、激素分泌紊乱,进而影响神经系统的发育。二是 PBDEs 对神经系统的直接影响,如 PBDEs 能干扰信号转导通路、影响神经递质传递、改变神经系统发育关键蛋白的表达、诱导神经细胞发生氧化应激和凋亡。近年来,华中科技大学王等人在 BDE-47 神经毒性机制方面做了大量的研究工作,他们利用体内动物和体外细胞相结合的方法,从氧化应激、DNA 损伤、钙离子含量变化、细胞凋亡和自噬等角度系统阐述了 BDE-47 的神经毒性及机制。

(5)生殖和发育毒性。采用 BDE-71、BDE-47、BDE-99、BDE-100、BDE-153 和 BDE-154 的混合物暴露大鼠,发现大鼠的青春期出现延迟,且雄激素依赖的组织器官生长发育受到抑制;进一步体外实验发现 PBDEs 可阻碍雄激素与其受体的结合。利用 DE-71 对斑马鱼进行连续染毒,结果发现其产卵量、受精率、孵化率和幼鱼成活率均明显下降,同时子代畸形率显著上升。孕期暴露于低剂量 BDE-99 中会导致子鼠青春期开始推迟、肛门-生殖器距离缩短，引起成年后雄性大鼠的精子和精细胞数目，以及雌鼠初级和次级卵泡细胞数目均减少，并改变子一代雌性大鼠卵巢细胞线粒体的超微结构，导致子二代骨骼发生畸形。研究人员发现 BDE-47 对雌性生殖系统也存在类似效应，包括卵巢重量下降、卵泡形成受阻和子代出现畸形等。由于 THs 和性激素是调控动物生殖和发育的重要因子，而 PBDEs 具有内分泌干扰特性，其对 THs 和性激素的干扰作用是 PBDEs 生殖和发育毒性的重要机制之一。

(6) 免疫毒性。研究发现，PBDEs 会影响生物体脾和胸腺的结构，抑制免疫系统功能。小鼠暴露 DE-71 后出现胸腺重量和脾细胞数量的下降，绵羊红细胞空斑形成细胞反应受到抑制。用 BDE-209 对亲代 Wistar 大鼠进行连续灌胃处理直至子代断乳，研究 BDE-209 对亲代及子代大鼠免疫功能的影响，发现 BDE-209 可降低子代大鼠的胸腺重量与胸腺指数、脾脏重量与脾脏指数；降低亲代雌性大鼠 T 淋巴细胞增殖转化功能，影响子代大鼠淋巴细胞分化能力；减少亲代和子代大鼠的 NK 细胞杀伤活力，以及子代大鼠血清 IFN-γ 含量，使细胞免疫功能受到影响。分别从孤独症儿童及正常儿童身上分离得到外周血单核细胞进行 BDE-47 染毒，结果显示，BDE-47 可降低正常儿童外周血单核细胞产生炎症因子的水平，但增强了孤独症儿童外周血单核细胞的免疫反应。

(7) 致癌、致畸作用。美国国家毒理学规划处用混有十溴二苯酸(纯度为 94%～99%，无溴化二噁英和呋喃类杂质)的食物喂养 B6C3F1 小鼠和 Fischer344/N 大鼠 103 周，结果发现十溴二苯醚可致动物胰腺瘤、肝腺瘤、甲状腺滤泡细胞腺瘤和癌的发生率上升，提示长期低剂量经口暴露十溴二苯醚对动物具有致癌性，且肿瘤种类多样。陶氏化学公司利用 SD 大鼠做过类似研究，将大鼠持续喂养含多溴二苯醚(77.4%十溴二苯醚、21.8%九溴二苯醚和 0.8%八溴二苯醚)的食物 100～105 周，结果发现，动物存活率、外观、体重、饲料消耗、血液、尿液及器官重量并没有受到明显影响，且未发现可识别的毒性作用，各组间大鼠的肿瘤发生也无明显差别。IARC 认为，上述实验产生的阴性结果可能与染毒剂量有关。可见，PBDEs 具有潜在的致癌性，其致癌效应可能与 PBDEs 染毒剂量、实验动物种类及性别等有关。PBDEs 的胚胎致畸作用在前面生殖毒性中已有提及，目前尚未发现关于 PBDEs 致突变作用的研究报告。

3.2.5.5 人体健康效应

虽然动物实验表明 PBDEs 暴露可与肝脏毒性、内分泌干扰作用、生殖毒性、免疫毒性和神经毒性等关联起来，但 PBDEs 对人类健康影响的因果关系数据却很少，目前流行病学研究方法在 PBDEs 对人体健康影响的评估中占有重要地位。研究发现，在美国孕妇中，特别是 BDE-47 和 BDE-28 的暴露与孕中期总 T3、游离 T3(free T3，FT3)，总 T4、游离 T4(free T4，FT4)水平升高有关。在美国加州大学萨利纳斯母亲与儿童评估中心的 CHAMACOS 队列研究中，研究人员分析了孕 27 周孕妇的血清，发现 PBDEs 暴露与 TSH 水平降低相关，PBDEs 含量每增加 10 倍，TSH 水平便降低 10.9%～18.7%。对加拿大孕妇的研究显示，孕早期 PBDEs 暴露对 THs 水平无显著影响，但分娩时 PBDEs 与 THs 呈负相关。而研究人员在台湾的研究中未发现脐带血中 PBDEs 与 T4、TSH 水平有关。这些差异可能是由 PBDEs 同系物、暴露水平和检测时间点的不同造成的。此外，研究指出 PBDEs 对甲状腺的影响可能是非线性的，故 PBDEs 暴露对 THs 水平影响的研究结果尚存在争议。

研究发现，329 名孕妇产前 PBDEs 暴露与她们孩子的神经发育存在负相关，特别是脐带血中 BDE-47、BDE-99 和 BDE-100 含量较高的孩子，在 6 岁和 12 岁时检测可知，神经发育得分均较低。测定加州孕妇产前血清 PBDEs 浓度，发现 PBDEs 暴露与儿童 5 岁和 7 岁时神经发育指标呈显著负相关。在美国中西部发现，母亲孕期 PBDEs 暴露与儿童智力水平呈负相关，BDE-47 暴露还可能增加儿童罹患多动症的风险。PBDEs 暴露与人类生殖系统损伤相关，隐睾症患儿母乳中 PBDEs 浓度高于正常水平，且与黄体生成素水平呈正相关。日本年轻男性血清中 BDE-153 浓度与精子浓度及睾丸体积呈负相关。美国加州的一项研究中发现，血清 PBDEs 含量越高的女性孕周越长。国内研究也表明，电子垃圾拆解区产妇的新生儿脐带血 PBDEs 含量较高，与不良出生结局有关。上述研究表明，PBDEs 暴露对人类的生殖和发育有显著负面影响。

PBDEs 暴露可能与人体乳腺癌、胰腺癌及淋巴瘤等的发生有关。美国加州旧金山港湾区的乳腺癌患者乳腺组织中 PBDEs 浓度较高，提示 PBDEs 可能增加乳腺癌风险。针对胰腺癌和非霍奇金淋巴瘤患者的研究，也发现他们体内的 PBDEs 含量较高，尤其是 BDE-47。香港女性子宫纤维瘤患者的腹内脂肪中 BDE-47、BDE-99 和 BDE-100 检出率达 100%，指向 PBDEs 与激素相关癌症的可能联系。这些发现揭示了 PBDEs 暴露与癌症风险增加之间的相关性，暗示了其潜在的致癌性。

2023 年，欧洲化学品管理局（ECHA）发布了阻燃剂监管策略，确定将芳香溴化阻燃剂列入欧盟范围内的限制候选名单。ECHA 在监管需求评估的基础上，制定了阻燃剂的监管策略，以实现在材料和产品中提供阻燃功能的同时尽可能降低对人类健康和环境的影响。我国实施了《危险化学品安全管理条例》和《危险化学品目录》标准，其中也包含了对溴化阻燃剂等危险化学品的管理规定。企业在生产、存储、运输和使用溴化阻燃剂时必须遵守相关的管理要求，确保安全生产和环保措施得以落实。同时，我国鼓励企业积极寻找可替代品，重点评估替代品的性能、安全性和环境友好性，在确保可行性的基础上以便能及时转向替代品，进一步确保贸易和业务的可持续性与人类的健康发展。

3.2.6 有机磷阻燃剂

有机磷阻燃剂（OPFR）是一类用于提高材料阻燃性能的化合物。这些化合物通常包含磷元素，并能在高温下释放磷气体，形成磷化合物层，从而阻碍火焰的传播，减缓燃烧速度。有机磷阻燃剂是一种阻燃性能较好的阻燃剂，具有阻燃增塑双重功能，并可代替卤化系阻燃剂。由于其物理化学特性，有机磷阻燃剂已广泛应用于各种行业，包括塑料、泡沫、油漆、家具、建筑材料、电子等行业。有机磷阻燃剂全球的生产和消费正在稳步增长。19 世纪，全球有机磷阻燃剂的使用量估计为 1 年 10 万 t，到 20 世纪初，其全球使用量总计为 18.6 万 t。全球有机磷阻燃剂产量从 2011 年的 50 万 t 急剧增加到 2015 年的 68 万 t。有机磷阻燃剂可以通过生产、使用和不当处置等各种过程释放到环境中。有机磷阻燃剂已在不同的环境中被检测到，例如空气、水、土壤和沉积物、室内空气等。此外，OPFR 还存在于海洋环境、淡水生物群及人类母乳和血液中。

有机磷酸酯（OPEs）是有机磷阻燃剂中最典型的化合物，广泛用作限制或禁用阻燃剂的替代化学品，已被证明具有致癌性和生态毒性。根据取代基是否含有卤原子可将 OPEs 分为卤代 OPEs（见表 3-6）和非卤代 OPEs。其中，卤代烷基取代的 OPEs 主要用作阻燃剂，如三（2-氯乙基）磷酸酯（TCEP）、三（2-氯丙基）磷酸酯（TCPP）、三（1,3-二氯-2-丙基）磷酸酯（TDCIPP）等。这些 OPEs 中的氯原子可使可燃气体失去 H^+ 和 $OH·$ 自由基，从而减缓燃烧速率，阻止火势扩散，常被用于聚氨酯泡沫等材料的阻燃。除卤代 OPEs 外，一些烷基或苯基取代的非卤代 OPEs 也具有阻燃性能，其被加热后可形成强脱水剂聚偏磷酸，使得聚合物表面迅速脱水形成炭化层，隔绝氧气和材料表面接触，从而达到阻燃目的。除阻燃性能外，烷/苯基取代的 OPEs 还表现出优良的增塑和润滑效果，是常用的增塑剂、去泡剂、液压剂等，被广泛用于建筑材料、电子电器、塑料、家装饰品、纺织品、油漆、涂料等行业。如磷酸三苯酯（TPhP）是不饱和聚酯树脂和聚氯乙烯常用的增塑剂；磷酸三正丁酯（TnBP）可充当液压液、润滑液、转化液、机油等的极压剂和抗磨剂，也可用作去泡剂和核燃料萃取剂等。

表 3-6　环境中检测到的常见卤代 OPEs 的名称、缩写、性质和应用

中文名	英文名	缩写	水溶性 /($mg·L^{-1}$)	应用
卤代 OPEs				
三（2-氯乙基）磷酸酯	tris(2 - chloroethyl) phosphate	TCEP	7000	用作阻燃剂，用于油漆、胶水、工业等行业
三（2-氯丙基）磷酸酯	tris(2 - chloroisopropyl) phosphate	TCiPP	1600	用作阻燃剂、增塑剂
三（1,3-二氯-2-丙基）磷酸酯	tris -(1,3 - dichloroi - 2 - sopropyl) phosphate	TDCiPP	1.5	用作阻燃剂、增塑剂，用于油漆、清漆、胶水等行业
无卤代 OPEs				
磷酸三乙酯	tris(ethyl)- phosphate	TEP	500 000	用作增塑剂，用于聚酯树脂、聚氨酯泡沫塑料等行业
磷酸三（丙基）酯	tris(propyl)- phosphate	TPP	827	用作增塑剂

续表

中文名	英文名	缩写	水溶性/(mg·L^{-1})	应用
磷酸三正丁酯	tris(3-butyl) phosphate	TnBP	280	用作增塑剂,用于液压油、蜡、清漆、油漆、胶水、消泡剂等行业
三(2-丁氧基乙基)磷酸酯	tris(2-butoxyehyl) phosphate	TBOEP	1200	用作阻燃剂、增塑剂,用于蜡、地板饰面、消泡剂、油漆等行业
2-乙基己基磷酸二苯酯	2-Ethyhexyl-diphenyl phosphate	EHDPP	1.9	用作增塑剂,用于液压油等行业
磷酸三(2-乙基己基)酯	tris(2-ethylhexyl) phosphate	TEHP	0.6	用作阻燃剂、增塑剂
磷酸三苯酯	tris(phenyl)-phosphate	TPhP	1.9	用作阻燃剂、增塑剂,用于油漆、液压油、清漆等行业

OPEs 在生产、运输、应用和处置过程中很容易通过挥发、浸出和磨损释放到环境中。因此,OPEs 在许多环境中普遍存在,例如室内外空气、灰尘、地表水、废水、沉积物和土壤等。最近的研究表明 OPEs 代谢物检出率高,暴露是连续且广泛的。关于 OPEs 对健康影响的研究表明,OPEs 具有不良的免疫学和神经学影响,以及与内分泌、生殖和发育系统的破坏及致癌特性的关联。

3.2.6.1 OPEs 在环境中的来源

OPEs 具有一般结构 $P(=O)(OR)_3$,这些磷酸酯是通过三氯氧磷的醇解、有机亚磷酸盐的氧化或磷酸的酯化合成的。释放到环境中的方式可以分为点源和非点源两种。这些途径导致 OPEs 在水生、陆地和大气中广泛存在,对环境和健康可能造成潜在影响。

1. 点源

污水处理厂是向环境释放 OPEs 的重要点源,然而它们在去除 OPEs 方面的效率有限。另外,废物燃烧及电子废物也被确认为释放 OPEs 的点源,这些产品被焚烧或倾倒在垃圾填埋场或露天场所,是 OPEs 进入环境的主要来源。

2. 非点源

OPEs 应用于许多日常用品和工业产品中,常用作家具、床上用品、地毯、窗帘等的阻燃剂,以提高其阻燃性能。OPEs 也可用作电子产品(如电视、手机、计算机等)的阻燃剂,以减少火灾风险。大气迁移和沉降是导致 OPEs 在偏远地区存在的途径。全球海洋上空都存在大气 OPEs,OPEs 可以在全球海洋上空向北极和南极进行远程大气输送。尽管它们的半衰期很短,但也可以通过降水到达水生和陆地环境。此外,室内环境中的灰尘也可能释放OPEs,含有OPEs的尘埃颗粒可以来自电气和电子设备及地毯和家具。人为活动会使OPEs进入废水,最终积聚在污水污泥中。

3.2.6.2 OPEs的污染现状

OPEs被认为是高产量化学品,2018年市场需求量达到100万t,占全球阻燃剂的30%。由于人为活动,大量的OPEs进入环境,在废水、空气、地表水、污泥、土壤、沉积物、尘埃、饮用水和生物群系中存在。

1. 水体

水体是目前开展OPEs研究最多的环境介质。已有研究表明,环境水体中的OPEs主要来源于工业、城市污水、垃圾渗滤液、干湿沉降、地表径流传输、城市保洁和雨水冲刷等。由于OPEs的高水溶性,OPEs在废水处理过程中有利于水相分配,并且主要表现为溶解形式,地表水浓度在几纳克每升到几微克每升之间,在污水中含量可达数十微克每升,在水体沉积物中的含量一般为几到数百纳克每克,污水处理厂活性污泥中的OPEs含量可高达数百纳克每克到数百微克每克。

污水中OPEs的含量和组成与其用途用量、理化性质、样品类型和来源密切相关。生活污水和工业污水中的优势OPEs略有不同,不同地区/国家的样品数据及其中相同OPEs的污水-污泥分配比例均存在显著差异。现有研究表明,生活污水中丰度较高的OPEs有TCiPP、TCEP等,含量在几百纳克每升到数十微克每升之间。在氯化OPEs中,TCiPP是大多数地区污染的主要贡献者。据报道,加拿大流出水样品中TCiPP的最高含量为2390 ng/L;在瑞典,TCiPP、TCEP和TDCiPP在流出水样本中的平均含量分别为4400 ng/L、470 ng/L和310 ng/L;我国流出水样本中TCiPP和TCEP的平均含量分别为605 ng/L和254 ng/L;在德国,水体中TCiPP、TCEP和TDCiPP的平均含量分别为3000 ng/L、350 ng/L和130 ng/L。在非氯化OPEs方面,TnBP和TBOEP都是流出水中的主要OPEs。据报道,澳大利亚污水中TBOEP和TnBP的平均含量较高(分别为4400 ng/L和1400 ng/L)。TCiPP的高检出率可能归因于该种OPE在发达国家的软质泡沫中取代了TCEP。其他研究报道,奥地利、加拿大、德国和我国的污水中TBOEP平均含量分别为794 ng/L、547 ng/L、440 ng/L和103 ng/L。

地表水和饮用水中单个OPEs含量从纳克每升到数十微克每升不等,从而证明了这些污染物的普遍存在。在靠近污水排放口的样品中检测到地表水中高含量的OPEs,表明污水处理厂是水生环境中这些污染物的主要来源。在北京的城市水域中,TCiPP和TCEP的平均含量分别为465 ng/L和150 ng/L,TBOEP平均含量为398 ng/L。总体而言,在水样中,氯化OPEs比烷基OPEs和芳基OPEs占主导地位。很少有研究报告全球饮用水中存在OPEs。据报道,TCiPP、TCEP和TDCiPP在巴基斯坦工业、农村和背景地区的饮用水中检测到的平均含量分别为106 ng/L、31 ng/L和17 ng/L,我国自来水中TBOEP、TCEP和TCiPP的平均含量分别为32 ng/L、6.5 ng/L和6.6 ng/L。

2. 大气

OPEs在国内外各地的环境大气中普遍存在,含量在几十到几千皮克每三次方米

(pg/m^3)之间,电子垃圾拆解、工业活动废物等是大气中OPEs的主要污染来源,TCiPP、TPhP、TnBP等是各地大气中常见的OPEs,但不同区域大气中OPEs的组成各异,城市地区主要受当地城市活动和工业结构的组成及迁移变化影响,偏远地区则受OPEs污染来源变化及大气迁移转化过程影响。此外,季节、温度和气候变化等均会影响大气中OPEs的含量和组成。

大量研究报告称,全球室内灰尘中存在OPEs。在英国家庭中,TCiPP是室内粉尘中检测到的主要OPE,中位含量为3700 ng/g,TPhP的中位含量为490 ng/g。据报道,TDCiPP(10000 ng/g)在瑞典室内粉尘中占主导地位,TBOEP、TCEP、TCiPP和TPhP的含量分别为4000 ng/g、2100 ng/g、1600 ng/g和1200 ng/g。TCiPP是中国室内粉尘中的主要OPEs种类,含量为2290 ng/g,TCEP、TPhP和TDCiPP含量分别为1140 ng/g、605 ng/g和502 ng/g。在我国重庆的街道粉尘中,TBOEP和TCEP是样品中检测到的主要OPEs,它们的平均含量分别为227 ng/g和205 ng/g。室外空气中OPEs总含量的报道多在几十到几千皮克每三次方米之间,但不同地区存在差异。有研究报道了华南地区电子垃圾拆解厂(清远)、城市工业区和非工业区(广州等)大气中的OPEs,发现电子垃圾拆解厂附近的OPEs含量平均值达12625 pg/m^3。上海一个郊区工业和交通中心的空气中OPEs含量高达16.6 ng/m^3,远高于偏远地区、农村及海洋地区。更多的研究表明,城市或郊区室外空气中OPEs的水平明显高于偏远和农村地区。偏远地区也监测到了OPEs,说明它们具有远距离大气传输的潜力。总体而言,氯化OPEs在大气中的OPEs含量中占主导地位。这可能归因于它们的高蒸气压及它们在气态和悬浮颗粒物上分配的能力,而大多数芳基和烷基OPEs具有低蒸气压,它们往往主要吸附在细颗粒物上。

3. 土壤

水和大气中的OPEs通过大气输送、干湿沉降、地表径流、废水灌溉和市政污泥使用等途径进入土壤。土壤中的OPEs含量在几纳克每克到上千纳克每克之间,其中人类活动密集场所污染相对严重。在我国河北省受塑料垃圾处理影响的土壤中,TBOEP是研究的8种OPEs中的主要成分,平均含量为200 ng/g dw。在我国沈阳市的城市土壤中,TiBP是检测到的主要OPE,平均含量为95 ng/g dw,检测到的其他OPEs为TCiPP、TBOEP和TCEP,含量分别为34 ng/g dw、15 ng/g dw和10 ng/g dw。重庆表层土壤样本中,TBOEP是主要的OPE,平均含量为34 ng/g dw,而其他OPEs的平均含量均低于10 ng/g dw。德国奥斯纳布吕克市中心附近的一所大学校园的土壤中,TCiPP和TCEP的平均含量分别为8.25 ng/g dw和6 ng/g dw。土壤样品中非氯化OPEs的污染更大,烷基化OPEs是研究较多的OPEs。与塑料垃圾处理厂相比,农田中TBOEP的含量较低,这归因于TBOEP更容易被农田中的土壤微生物降解。

3.2.6.3 OPEs的健康危害

OPEs在环境中无处不在,人类接触OPEs的途径多种多样,包括空气吸入、灰尘摄入、饮食摄入和皮肤接触。许多研究估计了OPEs的暴露剂量,主要包括粉尘摄入

（主要途径）、皮肤吸收和呼吸道吸入等。毒理学研究表明，这些化合物具有多种毒性作用，例如神经毒素和致癌性，对生态和人类存在潜在危害。

近年来 OPEs 在人体尿液、指甲、头发、母乳等样品中频频检出，且被证实可代谢成磷酸二酯等产物，其中一些 OPEs（如 TPhP、TnBP 等）和磷酸二酯可作为 OPEs 人体暴露的标志物。不同化合物的主要暴露途径不同，粉尘摄入和空气吸入分别是较重 OPEs 和挥发性 OPEs 的主要暴露途径。对于吸入暴露途径，有学者研究了成人从室内空气、室内灰尘和洗手巾中暴露 OPEs 的情况，发现通过灰尘摄入的暴露剂量[中位数为 13 ng/kg，此处指即每千克体重（body weight，bw）每天（day）的剂量]低于通过固定点位采集空气的暴露剂量（34 ng/kg），但高于通过个人空气吸入的暴露剂量（9.3 ng/kg）。后者（个人空气吸入）可以更准确地通过空气吸入进行暴露评估。另外有研究表明，饮食摄入也是人类接触 OPEs 的重要途径。食品中的 OPEs 污染是由于这些化学物质通过食物链转移及食品的工业加工和包装造成的。在大多数食物中，OPEs 的中间水平通常为几纳克每克或低于 1 ng/g（饮料中约为 1 ng/mL），成人的估计暴露剂量为 25～85 ng/kg，未成年人的暴露剂量要高得多（32～135 ng/kg）。

氯化 OPEs，如 TCEP、TCiPP 和 TDCiPP 等均已显示出致癌特性，它们可以在肝脏、睾丸中累积，从而诱发肿瘤。有研究表明，暴露于 OPEs 可能会增加成人患甲状腺癌的风险。儿童（6～8 岁）暴露 OPEs 与认知能力下降有关，而体外和胚胎研究提供证据表明 OPEs 可引起神经毒性、内分泌调节和类固醇生成。据报道，TnBP 与大鼠膀胱蠕虫和肿瘤的发病率和严重程度增加之间存在关联；TBOEP 对健康的影响包括减少红细胞乙酰胆碱酯酶、共济失调、震颤和降低大鼠肝脏重量。在高含量下，TBP、TPhP、TBOEP 和 TCiPP 可以在各种细胞系中诱导细胞毒性，这可以通过抑制细胞活力、ROS 的过量产生、DNA 损伤的诱导和 LDH 泄漏的增加来证明。TBP 和 TBOEP 均可诱导 HepG2 细胞的细胞毒性，ROS 生成、细胞增殖抑制、细胞凋亡诱导、线粒体膜电位改变和细胞周期停滞可证明这一点。使用体外模型发现，父亲孕前暴露于 TDCiPP 可能会对卵母细胞受精的成功产生不利影响，而女性孕前暴露于 OPEs 可能与不良妊娠结局相关。

1. 生殖发育毒性

研究表明，暴露于 OPEs 可能对生物的生殖发育产生不良影响。例如，一项研究发现，暴露于三种 OPEs（TDCPP、TCEP 和 TPhP）的小鼠，其雄性生殖细胞数量和质量明显受损，导致生殖能力下降。另外，实验还显示，某些 OPEs 暴露可能导致胚胎发育异常，影响下一代的生殖健康。

2. 神经毒性

OPEs 的神经毒性效应已被证实，可能引起神经系统的炎症反应和神经元损伤。例如，暴露于三种 OPEs（TDCPP、TCEP 和 TPhP）的果蝇，其神经元活性受到抑制，导致行为异常和神经系统功能障碍。

3. 内分泌干扰

OPEs 可能对内分泌系统产生干扰效应，影响生物体的内分泌平衡。例如，某些

OPEs暴露可能导致雄性激素受体活性的抑制，进而影响雄性生殖系统的正常功能。此外，一些OPEs还可能干扰雌性激素受体的活性，导致内分泌失调和生殖系统异常。

4. 基因及细胞毒性

OPEs可能对基因和细胞产生毒性影响，引起细胞凋亡和基因突变。例如，某些OPEs暴露后可导致小鼠肝脏细胞凋亡增加，影响细胞的正常功能。此外，一些OPEs还可能影响特定基因的表达，导致细胞功能异常和疾病发生。

3.2.7 双酚A

环境内分泌干扰物构成了环境污染中持久性有机污染物的一个关键类别，它们能够扰乱生物体内部的自然激素合成、分泌、运输、结合、反应和代谢过程，从而影响生物的生殖、神经和免疫系统功能。其中，烷基酚和双酚类化合物是环境内分泌干扰物的主要成分之一。双酚类化合物，包括通过碳原子、硫原子或氧原子连接的双羟基苯基化合物，广泛应用于改善高分子材料的性能、作为稳定剂和光引发剂等方面，并在涂料、薄膜、包装、信息记录及光电技术等领域有着重要用途。这些化学物质在生产和使用过程中可能会污染空气、水和土壤，并通过各种途径进入人体，潜在损害多个器官系统。鉴于它们在环境中难以分解的性质及对人体健康的潜在风险，公众对这类化合物的关注日益增加。其中，双酚A作为代表性物质，在本节进行说明。

3.2.7.1 定义与来源

1. 定义

双酚A(BPA)主要用来合成聚碳酸酯和环氧树脂等材料，这些材料在医疗器械、饮料罐内侧涂层等中应用广泛。在生产和使用期间，BPA从材料中释放到空气、水和土壤等多种环境中，人们可能通过呼吸、饮用受污染的水或通过食物包装材料，迁移进食物而摄入人体。由于BPA的化学结构与雌激素相似，它在生物体中表现出轻微雌激素模拟效应和较强的抗雄激素效应。BPA还可能对人体神经系统和心血管系统造成不同程度的影响。"十四五"期间，浙江、广东等新材料重要产业集群区域均发布了行业重点建设方向，例如广东省在《广东省发展现代轻工纺织战略性支柱产业集群行动计划(2021—2025年)》中将环保阻燃纤维及面料制造纳入轻工纺织核心技术，《浙江省新材料产业发展"十四五"规划》中提出要重点发展的十大新材料中涵盖高性能树脂(工程塑料)材料，包括相关的阻燃剂材料。此举将最大限度地减少溴化阻燃剂、有机磷阻燃剂这类持久性的、具有潜在生物累积性的有毒物质对人类和环境的影响。

2. 来源

我国BPA工业生产起始于1992年，初始产量每年为1万t，随后不断上升。尽管自2008年起双酚F(BPF)和双酚S(BPS)开始逐步取代BPA，但BPA依然是我国一种大宗化学产品。到2016年底，我国年BPA生产能力上升至121万t，占全球总生产能力的17.6%，使我国成为全球最大的BPA生产国。BPA主要用于制造聚碳酸酯和环氧树脂等多种聚合物材料，其中，用于制造环氧树脂的BPA消费占比达63.5%，制造聚碳酸酯消费占比为32.1%，其余用途包括作为增塑剂、阻燃剂、抗氧化剂、热稳定剂、橡胶抗老化剂等。环氧树脂和聚碳酸酯广泛应用于多个领域，包括涂料、复合材料、铸造材料、黏合剂、建筑材料、汽车制造、医疗设备及食品包装等。特别是，环氧树脂经常用作食品和饮料罐内衬，而聚碳酸酯则用于制造厨房用品、牙套和水瓶。在高温或极端酸碱条件下，这些材料中的 BPA 可能会释放，并通过食品或饮料进入人体，成为人体内 BPA 的主要来源之一。

3.2.7.2 BPA 理化性质

BPA 的全称是 2，2-二(4-羟基苯基)丙烷，亦称为双酚 A，具有 $C_{15}H_{16}O_2$ 的分子式和 228.29 的分子量，相对密度为 1.195，熔点介于 156 ℃至 158 ℃之间，沸点为 220 ℃/0.53 kPa，达到 180 ℃时开始分解。BPA 呈现为白色针状晶体，略带氯酚味，挥发性较低，不溶于水和脂肪溶剂，但能微溶于四氯化碳，并易溶于醇、醛、丙酮及碱性溶液。BPA 是从两分子的苯酚和一分子的丙酮在酸催化下发生缩合反应得到的酚衍生物，如图 3-4 所示。其羟基的邻位氢原子非常活泼，容易发生卤化、硝化、磺化和氧化等化学反应。在储存和运输 BPA 时，需要注意保持通风、低温和干燥的条件，并且要与氧化剂和酸类化合物分开存放。

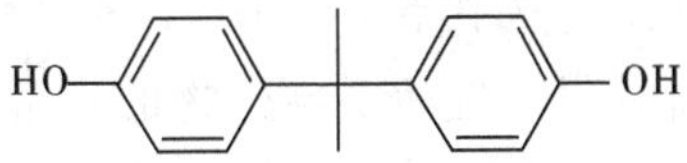

图 3-5 双酚 A 化学式

3.2.7.3 污染现状

BPA 能够通过众多途径释放至环境中，主要在土壤、水体和沉积物中分布，由于其化学结构的稳定性，BPA 难以通过自然生物过程分解，在环境中的存在期可长达数十至数百年。BPA 在水体中的主要污染来源包括其生产和加工时的低浓度直接排放及使用期间的不规则排放。此外，污染区域的雨水流失也是导致 BPA 在各地地表水中广泛分布的关键因素之一。由于 BPA 是一种广泛使用的人造塑料成分，它在使用过程中可能因产品磨损和溶出等原因，在空气、饮用水、湖泊、海洋、土壤、灰尘、食品、纸币等多种介质中普遍存在。

BPA 普遍存在于全球水域。日本和欧美等国家对地表水中的 BPA 含量进行了早期监测，结果显示日本河流和污染水体中 BPA 的含量在 0.1～1.9 $\mu g/L$ 范围内。莱茵河三角洲的水样中，BPA 含量为 0.119 $\mu g/L$。我国对水环境中 BPA 的浓度也进行了广泛的检测，包括天津、青岛、上海和广州等地区，均报告了 BPA 的检出。天津市郊区水沟中 BPA 的含量在 0.006～1.520 $\mu g/L$ 范围内。黄浦江水样的 BPA 含量为 0.173～52 $\mu g/L$。珠江广州段的表层水中 BPA 含量为 0.098～0.541 $\mu g/L$，显示出与生活及工业废水排放密切相关的不均匀分布。珠三角地区的表层水和河蚌中 BPA 含量在四个不同采样点呈现差异，表明 BPA 与壬基酚在水环境中的分布具有变异性。太湖及其入湖支流 27 个采样点中，所有水样均检出了 BPA 及其类似物，显示 BPA 的检出率为 100%，含量为 27～565 ng/L。此外，随着对饮用水中 BPA 的检测日益增加，发现自来水系统中的 BPA 可通过长时间接触逐渐溶出，且在氯气消毒过程中可能产生多种副产物。杭州及沈阳市自来水中的 BPA 含量检测显示，水样中普遍存在 BPA，含量为 0.33～161.9 ng/L。

在水环境中，BPA 与悬浮微粒结合并迁移到沉积物中后成为更稳定的形式，导致其在沉积物中的含量通常超过水体本身。在英国的苏克塞斯河，沉积物中 BPA 的含量被测定为 8～9 μg/kg。我国关于 BPA 在污水处理厂和沉积物中残留的报告也相继出现。王茜及其团队开发了一种高效液相色谱法，用于同时测定淤泥和土壤中的 BPA、壬基酚和辛基酚含量，此方法被用于分析污灌区菜地的土壤和水库泥底的样本，发现土壤样本中 BPA 的含量为 0～6.52 μg/kg，而水库泥底样本中的 BPA 含量更高，为 4.31～17.44 μg/kg。温榆河上游及其主流表层沉积物中的 BPA 含量分析显示，样品普遍含有 BPA，含量在 0.6～59.6 μg/kg 范围内。

3.2.7.4 健康危害

目前，国际上通用的 BPA 每日容许摄入量为 50 μg/(kg·d)。最新研究显示，即便在低剂量下，BPA 也会引发一系列毒性作用，对生物产生多方面的负面影响。作为一种能模仿雌激素作用的内分泌干扰化合物，BPA 会扰乱生物内部的天然雌激素的合成、分泌、运输、结合及代谢过程，进而干预生物的正常生长和发育。在临床研究中，BPA 的影响主要表现为生殖系统障碍、发育不良、代谢失调和一些癌症的增加。此外，近期的研究还发现，BPA 的暴露与高血压及冠心病的增加有关，并可能引起蛋白尿低水平、细胞异常和死亡，从而触发肾脏病变。

1. 对生殖系统的影响

BPA 由于与雌激素(E2)结构相似，能模拟或干扰激素功能，影响人体的神经、免疫和内分泌系统。雌二醇作为主要雌激素之一，通过雌激素受体触发酶促反应，即雌激素信号通路，维持正常生理功能。化学物质如 BPA 与雌激素受体结合时，可导致信号通路异常，影响雌激素功能。研究指出，BPA 干扰"下丘脑—垂体—性腺轴"作用，影响激素的合成、分泌及生理作用。实验中，对雌性 SD 大鼠初生至第 10 天每日注射 BPA，结果显示 BPA 影响血清 E2 水平和下丘脑 GnRH 释放，导致生育能力降低和卵巢形态学变化。BPA 还影响了 α-ER 和 β-ER 表达，改变了性激素对靶器官的反应。虽 BPA 亲和力较弱，但通过 GPR30 结合激活信号通路，以及与雌激素相关受体 (ERR)作用或影响表观遗传修饰，展示其复杂的生物学效应。

BPA 能激发激素反应，即便在低剂量下也可能导致内分泌失调、生殖异常、不育症及乳腺癌风险。全球尤其是发达国家高度关注 BPA 污染。研究表明，BPA 可能对胎儿性别发育及增加畸形风险有潜在作用。我国关于 BPA 暴露研究相对较少，但 2005 年一项研究发现，BPA 生产工人血清 BPA 平均含量为 64.6 μg/L，远高于非接触者。BPA 尤其影响成年男性生育能力，通过与雌激素受体竞争性结合，扰乱雌激素表达，可能导致青春期提前。对男性而言，其精子活力参数与尿中 BPA 水平呈统计学负相关；对女性而言，成人卵母细胞体外培养暴露于 BPA 会发生细胞骨架受损和减数分裂不完全。

2. 对脑及行为发育的影响

胎儿和新生儿的神经系统对 BPA 极敏感,低剂量暴露可能影响大脑发育。芳香化酶 P450(P450arom)是一种主要的雄激素代谢酶,对发育过程脑两性结构的发生起着重要的作用。P450arom 在特异的脑区可催化雄激素转化为雌激素。BPA 可能通过改变脑内雌激素合成酶活性、调整雌激素受体 α-ER 和 β-ER 表达,干扰雌激素调节作用,影响脑区结构和神经行为,包括性行为、探索行为、焦虑及学习记忆。研究发现,BPA 暴露可影响母鼠抚育行为、子代神经行为,减少脑内多巴胺神经元,改变相关基因和蛋白表达,影响海马神经元树突发育和 NMDA 受体活性,指示 BPA 暴露可能对脑发育和功能有不利影响。

基于成年动物的研究显示,BPA 对学习记忆能力也会产生负面影响,特别是对雄性大鼠的空间学习与记忆。这种影响体现在海马 CA1 区的突触结构变化中,包括突触密度下降、突触前活性区域缩短、突触后致密体厚度减小和突触间隙宽度增加等。突触标志性蛋白的表达水平下降也反映了 BPA 的影响。性别差异性的影响也是值得关注的点。例如,青春期 BPA 暴露对小鼠的影响表现出性别差异,雌性小鼠的空间学习记忆能力和焦虑行为受到影响。人类相关研究虽然有限,但存在证据表明,BPA 暴露与儿童行为问题之间存在关联。比如,孕期母体内的 BPA 浓度与其子女 2 岁时的外向行为相关联,尤其在女童中更为明显。此外,孤独症儿童血清中的 BPA 含量显著高于健康对照组,这为 BPA 与神经行为发展间的潜在联系提供了证据。

3. 对心血管系统的影响

研究表明,人体内 BPA 含量增加与心血管疾病风险因素(如高血压和冠状动脉疾病)显著相关。分析揭示,尿液中 BPA 含量每上升 2.0 μg/L,冠心病等疾病的风险增加约 1.39 倍。在英国进行的一项研究中同样发现,尿液 BPA 浓度的增加与严重冠状动脉狭窄风险增加相关。此外,一项长期追踪英国成年人群的研究发现,尿液中 BPA 含量每升高 4.56 ng/mL,患冠状动脉疾病的风险增加 1.13 倍。除冠状动脉疾病外,BPA 对血压及动脉健康也有潜在影响。在瑞典的研究发现,高 BPA 浓度与颈动脉血管内膜厚度及动脉硬化斑块形成有关。研究人员在 2008—2010 年对韩国首尔 560 名 60 岁以上的老年人尿液中 BPA 含量分析后发现,尿液中 BPA 含量高(≥1.33 μg/g)的人群患高血压的风险是低者(<0.37 μg/g)的 1.27~2.35 倍。

4. 对代谢的影响

研究表明,BPA 的过量接触可能导致肥胖。一项针对南昌市儿童的研究显示,血清 BPA 水平较高的儿童,肥胖或超重的风险显著增加,暗示 BPA 暴露是儿童体重异常的一个关键因素。另外,研究指出 BPA 可能促进脂肪细胞增加和胰岛素水平升高,从而引发胰岛素抵抗和肥胖。BPA 引发肥胖的具体机制尚不完全清楚,动物实验显示 BPA 暴露与炎症状态相关的肥胖有关。此外,BPA 与 2 型糖尿病发病风险相关,暴露于 BPA 的大鼠显示出餐后高血糖和胰岛素抵抗。美国的研究也发现,尿液 BPA 水平与 2 型糖尿病风险呈现正相关。在南京的一项研究中,BPA 暴露工人的空腹胰岛素浓度显著低于未暴露者,但空腹血糖水平无显著差异。流行病学调查显示,高尿 BPA 水平的成年人更易发生肥胖和胰岛素抵抗。这些发现提示，BPA暴露与代谢紊乱和相关疾病之间存在联系，需进一步研究以阐明其影响机制和长期健康影响。

5. 致癌性

BPA的研究表明，其可增加实验动物中造血细胞的癌症变异率及引发睾丸肿瘤的可能性。由于BPA具有类似雌激素的作用，研究集中于其对乳腺癌、卵巢癌和前列腺癌等生殖系统癌症的潜在促进作用。体外实验显示，BPA能促进多种癌细胞的增殖，而动物模型研究揭示围产期BPA暴露可能导致乳腺组织结构的恶性变化，这些变化有可能进一步发展成乳腺肿瘤。早期BPA暴露还可能增加乳腺导管对雌激素的敏感性，并导致长期的乳腺组织异常。此外，BPA暴露可增加乳腺癌前病变和原位肿瘤的风险。美国几个州和法国已经采取法律禁止使用含BPA的食品容器和包装。2011年5月，我国卫生部等6部门发布了关于禁止BPA用于婴幼儿奶瓶的公告，以保护婴幼儿免受BPA潜在的危害。

2024年2月9日，欧盟委员会公布了一项禁用双酚A的法规草案，禁止食品接触材料中BPA和其他双酚类物质及其衍生物的使用。该草案法规还限制了所有其他双酚类物质在食品接触材料中的使用，只有经过欧盟食品安全局（EFSA）风险评估和授权，认为它们在食品接触材料和器皿的制造中不会危害人类健康的物质才可以使用。根据过渡期时间推算，该草案将在2025年底或2026年初生效。这项草案将提升食品接触材料的安全性和质量，通过这种严格的管控措施，可以减少潜在的健康风险，保护消费者免受有害物质的影响。此外，通过这项草案，欧盟委员会为其他国家和地区树立了良好的榜样，推动了全球范围内对食品安全和环境保护的重视。这对于促进全球食品安全标准的提高和减少环境污染具有积极的影响。

3.2.8 微塑料

在过去的70年里，世界各国越来越依赖塑料的使用。1950至2015年期间，塑料制品产量的年增长率为8.4%。塑料在给人们提供极大便利的同时也产生了一系列污染问题。然而全球塑料回收率不高，这造成大量塑料进入环境，而环境中塑料经过一系列物理化学过程，如风化、光氧化、生物降解和机械摩擦等，会影响塑料的结构完整性并导致其碎片化，最终产生塑料垃圾和微塑料（MPs）污染。微塑料，指直径小于5 mm的塑料颗粒。2004年，英国普利茅斯大学的汤普森等人在《科学》杂志上发表了关于海洋水体和沉积物中塑料碎片的论文，首次提出了"微塑料"的概念。微塑料被形象地称为"海中的PM2.5"。由于微塑料在海洋环境中的广泛存在及对生物产生的各种确定和不确定的危害，得到了社会各界的广泛关注。

微塑料分为一次（初生）微塑料和二次（次生）微塑料。一次微塑料指在生产过程中原本就被制备成为微米级的小粒径塑料颗粒，如工业塑料、轮胎和服装生产及化妆品和医疗产品中添加的微塑料颗粒。二次微塑料主要是指由纺织品、轮胎和较大塑料制品的微纤维或者大型塑料在环境中通过物理（侵蚀、磨损）、化学（光氧化、水解）和生物（微生物降解）过程而形成的塑料颗粒或碎片。微塑料有多种形态，包括球体、碎片和纤维。大多数(除有意制造的微珠外)来自较大塑料(大型塑料)的破碎。随着时间的推移,微塑料碎片分解成越来越小的碎片,最终成为纳米塑料。微塑料近乎"无处不在",微塑料广泛存在于水体、土壤及大气中,甚至存在于深海沉积物中。南极洲这样偏远的地区也发现了微塑料的存在。

3.2.8.1 理化性质

微塑料的理化性质与传统塑料相似,但由于其尺寸微小和形态特殊,具有一些独特的特性。

1. 物理性质

大小和形态。微塑料的大小通常在纳米至数毫米之间,形态多样,包括球形、纤维状、片状等。其尺寸和形态可能受制于制备工艺、原料性质和环境条件等因素。

密度分布。微塑料的密度通常较低,但具体数值取决于其化学成分和制备方法。不同类型的微塑料可能具有不同的密度分布特征,这影响了它们在水体和大气中的浮动和沉降速率。

分散状态。微塑料在水体和大气中的分散状态取决于其表面性质、动力学条件等因素。微塑料可能以单个颗粒、聚集体或薄膜等形式存在,进而影响其在水体和大气中的迁移扩散和生物可及性。

2. 化学性质

化学成分。微塑料的化学成分通常与其原始塑料相似,主要由聚合物组成,如聚乙烯(PE)、聚丙烯(PP)、聚氯乙烯(PVC)、聚苯乙烯(PS)、聚对苯二甲酸乙二醇酯(PET)等。此外,微塑料还可能含有添加剂、填充剂、颜料等成分。

稳定性。微塑料在环境中的稳定性取决于其化学结构和环境条件。一般来说,微塑料具有较强的化学稳定性,不易降解,但在特定环境条件下可能发生光照氧化、生物降解等过程而分解。

溶解性。微塑料通常不溶于水和大多数有机溶剂,但可能在一些特殊溶剂中发生溶解或溶胀。微塑料的溶解性可能影响其在水体中的迁移和在生物体内的吸收。

3. 表面性质

表面组成。微塑料的表面可能吸附有机物、重金属、营养物质等,形成复杂的化学复合体。这些吸附物可能影响微塑料的生物可及性、生物附着性和毒性效应。

表面结构。微塑料的表面通常具有一定的粗糙度和不规则性,这使得其具有较大的比表面积。微塑料的表面结构可能影响其与环境介质的相互作用、光吸收、附着行为等。

表面电荷。微塑料可能具有表面电荷,这影响了其与环境中粒子、有机物、生物体表面等的相互作用。微塑料的表面电荷可能对其在水体和大气中的分散稳定性和生物毒性起到重要作用。

3.2.8.2 来源

人口密集地区的人类活动及相关工业活动是造成各种微塑料的主要因素。微塑料的来源多种多样，主要包括以下几个方面。

塑料垃圾的分解。据统计，全球每年约有8百万~12百万t塑料垃圾流入海洋，其中大部分是塑料碎片。根据一项研究估计，在海洋中的塑料垃圾中，微塑料占将近90%。这些微塑料主要来自人们丢弃的塑料制品，如塑料瓶、塑料袋、包装材料等，经过长时间的风化和光照作用，逐渐分解成微小的颗粒。

纤维释放。一项研究发现，每次洗涤合成纤维的衣物，都会释放出数百万个微纤维，其中约65%的纤维最终进入水体。据估计，每年全球洗涤衣物产生的合成纤维微塑料数量在50万~1750万t范围内。

汽车轮胎磨损。根据欧洲环境局的数据，每年全球约有50万~300万t的微塑料颗粒来自汽车轮胎磨损。这些微塑料颗粒主要通过雨水冲刷进入排水系统，最终流入河流和海洋。研究还发现，城市道路上每二次方千米每年会释放出超过10 t的橡胶微粒，其中包含大量塑料成分。

塑料制品生产和加工。根据世界银行的数据，全球每年约有300亿t塑料废物产生，其中大约10%~20%无法得到适当处理，最终进入环境中。这些废物中的一部分会在生产和加工过程中产生微小碎片，通过工业废水排放到水体中。

化妆品和个人护理产品。一项对美国洛杉矶河流域的研究发现，化妆品和个人护理产品中的微塑料颗粒是该地区水体中微塑料的重要来源之一，占总量的约20%。此外，据估计，全球每年有数千吨的微塑料颗粒从这些产品中释放出来，其中大多数最终进入水体。

农业活动。一项由荷兰乌德勒支特大学进行的研究表明，塑料薄膜在农业生产中的使用是土壤中微塑料的一个重要来源。据估计，全球农业生产中每年使用的塑料薄膜数量超过1000万t，其中一部分在使用和处理过程中会破损释放微塑料到土壤中。

此外，口罩已越来越成为人们日常生活中必不可少的物品。据报道，全球每天消耗数十亿个一次性口罩，研究显示，每个外科口罩或N95口罩可能会释放超过10亿颗微塑料颗粒，这些颗粒的大小约在5 nm到600 μm之间。因此，口罩也间接加剧了微塑料的污染。

3.2.8.3 污染现状

微塑料广泛存在于水体、土壤和大气中，水体是微塑料的主要聚集地之一，尤其是海洋。淡水环境中，韩国的一项研究发现地表水中微塑料含量为5.3~87.3个/m^3。此外，对罗斯海（南极洲，0.0032~1.18个/m^3）、北极深海沉积物（42~6595个/kg）和北极底栖生物（0.04~1.67个/m^3）的研究证实了极地地区也存在微塑料污染。微塑料的全球分布取决于风、潮汐、环流等环境因素和人为因素。目前，对于微塑料的研究主要集中于海洋、淡水及土壤中，大气微塑料的研究处于起步阶段。

1. 水体

海洋中的微塑料。海洋是微塑料的主要聚集地之一，海洋中微塑料分布和潜在危害是研究者们较早关注的重要对象。研究表明，全球海洋中每二次方千米可达数十万至数百万个微塑料颗粒。这些微塑料主要来自陆地排放的塑料垃圾，包括丢弃的塑料瓶、袋子及其他包装材料等。海洋微塑料通常以表面漂浮的形式存在，但也有部分微塑料沉积到海底或深海中。除了污水排放、河流汇入等陆源输入外，海上作业、船舶运输甚至空气中的微塑料都是海洋微塑料污染的重要来源。在我国近岸海域，微塑料污染问题严重。沙滩、表层海水、海底沉积物、贝类生物体甚至海盐中都检出了大量微塑料。受到人为和自然因素的影响，不同地域的微塑料污染程度存在显著差异。人为因素主要包括人类活动频繁、塑料污染物排放量大等，而自然因素则包括洋流环流作用和地理位置等。海底是大部分微塑料最终的归宿地，大约70%的微塑料会沉入海底，累积在海底沉积物中，因此海底沉积物的微塑料含量往往高于海水。

淡水中的微塑料。微塑料被释放到陆地环境后，可以转移到湿地、湖泊和河流中。地表径流和大气沉积将排水区域内的塑料碎片和微塑料转移到淡水接收系统中。这些水生系统中的微塑料及直接丢弃或倾倒的废弃塑料，最终流向下游，进入河口和沿海海域。因此，河流、湖泊、水库等淡水系统也受到微塑料的污染。淡水系统是微塑料最终归趋的重要接纳体，同时也是海洋微塑料的一个重要陆源输入，因此河流等的微塑料污染情况直接影响了近海海岸的微塑料污染程度。微塑料也容易通过污废水排放及频繁的人类活动进入湖泊，同时由于湖泊水体更新周期相对较长，其环境容量受到湖泊大小的影响较大，因此微塑料往往容易在湖泊中累积，导致其含量过高。

城市化程度高的地区和工业区域通常微塑料含量较高。微塑料主要通过城市排水系统、工业废水排放及农业活动等途径进入水体、土壤和大气系统，影响生物和生态系统的健康。据报道，瑞士湖泊的平均微塑料含量为 0.5 个/m^3，具体含量从苏黎世湖的 0.06 个/m^3 到马焦雷湖和日内瓦大拉克湖的 1.2 个/m^3。在亚洲，在蒙古偏远的霍夫斯戈尔湖中检测到了微塑料。我国太湖的微塑料含量因位置而异，中部微塑料含量较低(0.3 个/m^3)，西北部微塑料含量较高(1.1 个/m^3)。淡水系统的支流对微塑料的来源或输送起到一定的作用，湖泊具有强大的稀释能力。例如，北美洲五大湖的 29 条支流的平均微塑料含量为 4.2 个/m^3，而五大湖只有 0.27 个/m^3，支流中约 72% 的塑料颗粒直径小于 1 mm，而五大湖中有 81% 的微塑料颗粒直径小于 1 mm。微塑料含量与流域的城市化水平和径流水平呈正相关。由于半封闭盆地的多种输入源和环流模式，沿海水体(例如海湾和河口)很可能比河流污染更严重。据报道，我国渭河微塑料的平均含量为 0.56 ± 0.45 个/m^3。长江口地表水微塑料水平高达 4137 个/m^3。据估计，每年有 115 万~241 万 t 塑料通过河流补给的河口释放到海洋中。

地下水中的微塑料。近年来也在地下水中发现了微塑料。这些微塑料可能来自土壤中的微塑料颗粒渗透到地下水层，或者是由工业活动、废水排放等导致地下水受到微塑料污染。

2. 土壤

除了海洋、湖泊、河流和沉积物外，在土壤中也发现了微塑料。除污泥排放外，塑料废物分解和摩擦产生的碎片是土壤中微塑料的主要来源。土壤中发现了含有 PE、PP、PS、聚醚聚氨酯和聚合物混合物(PE 和 PP)的微塑料成分。有研究显示，表层土壤层中的微塑料含量较高，其分布受景观格局和土地利用的影响。据报道，在缓冲土壤中，塑料颗粒的含量比生长蔬菜的相邻土壤低1.6倍，表明未直接经受这些农业生产活动的缓冲土壤，会显示出更低的塑料污染水平。这种差异主要是由废水灌溉和使用塑料地膜等农业生产活动导致的。

塑料碎片倾向于积聚在农田的土壤表层（0～30 cm）中，这主要是因为塑料覆盖物和土壤改良剂的使用。最近的研究表明，在农田中，10～30 cm处的微塑料的数量和重量是0～10 cm处的4.6倍。相比之下，我国黄土高原果园和温室中土壤0～10 cm的微塑料水平均高于10～30 cm时的。这种趋势可能由土壤耕作方法及径流和渗透等决定。此外，一些耕地，95%的塑料颗粒尺寸在0.05～1 mm范围内，主要是塑料纤维（92%）；塑料薄膜仅占微塑料总数的8%，塑料纤维与微聚集体关系较大，而塑料薄膜和碎片与宏观聚集体有关。动物运动可以将微塑料从表层土壤带到深层土壤，而优先流动可以将微塑料从表层土壤带到地下水。由于缺乏对土壤特别是农业土壤中微塑料分布的研究，许多问题仍未得到解决，涉及不同类型田地和作物生长阶段、雨季和冻融过程中微塑料在水平和垂直方向上的分布和动态。这些系统中的微塑料分布可能受到以下因素的影响：①大气沉降、水侵蚀和风蚀；②土地利用模式、土地利用变化和土壤管理（如施肥、灌溉和耕作）；③土壤动物运动、对流和植物生长（根系）；④土壤结构、土壤性质和微生物学。

研究表明，微塑料会对土壤结构、理化性质产生影响。微塑料会使土壤容重增加和降低土壤的保水能力。微生物的存在还可能会导致土壤处于缺氧的环境。微塑料可以堵塞土壤微孔隙，阻碍氧气的进入，从而影响土壤中的微生物活动和根系呼吸。缺氧环境可能导致土壤中有害微生物的滋生，并影响植物的生长和根系发育。微塑料的存在会对土壤的理化性质及物质循环产生较大的影响。微塑料进入土壤环境中与其他有机污染物结合以后，由于粒径小，比表面积大，吸附能力明显增强，进而改变土壤的理化性质，影响土壤生态系统健康。

3. 大气

全球大气中广泛分布着微塑料，无论是室内空气还是室外空气、城市乡村及偏远地区的大气环境。相较于室外，室内空气通常具有更高浓度的微塑料，有学者发现室内空气微塑料纤维是室外空气的两倍。温州市五种室内环境（城市公寓、办公室、候车大厅、教室和医院）的微塑料含量（1583±1181 个/m^3）均高于室外环境（公园、农田、山顶等）的微塑料含量（189±85 个/m^3）。产生这些差异的原因可能是室内通风条件差，且有相对于室外更多的来源，例如衣服、家具、地毯等。居民大约有90%的时间都在室内生活，家庭和工作场所越来越密封，有研究发现室内空气中微纤维的含量在1.0～60.0 个/m^{3}范围内，明显超过了室外水平（0.3～1.5 个/m^3）。室内超微纤维由67%的天然或混合材料（主要是纤维素纤维、醋酸纤维素或角质羊毛纤维）组成。以聚合物为基础制成的产品，如塑料、合成纤维制品等，常添加阻燃剂、染料、增塑剂、紫外线抑制剂等化学物质。这些产品在使用过程中，因磨损、降解等，可能释放微塑料进入大气环境，其中的添加剂也可能随之扩散。

不同地区的大气中微塑料的含量存在一定的差异。在空间分布方面整体呈现城市高于郊区、陆地大于海洋的规律。通常情况下，人口密度大和经济发达的地区，大气微塑料的浓度更高。因为城市地区有更多的人类活动和污染源，例如交通排放、工业排放及废物处理等。即使在青藏高原地区，大气微塑料的含量也整体呈现从城市（27.6 ± 14.7 个/m^3）到乡村（15.6 ± 4.4 个/m^3）再到野外采样点（8.1 ± 3.0 个/m^3）逐渐下降的趋势。尽管总体乡村地区大气的微塑料含量相对较低，但农业活动可能会导致其在特定区域的累积。大多数研究中，远离人类活动的偏远山区的大气微塑料的含量低于城市和乡村的大气微塑料含量。然而，考虑到大气污染的混合效应与长距离传输效应，微塑料也会随大气流动发生混合与传输，比如，在比利牛斯山脉和落基山脉等偏远山区，大气微塑料的丰度甚至超过大多数城市地区。关于大气微塑料的时间分布规律的研究相对较少且不够成熟，既往文献中并未发现普遍规律。在一项研究中，发现墨西哥城大气 PM2.5 中的平均微塑料含量在旱季（0.176 ± 0.065 个/m^3）和雨季（0.087 ± 0.044 个/m^3）差异明显。

大气微塑料在不同环境中的分布规律是复杂的，受到多种因素的影响，包括气象条件、地理条件、人类活动等。由不同的研究方法和时间差异（季节性、昼夜性）引起的大气微塑料空间丰度的差异也不容忽视。

3.2.8.4 健康危害

由于微塑料的粒径较小，易被生物误食，如在浮游动物、底栖无脊椎动物、鱼类和大型海洋哺乳动物等生物体内都发现了大量微塑料的存在。微塑料一旦被生物摄食进入体内，将对生物产生机械损伤，造成进食器官的堵塞，阻碍动物继续进食，或者引起假的饱食感，最终导致生物摄食效率降低、生长缓慢、受伤或者死亡。作为"新污染物"，微塑料不仅对生物产生影响，越来越多的学者开始关注微塑料对人类健康的影响。已经在人体血液、肝脏、胎盘、粪便等中检测到微塑料。由于微塑料不易降解，生物体中的微塑料将通过食物链途径，不断生物累积最终进入人体，对人类健康产生潜在危害。

塑料生产过程中，为了使其具有一些特殊的物理性质，还常加入一些增塑剂等化学成分。双酚A、邻苯二甲酸酯、多溴联苯醚等增塑剂属于内分泌干扰物或具有显著的生物毒性，它们不与聚合分子结合或结合作用很弱，在微塑料的迁移转化过程中逐渐被释放出来，进入生物体内，改变生物的内分泌功能，影响生物生殖和发育等。例如，在鱼、肉类和自来水中都常检出的一种塑料添加剂双酚A，双酚A会直接引起内分泌干扰效应，干扰人类脂肪组织受体，导致肥胖。微塑料由于具有较强的疏水性和相对较大的比表面积，能富集高浓度的多氯联苯和有机氯农药、烃类、重金属等持久性有机污染物。当微塑料颗粒和有机污染物的结合体被生物摄食进入其消化系统后，结合体中的化学物质在表面活性剂的作用下被释放出来，对生物产生复合毒性效应。微塑料由于稳定性高、质量轻且具有良好的流动性，可随着水流长距离迁移，成为微生物、藻类和昆虫等生物附着生长的载体。在天然水体中，微塑料表面大约1周内便可附着生物膜，生物膜上含有大量的微生物、藻类和虫卵。

人类通过饮用水、牙膏和食用盐，每人每年直接或间接摄入约 39000～52000 个微塑料，每周大约吃下 5 g 微塑料。通过呼吸，每人每年吸入微塑料颗粒 35000～69000 个。空气中的微塑料纤维通过呼吸作用被动进入人体，在肺部深处无法排出、无法消解，会诱发炎症并刺激呼吸系统，从而可能导致癌症在内的各种疾病。微塑料会激发哺乳动物的炎症状态和氧化应激损伤，直接影响精子发育和精子质量。微塑料会吸附内分泌干扰物，增强内分泌干扰物的毒性，间接影响男性生殖能力。动物实验表明，38.9 nm 的微塑料可以直接影响大鼠生殖轴的内分泌控制，促使精子出现 DNA 损伤，导致精子形态和生存能力受损。微塑料产生的具体健康效应主要有以下几个方面。

影响生长发育。微塑料可抑制植物生长发育，包括使植物生长迟缓、繁殖率降低、寿命缩短等。微塑料还也可影响动物的生长发育。一方面，微塑料的摄入和累积会导致生物体受损，减少胃黏液的分泌，进而阻碍了食物的正常消化与吸收，造成营养不足、能量损失，以及生长和繁殖能力的下降。另一方面，粒径小的微塑料会在脂质含量高的组织中累积，通过消化道上皮细胞进入血液淋巴和组织中，甚至通过血脑屏障进入脑内，阻碍相关神经递质的释放，从而阻碍正常生命活动和发育。此外，微塑料诱导的氧化应激反应损伤 DNA，或微塑料直接进入细胞核内引起的 DNA 的损伤，最终造成发育阻滞。

肠道损伤。无论是模式动物、鱼类还是哺乳动物，摄入微塑料的途径大多为经口摄入，因此胃肠道是其累积最多的部位，也是微塑料毒性效应的主要靶器官。目前已有较多研究表明，微塑料会对肠道造成损伤，包括破坏肠道黏膜、干扰肠道分泌物的合成及分泌、扰乱肠道菌群等。

影响体内物质代谢。微塑料进入生物体可通过影响糖脂代谢和能量代谢等物质的代谢和合成过程发挥毒性作用。机制包括微塑料干扰细胞运输载体向胞外转运、代谢物质转运和信号传导等。

免疫毒性。进入生物体循环中的微塑料通过在组织、器官间转移和富集进入免疫系统并产生免疫毒性，包括影响免疫基因表达、炎症因子的释放和活性氧（ROS）诱导的炎症反应等。微塑料暴露后调节炎症因子相关基因表达改变，同时改变促炎因子水平。微塑料诱导的长期慢性炎症可能会造成机体其他脏器的代谢异常和慢性疾病，如肺、肝脏和肾脏等。

神经毒性。大量研究发现，微塑料可能引起生物行为学的改变，小粒径微塑料通过血脑屏障进入脑内，可抑制神经发育和信号传导相关基因的表达和转录，抑制神经元和神经递质合成相关酶的活性，影响神经递质释放，从而导致神经毒性。

生殖毒性。目前，已发现的微塑料生殖毒性包括繁殖能力下降、生殖细胞数量降低、精子活性降低、子代存活率下降及生长速度减缓等。发现小鼠经微塑料暴露后精子细胞萎缩、脱落和凋亡，生精细胞脱落、排列紊乱，生精小管中出现多核性腺细胞，且睾丸激素水平下降。已有部分研究探讨了微塑料损伤生殖细胞的机制，包括氧化应激、丝裂原活化蛋白激酶（MAPK）信号通路的参与和炎症等。目前已明确微塑料可能对包括人类在内的哺乳动物生殖功能造成影响，但损伤机制仍不明确，有待进一步研究。

氧化损伤。微塑料及其吸附的环境污染物引起生物体内 ROS 生成增加、抗氧化酶活性下降，进而诱导氧化应激是其生物毒性的主要机制之一。一方面，微塑料进入细胞后诱导氧化应激、破坏质膜或诱导细胞凋亡。另一方面，微塑料及其吸附的环境污染物能够干扰细胞内的抗氧化防御系统。这些物质能够降低抗氧化酶的活性，减少细胞能够利用的抗氧化剂，使得细胞更加脆弱，难以抵御氧化应激带来的伤害。因此，微塑料导致的氧化损伤，不仅源于直接增加活性氧（ROS）的生成，还在于削弱生物体内对抗自由基的天然防御机制。目前，关于微塑料诱导 ROS 生成的机制，以及 ROS 增加与微塑料引发健康损伤间的联系，相关研究仍较为有限。

我国政府一直以来高度重视海洋垃圾和微塑料的治理，并采取了以下措施。一是源头减量，对塑料制品的生产、销售和使用提出管理要求，《产业结构调整指导目录》（2019 年）、《关于进一步加强塑料污染治理的意见》及 2020 年 7 月九部委联合印发的《关于扎实推进塑料污染治理工作的通知》，都明确规定了禁限期限。二是替代使用，推广使用非塑料制品和可降解购物袋、可降解地膜等。三是加强回收，要求回收利用和合理处置塑料废物，禁止随意堆放、倾倒造成塑料垃圾污染，规范废旧渔网渔具回收处置。四是开展治理，推进生活垃圾清理、港湾塑料垃圾清理、清洁海滩行动。近年来，我国按照循环经济理念开展塑料全生命周期治理，建立起由市场自发形成的覆盖广泛的废塑料循环利用体系，回收的废塑料超过全球同期回收总量的 45%，并依托完善的塑料工业体系，形成覆盖高中低端完善的再生塑料利用体系，材料化利用率达 30%左右，处于世界领先水平。我国不仅实现了塑料废物的本国回收利用，还在 1992—2018 年间累计处置利用了 1.06 亿 t 其他国家的废塑料，将其转化为再生塑料原料，为全球塑料污染治理作出巨大贡献。作为全球最大发展中国家，我国将进一步加大塑料污染治理力度，力争为全球塑料污染治理贡献更大中国智慧。

下一步，生态环境部拟结合《中华人民共和国海洋环境保护法》的修订工作，研究针对微塑料污染方面的强化监管措施和治理途径，从减存量、控增量、强监管等方面切实做好工作，包括：加强海洋微塑料污染监管和源头治理，减少微塑料源头产生量，形成长效管控机制；提高公众生态环保意识，积极引导公众减塑限塑；不断提升海洋微塑料长期监测和研究水平，为污染防治和参与全球海洋治理提供科学技术支撑。

3.2.9 其他新污染物

3.2.9.1 化学品

公众对新污染物的认识仍相对有限。这些新污染物主要包括当前广泛使用的化学品，它们的生产和排放尚未受到有效管理。作为一个化学品生产和消费大国，我国面临的挑战包括新污染物种类众多、普遍存在，且具有不明确的环境和健康风险。监测新污染物并强化管理对于促进可持续发展和提升人民生活质量至关重要。化学品是我们日常生活不可或缺的一部分，而其中相当一部分化学品最终会进入环境中，可能对人类健康造成影响。

近年来，我国已将新污染物的管理提升到了高度重视的程度。新污染物的治理已经被纳入国家的"十四五"规划和中长期规划中。2022年,国务院办公厅发布了《新污染物治理行动方案》,31个省份也已经制定了相应的治理行动方案。在环渤海区域,中国科学院院士江桂斌团队已经在生物体、水体及大气中发现了许多新的化学品和污染物。尽管这些新化合物的结构性质尚不完全明了,但它们可能对健康有毒性影响。目前,已知的新污染物只是问题的一小部分,还有大量的新污染物结构、含量和毒性未知,迫切需要加以管控。江桂斌院士提出的建议包括:加强新污染物的识别和溯源技术,突破技术难题;关注新污染物的毒性效应及其作用规律和分子机制,以了解人群暴露的潜在健康风险;同时,针对不同环境介质中的新污染物,开发风险控制技术,以有效治理这些污染物。

3.2.9.2 个人护理用品

1. 个人护理用品概述

随着生活水平的提升,个人护理产品(PCPs)的无控制排放已经成为全球环境关注的热点问题之一。PCPs包括肥皂、洗发水、牙膏、香水、护肤品、防晒霜、发胶、染发剂等,直接用于人或动物身上,其有效成分主要有合成麝香、抑菌剂、紫外线防护剂等。PCPs的活性成分属于新污染物的一部分。如图3-6所示,这些生物活性物质及其代谢产物会排入环境中。个人护理品的生产厂家通过废水将这些化学物质直接排入水体;而个人使用后,通过洗澡、游泳等方式,也使这种物质进入水体,或以垃圾形式留在环境中,进一步被土壤吸附,再通过渗透、径流等方式进入水体。此外,这些污染物中的易挥发成分在日常使用中容易挥发到空气中,最终返回生物圈。它们主

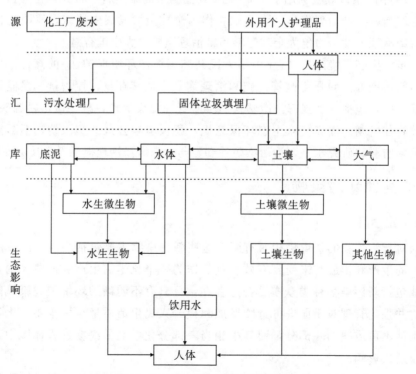

图3-6 PCPs进入环境的迁移途径

要通过水体径流或污水处理厂排放进入自然水体。在自然条件下，大多数PCPs难以生物降解，可通过食物链在动植物体内累积，因此，这些污染物的广泛存在对环境和人体健康构成了潜在风险。

PCPs的定义极其广泛，覆盖范围涵盖了大量的天然和化学成分，数量众多。目前，关于PCPs中活性成分的研究主要集中在几个关键类别：防腐剂、皮肤刺激物、合成香精、染料及激素干扰物等。这些成分因广泛应用在各种个人护理产品中，对环境和人体健康的潜在影响成为研究重点。表3-7列举了一些目前常见的PCPs成分。在这一节中，我们将以合成麝香为例，探讨其作为PCPs中的一个典型成分的相关特性和潜在影响。

表3-7 常见的几种PCPs成分

类别	主要成分	用途	适用产品
防腐剂类	三氯生、尼泊金酯	广谱抗菌剂	牙膏、肥皂、免洗产品等
合成香精类	多环麝香、硝基麝香	香精定香剂	香水、香料等
防晒剂类	二苯甲酮类、肉桂酸酯、二苯甲酰甲烷类	抵御紫外线	防晒霜、彩妆、洗护产品等
其他类	邻苯二甲酸盐	增塑剂	指甲油、洗发水、头发喷雾等
	有机硅氧烷	稠化剂、悬浮剂、保湿剂	洗护产品等
	壬基酚	洗涤剂、乳发剂、发泡剂	洗发水、染发剂、指甲油、剃须膏等

2. 合成麝香及健康危害

合成麝香作为香精香料行业中的重要组成部分，起初是为了替代日益稀缺且昂贵的天然麝香而被开发的。它们由三大类构成：硝基麝香、多环麝香和大环麝香，每种都有自己独特的化学结构和使用特性。

硝基麝香。19世纪末，硝基麝香作为第一批合成麝香化合物被发明，主要由高度烷基取代的硝基苯类化合物组成，提供典型的香味。硝基麝香因低成本和优雅的香气而广泛应用于20世纪。研究表明，硝基麝香具有较强的生物富集性和潜在毒性，易于渗透入生物体细胞。

多环麝香。从1952年起，多环麝香开始出现，包括粉檀麝香、加乐麝香和吐纳麝香等，它们在碱性和光照条件下稳定性较高，逐渐替代硝基麝香在日用消费品中的应用。尽管多环麝香受到欢迎，但近年的研究显示它们具有内分泌干扰性，并可能在高剂量下对肝脏、肾脏等器官造成损伤，抑制水生生物的生长。

大环麝香。大环麝香的化学结构与天然麝香更为相近，主要从天然植物或动物中提取，具有较浓郁的麝香香气。代表性化合物包括香酮和麝香-T。由于生产工艺复杂、收率较低，大环麝香的价格较高，因此其在合成麝香总产量中所占比例较小，应用相对有限。

3. 合成麝香的来源及环境分布

多环麝香，特别是加乐麝香(HHCB)和吐纳麝香(AHTN)，作为全球使用最广泛的合成麝香，被美国环保局归类为高产量化学品。2000年，欧洲HHCB和AHTN产量分别达到1427 t和358 t，而其他多环麝香产量不超过20 t。相对地，硝基麝香如酮麝香(MX)和二甲苯麝香(MK)，虽曾广泛用于个人护理产品，但因它们具有较强的生物富集作用，易渗入生物体细胞并对生物体有潜在毒性，导致使用量显著减少。1992年欧洲MK和MX使用量分别为124 t和174 t，到1998年降至40 t和86 t。我国和印度是主要的硝基麝香生产国，20世纪90年代我国MX产量增长了29%，近五年合成麝香产量达到8000 t/a。尽管全球合成麝香产量增长，但其在不同环境介质中的分布和残留水平差异显著。水体中的残留量大约为微克每升级别，而底泥中可达毫克每千克(干重)级别，空气中含量极低，仅几皮克每三次方米级。

工业和生活废水排放导致合成麝香及其降解产物在地表水(如江河湖海)中广泛存在，使得合成麝香成为指示生活污水污染的分子示踪物。1983年，日本东京多摩(Tama)河水中首次报告了合成麝香污染，检出两种硝基麝香(MX和MK)的平均含量分别为4.1 ng/L和9.9 ng/L。这一发现证明了合成麝香在环境中的存在，为后续研究奠定了基础。合成麝香主要来自城市生活污水，其在自然环境中的含量与污水处理过程中的迁移转化密切相关。在传统污水处理中，合成麝香通过颗粒物沉淀转移到污泥中，而溶解态的合成麝香未能有效去除，从而成为环境水域的主要污染源。因此，近年来该领域的研究重点包括合成麝香在污水处理系统的检测、去除率分析及模型建立。

4. 合成麝香的健康危害

合成麝香散发着芳香气味，能让人感受到身心愉悦，然而这些物质如果通过呼吸或皮肤接触进入人体血液，可能对健康造成潜在危害，比如引起哮喘和过敏症等。早期的研究指出合成麝香及其代谢产物在生物体内具有一定的富集性。尽管部分合成麝香在人体内可以通过新陈代谢和排泄途径被清除，但仍有一部分残留在体内，其富集量与个人对香味产品的使用频次和使用量成正比。长期使用这些产品可能增加肝肾负担，损害免疫系统，甚至导致肿瘤。目前关于合成麝香在人体的毒性研究主要侧重于硝基麝香和多环麝香，而大环麝香和脂环麝香的健康毒性研究还相对较少。

当人们使用含有合成麝香的香水、护肤品和洗涤剂等产品时，合成麝香会悄无声息地通过皮肤渗透进入体内。研究人员通过体外皮肤扩散模型研究了加乐麝香与吐纳麝香通过皮肤的渗透动力学特征，结果表明合成麝香在最初6小时内迅速渗透，大约24小时后，约70%的合成麝香停留在角质层。两种合成麝香的皮肤吸收速率基本都为11%，其中吐纳麝香和加乐麝香在真皮内的摄入量远高于经过尘埃摄入的量。结合实验与理论计算，吐纳麝香可作为光敏化剂，诱导人体蛋白质中的氨基酸发生光敏化氧化反应，猜测这种污染物可能像其他光敏化剂一样，能够加速细胞和组织的损伤，导致生物分子如细胞凋亡或坏死，影响信号通路，甚至与皮肤癌的发病率相关。

合成麝香还表现出环境激素效应。例如，硝基麝香的人体暴露与体内黄体激素水平呈负相关。另外，研究人员通过使用人类肾上腺皮质癌细胞系 H295R，评估了佳乐麝香和吐纳麝香对人体 7 种类固醇激素和 10 种类固醇合成通路基因的影响，结果显示，多环麝香可以抑制人体孕酮和皮质醇的合成。此外，这两种多环麝香还可能充当选择性雌激素受体调节剂，干扰人体雌激素与抗雌激素活性。具体而言，当多环麝香含量相对较高时，可能出现弱雌激素效应；而当含量较低时，在各种细胞系中均表现为抗雌激素效应。

合成麝香还可能对人体健康具有诱变性，例如，二甲苯麝香可能通过诱导人体肝脏 TGF-β 信号通路导致细胞异常增殖，使细胞失去对 $c-myc$ 基因的抑制作用，最终促使细胞无限制地增殖并形成肿瘤。另外，酮麝香虽然自身诱变性较小，但可能增强其他污染物对人类肝癌细胞系 HepG2 的诱变性，间接增加其对人体的危害。除了硝基麝香外，目前对其他类型合成麝香的诱变性研究非常有限。有限的研究通过人体淋巴细胞和人类肝癌细胞系 HepG2 的微核试验发现，多环麝香如佳乐麝香、吐纳麝香、萨利麝香、粉檀麝香、开司米酮和特拉斯麝香可能不具有基因毒性，但佳乐麝香和吐纳麝香可能通过抑制 PMPMEase 酶而产生神经毒性。合成麝香可能对人体健康产生其他更多影响，这需要进一步深入探索。

3.2.9.3 精神活性物质

1. 精神活性物质的定义

精神活性物质是指一类摄入人体后对中枢神经系统具有强烈兴奋作用或抑制作用，影响人类思维、情感、意志行为等心理过程的物质。传统意义上的精神活性物质主要包括阿片类、致幻剂和大麻类药物等。其中，毒品是最主要的精神活性物质，近些年来出现的许多新精神活性物质也属于精神活性物质的范畴。新精神活性物质又称"实验室毒品"或"策划药"，指为逃避执法打击而对列管毒品进行化学结构修饰所得到的毒品类似物，具有与管制毒品相似或更强的兴奋、致幻或麻醉效果。

2. 精神活性物质的分类

根据精神活性物质的药理特性，将其分为七大类：①中枢神经系统抑制剂，能抑制中枢神经系统；②中枢神经系统兴奋剂，能兴奋中枢神经系统；③大麻类，大麻是世界上最古老、最有名的精神活性类物质，大麻类精神活性物质包括合成大麻和天然大麻；④致幻剂类，能改变意识状态或感知觉；⑤阿片类精神活性物质，包括天然、人工合成或半合成的阿片类药物；⑥挥发性溶剂类；⑦烟草。

3. 精神活性物质的特点

(1) 种类繁多且更新速度较快。精神活性物质是一个泛称，其自我更新速度异常迅猛，据 2017 年联合国毒品和犯罪问题办公室的报告显示，2009 年至 2016 年，在 106 个国家和地区新发现了 739 种新精神活性物质。

(2) 易成瘾性。精神活性物质成瘾性极强。精神活性物质进入人体后可以直接作用于中枢神经，破坏神经元的平稳和稳定，如同激发了脑海里某一块安静的区域，在平静的水面上激起了涟漪一样。其成瘾性和慢性中毒特性主要表现在中枢神经在滥用时的兴奋和戒断后的抑制交替出现上。

(3) 隐蔽性强且滥用量大。传统的吸毒人数和毒品滥用量的估算主要通过社会流行病学调查进行，即在人口普查、社会调查和访问的基础上进行统计分析。该方法能够粗略地反映毒品滥用的情况，但具有很大的局限性和不确定性。首先，这种方法无法精确估算吸毒人口和违禁药物滥用量，因为调查得到的数据主要来自吸毒人员，而吸毒人员往往不愿意报告其吸毒的真实情况。其次大型的社会流行病学调查通常集中在繁华的都市地区，不同区域之间调查结果的比较很难进行。因此，此类物质的消费具有很强的隐蔽性。

(4) 具有较强的极性和生物活性。精神活性物质对细胞具有损伤作用，可诱导细胞发生应激反应。研究发现，在环境含量（0.004 μmol/L）水平下，甲基苯丙胺和氯胺酮的混合药物会显著延缓青鳉鱼的胚胎孵化进度，改变幼鱼的游泳行为（如改变其最大速度和相对转向角）。对斑马贻贝为期 14 天的毒性暴露研究表明，5 种典型精神活性物质——可卡因、苯甲酰芽子碱、苯丙胺、亚甲基二氧基甲基苯丙胺和吗啡均可以造成生物体明显的 DNA 损伤和细胞凋亡。此外，可卡因能够使斑马鱼体内细胞和组织产生突变，影响其视网膜。吗啡能危害淡水贻贝的免疫系统，使其细胞酯酶活性下降、吞噬细胞数量减少、细胞黏附及脂质过氧化。有研究使用离体生物测试研究新鲜分离的虹鳟鱼肝细胞及水蚤在 50 种化学物质作用下的毒性效应，发现苯丙胺（AMP）产生的毒性相对较高。还有研究将欧洲鳗鱼暴露在 20 ng/L 可卡因中，发现可卡因对鳗鱼有明显的内分泌干扰作用，并认为可卡因污染可能是鳗鱼种群数量减少的原因之一。

(5) 不易挥发且难以被生物降解。精神活性物质虽然不是持久性有机污染物，但是不易挥发且难以被生物降解的特性和自然环境自身演变规律决定了这些物质在环境（尤其是水环境）中可进行持续不断的长距离迁移扩散，并形成普遍性累积。尽管环境含量较低，但是由于精神活性物质在被去除的同时也在源源不断地被引入环境中，因此"伪持久性"地存在于水、土壤甚至大气环境中，其环境归趋的不确定性对人类健康及生态系统形成了不可预测的潜在风险。

4. 精神活性物质的危害

(1) 对人体健康的影响。精神活性物质会对滥用者的身心健康造成严重的损害。精神活性物质的急性健康影响包括食欲、睡眠、心率、血压、情绪等的变化，以及心脏病、中风、精神病发作甚至死亡等。这些健康影响可能会在第一次使用精神活性物质后发生。以新精神活性物质"浴盐"为例，临床证据表明，高剂量或长期使用会导致严重的内科并发症，包括精神病、高热、心动过速甚至死亡。而长期服用"摇头丸"则会引发心脏病（如室颤、心律失常、心肌缺血等），导致高热综合征、代谢性酸中毒、弥散性血管内凝血、急性肾功能衰竭，引起中毒性肝炎、肝功能衰竭，严重者可能引发猝死。

滥用精神活性物质还会损伤人类大脑。大脑是人身体中最复杂的器官，调节人类身体的基本功能。精神活性物质直接作用于中枢神经系统，扰乱神经递质的正常传递，改变维持生命功能所必需的大脑区域，并可以驱使人产生以强迫性药物滥用为表现的成瘾行为。人类对精神活性物质的研究非常有限，没有对其毒性进行全面的科学研究，并且大多数研究都是基于动物毒性试验、人类致命中毒或中毒患者的临床观察中。大多数精神活性物质几乎没有医疗史，其毒性风险与使用者的长期滥用密切相关，需要进一步系统地研究。

(2) 对环境的影响。精神活性物质作为一种新污染物，其对环境的影响最初并没有引起人们的重视，然而在过去的40余年中，随着科技的进步，污染调控、减缓、控制和预防的进展和有效性的提高，使得痕量化学污染物得到关注，众多新污染物进入人们的视野，精神活性物质就是其中的一种。研究发现精神活性物质对人类具有强大的生物效应。相对于合法药物，我们关于精神活性物质的生态毒理学的知识还很少。虽然新精神活性物质主要存在于水环境中，但关于其对水生生物和生态影响的研究比较有限，特别是在低浓度混合物暴露方面，关于水生生物系统中生物效应的潜力或生物群中精神活性物质的生物富集几乎没有可知的数据。从作用机制判断，精神活性物质大都具有极高的生物效应。随着全球范围内的各类精神活性物质不断进入环境，其对环境的污染带来巨大的不确定性，对生态系统产生了不可忽视的影响。

3.2.9.4 纳米材料

纳米材料的尺寸通常在1~100 nm范围内，它的普及导致其与人类接触的机会增多。由于其纳米级尺寸，这些材料可通过多种途径进入人体，包括呼吸道、消化道和皮肤。职业接触者可能通过呼吸或皮肤直接接触纳米材料，而消费者通过使用含纳米材料的产品，如防晒霜和化妆品等暴露于此类材料中。食品中的纳米添加剂和纳米医药的应用更是直接或间接地使人体接触到纳米材料。因此，纳米材料的使用路径多样，涉及日常生活的多个方面。因此，在生产和消费过程中，人们通过多种路径与纳米材料相遇，这带来了一系列的环境健康风险。

1. 在呼吸道沉积

纳米颗粒的呼吸道沉积机制与较大颗粒显著不同，主要通过扩散或与气体分子的碰撞来沉积，相比之下，较大颗粒则是通过惯性冲击、重力沉降和截留等方式沉积。国际辐射防护委员会(ICRP)研究表明，纳米颗粒能够在人的呼吸道和肺泡中沉积，并且沉积的位置根据颗粒的尺寸有所不同。理论上颗粒粒径越小，在体内沉积的部位就越深。纳米颗粒在上呼吸道如鼻、咽、喉部位的沉积可以通过黏膜纤毛移动至鼻腔后被清除，或通过打喷嚏和呼气排出。而肺泡内沉积的颗粒主要通过肺泡巨噬细胞吞噬并通过黏膜纤毛提升来清除。这一清除过程与颗粒的尺寸紧密相关。研究发现，较小尺寸的颗粒(如20 nm)比较大尺寸的颗粒(如250 nm)更难以被肺泡巨噬细胞清除，清除的半衰期长达541天(较大颗粒为177天)，说明纳米颗粒的小尺寸特性可能导致其在肺部的长期滞留，增加了引起肺部损伤的可能性。

2. 在机体组织间迁移

纳米颗粒一旦进入机体，可向周围甚至更远的组织迁移。吸入的纳米颗粒主要从呼吸道表面迁移到黏膜下组织，尤其在肺泡区的沉积，提供了其在肺组织中吸收的可能性。例如，观察到单壁碳纳米管(SWNT)能从大鼠肺部向肺间质组织迁移。肺泡中沉积的纳米颗粒也可能穿过肺泡-毛细血管壁进入血液循环，如实验显示，吸入的纳米银颗粒可显著提高血液中银的水平。

3. 影响中枢神经系统

纳米颗粒能通过嗅觉传输途径进入中枢神经系统(CNS)，引起研究者对其潜在损伤的关注。例如，吸入二氧化锰(MnO_2)纳米颗粒的大鼠显示出嗅球中炎症因子的表达增加，这表明 CNS 是纳米颗粒吸入暴露的一个重要目标器官。

4. 诱导肝损伤

纳米颗粒能迅速被肝脏和脾脏的网状内皮系统吞噬，导致肝脏损伤。损伤机制包括细胞色素 P450 和乙醇脱氢酶的激活，膜脂过氧化，蛋白合成抑制及 Ca^{2+} 平衡破坏等。关于聚氰基丙酸酯(PACA)纳米颗粒的研究，发现它们能迅速被肝脏摄取并引起炎症反应。

5. 其他损伤

肾脏作为排出体内毒素的关键器官，也是纳米颗粒导致的损伤靶点之一。关于纳米铜颗粒的研究显示，肾脏是其急性口服纳米铜暴露的靶器官，纳米颗粒通过肾脏排泄可能导致显著的肾损伤。

3.3 典型案例

3.3.1 微塑料的健康毒性和致癌性危害

人们在日常生活中越来越多地使用塑料制品，从厨房用品到个人护理产品，再到儿童玩具和包装材料，它们的普遍使用导致了微塑料的广泛释放。在日常环境中，微塑料的来源多样。研究显示，塑料水壶在煮沸过程中每升可释放高达 1000 万个微塑料颗粒。此外，塑料婴儿奶瓶在 70 ℃ 以上的消毒过程中可以释放约 1600 万个微塑料颗粒，若消毒后未经充分冲洗，这些微塑料将直接进入婴儿体内。瓶装水也不例外，在 90% 的水样中都发现了微塑料，尤其是 PP 材料制成的瓶盖。当这些瓶子在高温环境下使用时，微塑料的释放量会进一步增加，从而提高了摄入微塑料的风险。随着外卖文化的兴起，外卖食品容器成为了微塑料的另一个重要来源。研究人员从我国的五个城市收集了外卖容器样本，并通过模拟真实使用环境——直接冲洗容器内部或在装满热水后冲洗，来研究在典型条件下微塑料的释放情况。研究结果表明，尤其是在食品配送过程中，常常装有热食的容器成为了微塑料的重要释放源。此外，洗衣时，合成纤维如聚酯和尼龙衣物会释放数千微塑料纤维到废水中。微塑料可以通过食物、饮用水，甚至空气进入人体。例如，海产品，尤其是贝类和其他滤食性海洋生物，由于生活环境中微塑料的浓度高，常常被视为微塑料的高风险食品来源。

微塑料的存在关联多种健康问题。最新的研究结果显示，微塑料作为一种潜在的健康威胁，其影响已渗透到人体的各个器官，从心脏到大脑，甚至进入了胎盘。微塑料通过这些日常接触的方式进入人体后，已在多个生物样本中检测到它们的存在。在人类血液的研究中，发现四分之一的样本中聚苯乙烯(PS)微塑料的水平达到了 1~

$4~\mu g/mL$。这些微塑料不仅可以通过消化道进入人体，并在体内累积，还可能穿越细胞膜，进入血液循环，最终扩散到全身。2024年的研究进一步显示，环境暴露的微塑料比原始的微塑料颗粒更容易内化到巨噬细胞中，这表明环境中的微塑料更容易通过细胞内化进入人体系统。研究发现，在接受心脏手术的患者的心脏组织中存在微塑料，提供了微塑料对心血管系统影响的初步证据。在炎症性肠病（inflammatory bowel disease，IBD）患者的粪便中也发现了比健康受试者高 1.5 倍的微塑料含量，暗示微塑料可能对消化道黏膜造成损伤，加剧消化道疾病的严重程度，如腹泻、直肠出血和腹部绞痛等。微塑料对神经系统的潜在危害也是一个重要的研究领域。2023年研究发现，微塑料颗粒能够进入大脑，并与神经元中的蛋白纤维发生作用，加剧了帕金森病（parkinson disease，PD）的风险。这一发现揭示了微塑料颗粒穿过血脑屏障的能力，对神经系统的影响提供了新的视角。此外，聚乙烯亚胺包被的 PS 纳米塑料被发现可以增加 α-突触核蛋白的成核作用，进一步推动 PD 的风险。其他类型的微粒，如二氧化硅或锆，也显示出能使得 α-突触核蛋白纤维伸长的作用，揭示了更广泛的微塑料与神经疾病联系的可能性。

胎盘作为母体与胎儿之间的重要连接，微塑料的存在可能影响胎儿的发育和健康。随着研究的深入，微塑料在胎盘样本中的检出率确实显示出逐年增高的趋势，这暗示了环境中微塑料污染的加剧及这些微粒穿越生物屏障的潜在能力。具体的数据表明，2006年，检测的 10 个胎盘样本中有 6 个中发现了微塑料，微塑料平均尺寸为 $2.8~\mu m$，尺寸范围为 $1\sim8~\mu m$，最丰富的塑料颗粒分别是 PP、PES、PVC 等。2013年，检测的 10 个胎盘样本中有 9 个中发现了微塑料，微塑料平均尺寸为 $6.2~\mu m$，尺寸范围为 $1\sim17~\mu m$，最常见的成分依次是 PP、PET、PVA 和 PES 等。2021年，10 个胎盘样本中全部发现了微塑料，微塑料的平均尺寸为 $5.1~\mu m$，尺寸范围为 $1\sim44~\mu m$，最常见的组分是 PES、PET、PVA 和 PP 等。可见，在胎盘样品中微塑料的检测率逐渐升高，并且微塑料颗粒的尺寸更大。这一增长趋势不仅反映了环境中微塑料污染的普遍性和严重性，还强调了微塑料对人类健康，尤其是对未出生婴儿健康的潜在威胁。

到目前为止，持续接触微塑料的致癌潜力几乎没有研究评估。虽然目前关于微塑料与致癌之间的直接关联尚未有明确的科学证据，微塑料的致癌危害可能存在以下几个方面：首先，微塑料中含有的化学物质如邻苯二甲酸酯和双酚 A 等可能会渗出或释放到周围环境或生物体内，一些研究已经发现其中一些化学物质可能具有致癌性。其次，微塑料的存在可能导致炎症反应和免疫系统紊乱，长期的炎症状态可能增加癌症发生的风险。再者，微塑料表面可能会吸附其他环境中的致癌物质，如多环芳烃等。这些物质被吸附在微塑料表面后，人类可能通过食物链摄入，增加患癌症的风险。最后，微塑料中的化学物质可能具有内分泌干扰作用，影响激素水平和代谢，可能促进肿瘤的发生。

微塑料对人体健康的影响尚未完全明了，但越来越多的研究指出其潜在的危害。微塑料表面还可能吸附重金属和有机污染物，这些有害化学物质可以在人体内积累，潜在地影响内分泌系统和生殖系统。微塑料还可能通过物理方式在体内积累，引发炎症和其他免疫反应。长期的、持续的暴露可能增加慢性疾病的风险，包括心血管疾病、癌症和神经系统疾病。

3.3.2 邻苯二甲酸酯的内分泌干扰效应

近年来，常有家长表达对孩子早熟发育的担忧。许多家长坚称，他们对孩子的饮食管理非常谨慎，避免让孩子接触垃圾食品，不让孩子随意服用任何补品，甚至对孩子的零食消费也极为限制，然而仍观察到孩子出现了提前发育的情况。其中原因可能并非来自食物，而是孩子学习必不可少的物品——文具。邻苯二甲酸酯存在于许多日常产品中，包括塑料玩具、食品包装、地板材料、医疗设备及一些个人护理产品。尽管邻苯二甲酸酯具有广泛的应用价值，但其对环境和人类健康的潜在影响已经引起了广泛关注，特别是它们作为内分泌干扰化学物质（endocrine disruper chemistries，EDCs）的能力，可干扰人体内分泌及损害生殖系统，是导致儿童性早熟的元凶之一。

目前，学生文具产品的使用标准仍遵循2007年颁布的国家强制性标准《学生用品的安全通用要求》(GB 21027—2007)。该标准未对邻苯二甲酸酯类增塑剂、多环芳烃等有害化学物的含量进行限定。这一漏洞被一些制造商利用，生产出的文具用品对孩子们构成了潜在的健康威胁，仿佛是一枚潜伏在孩子们周围的定时炸弹。不仅是文具，很多物品都存在邻苯二甲酸酯超标问题。在2020年5月31日，央视13套新闻综合频道的《每周质量报告》节目中，报道了一项针对4个省(市)的90家企业生产的90批次童鞋的检测结果，发现其中15批次的童鞋不符合标准要求。检测中特别指出，不合格的一个重要因素是邻苯二甲酸酯的含量超标。进一步的调查揭示，超标的邻苯二甲酸酯主要存在于鞋子的装饰部分。根据2020年6月1日消费日报网的报道，浙江省产品质量安全科学研究院对市场上随机购买的7批次样品(包括立体卡通贴、纸基贴纸、纹身贴等)进行了检测和研究，结果显示，立体卡通贴中的邻苯二甲酸酯含量超出了规定标准。

尽管多国已经制定了相关法规，限制增塑剂的使用量，但由于邻苯二甲酸酯作为一种成本较低的增塑剂，一些厂商为了追求更高的利润，选择忽视这些规定，生产出含有超标增塑剂的产品。正如媒体报道所示，这种做法在橡皮擦、贴纸及童鞋等产品中尤为常见。这种追求利润至上、忽视产品安全的行为，不仅违反了法律法规，也对消费者尤其是儿童的健康造成了潜在的危害。因此，应尽量避免让儿童接触到可能入口的塑料制品；在购买儿童玩具时，应确保产品带有3C认证标志并符合GB 6675系列的国家标准；选购文具产品时，应避免那些颜色异常鲜亮、散发强烈香味的选项；选择儿童服装和鞋类产品时，优先考虑符合国家强制性标准、设计简洁且装饰较少的产品，以减少潜在的化学风险。

附：本章部分英文缩写的中英文名称对照表见附表3-1。

附表 3-1　本章部分英文缩写的中英文名称对照表

中文全称	英文全称	缩写
新污染物	emerging contaminants	ECs
内分泌干扰化学物质	endocrine disrupting chemicals	EDCs
持久性有机污染物	persistent organic pollutants	POPs
全氟化合物	perfluorochemicals	PFCs
经济合作与发展组织	Organization for Economic Cooperation and Development	OECD
联合国环境规划署	United Nations Environment Programme	UNEP
持久性有毒物质	persistent Toxic Substances	PTSs
多氯联苯	polychlorinated biphenyls	PCBs
2,3,7,8-四氯二苯并对二噁英	2,3,7,8-tetrachlorodibenzo-p-dioxin	TCDD
多氯代二苯并二噁英	polychlorinated dibenzodioxins	PCDDs
持久性生物累积性有毒物质	persistent, bioaccumulative and toxic substances	PBTSs
多氯代苯并呋喃	polychlorinated dibenzofurans	PCDFs
六六六（六氯环己烷）	hexachlorocyclohexane	HCH
多环芳烃	polycyclic aromatic hydrocarbons	PAHs
多溴代二苯醚	polybrominated diphenyl ethers	PBDE
六溴环十二烷	hexabromocyclododecane	HBCD
多环芳香族化合物	polycyclic aromatic complex	PACs
全氟辛基磺酸	perfluorooctane sulfonyl	PFOS
全氟辛酸	perfluorooctanoic acid	PFOA
全氟己基磺酸	perfluorohexyl sulfonic acid	PFHxS
国际癌症研究组织	International Agency for Research on Cancer	IARC
全球范围内 1 型糖尿病	type 1 diabetes worldwide	T1DM
葡萄糖转运蛋白 4	glucose transporter 4	GLUT4
二氯二苯三氯乙烷	dichlorodiphenyltrichloroethane	DDT
过氧化物酶体增殖物激活受体 γ	peroxisome proliferator-activated recep-tor gamma	PPARγ
全氟化合物	perfluorinated compound	PFC
多氟烷基物质	perfluoroalkyl substances	PFAS
每周可耐受摄入量	tolerable weekly intake	TWI
全氟羧酸	perfluorocarboxylic acids	PFCAs
欧洲化学品管理局	european chemicals agency	ECHA

续表

中文全称	英文全称	缩写
邻苯二甲酸酯	phthalate	PAEs
邻苯二甲酸(2-乙基己基)酯	bis (2-ethylhexyl) phthalate	DEHP
邻苯二甲酸二异壬酯	diisononyl phthalate	DINP
邻苯二甲酸二丁酯	dibutyl phthalate	DBP
邻苯二甲酸丁基苄基酯	benzyl butyl phthalate	BBP
邻苯二甲酸二正丁酯	dibutyl phthalate	DNBP
邻苯二甲酸二异丁酯	diisobutyl phthalate	DIBP
低密度脂蛋白	low density lipoprotein	LDL
(美国)国家毒理规划署	National Toxicology Program	NTP
淋巴细胞增强因子-1	lymphoid enhancer-binding factor 1	LEF-1
人单核细胞白血病细胞	human promyelocytic leukemia cell line	THP-1
胸腺基质淋巴细胞生成素	thymic stromal lymphopoietin	TSLP
邻苯二甲酸单乙基己基酯	monoethylhexyl phthalate	MEHP
邻苯二甲酸单乙酯	monoethyl phthalate	MEP
滴滴涕	dichloro-diphenyl-trichloroethane	DDT
多氯联苯	polychlorinated Biphenyls	PCBs
芳香烃受体	aryl Hydrocarbon Receptor	AhR
三碘甲状腺原氨酸	triiodothyronine	T3
甲状腺素	thyroxine	T4
二碘甲腺原氨酸脱碘酶1	diiodothyronine deiodinase 1	Dio1
尿苷二磷酸葡糖醛酸基转移酶 1A1	uridine diphosphate glucuronosyl transferase 1A1	UGT1ab
斯普拉格-道利大鼠	Sprague-Dawley rat	SD大鼠
溴化阻燃剂	brominated flame retardants	BFRs
多溴二苯醚	polybrominated diphenyl ethers	PBDEs
四溴双酚A	tetrabromobisphenol A	TBBPA
六溴环十二烷	hexabromocyclododecane	HBCD
多溴联苯	polybrominated biphenyls	PBBs
溴化聚苯乙烯	brominated polystyrene	BPS
多溴二苯醚	polybrominated diphenyl ethers	PBDEs
国际纯粹与应用化学联合会	International Union of Pure and Applied Chemistry	IUPAC
多溴代二并噁英	polybrominated dibenzo-p-dioxins	PBDDs
活性氧	reactive oxygen species	ROS

续表

中文全称	英文全称	缩写
氧化型谷胱甘肽	oxidized glutathione	GSSG
谷胱甘肽	glutathione	GSH
人胚肾细胞293	human embryonic kidney cell 293	HEK293
B细胞淋巴瘤/白血病-2	B-cell lymphoma/leukemia-2	Bcl-2
半胱氨酸天冬氨酸蛋白酶家族	cysteine-aspartic proteases family	Caspases家族
多溴代二苯并呋喃	polybrominated dibenzofuran	PBDFs
甲状腺激素	thyroid hormones	THs
促甲状腺激素	thyroid-stimulating hormone	TSH
自然杀伤细胞	natural killer cell	NK细胞
干扰素	interferon	IFN
国际癌症研究机构	International Agency for Research on Cancer	IARC
有机磷阻燃剂	organophosphorus flame retardants	OPFR
有机磷酸脂	organophosphate	OPEs
双酚A	bisphenol A	BPA
双酚F	bisphenol F	BPF
双酚S	bisphenol S	BPS
雌二醇	estradiol	E2
促性腺激素释放激素	gonadotropin-releasing hormone	GnRH
α雌激素受体	α-estrogen receptor	α-ER
β雌激素受体	β-estrogen receptor	β-ER
G蛋白偶联雌激素受体1	G protein-coupled estrogen receptor 1	GPR30
雌激素相关受体	estrogen-related receptor	ERR
N-甲基-D-天冬氨酸	N-methyl-D-aspartate	NMDA
海马CA1区	cornu ammonis 1	CA1
欧洲食品安全局	European Food Safety Authority	EFSA
微塑料	microplastics	MPs
聚乙烯	polythene	PE
聚丙烯	polypropylene	PP
聚氯乙烯	polyvinyl chloride	PVC
聚苯乙烯	polystyrene	PS
聚对苯二甲酸乙二醇酯	polyethy-lene terephthalate	PET
丝裂原活化蛋白激酶	mitogen-activated protein kinase	MAPK
个人护理产品	personal care products	PCPs

续表

中文全称	英文全称	缩写
加乐麝香	1,3,4,6,7,8 - hexahydro - 4,6,6,7,8,8 - hexamethylcyclopenta (g)- 2 - benzopyran	HHCB
吐纳麝香	tonalide	AHTN
酮麝香	musk ketone	MK
二甲苯麝香	musk xylene	MX
转化生长因子-β	transforming growth factor - β	TGF - β
聚异戊二烯化甲基化蛋白甲酯酶	Polyisoprenylated methylated protein methyl esterase	PMPMEase
苯丙胺	amphetamine	AMP
国际辐射防护委员会	International Commission on Radiological Protection	ICRP
单壁碳纳米管	single - walled carbon nanotube	SWNT
中枢神经系统	central nervous system	CNS
炎症性肠病	inflammatory bowel disease	IBD
帕金森病	parkinson disease	PD
聚醚砜	polyether sulfone	PES
聚对苯二甲酸乙二酯	polyethylene terephthalate	PET
聚乙烯醇	polyvinyl alcohol	PVA
聚氰基丙酸酯	polycyanopropionate	PACA

第 4 章　环境物理性污染与健康影响

自然生态环境达到平衡时，自然界中的能量交换和转化也是平衡的，人为因素干扰生态平衡时，也影响了原先的物理环境平衡。在能量交换和转化过程中，物理因素的强度一旦超过人的耐受限度，就打破了原有的平衡，形成了物理性污染。随着人类社会的不断发展，物理性污染呈现增长的趋势，对人体和环境的影响也日益加重，所以必须对其进行控制和治理。

4.1　环境物理性污染概述

随着科学技术的发展，人们的生活水平不断提高，对衣、食、住、行、通信等各个方面的要求也越来越高，各种物理性污染不断出现。机器振动发出声波，电器设备发射电磁波，各种热源释放着热量……。诸如此类的物理运动充满着空间，包围着人群，一旦这些物理运动的强度超过人的忍耐限度，就形成了物理性污染。物理性污染是由于物理因子(声、振动、电、热、光、射线等)的原因产生的物理方面的作用，属于物理范畴的一类新型污染，如噪声、电磁辐射、放射性辐射、光线等。物理性污染涉及面广，从工厂到矿山，从城市到农村，从陆地到海洋，从生产场所到生活环境，无处不在。这些物理性污染的一个最大共性就是隐蔽性大，不容易引起人们的高度重视，而且污染产生后的治理难度比较大，预防为主、防治结合才能取得较好效果。

环境物理性污染是指在自然环境中，由于物理性因素的存在和活动，使得环境质量下降，对生态系统和人类健康产生不良影响的现象。物理性污染和化学性污染、生物性污染的相同点是这些污染都危害生态环境或人类健康。物理性污染对健康的危害具有长期的遗留性，主要表现在这些污染引起的慢性疾病、器质性病变和神经系统的损害上。与化学性污染、生物性污染不同的是，物理性污染属于能量流污染，它有两个特点：一是物理性污染是局部性的，区域性和全球性污染比较少见；二是物理性污染在环境中不会有残余物质存在，污染源消除后，物理性污染也将基本消失。常见的物理性污染包括噪声和振动、光污染、热污染、电磁辐射污染及放射性污染等。

4.2　噪声和振动

噪声和振动是两种物理现象，它们之间既有区别又存在联系。首先，噪声是一种不规则的声音或声波，通常被认为是令人不愉快或具干扰性质的声音。噪声具有广泛的频率分布和随机性，常常是由机械设备运行、交通、人类活动或自然现象等多种原因产生的。与之不同的是，振动是物体或介质围绕某一平衡点或位置的周期性运动。振动具有周期性和传播性，可以以横波或纵波的形式传播，并且可以通过介质传递能量。

尽管噪声和振动有着不同的性质和特征，但它们之间也存在着密切的联系。一方面，振动可以产生噪声。例如，机械设备的运转、车辆的行驶及风的吹拂都可能导致物体振动，从而产生噪声。另一方面，噪声也可能引起振动，这种现象被称为声致振动。例如，强烈的声音或振动会对物体产生压力，从而导致振动。因此，虽然噪声和振动在本质上是不同的，但它们之间的联系使得它们在工程、环境保护等领域中常常是相互影响的因素，需要被综合考虑和管理。

世界卫生组织调查报告显示，在美国，生活在85分贝（dB）以上噪声污染环境中的居民人数20年来上升了数倍；在欧洲国家，40%的居民全天受到交通运输噪声污染的干扰；而在我国一些大城市，市民被噪声困扰的现象也在日趋严重，关于噪声的投诉也越来越多。

4.2.1 噪声污染的特点和来源

人类的生活和工作环境中存在着各种各样的声音。这些声音中，有些是人们需要的，如交谈的语音、欣赏的乐曲等；有些是人们不需要的、厌烦的，如机器轰鸣、交通噪声等。从物理学观点来说，振幅和频率杂乱断续或统计上无规则的声振动称为噪声。从环境保护的角度来说，凡是干扰人们休息、学习和工作的声音，即不需要的声音统称为噪声。在实际生活中，噪声和非噪声的判定是随着人们主观意识、行为状态和生理的差异而变化的。从心理学上来说，噪声与非噪声的划定没有绝对的界线。如对于专心致志做某件事情的人来说，他人正在欣赏的乐曲对其可能是令人分神的噪声。当噪声超过人们的生活和生产活动所能容许的程度，就形成了噪声污染。

从声压级的角度来看，噪声的影响与声音的强度有关。通常情况下，在小于40 dB的环境中，噪声对人的影响可以忽略不计；超过40 dB时，人们可能感到喧闹；而在超过70 dB时，噪声可能严重干扰人的生活，甚至可能伤害听觉。噪声被视为一种听觉公害，它不会在环境中留下任何污染物。此外，噪声源通常是分散的，而且一旦污染源停止，噪声也会消失。因此，噪声无法进行集中处理，我们需要从声音的物理量（声波）和对人耳的刺激感受来衡量噪声的强度和对人类的危害程度。

4.2.1.1 噪声污染的特点

噪声污染和大气污染、水污染及固体废物污染一起被称作环境四大公害，但由噪声引发的环境污染与上述其他污染相比有所不同。噪声污染具有以下几个特征。

(1)噪声污染属于感觉性公害，与人们的生活状态、主观意识有关。

(2)噪声是一种物理性污染（即能量污染），它一般只产生局部的影响，不会造成区域性或者全球性的污染。

(3)噪声在环境中时刻存在，只有噪声强度（声级）过高或者过低时才会造成污染；另外，噪声污染不像其他的污染会有污染残留物。噪声源一旦停止发声，噪声污染也随之消失,但噪声已产生的伤害不一定消除,如突发性噪声造成的突发性耳聋。

(4)噪声源广泛而分散,噪声污染不能像污水、固体废物那样集中处理。

4.2.1.2 噪声的来源

噪声可分为天然噪声和人为噪声两种。天然噪声包括地震、火山爆发、雪崩、雷鸣、暴风雨等自然现象产生的噪声,由于发生的时间短或偶然性较大,对环境的影响相对较小。然而,随着社会的进步,尤其是近代工业的快速发展,人为噪声干扰了人类的正常生活环境,严重影响甚至危害着人体的健康。人为噪声主要包括交通噪声、工业噪声、建筑施工噪声和社会生活噪声四种。

1. 交通噪声

交通运输噪声主要指机动车辆、铁路机车、机动船舶、航空器等交通运输工具在运行时所产生的干扰周围生活环境的声音。城市区域交通干线上的机动车辆(主要是载重汽车、摩托车等)昼夜行驶,约占环境噪声源的40%以上。城市交通干线噪声的等效连续A声级可达65~75 dB,噪声污染严重区域甚至在80 dB以上。火车经过时在其两侧100 m处等效连续A声级约为75 dB,对道路两侧居民的干扰较为严重。随着城市轨道交通系统的发展,地铁和轻轨等轨道车辆行驶过程中产生的振动和噪声对于沿线的单位和居民也会产生较大的影响。调查研究表明,机动车辆噪声占城市交通噪声的85%。交通噪声大小与交通工具质量、道路状况、车流量等都有关系。

2. 工业噪声

工业噪声通常指在工业生产过程中由于机器或设备运转及其他生产活动所产生的噪声。工业噪声主要分为空气动力性噪声、机械噪声和电磁噪声三种。

(1)空气动力性噪声是由于气体振动产生的。当气体受到扰动,气体与物体之间有相互作用时,就会产生这种噪声。鼓风机、空压机、燃气轮机、高炉和锅炉排气放空等都能产生空气动力性噪声。

(2)机械噪声是由于固体振动而产生的。即在撞击、摩擦、交变机械应力或磁性应力等的作用下,机械设备的金属板、轴承、齿轮等发生碰撞、振动而产生机械噪声。球磨机、轧机、破碎机、机床及电锯等所产生的噪声都属于此类噪声。

(3)电磁噪声是由于电动机和发电机中交变磁场对定子和转子作用,产生周期性的交变力,引起振动时产生的。电动机、发电机和变压器都可以产生这种噪声。

由于工业噪声源多且分散,噪声类型比较复杂,因生产的连续性,声源也较难识别,治理起来较困难。工业噪声不但直接对生产工人带来危害,对附近居民影响也很大。据统计,在影响城市环境的各种噪声来源中,工业噪声来源比例约占8%~10%,工业噪声是造成职业性耳聋很重要的原因。因此,这些噪声振动对周围环境和职业健康的影响应予以重视。

3. 建筑施工噪声

建筑施工噪声是指在建筑施工过程中产生的干扰周围生活环境的声音。在城市中,建设公用设施如地铁、高速公路、桥梁、地下管道和电缆等,以及工业与民用建筑施工现场,都大量使用了各种不同性能的建筑机械,使原来相对比较安静的环境成为噪声污染严重的场所。由于施工机械多是露天作业，部分机械需要经常移动、起吊和安装，所以建筑施工中的某些噪声具有突发性、冲击性、不连续性等特点。据统计，建筑施工噪声会影响周围5‰左右的区域。因施工机械运行噪声较高，施工时间不加控制，近年来扰民现象较频繁。不同施工机械设备工作时的噪声强度见表4-1。

表4-1 不同施工设备工作时的噪声强度

施工设备	声源强度(A)/dB	施工设备	声源强度(A)/dB
挖土机	78~96	压缩机	75~88
电钻	100~105	多功能木工刨	90~100
冲击机	95	振捣器	100~105
电锤	100~105	云石机	100~110
空压机	75~85	电锯	10~105
手工钻	100~105	角向磨光机	100~115
卷扬机	90~105	电焊机	90~95
无齿锯	105	砂轮机	100~110

注：A指A声级。

4. 社会生活噪声

社会生活噪声是指人为活动所产生的除工业噪声、建筑施工噪声和交通运输噪声之外的干扰周围生活环境的声音，包括来自文化娱乐场所、商业经营、公共场所、邻里四个方面的噪声。这类由日常生活和社会生活造成的噪声通常强度不大，一般在80 dB以下，但它可能使人心烦意乱，干扰正常的学习、谈话和其他社会活动。由于城市人口和建筑物比较集中，特别容易产生环境噪声污染，所以社会生活噪声污染防治的重点，主要在城市特别是城市市区范围内。

4.2.2 振动污染的特点和来源

振动污染是指在自然环境中，由于振动的存在和传播，使得对人体、建筑结构及环境产生不利影响的现象。振动通常是由机械设备、运输工具、工程施工等引起的，其负面影响可能包括对健康的危害、对结构物的损害及影响周边环境的安宁。

4.2.2.1 振动的特点

振动的主要特点包括以下几方面。

(1)频率和振幅。不同频率的振动可能对人体和结构物产生不同的影响。振动幅度越大，对人体和结构物的影响可能越明显。

(2)传播途径。振动可以通过空气、固体或液体传播。在振动传播的环境中，振动的传播速度和方式可能有所不同。

(3)方向性。振动可以是单向的、双向的，或者是多向的。不同方向的振动可能对人体和结构物产生不同的效应。

(4)持续时间。振动的持续时间影响着其对人体和结构的影响程度,长时间或频繁的振动可能引起更严重的问题。

4.2.2.2 振动的来源

振动的来源广泛,主要有:交通领域中,道路交通、铁路交通、航空交通分别产生车辆、轨道等振动;建筑方面,建筑工地机械作业、爆破及建筑物自身会引发振动;工业范畴内,工厂、生产设施和机械设备运转带来振动;机械运行时,包括旋转机械会产生振动;使用钻机、锤钻等振动工具也会产生振动;地质活动如地震会引起地面振动;自然界里,风、水流等也能引发振动。

4.2.3 噪声和振动的健康危害

4.2.3.1 噪声的健康危害

噪声对人类健康产生的危害是广泛而深刻的,长期暴露于高水平噪声环境中可能导致各种生理和心理问题。噪声污染会对人体的听觉、视觉、神经系统、心脑血管、内分泌系统及日常工作和生活均造成不可低估的伤害,严重危害人类健康。不同噪声强度对人体健康的影响如表 4-2 所示。

表 4-2 不同噪声强度对人体健康的影响

噪声强度(A)/dB	健康影响
> 30	影响睡眠
> 50	影响语言交流
> 75(持续 8 h)	听力受损
> 90	听力受损,月经异常增多
> 100	耳朵发痒,耳朵疼痛,导致妊娠中毒症发病率增高,胎儿发育智商低
> 115	耳聋

1. 对听觉的影响

长期暴露于高强度噪声中可能导致听觉疲劳和永久性听力损伤。人们如果长时间处于高噪声环境下,听觉系统首先受害,主要表现为听力下降、暂时性耳聋等。对于暂时性耳聋如不采取有效措施控制,任其发展就会造成不可恢复性耳聋。由于儿童身体发育尚未成熟,各组织器官十分娇嫩和脆弱,噪声对儿童的健康危害更大。不论是体内的胎儿还是刚出生的婴儿,噪声均有可能损伤其听力器官,使其听力减弱或丧失。根据国际标准化组织(International Organization for standardization,ISO)的调查,在噪声级 90 dB 的环境中工作 30 年,耳聋的可能性高达 18%。

2. 对视觉的影响

耳朵与眼睛之间有着微妙的内在联系,当噪声作用于听觉器官时,也会通过神经系统的作用波及视觉器官,引起视力疲劳和减弱。当噪声达到 80 dB 时,有 2/5 的人瞳孔扩大视物模糊;当噪声强度在 90 dB 时,约有一半的人会出现瞳孔放大,视物模糊;

当噪声达到 100 dB 时，几乎所有人的眼球对光亮度的适应性都有不同程度的下降；当噪声达到 115 dB 时，眼睛对亮度的适应性降低 20%。这就是为什么长时间生活在噪声环境中的人，特别容易发生视觉疲劳、眼胀痛、眼发花，以及视物流泪等多种眼损伤现象的原因。

噪声还能使视力清晰度的稳定性下降，比如噪声在 70 dB 时，视力清晰度恢复到稳定状态时需要 20 min，而噪声在 85 dB 时，至少需要一个多小时。噪声还可使色觉、色视野发生异常。调查发现，在接触稳态噪声的 80 名工人中，出现红、绿、白三色视野缩小者竟高达 80%，比对照组增加 85%。

3. 对神经系统的影响

噪声具有强烈的刺激性，如果长期作用于中枢神经，可使大脑皮质的兴奋与抑制过程平衡失调，引起条件反射混乱，形成噪声病。临床表现为头昏、失眠、嗜睡、易疲劳、易激动、记忆力衰退、注意力不集中并伴有耳鸣和听力衰退。严重时全身虚弱，体质下降，容易诱发其他疾病，或使身体状况恶化并发多种疾病，甚至发展成精神错乱。研究发现，40～50 dB 的较轻噪声便会影响人的睡眠；40 dB 的突发噪声能使 10% 的人惊醒，而当突发噪声达 60 dB 时，70% 的人会被惊醒。噪声对神经系统的影响程度和噪声强度有关。

4. 对心血管和消化系统的影响

噪声对交感神经有兴奋作用，可导致心动过速、心律失常、心肌受损、血压波动增大和冠状动脉硬化等。噪声可能导致心血管系统的紧张性增加，增加血压、心率和激素水平，最终增加患心血管疾病的可能性。研究发现，居住在繁忙的交通路口附近的居民，由于长期受汽车、卡车等交通工具产生的高水平噪声的影响，可能更容易出现血压升高、心率增加等心血管问题。长期生活在平均 70 dB 的噪声中，心肌梗死发病率增加 30% 左右，特别是夜间噪声会使发病率更高。某机构对 1101 名纺织女工进行调查后发现，女工高血压发病率为 7.2%，其中接触强度达 100 dB 的噪声者，高血压的发病率达 15.2%。2018 年一项对 100 多万人的健康数据进行调查的研究显示，生活在法兰克福机场附近的人比生活在类似但较安静社区的人中风的风险高出 7%。

另外，噪声污染还对消化系统有严重的危害性。长期在 80 dB 上下的噪声中生活工作，消化功能可能受影响，胃的收缩能力只有正常人的 70%，可能导致胃酸减少，食欲不振，胃炎、胃溃疡和十二指肠溃疡发病率提高。在强烈的噪声环境中进食，胃肠的毛细血管会发生收缩，消化液的分泌和胃肠的蠕动会减弱，使正常的供血受到破坏。

5. 对日常工作和生活的影响

噪声妨碍睡眠和休息，日常起居室内噪声强度不应大于 40 dB，若超过 55 dB 就会令人感到烦躁不安，对于睡眠噪声强度以不超过 30 dB 为理想值。若睡觉时噪声达到 60～70 dB，就会让人感到难以入睡，第二天工作时容易疲劳，工作效率低。在噪声环境下工作，人容易感到烦躁不安，容易疲劳，注意力难以集中，反应迟钝等。噪声还干扰人们的正常谈话，在 65 dB 以上的噪声环境中，谈话难以正常进行，必须提高嗓门交谈。再增加 5 dB，交流变得困难，可能导致沟通障碍和社交隔离。

此外，噪声污染还会影响内分泌系统，诱发癌症。长期噪声干扰会使人体内分泌紊乱，导致男子精子异常，可引起男性不育，女性会导致流产和胎儿畸形。美国医学家通过医学实验证明，受噪声干扰3个月后的小白鼠，和无噪声干扰的小鼠比较，癌变率提高60%。

6. 对孕妇和婴幼儿发育的影响

噪声主要是通过母体的情绪异动来影响胎儿的。孕妇长期处于超过50 dB的噪声环境中，可影响孕妇的中枢神经系统，可能导致其内分泌功能紊乱，会使其血压升高，令胎儿缺氧缺血，严重的还可能导致其脑垂体分泌的催产激素过剩，诱发子宫收缩，而引起早产、流产、新生儿体重减轻及先天性畸形。美国一位儿科医生对万余名婴儿作了研究，结果证实，在机场附近地区居住的人群中，新生儿畸形率从0.8%增到1.2%，主要为脊椎畸形、腹部畸形和脑畸形。日本调查资料表明，在噪声污染区的新生儿体重多在2000 g以下，相当于早产儿体重。

40 dB以下的声音对儿童一般无不良影响，超过70 dB的噪声会对儿童的听觉系统造成损害。如果噪声经常达到80 dB，儿童会产生头痛、头昏、耳鸣、情绪紧张、记忆力减退等症状。婴幼儿如果长期受到噪声刺激，会容易出现情绪激动、缺乏耐受性、睡眠不足、注意力不集中等情况。

4.2.3.2 振动的健康危害

振动对人类健康的危害主要表现在长期或过度接触振动时可能引起的一系列问题。振动不仅可以引起机械效应，更重要的是可以引起生理和心理效应。人体受到振动后，振动波在组织内传播，由于各组织的结构不同，传导的程度也不同，其大小顺序依次为骨、结缔组织、软骨、肌肉、腺组织和脑组织。40 Hz以上的振动波易被组织吸收，而低频振动波可在人体内传播，对人体的影响也不同(见表4-3)。

表4-3 人体在不同振动频率下的全身振动反应

振动频率范围/Hz	出现的主要症状
4～8	呼吸不畅
4～9	全身不适
4～10	腹痛
5～7	胸部疼痛
6～8	下颌共振
8～12	背部疼痛
10～18	持续尿急和大便失禁
12～15	咽部不适
13～20	头痛
13～20	肌肉更加紧张
13～20	语言障碍

全身振动和局部振动对人体的危害及临床表现是明显不同的。

1. 全身振动对人体的不良影响

强烈的全身振动可引起机体不适。振动可影响手眼配合，使注意力不集中，引起空间定向障碍，影响作业能力，降低工作效率。高强度的剧烈振动还可引起内脏位移，甚至造成人体机械性损伤。在全身振动的作用下，交感神经处于紧张状态，血压升高、脉搏增快、心搏出血量减少、脉压增大，可致心肌局部缺血，心电图发生改变，以窦性心动过速、ST段下降、心室高电压、右束支传导阻滞为主。全身振动对胃酸分泌和胃肠蠕动呈现抵制作用，可使胃肠道和腹内压力增高。各种车辆驾驶员胃肠症状明显，疾病的发生率增高。对重型车或拖拉机驾驶员进行 X 射线检查，可发现胸椎和腰椎早期退行性改变，椎间盘脱出的发病率高于一般人群。长途汽车司机发生精索静脉曲张者增多。在强烈振动作用下，肾上腺内氧化型辅酶Ⅱ和还原型辅酶Ⅱ呈反应性增加。全身振动，尤其是随机大振幅振动对女性影响较大，可能使其出现月经期延长、经血过多和痛经等，这是由于小骨盆内器官血管紧张度降低，静脉瘀血所致。

全身振动对工效的影响是多方面的，可通过直接的机械干扰或对中枢神经系统的作用，引起姿势平衡和空间定向障碍。如人体和物体同时受到振动时，由于外界物体不能在视网膜形成稳定的图像，会导致视物模糊，视觉的精细分辨力下降；全身振动伴有长时间的强制体位(如长途驾车)是导致骨骼肌疲劳的主要原因；全身振动可使中枢神经系统抑制，导致注意力分散、反应性降低，易疲劳、头痛、头晕等；1~2 Hz 的全身振动具有催眠作用，可导致作业能力下降。

2. 局部振动对人体的不良影响

局部振动对机体的影响具有全身性，可累及神经系统、心血管系统、骨骼-肌肉系统、听觉系统、免疫系统及内分泌系统等，引发多方面改变。长期持续使用振动工具，会损害末梢循环、末梢神经及骨关节肌肉运动系统，严重时可致局部振动病，如手臂振动病。

(1)神经系统。局部振动对神经系统的影响以上肢手臂末梢神经障碍为主，常以多发性末梢神经炎的形式出现，表现为皮肤感觉迟钝、痛觉和振动觉减退、神经传导速度减慢、反应潜伏期延长。高频振动的不良影响更为明显：植物神经功能紊乱，出现血压、心率不稳，指甲松脆，手颤，手多汗等情况，可能由于振动首先侵犯植物神经中无髓鞘的神经纤维所致；大脑皮层功能下降，脑电图有改变，条件反射潜伏期延长。

(2)心血管系统。40~300 Hz 的振动可引起毛细血管形态和张力的改变。主要影响有：血管痉挛变形，局部血流量减少；指端甲皱毛细血管检查，管袢数量减少，口径变细，异型管袢增多；手部血管造影，可见动脉狭小或栓塞；指血流图发生改变，表现为波幅低，上升时间延长，上升角减小，重搏波消失；早期手部特别是手指皮肤温度降低，遇冷皮肤温度降低更为明显，且恢复时间延长，重者手指遇冷变白(白指)；心电图检查出现心动过缓、窦性心律不齐、房室传导阻滞和 T 波低平；高血压的发生率增高。

(3)骨骼-肌肉系统。振动对骨骼-肌肉系统的主要影响有：手部肌肉萎缩，多见于鱼际肌和指间肌；手握力和手指捏合力下降；肌电图异常，呈现正锐波和纤颤波；可发生肌纤维颤动和疼痛；40 Hz 以下的大振幅冲击性振动可引起骨和关节的改变，主要发生在指骨、掌骨、腕骨和肘关节处；可见骨质疏松、脱钙、囊样变（空泡样变）、骨皮质增生、骨岛形成、骨关节变形及无菌性骨坏死等变化。

（4）听觉系统。振动过程往往同时有噪声产生，振动与噪声同时作用于人体，可加重对听力的损害。振动对听力损伤的特点是以 125~500 Hz 的低频部分使听力下降为主，其损伤发生在耳蜗顶部。

（5）免疫系统。对链锯工人和局部振动病患者的调查发现，血清中白蛋白含量下降，$\alpha 2$-球蛋白、γ-球蛋白和免疫球蛋白含量增高。认为振动可能是引起超免疫反应的一种因素。

（6）内分泌系统。目前有研究观察到，振动病患者血清中缓激肽含量减少而苯甲酰精氨酸乙酯酶活性增高，这一变化对毛细血管的结构、功能和血流速度可产生不良影响。振动还可引起肾上腺髓质分泌儿茶酚胺增多，甲状腺功能低下，尿中羟脯氨酸含量增高等。

4.3 光污染

4.3.1 光污染的概念和分类

光污染源于人工光源的使用，与城市化及人类活动的拓展密切相关。在天文学中，对光污染的定性定义是指降低了夜空质量，掩盖了恒星和其他天体，限制了天文学研究的人为来源的光的污染，这就是天文学家谈论的"天文光污染"。对光污染的定量定义则是国际天文学联合会给出的：对于一个明确界定的地理区域，当夜空中传播的人造光强度大于夜间自然光强的 10% 时，就认为发生了光污染。在生态学中，光污染是指破坏自然光周期（昼夜循环和季节循环）、改变夜间环境，从而影响生物体和生态系统的行为、生物节律和生理功能的人为来源的光的污染，这就是生态学家谈论的"生态光污染"。

光污染属于物理性污染，是一类特殊形式的污染，光污染是局部的，其污染强度与距离呈反比例关系，距离增大，光污染减弱，并且光源消失后光污染立刻消失。国际上一般将光污染分为三类：白亮污染、人工白昼污染和彩光污染。

1. 白亮污染

阳光照射强烈时，城市里建筑物的玻璃幕墙、釉面砖墙、磨光大理石和各种涂料等装饰反射光线，明晃白亮、炫眼夺目。夏天，玻璃幕墙强烈的反射光进入附近居民楼房内，升高了室内温度，影响了正常的生活。

2. 人工白昼污染

夜幕降临后，商场、酒店的广告灯、霓虹灯闪烁夺目，令人眼花缭乱。有些强光束甚至直冲云霄，使得夜晚如同白天一样，即所谓人工白昼污染。

3. 彩光污染

城市商业街的霓虹灯、广告灯箱和灯光标志,以及现代歌舞厅、夜总会安装的黑光灯、旋转灯、荧光灯及闪烁的彩色光源构成了彩光污染。据测定,黑光灯所产生的紫外线强度通常高于太阳光中的紫外线强度,且对人体有害影响持续时间长。

4.3.2 光污染的健康危害

虽然与空气、水、土壤和噪声污染相比,光污染还是一个较新的概念,但从国际通行的标准来看,光污染不仅仅能让星空"消失",它与其他污染一样,影响城市居民生活品质,而且"光污染"还有扩散的趋势,逐渐影响人们的身体健康。光污染对人类健康产生的危害主要体现在以下几个方面。

1. 影响睡眠

人体的生物钟受到自然光线的调控,夜间的光污染可能扰乱这一生物钟的正常运作。这可能导致失眠、抑郁和其他睡眠障碍,同时也与一些慢性疾病的风险增加有关。研究人员通过收集 28 万余份睡眠相关的报告,发现室外夜间灯光暴露会减少睡眠时长。每增加 $10 \text{ nW} \cdot \text{cm}^{-2} \cdot \text{sr}^{-1}$ 的夜间光照,县级地区睡眠不足(睡眠时长小于 7 小时)的风险增加 2.19%,大城市则增加 13.8%。此外,一项针对我国超过 1.3 万名 65 岁以上老年人的研究也发现,夜间室外人造光暴露会显著降低老年人的睡眠时长,这种关联在较年轻、文化程度较高或家庭收入较高的老年人群中更为明显。

2. 影响激素分泌

人体的激素分泌,尤其是褪黑素的产生,受到光照的调节。夜间的光污染可能抑制褪黑素的产生,而褪黑素的正常分泌与睡眠、免疫系统和肿瘤发展等方面有关。研究发现,夜间照在视网膜上的灯光,会减少褪黑激素生成,而这种激素正是调节昼夜节律的重要物质。光掠夺了黑夜,打乱激素分泌节律,可能导致正常周期失衡。如果儿童受到过多的光线照射,褪黑激素的分泌将减少,从而导致性早熟或生殖器过度发育。其他激素的分泌也有生理节律,如雄激素早上七八点时达到最高点,灯光会对此产生影响。光污染还会影响人的心情,这又会间接影响激素分泌。

3. 增加患慢性疾病的风险

过度的夜间照明与患慢性疾病的风险增加有关,包括心血管疾病、糖尿病和癌症。2001 年,美国《国家癌症研究所学报》发表了一篇西雅图弗雷德·哈钦森癌症研究中心癌症研究中心的论文,该研究对 1606 名女性进行调查后发现,夜班工作者罹患乳腺癌的风险比非夜班工作者高出 60%。上夜班时间越长,接触光线强度越高,患病可能性越大。2008 年发表在《国际生物钟学》期刊的一篇研究也证实了这一说法。研究人员利用卫星照片评估以色列 147 个社区的夜间人工光照水平,结果表明夜间室外人工照明与乳腺癌之间存在统计学上的显著相关性。原因可能是非自然光抑制了人体的免疫系统,影响激素的产生,内分泌平衡遭破坏而导致癌变。在美国东南部的队列研究中,研究人员发现,与夜间灯光暴露较低($1.2 \text{ nW} \cdot \text{cm}^{-2} \cdot \text{sr}^{-1}$)的地区相比,夜间灯光暴露水平较高($55.6 \text{ nW} \cdot \text{cm}^{-2} \cdot \text{sr}^{-1}$)的地区女性乳腺癌风险更高。

4. 影响视觉

强烈的眩光效应和过度照明可能导致视觉疲劳、眼疾（如白内障）和其他眼部问题。一项早期的研究表明，在开灯房间里睡觉的儿童，发生近视的人数是在黑暗中睡觉儿童的 5 倍，而那些使用昏暗的夜灯睡觉的儿童近视发病率居于中间。还有研究指出，长时间在白色光亮污染环境下工作和生活，白内障的发病率高达 45%。随着建设发展和技术进步，日常生活中的建筑和室内装修镜面等的增多，近距离使用的书簿纸张越来越光溜，人们几乎置身"强光弱色"的人造视环境之中，对人体的视觉有较大影响。

5. 影响心理健康

光污染可能与心理健康问题，如焦虑和抑郁有关。失去夜晚的自然黑暗环境可能影响人们的心理平衡和生活质量。在一项针对美国青少年的研究中发现，较高水平的室外夜间灯光暴露会使情绪障碍和焦虑的风险分别提高 7% 和 10%。该研究进一步分析发现，室外夜间灯光暴露与双相情感障碍和特定性恐惧症的发生存在关联。另一项研究针对 113119 名年龄在 20～59 岁的韩国成年人进行，发现有抑郁症状的参与者暴露于更高水平的夜间灯光，相较于生活在夜间灯光暴露最低四分位数地区的成年人，暴露于夜间灯光最高四分位数地区的成年人更有可能出现抑郁症状。

4.4 热污染

随着科技水平的不断提高和社会生产力的不断发展，工农业生产和人们的生活都有巨大的进步，其中大量的能源（包括化石燃料和核燃料）消耗，不仅产生了大量有害及放射性污染物，而且还会产生二氧化碳、水蒸气等。它们会使局部环境或全球环境增温，并形成对人类和生态系统的直接或间接、即时或潜在的危害。现代化的工农业生产和人类生活中排放出的各种废热，造成了环境热化和环境质量损害，进而影响人类生产、生活，这种增温效应即为热污染。

4.4.1 热污染的形成原因和特点

热污染是指自然环境中温度的突然变化。通常情况下，河流、湖泊和海洋会保持相对稳定的温度。它们从阳光、暖流和温泉吸收热量，但会自然地散发这种热量。然而，当大量热水或冷水被排放时，这就打破了自然平衡。水温发生变化，使生态系统陷入混乱。热污染改变了水的化学性质，对植物和动物造成伤害，导致它们的疾病甚至死亡。

热污染不仅限于水体温度的变化，还包括大气温度的变化。大气热污染通常是由于工业活动、城市化进程及燃烧化石燃料等原因引起的。这些活动释放大量热量，使得城市和工业区的温度升高，形成热岛效应，对当地气候和生态系统产生负面影响。

由于热污染的形成原因不同，可以分为水体热污染、大气热污染、土壤侵蚀、森林砍伐和城市径流等。

4.4.1.1 水体热污染

向自然水体排放温热水导致其升温,当温度升高到影响水生生物的生态结构时,就会发生水质恶化,影响人类生产生活的使用,即为水体热污染。其主要来源包括以下几方面。

1. 工业废热排放

工业过程中产生的大量废热如果直接排放到水体中,会导致水温升高。这种废热主要来自电厂、工厂等。

2. 冷却水排放

工业冷却水是水体热污染的主要热源,其中以电力工业为主,其次为冶金、化工、石油、造纸和机械行业。一般来看,在燃料燃烧的能量中,40%转化为电能,12%随烟气排放,48%随冷却水进入水体中。在工业发达的美国,每天所排放的冷却用水达4.5亿m^3,接近全国用水量的1/3。例如在美国佛罗里达州的一座火力发电厂,其冷却水排放量超过2000 m^3/min,导致附近海湾10~12 hm^2的水域表层温度上升4~5 ℃。我国发电行业的冷却水用量也占到总冷却水用量的80%左右。

另外,核电站也是水体热污染的主要热量来源之一,尤其是在当今核利用逐渐增加的时代。一般轻水堆核电站的热能利用率为31%~33%,而剩余的约2/3能量都以热(冷却水)的形式排放到周围环境中。一项2016年对世界河流的研究发现,密西西比河经历了最严重的热污染。其中超过60%来自燃煤发电厂,而超过25%来自核电厂。莱茵河是另一条受到发电厂特别是核电厂热污染严重影响的河流。

在以色列等中东国家,海水淡化厂也是一个重要的热污染源贡献者。一项2020年的研究调查了以色列将冷却水排放到海洋中的海水淡化厂,研究结果表明这些工厂的冷却水排放显著减少了生活在海底的某些生物的数量和多样性。

3. 城市化影响

城市化过程中,大量的人类活动和非人类活动都会产生热量,其中一部分可能被输送到周围的水体中,导致热污染。

4. 退水排放

农业灌溉、工业用水等引起的退水排放,如果水温过高,也会对水体产生热污染影响。

4.4.1.2 大气热污染

大气热污染是指由人为活动导致大气温度异常升高的现象。这种污染不仅会改变局部气候,还会对生态系统和人类健康产生严重影响。大气热污染的主要来源包括工业排放、城市热岛效应及机动车尾气等。

1. 工业排放

工业排放是大气热污染的主要来源之一。许多工业过程需要高温操作,例如冶金、化工和电力生产等。这些过程会产生大量的废热,直接排放到大气中,从而导致局部区域温度上升。以钢铁厂为例,高炉和转炉在炼钢过程中产生的废热会通过烟囱排放到空气中，形成局部热污染。

2. 城市热岛效应

城市热岛效应是另一种常见的大气热污染形式。由于城市中大量的混凝土、沥青和建筑物吸收并储存太阳能，城市地区的温度通常高于周围的郊区和农村地区。这种现象在夏季尤为明显，会导致城市居民面临更高的中暑和热病风险。举例来说，纽约市的夏季温度常常比周围的农村地区高出几度，这不仅增加了居民的用电负担，还对公共卫生造成了威胁。

3. 机动车尾气

机动车尾气也是大气热污染的重要来源。内燃机在运行过程中产生大量热量，这些热量通过排气管排放到大气中。此外，车辆在道路上行驶时，摩擦也会产生热量，进一步加剧热污染。以北京市为例，随着车辆保有量的增加，城市中心区域的温度显著升高，尤其是在交通高峰期，空气中的热量明显增加。

4.4.1.3 土壤侵蚀

土壤侵蚀是土地表层逐渐磨损的过程。它既可能是自然形成的，也可能是人类活动的结果。当土壤在河流和溪流附近侵蚀时，会导致河床变得更宽更浅。这使得更多的水域暴露在阳光下，使水温升高。

4.4.1.4 森林砍伐

人类砍伐森林的目的是采伐木材或清理土地以用于种植作物、牲畜放牧或发展建设等。森林砍伐通过两种方式导致热污染。首先，它促使河流和溪流河床发生侵蚀。其次，它去除了湖岸和河岸的树荫，这使得水域暴露在更多的光照下，导致水温升高。

4.4.1.5 城市径流

夏季，城市街道、建筑物和其他硬表面的温度会变得非常高。一场降雨可以帮助降温，但所有这些多余的热量都流入水中，然后进入附近的小溪、河流和污水排水口，最终流向海洋；城市会变得更凉爽，但附近的水体却变得更热。城市地区的雨水还会引发蓄水池的洪水。蓄水池是用于捕获雨水进行洪水控制或其他目的的人工池塘，会在阳光下快速升温，如果里面的水溢出，那些热水会流入附近的自然水体，形成热污染。

4.4.1.6 自然原因

一些热污染是自然原因形成的。野火、火山和水下热泉都可以导致水温突然上升。闪电也是自然热源。然而，在某些情况下，这些自然原因也具有人为因素。例如，由于人为造成的气候变化和森林管理不善，当今的森林野火频发。气候变化也可能导致冷水热污染，因为它会导致冰川融化的速度加快。

4.4.2 热污染的健康危害

热污染主要是对水体生态系统和环境产生负面影响，其影响主要包括以下内容。

（1）影响水生生物。水体的生物群落通常对特定的温度范围有适应性，一旦水温升高超过这个范围,会对水生生物的生长、繁殖和行为产生负面影响。一些敏感的水生生物可能会死亡或迁徙到更适宜的环境中。

(2)降低水体溶解氧。水中的溶解氧含量通常随着温度升高而减少。热污染导致水体温度升高,从而减少了水中的溶解氧含量,影响水体中的氧气供应,对水生生物产生负面影响。

(3)影响水体生态系统结构。热污染可能导致水体中的生物多样性减少,改变生态系统的结构和功能。一些特定物种可能会受到影响,而其他物种可能会受益于升温。

(4)增加富营养化风险。热污染可以促使富营养化过程,即水体中营养物质的过度积聚,可能导致藻类过度生长,形成赤潮等问题。

虽然,热污染与人类健康之间的直接关系相对较弱,但是热污染可能通过影响水源和水质,对人类的生活和健康产生一些间接的危害,主要包括以下几个方面。

(1)饮用水质量下降。热污染可能导致水体中的富营养化加剧、藻类过度生长,从而影响水质。这可能会增加饮用水中有害物质的浓度,对人类的饮用水质量产生负面影响。

(2)食物链中的污染物传递。水中的污染物可能被水生生物吸收,通过食物链传递到人类体内。如果水中存在有毒物质,人类通过食用受污染的水生生物,可能面临慢性毒性风险。

(3)水中传染病的风险增加。热污染可能促使一些病原微生物的生长和繁殖,增加水中传染病的风险。人们在使用受污染的水源进行日常活动时,可能受到水中病原微生物的感染。

(4)生态系统崩溃。热污染对水体生态系统的破坏可能间接影响人类的健康。失去水体的生态平衡可能导致渔业资源减少,损害人们的食物安全和经济收入等。

4.5 电磁辐射污染

电磁辐射是电磁场在空间中传播的一种形式,是由电荷的加速运动产生的波动,涉及从射电波到γ射线的广泛频谱。电磁波的传播不需要介质,可以在真空中以光速前进。电磁辐射的来源可以分为天然来源和人为来源两种,其中天然来源包括来自太阳的光和热辐射、自然背景辐射等,而人为来源则包括通信系统、医疗设备、工业生产中的电磁场等。各种电磁波的特性与其频率密切相关,频率低的例如无线电波可以长距离传输且穿透能力强,而频率高的如紫外线、X射线则具有更高的能量,穿透能力不同,对人体健康的影响也有所区别。要全面了解电磁辐射,甚至需要考虑现代生活中由于技术进步带来的复杂辐射环境,包括考虑人们对电磁辐射的暴露水平如何、怎样的暴露是安全的及如何有效管理和减少不必要的辐射风险等问题。

4.5.1 电磁辐射的天然来源

天然的电磁辐射源包括太阳辐射、从星系和星体间物质发出的宇宙辐射、地球自身产生的地磁辐射等。

1. 太阳辐射

太阳是地球生命最重要的能量来源之一。太阳射出的电磁波涵盖广泛的频谱范围，包括对人类有益的可见光和对农业产量至关重要的红外线。同时，太阳也发射出潜在危害人体的紫外线辐射，尽管地球的大气层能吸收大部分的高能紫外线。此外，在太阳活动高峰期，太阳风中含有大量的带电粒子，这些粒子与地球磁场作用产生极光现象，也是一种特殊的电磁辐射。

2. 宇宙辐射

宇宙辐射源包括来自遥远星系的γ射线暴、各种恒星的可见光及无线电波。虽然地球的大气层和磁场为我们提供了一层保护罩，减少了宇宙辐射对地面生物的影响，但在高海拔地区和飞行高度上，宇宙辐射的水平会显著升高。

3. 地磁辐射

地球自身的磁场产生的地磁辐射其实是一种非常弱的辐射。地球磁场的变化与太阳活动、地球内部动态等多种因素相关，它影响着地球上的众系统的运作。

4.5.2 电磁辐射的人为来源

人为活动产生了多种形式的电磁辐射，随着科技的发展，辐射源越来越多，辐射也越来越复杂。

1. 通信系统

生活中无处不在的手机、基站、卫星通信装置或设备等均属于通信辐射源。这些装置的设备发出的射频（radio frequency，RF）电磁波主要集中在射频和微波频段。虽然单一装置的设备发出的辐射强度相对较低，但由于现代社会中这类装置或设备极其普遍，人们的累积暴露量可能较大。

2. 医疗设备

医学成像如X射线摄影、计算机断层扫描（computed tomography，CT）、磁共振成像（magnetic resonance imaging，MRI）等也会产生电磁辐射。使用这些高能的辐射能够穿透身体组织，为疾病的诊断和治疗提供影像及数据支持。

3. 工业生产

工业过程，如无线电导航、雷达监测、高频加热、电磁干扰测试等也会产生电磁辐射。这些过程中使用的设备通常工作在比较高的能量水平，因此对操作人员的辐射防护措施非常必要。

4. 家用电器

日常生活中的微波炉、吹风机、电视和计算机等也是辐射源。这些设备产生的辐射波主要是较低频率的电磁波，辐射强度相对较低，一般被认为对人体健康影响不大。

4.5.3 电磁辐射的特点

电磁辐射的特点多种多样，主要与其频率、波长和能量等相关。

1. 频率和波长

电磁波的频率与波长成反比，即频率越高，波长越短；频率越低，波长越长。不同的应用需要不同频率的电磁波。例如，无线电通信多用长波长、低频率的电磁波，这样的波可以围绕地球曲面传播，适合远距离通信。而移动电话、无线网络等则使用短波长、高频率的电磁波，这样的波适合短距离、大容量的数据传输。

2. 能量

电磁波的能量与其频率成正比。高频率的电磁波（如 X 射线和 γ 射线）拥有较高的量子能量，这种辐射可以穿透人体并可能破坏细胞内的 DNA，引发健康问题。相比之下，低频电磁辐射（如无线电波和微波）的能量较低，对人体的直接物理影响相对较小，但是在一定条件下依然可以产生热效应，引起组织加热等生物效应。

3. 穿透能力

电磁波的穿透能力取决于其频率和波长。高频的电磁波（如 X 射线和 γ 射线）具有很强的穿透能力，能穿过大多数物体。而低频电磁波的穿透能力相对较弱，容易被物体（如墙壁）阻隔。这一特性对于医疗成像等领域是非常有用的。

4. 距离效应

因为电磁波的传播遵循平方反比定律，即电磁波的强度与距离的二次方成反比，离源越远，强度越弱。因此，距离辐射源越远，其功率密度和剂量越低，对人体的潜在影响也越小。

5. 吸收和散射

电磁波在不同介质中传播时可能被吸收或散射。不同频率的电磁波被不同材料吸收的效率也不同。

6. 偏振

电磁辐射可以具有不同的偏振状态，即电磁波的电场振动方向特征。偏振特性在无线通信、雷达检测及光学成像等技术中有着重要应用。

4.5.4 电磁辐射的健康危害

由于电磁辐射普遍存在于现代生活中，公众对电磁辐射可能对健康带来的影响越来越关注。虽然广泛的科学研究一直在进行，主要涉及如何及在何种程度上不同类型的电磁波可能影响人体健康，但一直未有定论。以下是关于电磁辐射对健康可能影响的一些关键点。

1. 电离辐射与健康

电离辐射包括紫外线、X 射线和 γ 射线，具有高能量，足以使原子或分子电离，从而引起化学反应，这可能影响到细胞的正常功能。紫外线（ultraviolet ray, UV）的自然来源主要是太阳。长时间暴露于紫外线下可以增加皮肤癌和眼睛病变（如白内障）的风险；但是紫外线对人体合成维生素 D 又是必要的；医疗诊断中常用 X 射线进行成像，如胸部 X 射线、CT 扫描等。适度使用电离辐射并遵循安全准则一般认为是安全的，但不适当的高剂量或频繁使用会增加癌症的风险；放射性物质的健康影响较大，诸如在核试验、核事故等高自然辐射背景地区居住的人可能会受到较高水平的电离辐射影响，从而增加患某些类型癌症的风险。

2. 非电离辐射与健康

非电离辐射包括低于紫外线频率的电磁辐射，如可见光、红外线、无线电波和微波。它们普遍存在于我们周围的环境中，由自然来源（如阳光的红外成分）及人造来源（如移动电话、无线网络、电力线和家用电器）产生。

极低频电磁场（extremely low frequency electromagnetic fields，ELF-EMFs）：常见于电力供应和电器附近，虽然总体研究尚未一致地表明极低频电磁场与重大健康问题相关联，但一些研究暗示长期、高水平暴露可能与儿童白血病的发生概率增加有关。无线电波和微波：广泛用于通信技术，关于这些波段的电磁辐射是否会增加健康风险（特别是癌症风险）的争论一直存在，全球卫生组织和其国际癌症研究机构将移动电话使用中的无线电频率辐射归类为可能的人类致癌物，但指出需要进一步地研究来澄清移动电话使用和某些类型的癌症（尤其是脑瘤）之间的潜在联系。电磁超敏症（electromagnetic hypersensitivity，EHS）：某些个体报告说他们对电磁场高度敏感，并因此出现一系列症状，如头痛、疲劳和睡眠障碍，然而，科学研究到目前为止还没有找到一致的依据来证明这些症状与电磁场暴露直接相关。

3. 保护措施与建议

尽管许多研究在统计上未能表明非电离辐射与健康问题之间存在明确的关联，但基于预防原则，各级健康组织建议采取一些简单措施来减少电磁辐射暴露：限制使用手机和平板电脑的时间、使用耳机或免提选项来减少头部接近手机的时间、保持手机和其他无线设备与身体的一定距离、在睡觉时远离手机和无线路由器、避免不必要的医学成像（如X射线或CT扫描）等。需要注意的是，电磁辐射的安全界限和影响通常由国际和国家卫生机构来设定，例如国际非电离辐射防护委员会（International Commission on Non-Ionizing Radiation Protection，ICNIRP）和世界卫生组织（World Health Organization，WHO），会定期审查科学证据并更新暴露指南。

4.5.5 电磁辐射的监管和标准

面对电磁辐射对公众健康的潜在关注，WHO、国际辐射防护协会（International Commission on Radiological，ICRP）、美国职业安全与健康管理局（Occupational Safety and Heath Adminitration，OSHA），以及其他国际和国家机构建立了众多保护公共健康的电磁辐射暴露指南和标准。这些标准基于当前的科学知识，并定期审查以反映最新的研究成果。

国际无线电科学联合会（Union Radio-Scientifique International，URSI）和ICNIRP提供了有关限制职业和公众暴露于电磁场的指导方针。ICNIRP发布了一系列的辐射防护指南，包括限制从低频到射频辐射的不同暴露水平的推荐值（见表4-4）。不同国家的政府机构也制定了各自的电磁辐射安全标准，如美国的联邦通信委员会（Federal Communications Commission，FCC）核定了移动电话和无线通信设备的安全射频辐射水平。这些法规通常基于ICNIRP或其他相关机构的推荐。除了设定安全标准外,许多国家还采取了监管措施来确保这些标准的执行和公共的遵守。这些措施可能包括市场上电子设备的射频辐射功率测试、为工作人员提供适当的辐射防护装备,以及在容易被电磁辐射影响的环境中进行定期的辐射检测。通过频谱分析仪、电场和磁场计等专业设备可以检测和评估在特定环境中的电磁辐射水平,确保它们不超过建议的安全限值。除了制定和执行标准外,向公众提供正确的信息也是非常重要的。这可以帮助人们理解电磁辐射的概念,识别来源,了解潜在的健康风险,以及学会如何减少电磁辐射暴露。

表4-4 不同类型电磁辐射的推荐暴露限值

频率范围	ICNIRP职业暴露限值 /(V·m^{-1})	ICNIRP公众暴露限值 /(V·m^{-1})	FCC SAR /(W·kg^{-1})	中国职业暴露限值 /(V·m^{-1})	中国公众暴露限值 /(V·m^{-1})
0.003~0.1 MHz	614	87	—	400	87
0.1~1 MHz	614/f	87/f		140/f	87/f
1~10 MHz	614/f	87/f		140/f	87/f
10~400 MHz	61	28		61	28
400~2000 MHz	3$f^{0.5}$	1.375$f^{0.5}$		3$f^{0.5}$	1.375$f^{0.5}$
2~300 GHz	137	61		137	61
300 kHz~6 GHz	—	—	1.6	—	—

注:f代表频率,以MHz为单位;SAR,specific absorption rate,比吸收率。

4.5.6 电磁辐射污染的未来趋势

随着科学技术的发展和人类对电磁辐射应用的深化,新的挑战和趋势也随之出现。例如,①第五代移动通信技术(5G)的推广引起了人们对于电磁辐射安全的新讨论,5G技术使用更高的频率带,并采用了多输入多输出(multiple-input multiple-output,MIMO)的高密度小基站网络,这带来了对电磁辐射暴露水平和分布的重新评估需求;②物联网设备的广泛部署意味着日常环境中存在大量的传感器和通信设备,将不可避免地增加环境中的电磁辐射水平,研究和监管这些设备的累积效应对公共健康的影响变得尤为重要;③虽然没有科学证据支持电磁波过敏或电磁敏感是一个生物学现象,一些个体报告称自己对电磁场的反应异常敏感,这个现象的存在和影响仍值得进一步研究。

4.6 放射性污染

自然界中,某些元素的不稳定原子核能够进行蜕变,以能量的形式释放出射线的同时自身变成一种新原子,这类不稳定的元素统称为放射性元素。含放射性元素的物质即放射性物质,在工、农、医、国防各方面均有极重要的价值。但它能通过空气、饮食等途径进入人体,以体内或体外照射方式危害人体健康。

当环境中放射性物质增加而超出正常自然水平时,将发生放射性污染。通常这些物质能够发射出核辐射,影响生物体的正常机能和造成环境损害。当人体受放射性危害时,轻者头晕、疲乏、脱发、白血球减少或增多、血小板减少;而大剂量照射,还会引起白血病及骨、肺、甲状腺癌甚至死亡,放射性污染还能引起基因突变和染色体畸变。了解放射性污染的来源、特点及可能对人体造成的危害是评估和管理环境放射性污染风险的关键。

4.6.1 放射性污染的天然来源

放射性污染的天然来源主要是地球上自然存在的放射性物质及宇宙射线。这些来源能在没有人为干预的情况下,导致环境中放射性物质水平上升。

1. 地壳中的放射性元素

地壳是地球的最外层,它包含多种放射性元素,其中最常见的有铀、钍和钾-40。铀是自然界中存在的重金属,具有放射性,是核能发电和核武器的主要原料。地壳中的铀可以通过地质过程,如岩石风化,进入土壤和水体。钍也是放射性元素,常存在于一些矿石中,如单斜钇矿。钍的放射性较铀来说较弱,但也会通过类似的过程进入土壤和水体。钾是一种重要的营养元素,存在于多种食物中。自然存在的钾中有一小部分是放射性同位素钾-40,它对人体来说通常是安全的,因为它以非常低的水平存在。

这些放射性元素能够经由多种途径进入环境。例如,当岩石和土壤风化时,铀和钍可以溶解进入地下水并被输送到河流和湖泊中。同时,它们也可能通过自然气体,如氡-222(一个来自铀-238衰变系列的气态放射性元素)逃逸进入大气。

2. 宇宙射线

宇宙射线是来自太阳和银河系外其他恒星的高能粒子流,主要由质子、α粒子(即氦原子核)等组成。当宇宙射线与大气中的分子相互作用时,它们可以产生次级粒子,包括一些放射性同位素,如碳-14(^{14}C)和氚(^3H)。碳-14是自然界中碳循环的一部分,而生物体也会通过生物物质的摄取而吸入或吸收碳-14。这些次级放射性同位素及宇宙射线本身构成了自然背景辐射,这是地球上所有生物日常生活的一部分。

自然来源的放射性物质是我们环境的一部分,并且在大多数情况下,其引起的辐射水平是十分低的,不会对健康构成直接威胁。然而,在某些地区,自然背景辐射可能会较高,比如在岩石含量高的地区,对于这些地区应该进行特别的监测,以确保辐射水平处于安全范围内。同时,也需要关注人类活动对自然环境中放射性物质的影响,从而采取有效措施避免和缓解放射性污染。

了解自然来源的放射性物质是评估环境中放射性物质潜在健康风险的关键部分。虽然这些来源本身对人类健康的影响通常是比较小的,但它们可以在特定条件下相互作用,导致放射性物质的高水平累积。在评估任何污染事件的风险时,都需要考虑这些自然来源,确保准确评估潜在的危害。

4.6.2 放射性污染的人为来源

放射性污染的人为来源指的是因人类活动引起的环境中放射性物质的增加。人为来源的放射性物质是由核能发电站的运营、医疗放射性物质的使用、工业活动、核试验及核事故等活动造成的。

1. 核能发电

核能发电是通过核裂变反应放出的能量来产生电能的。在这一过程中,会产生大量的放射性废物,这些废物如果没有得到适当的处理和储存,可能会对环境造成污染。例如,部分重金属和同位素如铀-235、钚-239及其他长寿命的放射性物质若泄漏进入环境,可能会对生物体造成严重影响。

2. 医疗用途

在医疗行业中使用放射性物质主要用于诊断和治疗,如X射线摄影和放射性同位素治疗。这些活动可能会产生放射性废料,如果不当处理,也能成为环境污染的来源。而医疗产生的放射性物质通常有较短的半衰期,这意味着它们会在相对较短的时间内衰变到安全水平。

3. 工业活动

在工业领域,比如石油和天然气开采、稀土元素开采,以及其他形式的矿业,可能会带来含有放射性元素的废物。这些废物若未妥善处理,也可能导致放射性污染。

4. 核试验和核武器

20世纪中叶以来,核试验成为人为放射性污染的一个主要来源。地面、地下及空中核试验爆炸会释放大量放射性物质进入大气、土壤和水体。例如,核试验中产生的放射性同位素锶-90和铯-137可以通过食物链进入人体,累积在骨骼和肌肉中,导致健康风险。

5. 核事故

核反应堆事故,如切尔诺贝利核灾难和福岛第一核电站事故,造成了大规模的放射性物质释放,严重影响了周边环境和遥远地区的环境。这些事故释放的放射性物质可以通过大气扩散、地面沉积、水体环流等多种途径对环境和公共健康造成长期影响。

4.6.3 放射性污染的特点

放射性污染是环境中存在超过自然背景水平的放射性物质而造成的环境污染。这类污染由于一些特殊的性质,在环境中的行为和对生命体的影响与其他污染物有所不同。

1. 无法感知

与其他形式的污染不同,人们不能直接通过感觉器官(如视觉、嗅觉或触觉器官)来检测到放射性物质。放射性污染物对人类的直接感知是无色、无味的。它们通常只能通过特定的监测设备,如盖革计数器或其他放射性检测仪器来探测。

2. 持久性

放射性物质具有不同的半衰期,从几分钟到数百万年不等。半衰期是放射性物质数量减半所需要的时间,因此,一些放射性污染物可以在环境中持续存在很长时间,造成长期的污染。

3. 生物放大

某些放射性同位素可以在食物链中累积,称为生物放大。例如,放射性碘可在牛奶中累积,而放射性铯可以在野生蘑菇或其他植物中累积。这就意味着,当顶级消费者(如人类)消费这些食物时,体内的放射性物质浓度可能会远高于环境中的浓度。

4. 内部和外部辐射暴露

通常放射性污染可以通过两种途径对人类造成伤害:内部暴露和外部暴露。内部暴露是指放射性物质通过呼吸、食物或饮水进入人体内部。一旦进入体内,放射性物质会持续发射辐射,直到它们衰变完毕或被身体排出。外部暴露则是指人体外部直接接触到放射性物质或被放射性物质发出的辐射照射到。

5. 不同的辐射类型

放射性物质能发出几种不同类型的辐射,包括 α 粒子、β 粒子、γ 射线和中子。每种辐射类型都有不同的穿透力和能力,从而影响它们在环境中的传播和对生物体的影响。例如,α 粒子穿透力很低,可能不会穿过皮肤,但如果摄入到体内,则可能对内部组织造成严重的损坏。

6. 环境传播

放射性污染物可以通过空气、水体和土壤等环境介质传播。其传播方式可能包括大气扩散、水流携带、风蚀,以及生物传递等。这使得放射性污染物的影响范围可能远离污染源。

4.6.4 放射性污染的健康危害

放射性污染对健康的危害是多方面的,可以对人体的细胞和组织造成损伤,并可能引发一系列健康问题,其严重程度取决于暴露的放射性水平、暴露时间的长短及放射性物质的种类。以下是放射性污染可能造成的主要健康危害。

1. 细胞损伤

放射性物质发射的辐射可以穿透生物体的组织,并且能够损坏细胞结构,特别是可以破坏 DNA。DNA 的损伤可能导致细胞功能失常、细胞死亡,或者引起细胞的恶性变异。这些变化是放射性污染健康风险的根本原因。

2. 高剂量短期效应

短期接触高剂量的放射性污染可能引起急性辐射综合征,是一种严重的健康状况,表现为恶心、呕吐、脱发、皮肤灼伤和血液细胞减少症(白细胞和血小板数量下降),这会降低免疫力和引发出血等问题。在极端情况下,急性辐射综合征还可能导致死亡。

3. 长期健康影响

长期暴露于低剂量的放射性污染中,甚至在不引起急性症状的情况下,也可能给健康带来长远的影响。其中最关键的风险是癌症的发生。放射性物质可能引起多种癌症,包括但不限于甲状腺癌、骨癌、胸腺癌、白血病及多种实体瘤。

4. 遗传影响

DNA 的损伤不仅影响当前暴露的个体,还可能影响其后代。这是因为 DNA 损伤可能会在生殖细胞中发生,导致遗传性突变,这些突变可能传递给下一代,引起出生缺陷或基因疾病。

5. 内部和外部暴露的健康影响

前面提到,放射性污染可能通过内部和外部两种途径暴露。内部暴露(例如吸入或摄入)通常更危险,因为放射性物质可直接与内部组织互动并停留在体内持续发射辐射。外部暴露(例如皮肤直接接触或照射)虽然也危险,但一旦离开了辐射源,暴露就会停止。

6. 敏感人群的健康风险

儿童、孕妇和老年人是放射性污染中最敏感的群体。例如,儿童的细胞分裂速度快,更容易受放射线影响;孕妇的暴露可能对胎儿造成伤害;而老年人的身体恢复能力较弱,对放射性伤害的抵抗力较弱。

了解放射性污染对健康的影响至关重要,因为这有助于采取适当的预防和保护措施,以最小化放射性污染对人体可能造成的伤害。预防措施包括保护个人免受暴露、限制食用可能受污染的食物,以及遵守放射性物质使用的安全规程。在某些情况下,还可能需要进行防护服与防护措施的使用、放射性污染区域的撤离及受影响个体的健康监测。

4.6.5 放射性污染的监管和标准

放射性污染的监管和标准是确保公共健康和环境安全的重要组成部分。这些规定涉及多个层面,从放射性物质的生产、使用、运输到最终处理,每个阶段都有相应的法规和标准来控制放射性物质的排放和确保人员的安全。我国有一套完整的法律、法规、标准和规范体系,用于控制放射性污染并确保核安全。这一体系与国际标准紧密对接,并根据国内放射防护和环保的具体要求制定。《中华人民共和国放射性污染防治法》是我国管理放射性污染的基本法律,通过明确放射性污染的监督管理体制和防治制度来维护人民群众和后代子孙的健康和环境的安全。

目前我国对放射性污染实行许可制度。任何放射性物质的使用、运输、存储和处理活动都需要获得相应的许可。此外,进行这些活动的机构必须按照国家标准制定详细的安全规程,确保放射性物质在整个生命周期中的安全管理。为防治放射性污染,我国还出台了一系列的国家标准和规范,《电离辐射防护与辐射源安全基本标准》(GB 18871—2002)规定了放射性物质向环境排放的控制要求和公众受照剂量限值。此外,《核动力厂环境辐射防护规定》(GB 6249—2011)对核电厂放射性液态流出物的排放总量和浓度也进行了严格限制。这些标准和规范共同构成了我国放射性污染防治的技术基础。

针对可能的放射性污染事件，我国也建立了应急预案和响应机制，这包括事故报告系统、评估和监测网络，以及专门的应急处理团队。这些措施确保在发生放射性污染时，可以迅速采取行动，最小化潜在的健康风险和环境影响。对于涉放射性工作的人员，我国实行必要的辐射防护教育与培训制度，以提高从业人员的安全意识和操作技能，减少放射性污染事故的发生。我国不仅强调从业人员和机构的责任，也倡导公众参与放射性污染防治工作。通过法律和规定，确保公众能获取放射性项目的信息，并对相关项目进行安全性和环境影响的监督。

4.6.6 放射性污染的职业暴露和健康危害

由于职业的特殊性，部分职业的工作人员需长期接触放射性物质，因而面临较高的健康风险。例如，在医疗领域，特别是放射性医疗和影像诊断领域，医务工作者经常接触各种放射性同位素和 X 射线设备。尽管现代医疗设备在设计和使用上采取了多种防护措施，但医务工作者仍需严格遵守辐射防护规范，例如穿戴铅衣、使用铅玻璃防护屏及定期进行职业健康监测等。这些措施旨在将辐射暴露量降至最低，以保障医务工作者的健康。在科学研究中，特别是核物理、放射化学和放射生物学等领域，科学家也需要处理和研究各种放射性物质。这些工作可能涉及高剂量的放射性辐射，长期暴露可能导致癌症、白血病及其他放射性疾病。因此，科学家在进行实验和研究时，必须严格遵循实验室安全规范，配备必要的防护设备，如辐射防护服、防护手套及辐射探测器。长期暴露于高剂量的放射性辐射中会对人体健康造成严重危害。急性辐射病可能在短时间内表现出恶心、呕吐、疲劳和皮肤烧伤等症状。慢性辐射暴露则可能导致癌症、心血管疾病及生殖和遗传损伤等长期健康问题。

特别是在我国 20 世纪中期的一项重大科技工程"两弹一星"工程的实施过程中，大批优秀科学家面临放射性污染风险。例如，邓稼先和钱三强等科学家，不仅在科研工作中克服了种种困难，还承受了巨大的健康风险。邓稼先在核试验过程中多次亲临现场，最终因辐射过量而患上癌症。这些优秀的先烈们在艰苦的环境下开展研究，不畏辐射风险，为国家的科技进步和国防安全做出了巨大的贡献。

4.6.7 放射性污染的未来趋势

放射性污染的未来趋势预测考虑了多个层面，包括科技进步、全球环境变化、能源需求增长及政策发展等。首先，随着科技的发展和对辐射防护意识的提高，新的监测技术和去污技术将更为普及，这有助于更准确地检测污染水平并有效清除环境中的放射性物质。其次，全球对清洁能源如核能的需求不断增加，这可能会导致核能发电和放射性医疗等行业的扩展，同时也带来对更严格放射性污染标准和管理策略的需求。再者，预计未来将出现更多国际性的合作和法规，以确保全球范围内的核安全和污染控制。此外，由于环境变化和人口增长的压力，公众对环境安全和健康问题更为关注，这将推动政策制定者制定更加综合的放射性污染管理措施。最后，随着对可持续发展的追求，预计会出现更多利用先进技术如纳米技术和生物技术对放射性物质进行净化和处置的研究。可见，未来的放射性污染管理将是一个复杂且不断进化的领域，它结合了创新技术、全面法规和跨界合作，以保障人类和地球环境的安全。

4.7 典型案例

4.7.1 噪声和振动的投诉案例

中国某城市居民区，因靠近一个工业区，居民经常投诉由于工业活动产生的噪声和振动污染。其中一例特别有代表性的是居民对于一个建筑工地的投诉。该工地24小时施工，尤其是夜间的噪声和机械振动让附近的居民无法正常休息，有的居民甚至出现了失眠、压力增大、耳鸣、听力下降等健康问题及心理压力和情绪问题。此外，长时间的噪声暴露还会增加居民患有心血管疾病的风险。不仅如此，噪声和振动可能会对周边的野生动物造成干扰，比如影响鸟类的繁殖和栖息。同样，振动可能破坏地下生态，影响植物的生长。

该案例中，噪声和振动污染主要来源于施工现场的机械设备运转，如打桩机、混凝土搅拌车等大型设备。这些设备在操作过程中，除了发出高分贝的声响，还会引起振动，影响周边地区居民的生活质量。污染最严重的时段是夜间，尤其是在重型机械作业时，噪音强度可以远超居民区的法定噪声限值（通常夜间为 45 dB）。噪声和振动污染影响的范围取决于施工地点、地形及天气条件。在这个案例中，最直接受影响的是距离工地 500 m 内的居民区。振动影响可能扩展到更广的区域，取决于土壤的传导情况。

在该案例中，持续的噪声和振动引发了居民对当地政府的不满，引起社会稳定问题，造成了施工延期或停工导致的经济损失，影响了施工公司和地方政府的声誉。在回应居民投诉后，有关部门和施工单位限制夜间施工时间，确保在噪声敏感时段将施工作业频次降到最低，采取低噪声施工技术和设备，为施工区域设置隔音屏障，增加对施工现场噪声和振动的监控，确保符合环保标准，最终还居民一个安静的生活环境。

4.7.2 日本福岛核污染事件

2011 年 3 月 11 日，日本东北部发生了 9.0 级的地震，随后引发了巨大的海啸。这场自然灾害严重损毁了福岛第一核电站，导致其发生严重的核事故，这是自 1986 年切尔诺贝利核事故之后最严重的核灾难。核事故释放了大量的放射性物质到环境中，对周边区域及全球范围产生了长远影响。福岛核电站的放射性污染源主要来自事故后的核燃料棒熔毁和核电站内部的控制失效。海啸导致的电力和备用发电机的丧失使得冷却系统失效，进而造成了核燃料的过热和熔化。事故发生后，用于冷却反应堆的水因受到高度放射性污染而变成核污染水。

核污染水中含有多种放射性同位素，包括碘-131、铯-137 和铯-134 等。这些物质具有不同的半衰期，从几天到数十年不等，意味着它们会在不同的时间尺度上对环境造成影响。污染首先影响了电站周边地区的土壤和水源，随后通过海洋和大气扩散到更广阔的范围。放射性物质对人体的影响取决于暴露水平、时间长短和污染物类型。短期内，高剂量的放射性暴露可能导致急性辐射症状，长期则可能增加患癌症和遗传病的风险。福岛事故后，紧急撤离和食品安全监管虽然降低了当地居民直接受到的影响，但是对于广泛暴露的风险评估和监测仍在继续。放射性污染会影响植物和动物，损害海洋生态系统和野生动物栖息地。放射性物质通过食物链，可能累积在某些生物体内，导致遗传突变和物种多样性的减少。污染还可能影响渔业、农业等行业，破坏当地生态经济平衡。

福岛核污染事件引发了国际对核能使用和核安全的深入讨论。福岛核污染水事件的处理和影响管理是一个长期且复杂的过程，日本政府的处理方案是利用多核素去除装置（advanced liquid processing system，ALPS）去除除氚（一种较难去除的轻放射性同位素，其放射性较弱，在水中以氚化水的形式存在）之外的所有放射性同位素，然后将处理后的污染水排放至太平洋，这一决策在国际社会引起广泛争议。尽管日本政府和东京电力公司宣称处理后的污染水放射性物质浓度符合国际标准，但全球科学界仍在持续评估其短期和长期的环境影响。国际原子能机构（International Atomic Energy Agency，IAEA）参与监督日本核污染水排放过程，并提供技术支持和评估。这一国际合作有助于确保排放过程的透明性和科学性。然而，独立研究机构和环保组织仍强调，需要建立长期监测机制，以评估和应对可能出现的环境问题。

国际上对其处理后的核污染水的担忧主要体现在以下几个方面。①氚的长期累积效应，虽然氚的放射性较弱，但其在海洋生态系统中的长期累积效应尚不明确。氚在海水中具有较大的流动性，可能通过食物链进入海洋生物体内，从而影响生态系统的平衡。研究表明，氚在生物体内的累积可能对海洋生物的繁殖和生长产生潜在影响。②跨境影响，福岛核污染水的排放不仅是日本的国内问题，周边国家，尤其是韩国和中国，对污染水的跨境影响表示强烈关切。研究显示，洋流和海洋扩散过程将导致放射性物质扩散到邻近海域，尽管浓度可能会被稀释，但长期监测仍然是必要的。③海洋生态系统研究指出，放射性物质的排放可能对海洋生态系统的某些敏感区域造成影响。例如，珊瑚礁和渔业资源可能受到影响，特别是在放射性物质浓度较高的区域。

针对国际上对福岛核污染水事件关注的重点，未来研究重点将体现在：①核污染水中不同核素在不同海洋生物中的生物累积和毒性效应，特别是对经济重要物种和生态敏感物种的影响；②跨境环境影响评估，加强对放射性物质在太平洋区域内扩散和沉积模式的研究，评估跨境环境影响，并制定相应的应对策略；③建立综合监测系统，结合遥感技术、海洋观测站和生物监测网络，持续跟踪放射性物质在海洋环境中的变化。

这次灾难给了我们一些重要的教训，许多国家重新评估了自己的核能政策和安全标准，加强了对核电站防灾能力的要求，包括以下几方面。①加强核能安全和预防措施：核电站应该提高抗灾能力，包括对地震和海啸风险的评估、备份电源的可靠性，以及非常态下的紧急管理措施。②建立有效的核废物处理和管理策略：核废物处理是核能行业的重要课题，政府应该采取措施确保核废物的安全储存、处理和最终处置，包括寻找更安全的储存方式和更有效的处理技术。③国际合作与信息共享：核事故可能具有跨境影响，因此国际合作和信息共享对于处理放射性污染事件至关重要，各国政府和国际组织应加强合作，共同应对潜在的核安全威胁。

福岛核污染水事件还引发了一系列伦理和决策上的挑战。该事件凸显了公众在核能发展和核废物处理决策中的角色。公众参与可以增加透明度、建立信任和减少不确定性。政府有责任向公众提供准确、及时的信息，使公众能够做出理性的决策，并增强公众对政府的信任。核能安全与经济、能源安全等因素紧密相关。在制定决策时，政策制定者需要平衡各种因素，包括科学依据、风险评估和公众意见。福岛核污染水事件表明，国际共享经验与合作对于提高核能安全和放射性污染管理的能力至关重要。各国应该通过国际组织和协议加强合作，通过分享最佳实践和技术，提升全球范围内核能安全和管理的水平；建立跨国辐射监测系统，以便及时掌握放射性污染风险，实施及时的紧急响应和合作；发达国家可以增加资金援助和技术支持，帮助发展中国家提高核能安全和放射性污染管理能力。

第 5 章　环境生物性污染与健康影响

微生物、寄生虫等病原体和变应原等会污染水、气、土壤和食品，影响生物产量和质量，危害人类健康，这种污染称为生物性污染。水、气、土壤和食品中的有害生物主要来源于生活污水、医院污水、屠宰废物、食品加工厂污水、未经无害化处理的垃圾和人畜粪便，以及大气中的悬浮物等。其中主要含有危害人与动物消化系统和呼吸系统的病原菌、寄生虫，引起创伤和烧伤等继发性感染的溶血性链球菌、金黄色葡萄球菌等，以及可引起呼吸道、肠道和皮肤病变的花粉、毛虫毒毛、真菌孢子等大气变应原。这些有害生物对人和生物的危害程度主要取决于微生物和寄生虫的病原性、人和生物的感受性及环境条件三个因素。本章将从微生物性污染、动物性污染和植物性污染三部分阐述其特点和健康影响。

5.1　微生物性污染的健康影响

微生物具有个体小、数量大、种类多、繁殖快等特点，是生态系统的重要组成部分，担负着地球上各种有机残体的降解、营养物质循环等重要功能。但同时，微生物的过度增殖及产生的有毒有害物质也会对环境造成严重影响，危害人类健康。图 5-1 展示了环境生物性组分的类型及它们的健康和风险扩散路径。

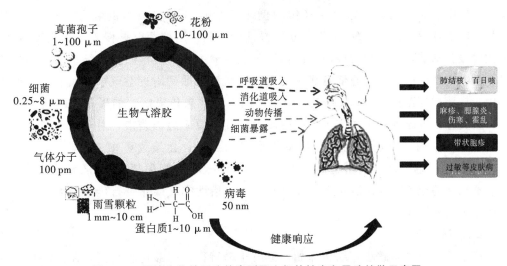

图 5-1　环境生物性组分的类型及它们的健康和风险扩散示意图

5.1.1 致病菌对人体的伤害

5.1.1.1 致病菌

许多微生物对人、动物、植物和其他有益微生物具有致病作用。例如，伤寒沙门菌可以引发人类患伤寒病、结核分枝杆菌可以引发人类患结核病。环境中大量致病菌和机会致病菌存在于粪便、废水、垃圾及大气、水体、土壤、食品、日用品中。当病菌侵入宿主机体后，病菌将进行快速生长繁殖并释放毒物等，进而在不同程度上导致机体感染而引发疾病。各种致病菌的致病能力不同，并随宿主不同而发生变化，即使同种细菌也常由于菌型和菌株不同，而致病能力有一定的差异。致病菌的致病强弱程度被称为毒力，常用半数致死量(median lethal dose，LD 50)或半数感染量(median infective dose，ID 50)表示。致病菌的致病机制与致病菌毒力、入侵病菌数量和入侵机体部位等有着密切关系。由于不同个体具有的免疫能力不同，病菌侵入人体后可能出现不发生感染、轻微感染但患者很快康复、重度感染致病人死亡等不同情况。

致病菌(pathogenic bacterium)是能引起疾病的微生物，也被称为病原微生物，其主要包括细菌、病毒、真菌、螺旋体、立克次氏体、衣原体、支原体等。

1. 细菌

军团菌病、结核病、炭疽热等属于典型的细菌性疾病。人类暴露在较低浓度的相关细菌生物中，就表现出很高的感染风险，所以这几种疾病受到人们的广泛关注。2015年，参观过同一家温泉疗养院的游客集中暴发了军团菌病。军团菌病是由于感染了嗜肺军团菌(legionella pneumophila)引起的肺部疾病。该病菌对健康人和免疫力较强的人威胁不大，但会引起老年患者和免疫力低下病人的感染。室内空气中的嗜肺军团菌通常源于通风和空调管路中积水内滋生的嗜肺军团菌，这些细菌通过气溶胶形式散布在空气中。2015年，全球约有1040万例结核病例，造成180万例结核病死亡。结核病是由结核杆菌(tubercle bacilli)引起的慢性传染病，结核菌能够侵入人体各种器官，但主要侵犯肺脏，称为肺结核病。结核杆菌的传播主要由痰检阳性的结核病人通过咳嗽、打喷嚏及说话时呼出的带有病菌的气溶胶微滴分散到附近空气中而引起。炭疽热是由炭疽芽孢杆菌(bacillus anthracis)引起的人畜共患传染病，如果不及时诊断和治疗，人类感染可导致高死亡率。炭疽的暴发主要来源于恐怖袭击，对建筑物内部或者人流密集的室内场所(如地铁站)发动炭疽恐怖袭击，会导致更多人口患病和死亡。2001年美国遭遇的炭疽袭击造成5人死亡，17人感染，损失超过10亿美元。研究表明炭疽杆菌的孢子可以存活几十至几百年之久，借助空气媒介进行传播的方式更导致其控制难度的增加。

2. 病毒

病毒是一类个体微小，结构原始，具有生命特征，能够自我复制，在活细胞内寄生的非细胞型生物。自然界中病毒个体千差万别，从十几纳米到十几微米不等，有的植物联体病毒只有18 nm，有的动物痘病毒可以大到260×450 nm，有的丝状科病毒粒子竟可以达14000 nm，但多数病毒须在电子显微镜下放大几万倍或几十万倍才能看到。

在自然界中，病毒广泛分布于各种生物体内，不仅寄居于人、动物、植物和昆虫体内，而且在真菌和细菌等微生物体内也有病毒寄居并引发感染。病毒对人类健康具有很大影响，人类急性传染病的 70% 基本上都源于病毒感染，某些病毒还能引发肿瘤等疾病。

人一生中可能会遭受上百种病毒的侵扰，在与疾病斗争过程中，人类发现并认识了各种各样的病毒，例如流感病毒、天花病毒、人类免疫缺陷病毒、乙脑病毒、西尼罗热病毒和黄热病毒等（见表 5-1）。不同病毒具有不同的结构，而不同结构的病毒对宿主的致病能力和致病机制又具有较大差别。

表 5-1 人类 1973 年以来发现的重要病毒

病毒种类	所致疾病	发现时间
轮状病毒	腹泻	1973 年
人类细小病毒 B19	慢性溶血性贫血	1975 年
埃博拉病毒	出血热	1976 年
汉坦病毒	肾综合征出血热	1978 年
白血病毒 I 型	白血病	1980 年
人免疫缺陷病毒	艾滋病	1983 年
人类疱疹病毒 6 型	猝发玫瑰疹	1986 年
戊型肝炎病毒	戊型肝炎	1983 年
丙型肝炎病毒	丙型肝炎	1989 年
辛诺柏病毒	呼吸窘迫综合征	1993 年
人类疱疹病毒 8 型	卡波西肉瘤	1994 年
萨比亚病毒	巴西出血热	1994 年
庚型肝炎病毒	庚型肝炎	1995 年
西尼罗病毒	西尼罗热	1937 年
尼帕病毒	病毒性脑炎	1999 年
SARS 冠状病毒	急性呼吸窘迫综合征	2003 年

以马流感病毒为例。首先，生物体部分未感染细胞会吸附病毒微粒。因为病毒的内吞作用、蛋白质和 RNA 的合成作用，以及结构生成和出芽均需要时间，被感染的细胞不会立即释放出新的游离病毒，需经过一段时间后（大约 4~6 h，称之为隐蔽期），才开始生产游离病毒。新产生的病毒一部分会自己衰退死亡，另一部分吸附到未感染细胞上，重复上一过程，一直持续到细胞完全分解。图 5-2 显示了马流感病毒的感染过程。

3. 真菌

大量关于室内空气环境中生物气溶胶成分的研究表明，芽枝霉菌、曲霉菌、青霉菌及链格孢菌 4 类真菌大量存在于各类室内空气中。其中，芽枝霉菌、青霉菌及链格孢菌的部分菌种，能引发哮喘和鼻炎，青霉菌个别菌种孢子的暴发与过敏性肺炎流行

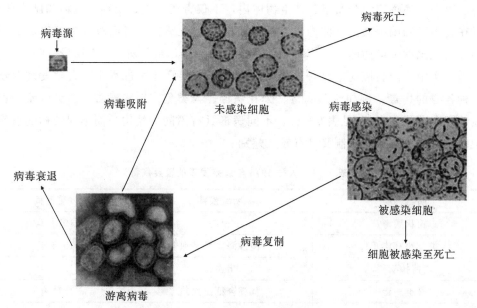

图 5-2 马流感病毒感染过程图

有明显关系。室内环境中的发霉味道是由真菌产生的少量挥发性有机成分导致的。尽管这些挥发性成分不会直接影响健康,但是它们与相关的真菌一起作用会加重患者的头痛、眼睛及喉咙刺激、恶心、头晕及体乏等症状。另外,真菌的代谢产物中存在的很多挥发性成分可对人眼睛和上呼吸道造成感官刺激与引起不适。

按照致病真菌入侵人体的部位和临床表现,致病真菌可以分为浅部感染真菌、深部感染真菌和条件致病真菌三类(见表 5-2)。浅部感染真菌主要对皮肤、毛发、指甲表现为慢性毒性作用,具有顽固性,很难治愈;深部感染真菌可以入侵机体肺部、大脑、神经中枢及骨骼黏膜等部位,严重真菌感染可以导致机体死亡;条件致病真菌主要在免疫力低下及正常菌群失调的机体内引发感染。

表 5-2 常见致病性真菌

类别	菌种	入侵部位	诱发疾病
浅部感染真菌	皮肤癣菌	表皮、毛发、指甲、趾甲等	手足癣、体癣、股癣等
深部感染真菌	新型隐球菌	肺、脑、骨、皮肤和黏膜等	肺炎、脑炎、脑膜炎、脑肉芽肿,以及骨黏膜、肌肉、淋巴结、皮肤黏膜等部位的炎症
条件致病真菌	假丝酵母菌	口、肠、肾、肺、脑、皮肤、阴道等	皮肤、黏膜和内脏的急性和慢性炎症

5.1.1.2 致病菌对人体健康的危害

致病菌一旦条件适宜有可能发生暴发性增殖,甚至产生大规模疾病流行。例如霍乱就是由霍乱弧菌引起的急性肠道传染病,发病急、传播快、波及面广、危害严重。

据史料记载，霍乱共有7次大流行，每一次霍乱暴发都不仅造成大规模人群感染甚至死亡，还造成严重的经济损失。大规模流行病暴发还与环境变化关系密切，如大范围、长时间的洪涝灾害使农村和城镇的供水设备和厕所等卫生设施受到毁坏和浸泡，使江河的水位升高，干扰正常时期污水排出和垃圾的处理；使水井、水塘等水源受到粪便、垃圾等的污染，使水中可能携带各种肠道传染病的病原体。同时，使水源中有机物含量增加，适于病原体的存活和繁殖。

甲型流感是由甲型流感病毒（influenza A virus）引起的常见流行性感冒。甲型流感病毒最容易发生变异，而人禽流行性感冒（简称人禽流感）是由禽甲型流感病毒某些亚型中的一些毒株引起的急性呼吸道传染病。2009年3月，墨西哥、美国、加拿大等国家开始出现甲型流感暴发。随后疫情波及全球100多个国家和地区。2009年6月11日，世界卫生组织（WHO）将流感大流行的警戒级别提高到了最高的六级，意味着甲型流感已进入全球大流行阶段，这是世界卫生组织40余年来第一次宣告流感出现全球大暴发。截至2009年10月11日，全世界已有399232多例大流行性流感实验室确诊病例，向世界卫生组织报告了超过4735例死亡病例。

2006年我国卫生部显示，环境污染是导致未发生动物禽流感疫情地区出现人感染禽流感病例的原因之一，这些病例患病的原因是感染禽流感病毒的病死家禽对环境造成了污染。2003年，在全世界许多国家暴发的严重急性呼吸综合征（传染性非典型性肺炎、非典）让人们记忆犹新。"非典"是由SARS冠状病毒（severe acute respiratory syndrome coronavirus，SARS-CoV）引起的一种具有明显传染性、可累及多个脏器系统的特殊肺炎，它的传播和暴发与环境污染同样也存在很大联系。广东省是国内最早发病的地区。研究发现，广州市SARS发病数与发病前5天的可吸入颗粒物（particulate metter 10，PM10）浓度密切相关，香港SARS发病数与发病前1~2天的PM10浓度密切相关，其原因可能是PM10增加了空气中SARS病毒的有效载体数量，并且可以被人的呼吸道吸入肺部，从而造成更多的感染。

某些十分难控制的致病菌往往是人类自己"创造"出来的，如由于人类滥用抗生素而产生的"超级细菌"。超级细菌的全称是耐甲氧西林金黄色葡萄球菌（methicillin resistant staphylococcus aureus，MRSA）。它是一种非常常见的病菌，据调查，25%~30%人的鼻腔中都生长着这种病菌，在健康人的皮肤上也经常能够发现它。有时候它会进入人体内引起感染，轻微的会在皮肤上长疮和丘疹，严重的则可引起肺炎或血液感染。对葡萄球菌引起的感染通常用青霉素类的抗生素甲氧西林治疗，这在大部分情况下非常有效。但是有些葡萄球菌菌株对甲氧西林形成了抗药性，称为MRSA。1961年在英国发现了首例MRSA感染，之后它以惊人的速度在世界范围内蔓延，据估计每年约有10万人因为感染MRSA而住院治疗。MRSA的毒性并不比普通的金黄色葡萄球菌更强，只不过由于它抗甲氧西林，使得治疗更为困难。自从青霉素被发现以后，越来越多的抗生素被应用于医学领域，但由于抗生素的滥用，可能使得某些菌株产生变异，抗药性越来越强。美国每年因"超级细菌"导致的死亡人数可达到18000例，超过2005年美国死于艾滋病的16000人，同时，感染"超级细菌"的人数也越来越多，

1974年感染葡萄球菌的人中只有2%是由MRSA导致的感染,而到了2003年,这一数字达到了64%。新型冠状病毒肺炎(COVID-19)是一种由严重急性呼吸综合征冠状病毒2(severe acute respiratory syndrome coronavirus 2,SARS-CoV-2)引发的传染病。截至2021年12月31日,全球各个国家和地区累计报告约28545万名确诊病例,逾547万名患者死亡。目前感染病例和死亡病例仍在持续攀升中。表5-3列出了人类历史上曾经大规模流行的由致病菌导致的疾病及其致病微生物。

表5-3 人类历史上曾大规模流行的由致病菌导致的疾病及其致病微生物

细菌及病毒	种名	疾病
细菌	金黄色葡萄球菌(staphylccoccus aureus)	脓包病、咽炎、肺炎、尿路感染、骨髓炎、败血症等
	鼠伤寒沙门菌(salmonella typhimurium)	新生婴幼儿败血症、脑膜炎等
	肺炎球菌(diplococcus pneumoniae)	肺炎等
	绿脓杆菌(pseutomcnqs)	烧伤感染、肺炎、尿路感染、败血症、心内膜炎、脑膜炎等
病毒	甲型肝炎病毒(hepatitis A virus,HAV)	甲型肝炎
	乙型肝炎病毒(hepatitis B virus,HBV)	乙型肝炎
	丙型肝炎病毒(hepatitis C virus,HCV)	丙型肝炎
	骨髓灰质炎病毒	小儿麻痹症
	天花病毒	天花
	柯萨奇病毒	新生儿多器官感染、急性致死性脑炎、心肌炎等
	人类免疫缺陷病毒(human immunodeficiency virus,HIV)	艾滋病
	SARS冠状病毒	非典型性肺炎
	H5N1病毒	禽流感
	H1N1病毒	甲型流感
	严重急性呼吸综合征冠状病毒2	2019冠状病毒病

5.1.2 微生物导致的食品和药物污染及健康风险

5.1.2.1 微生物导致的食品污染及健康危害

由于食品能为微生物提供生长、繁殖的良好环境条件，如营养成分、适宜的 pH 值、适宜的温度等，因此微生物可以在适宜的条件下在食品中迅速增殖，并产生大量有毒有害物质。食品生物性污染是指食品在生产、加工、包装、储存、运输、销售、食用等过程中受到寄生虫、虫卵、微生物、病毒及毒素等的污染。微生物污染的食品会导致食品腐败变质，品质变差，人类食用被污染的食品后常常会引起各种食源性疾病，严重时甚至会危及生命，是全世界头号食品安全问题。

食源性疾病一词是由传统的"食物中毒"逐渐发展变化而来的。近20年来，一些发达国家和国际组织已经很少使用食物中毒的概念，而经常使用"食源性疾病"概念。根据 WHO 的定义，食源性疾病是指通过摄食进入人体内的各种致病因子引起的，通常具有感染性质或中毒性质的一类疾病的总称。因此，食源性疾病不仅包括传统意义上的食物中毒，而且包括经食物传播的各种感染性疾病，其病原物主要包括细菌及其毒素、真菌及其毒素、病毒、藻类及其毒素、原生动物、绦虫、吸虫、线虫、节肢动物、鱼类、贝类及其他动物的天然毒素等。病原体可以通过被空气、土壤、水、食具、患者的手或排泄物污染的食品，以及肉、鱼、蛋和奶等动物性食品传播，并导致食物中毒和人畜共患的传染病。

食源性疾病的发病率居各类疾病总发病率的前列，已成为日益严重的全球性公共卫生问题。WHO 对全球食源性疾病负担的估算表明，全球每年有近 10% 的人口因食用受到污染的食品而患病，其中约有 42 万人因此死亡，且五岁以下儿童处于特高风险，每年约有 12.5 万名儿童死于食源性疾病。相关报告表明我国近年来食源性疾病出现的比例也呈上升态势，约每 7 人中就有 1 人曾患过食源性疾病。食源性微生物所引起的食源性疾病正严重威胁着人民的身体健康，阻碍社会经济发展。

5.1.2.2 微生物导致的药物污染及健康危害

药物是用以预防、治疗及诊断疾病的物质。药物是针对人和动物特定的代谢途径和分子通路而被设计出来的。药物作为人类维护健康的重要工具，其安全性和有效性至关重要。然而，由于微生物的存在和活动，药物在生产、储存和使用过程中很容易受到污染。微生物导致的药物污染是当前药品安全领域的一个重要问题，对人体健康可能产生严重的负面影响。首先，微生物可能导致药物的降解和变质，从而降低药物的药效和安全性。微生物可以通过代谢活动、分解药物中的活性成分，改变药物的化学结构，甚至产生毒性物质。这种污染可能导致药物失去治疗效果，甚至对人体造成不良影响。此外，微生物还可能在药物中产生有害的代谢产物，进一步加剧药物的毒性和副作用。其次，被微生物污染的药物可能成为细菌、真菌等微生物的滋生场所，从而引发细菌感染和其他疾病。当药物受到微生物污染后，细菌和真菌等微生物可能在其中繁殖，形成微生物群落。这些微生物不仅会进一步破坏药物的质量，还可能在人体内引起感染和疾病，对人体健康构成威胁。此外，被微生物污染的药物还可能导致人体对抗生素等药物的耐药性增加。微生物在药物中的生长和繁殖过程中，可能会产生抗药性基因，这些基因可通过水平基因转移等方式传播到其他细菌中，导致细菌对抗生素产生耐药性。当人体使用这些被污染的药物时，可能会加速细菌的耐药性发展，使得抗生素等药物在治疗感染时失效，加重疾病的治疗难度。

近年来，由于药物管理不善，国内外已发生多起药物被微生物污染而产生严重后果的事件。2006年7月，青海西宁部分患者使用"欣弗"（克林素磷酸酯葡萄糖注射液）后，出现胸闷、心悸、心慌等临床症状。青海药监局第一时间发出紧急通知，要求停用此药。随后，广西、浙江、黑龙江、山东等省药监局也分别报告，有病人在使用该注射液后出现相似临床症状。最终，该事件导致93例患者出现不良反应，死亡11例。经调查发现，该药物生产商未按批准的工艺参数进行灭菌，擅自降低灭菌温度，缩短灭菌时间，增加灭菌柜装载量，影响了灭菌效果。经检验，该产品的无菌检查和热原检查不符合规定。2012年，美国马萨诸塞州一家制药公司生产的一批注射用药物被检测出受到微生物污染，其中包括细菌和真菌。这些被污染的药物在使用过程中导致多起严重感染事件，造成多名患者死亡。2016年，印度一家制药公司生产的一批口服药物被检测出受到细菌污染。这些被污染的药物在上市后引发了大规模的产品召回，因为患者服用后出现了严重的胃肠道感染症状。2019年，我国某地区一家医院使用的一批静脉注射液被检测出受到真菌污染。多名接受治疗的患者在使用这批药物后出现了皮肤感染和发热等不良反应，导致治疗进展受阻。这些真实案例表明，微生物导致的药物污染不仅存在于国际范围内，而且涉及不同类型的药物和不同的生产环境。这些案例也凸显了微生物污染对人体健康可能造成的严重影响，强调了加强药物质量管理和监测的紧迫性。

综上所述，食品和药物是关系人民群众健康和生命安全的重要民生产品，一旦发生微生物污染将会造成严重的群体性事件，造成重大经济损失，影响社会安定。因此，生产者应该加强生产环节的管理和控制，对产品安全性负责，严防不合格产品流入市场。管理者也应加强对生产企业的监督、检查和处罚力度，切实维护消费者的合法权益。

5.1.3 微生物代谢产生的污染和健康危害

许多微生物在其生命代谢过程中可产生对人、动物、植物和其他微生物有毒性的代谢产物。表5-4列出了许多真菌和细菌，尤其是霉菌产生的毒素，对人、动物、植物具有毒害作用。事实上，许多放线菌产生的抗生素对于相应的微生物来说也具有致毒和杀灭作用。这些微生物毒素可直接污染食品、饮料及其加工原料、农副产品，从而引起误食者中毒，甚至死亡。

表 5-4　部分致病菌、毒素及它们的危害

真菌及细菌	种名	毒素	危害
真菌	黄曲霉（aspergillus flavus）	黄曲霉素	肝脏中毒、肝癌
	红色青霉（penicillium rubrum）	红色青霉素 B	肝脏中毒
	荨麻青霉（penicillium urticae）	展青霉素	神经中毒
	黄绿青霉（penicillium citreoviride）	黄绿青霉素	神经中毒
	皱褶青霉（penicillium rugulosum）	细皱青霉素	皮肤癌
细菌	军团杆菌（legionella）	军团菌毒素	肺部感染
	苏云金杆菌（bacillus thuringiensis）	内毒素	毒杀昆虫、小鼠
	鼠疫杆菌（yersinia pessis）	内毒素	代谢疾病
	创伤弧菌（vibrio vulnificus）	创伤弧菌毒素	创伤感染或败血症

5.2　动物性污染与健康影响

动物作为生态系统中的消费者，其单位面积上的密度必须与此环境中生产者的能力相适应，如果超出某一密度范围，生产者的生产力不足以支撑消费者的消耗，即造成生态失衡，甚至造成灾难。例如，草原上的过度放牧，造成了牧草植被退化，无法提供充足的牧草，就会导致草原生态环境失衡或退化。中华人民共和国成立初期，在我国大面积的草原上由于有狼的存在，破坏草原的野兔、黄羊的数量一直保持在一个相对平衡的水平。在这样一个食物链中，不同的生物之间存在着相互依存、相互制约的关系，草原质量较好，很少发生草场退化的情况。但是，现在由于草原上人口数量急剧增加，人们从游牧逐渐转入定居生活，对草场的影响也在逐渐增大。同时，由于草原上很难再见到狼，过度放牧引起的草场退化，甚至沙漠化已屡见不鲜。三江源某些区域的田鼠洞密度已达到 1 m^2 数个至十多个，这些田鼠不仅损耗大量的粮食、果实，而且洞穴的挖掘致使土层的植被遭到严重毁坏。高密度松毛虫、天牛、蝗虫可把松林、作物和其他植物连片吃光。动物性污染造成的生态环境影响正在引起越来越多的关注。

在自然界中，除细菌、真菌、病毒、寄生虫等寄生性病原体可能危害人体健康外，很多高等动物因为自身含有毒性物质或携带致病性病原体也可以对人体健康造成不同程度的损害，这些动物可以分为有毒动物和病媒动物。有毒动物可以利用体内分泌的毒素使人体接触时产生器官功能减弱和器官组织病变甚至死亡等不良反应。某些动物本身对人类没有危害，但是可以作为某些病原体的传播媒介或某些寄生虫的中间宿主，进而可能在与人体接触时引发人体感染，这些携带病原体的动物即为病媒动物。

5.2.1　动物毒素

动物毒素主要是指动物分泌或排出的某些对其他动物、人类有害的化学物质。含

有毒素的动物也常被称为有毒动物，如某些蛇、蟾蜍、胡蜂、蜘蛛等。纯的蛋白毒素根据生物效应，可分为神经毒素、细胞毒素、心脏毒素、出血毒素、溶血毒素、肌肉毒素或坏死毒素等。动物毒素能够在人体的叮咬蜇伤部位或在胃肠内发挥效用，引起人体呼吸系统、循环系统、消化系统、泌尿系统或生殖系统的损伤（见表 5-5），还可以伴随发热、寒战、肿胀、麻木、瘙痒、脱皮、出血、休克等症状。个体差异和毒物剂量等因素对人体的中毒程度具有重要影响。例如，婴幼儿、老年人、体弱多病者对毒物反应敏感，妊娠期、哺乳期或更年期的妇女也对毒物具有较敏感的反应。一般来说，进入人体的毒物量越少则中毒过程发展越慢且中毒越轻，反之则人体中毒过程发展越快且程度越重。有些毒物在较低剂量下还可能用来治疗疾病。

表 5-5 常见有毒动物及其致毒作用

类别	类型	典型动物	致毒作用
爬行动物	陆蛇	金环蛇等	麻痹机体神经、阻滞机体呼吸、阻碍心脏跳动
	海蛇	长吻海蛇	损害心血管系统、呼吸系统及神经系统
两栖动物	蟾蜍	蟾蜍	刺激神经、损害心肌，使心率缓慢、心力衰竭
鱼类	豚毒鱼类	河豚	使骨骼肌、横膈肌和呼吸神经麻痹，阻碍神经传导
	肉毒鱼类	海蟾科	阻滞运动系统，导致肌肉疼痛、极度疲劳、呼吸麻痹
	胆毒鱼类	草鱼、青鱼	导致肝脏变性、肾小管损害、肾小球损伤等，导致脑水肿、心肌受损、心血管损害
	血毒鱼类	狼牙鳝、黄鳝	抑制呼吸和循环系统，并可以引起心脏过缓
	卵毒鱼类	狗鱼、鲇鱼	损害神经系统和消化系统
	肝毒鱼类	七鳃鳗	引发消化系统、循环系统、神经系统受损
	刺毒鱼类	长吻角鲨、中华海鲇	引发循环系统和呼吸系统受阻，导致运动系统障碍
腔肠动物	水螅类	鹿角多孔螅	引发溶血症、局部发炎坏死
	水母类	海蜇	导致心脏早搏、房室传导阻滞、心动过速，引起溶血作用、心肌收缩和肌肉痉挛
	珊瑚类	海葵	导致中枢神经、运动神经和感觉神经麻痹
昆虫	蜘蛛类	黑寡妇	导致运动中枢麻痹、手足腹肌痉挛，引发局部疼痛、肿胀、发炎或坏死等
其他	螺类、贝类	柿棘骨螺	导致神经系统麻痹、心血管系统血压降低、呼吸增强、胃肠道蠕动加快、肌肉松弛等

目前，研究最深入的是蛇毒，其次是蜂毒和蝎毒，蜘蛛毒、蜈蚣毒和蚁毒也有些许研究。不同动物所制造的毒素种类和生物效应均不相同，如蜂毒主要是神经毒素、溶血毒素和酶；蝎毒含神经毒素和酶；蜘蛛毒素含 10 多种蛋白、坏死毒素和酶；蛇毒所含毒素类型因蛇的种属不同而有很大差异。另外，有些水生动物的组织中含有毒素，

如河豚的卵巢中含一种剧毒的神经毒素——河豚毒素，它会与神经细胞膜上的钠离子通道结合，阻止钠离子内流，尚无有效的解毒剂。与河豚毒素生理作用相似的还有章鱼毒素与石房蛤毒素等。

动物毒素存在多样性和复杂性，许多生物毒素还没有被发现和认识。全世界约有3000多种蛇，600余种是有毒蛇，我国现有蛇类200多种，其中有毒蛇50余种，主要分布在长江以南地区。根据WHO统计，截至2024年，全球每年意外中毒的人数约为33万人，其中，约90%发生在低收入和中等收入国家。同年，意外中毒造成的损失超过2000万个健康寿命年（即伤残调整寿命年）。以毒蛇咬伤为例，全球每年约540万人被蛇咬伤，其中有1.8万~270万例毒液中毒。每年约有81410~137880人死于蛇咬伤，每年因蛇咬伤而导致截肢和其他永久性残疾的人数约为其三倍。毒蛇咬伤可导致瘫痪，从而阻止呼吸，还可能导致致命的出血、不可逆的肾衰竭和组织损伤，从而导致永久性残疾和截肢。直到目前，致残和致死性的产毒动物蜇伤和咬伤仍是危害人类健康的一个全球问题，动物毒素中毒症的救治与公害防治仍然是世界性的难题。

5.2.2 动物导致人体的超敏反应

动物除可以导致人体直接和间接中毒外，还可能由机体免疫反应过强而导致人体生理功能紊乱和组织损伤，即超敏反应。超敏反应由致敏阶段、激发阶段和效应阶段组成。致敏阶段即致敏原初次进入机体刺激细胞产生抗体的过程；激发阶段即致敏原再次进入机体使细胞活化而释放生物活性介质的过程；效应阶段即机体功能发生障碍的过程。

在超敏反应过程中，病媒动物体表真菌、有毒动物毒素、某些动物活体/死体、动物的分泌物和排泄物等都能够成为引发人体超敏反应的物质，这类动物性致敏物质即被称为动物性致敏原。不同动物性致敏原可以引发人体患不同类型的致敏症（见表5-6）。就致敏途径而言，动物性致敏原主要包括吸入性致敏原、食入性致敏原和药物性致敏原三类。

表5-6 常见动物性致敏原及其致敏症

致敏部位	致敏症	致敏原
全身	血清性过敏性休克	小牛血清
皮肤	荨麻疹、湿疹、神经性水肿	肠道寄生虫
消化道	过敏性肠胃炎、过敏性休克	鱼、虾、蛋、乳、蟹、贝等
呼吸道	过敏性鼻炎、支气管哮喘	真菌、尘螨、禽毛、畜毛、粉蝶等

在动物饲养过程中，动物皮屑、体毛、唾液、尿液等可能会成为吸入性致敏原而影响人体健康，易感个体如果长期接触有关动物则可能发生致敏反应，其中动物皮屑是哮喘等致敏反应最强的致敏原。在生活环境中，猫和狗等宠物的脱落皮屑是致敏原的主要来源，观赏鸟或家禽的脱落羽毛及甲虫、蛙虫、蜂螂等动物的排泄物也能够引发超敏反应。鱼、虾和蟹等动物作为食物，可能成为食入性致敏原，而导致某些个体

发生荨麻疹的过敏反应,甚至可能引发血压下降而导致休克等全身性过敏反应。另外,当小牛血清作为药物应用于乙型脑炎灭活病毒疫苗和狂犬病疫苗等的制作时,其可能成为药物性致敏原而导致人体的过敏反应。

5.2.3 动物过度繁殖及其危害

动物过度繁殖引起的环境污染事件由于其发生频率较低,影响范围有限,很少引起较大关注,但此类事件一旦暴发往往会在短时间内造成严重的经济损失。例如,澳大利亚的畜牧业十分发达,全国约有奶牛 2800 万头,每天产生的粪便数量惊人,由于人工无法处理这么多粪便,使得全国大量草场被牛粪覆盖而发黄,草场遭到严重破坏。同时,每个粪堆在一周之内还约能繁殖 3000 只苍蝇,从而引起人畜疾病流行。这个问题直到澳大利亚从中国等亚洲国家引入了屎壳郎才得以解决。

在各种由于过度繁殖引起的动物性污染中,发生频率较高、影响较大的是鼠患。老鼠的过度繁殖不仅会破坏草场、堤坝,而且会传播很多疾病。2007 年 6 月下旬,栖息在洞庭湖区 400 多万亩(1 亩=667 m^2)湖州的约 20 亿只东方田鼠,随着水位上涨部分内迁。它们四处打洞,啃食庄稼,严重威胁湖南省沅江市大通湖区 22 个县市区沿湖防洪大堤的安全和近 800 万亩稻田。经调查发现,此次洞庭湖鼠患大暴发,主要是因为 2005 年 9 月至 2007 年 5 月的近两年间,洞庭湖水位偏低,湖州荒滩面积扩大,给东方田鼠繁衍生息提供了条件,加之东方田鼠繁殖力惊人,一对鼠一年可繁殖 2~4 胎,每胎 4~11 只,后代总量最高可达 2000 只以上。除了气候方面的因素以外,人类活动引起的生态环境变化在这次鼠患中的作用同样不可忽视。东方田鼠平时主要栖息在洞庭湖湿地生态环境中特有的湖滩、苔草、沼泽、芦苇等洲滩草地上,枯水期越长,东方田鼠的活动范围越广,繁殖期就越长,数量越多。由于洞庭湖区大规模围湖使得淤泥堵塞,湖泊沼泽化,为东方田鼠种群提供了更大的繁殖空间。而且,由于人类大量捕杀蛇、鼬等鼠类天敌,也使得鼠类的繁殖失去自然控制机制,最终过度繁殖,使得经济损失和生态破坏等。

5.2.4 动物传播疾病

动物可以传播疾病,但动物往往并不是这些疾病的病原体,而只是中间宿主。马、牛等家畜及家养宠物可以携带人畜共患疾病的病原菌,如沙门氏菌结核杆菌、布鲁氏菌等,当人接触或食用携带有未完全杀灭的这些病原菌的动物肉制品时可被感染,如震惊世界的英国疯牛病事件。自 20 世纪 80 年代初,英国开始用动物尸体制作饲料喂牛,结果导致了 80 年代后期疯牛病的大暴发。该病已被证实是由朊病毒引起的,且可传染给人类,引发人脑组织产生类似疾病(克雅氏症)。1999 年,比利时发生的毒鸡事件,即是鸡将饲料中的二噁英吸收并积累于体内,人食用鸡肉时又受到二次污染。众所周知的老鼠携带鼠疫病菌、蚊子传播疟原虫等都曾给人类带来巨大灾难,在某些贫困落后地区,这些病原体至今仍在肆虐。

表 5-7 列出了几种由动物引起的常见传染病,从表中可以看出许多疾病是由家养

动物传染给人类的，如狂犬病。狂犬病是由狂犬病毒引起的中枢神经系统感染的人畜共患传染病。携带有狂犬病毒的狗、猫等动物通过咬人传播狂犬病毒，使被传播的人发生恐水症，救治不及时者死亡率极高。全世界每年因狂犬病导致的死亡人数达5万多，而绝大多数病例发生在发展中国家，多见于亚洲的印度、泰国、斯里兰卡、柬埔寨、孟加拉国、越南和缅甸等，中国也属于人狂犬病流行的国家之一，发病数仅次于印度，居世界第二位。在北美和欧洲，狂犬病主要限于野生动物，人狂犬病多为输入病例或在异地感染入境后发病。

表5-7 几种常见动物传播疾病的病原体及动物宿主

疾病	病原体	动物宿主	症状
鼠疫（黑死病）	鼠疫杆菌	鼠类、旱獭	高烧、淋巴结肿痛、出血、肺部炎症
出血热	出血热病毒	鼠类	身体发红或有出血点，多脏器损伤，尤其是肾脏，严重的电解质紊乱
狂犬病	狂犬病毒	家养动物	发热、头痛、恶心、烦躁、恐惧不安等
严重急性呼吸综合征	SARS冠状病毒	果子狸	发热、咳嗽、肺部病变等
禽流感	H5N1病毒等	禽类	流感型症状
布鲁氏菌病	布鲁氏菌	家畜、家养动物	发热、多汗、关节痛及肝脾肿大等
疟疾	疟原虫	蚊子	周期性全身发冷、发热、多汗
登革热	登革热病毒	蚊子	发热、骨和关节剧烈疼痛等
乙脑	乙脑病毒	蚊子	高热、意识障碍、惊厥、强直性痉挛等
血吸虫病	血吸虫	钉螺及家畜	消瘦、贫血、肝肿大、腹水等

自1950年起，我国曾经历三次狂犬病的流行高峰。第一次高峰发生在20世纪50年代中期，年报告死亡数超过1900人。第二次高峰在20世纪80年代初，1981年记录了7037人死亡，是中华人民共和国成立以来死亡数最多的一年。整个80年代，年报告死亡数持续高于4000人。第三次高峰在21世纪初期，2007年报告死亡数达到3300人。2005年我国建立了全国性的狂犬病监测方案，并于2006年在6个省份设立15个国家监测点。从2008年起，我国狂犬病疫情逐年下降。到2018年，发病数降至422人。狂犬病疾病负担呈下降趋势，但狂犬病病例依旧存在疾病风险，且发病地区较为集中，有较明确的地域性特点，主要分布于我国中部及南部等地。气温、日照时长等气象因素对疾病发生具有显著驱动作用。根据国家疾病预防控制局发布的法定传染病报告发病数统计，2024年全国共报告狂犬病170例，与2023年的122例相比，上升了39%。这是自2007年以来，我国连续17年狂犬病持续下降后的首次上升。造成近些年狂犬病病例上升的原因主要有：①公众养犬大量增加，城市的宠物犬、农村的看家犬等数量及密度均明显增加；②犬只管理工作不到位，犬免疫接种率下降；③近年来，流浪猫、流浪狗的数量大增，不仅给宠物的管理带来很大挑战，同时也对人类健康构成了严重威胁；④公众对狂犬病危害认识不足，被犬咬伤的患者未采取正确的伤口处

理和狂犬病疫苗接种措施。对部分省份的 201 例狂犬病病例进行个案调查显示，大多数患者未采取正确的伤口处理及疫苗接种等措施，在被调查的患者中，进行伤口处理、全程注射疫苗和使用免疫制剂的比例仅分别为 29%、3%、1%。

5.3 植物性污染与健康影响

植物是生态系统的重要组成部分，地球上绝大部分有机物都是通过绿色植物的光合作用获得的，同时，植物还能够产生氧气、涵养水源、保持水土、净化污染物，对生态环境起着重要的调节作用。但有些植物本身或其代谢产物可对环境产生污染，并影响人类健康。

5.3.1 植物毒素

在植物进化过程中，不同植物形成了一套独特的机制，保证其生存繁衍。有些植物长得足够高，有些外表长满尖刺，有些繁殖数量庞大，而有些植物因自身含有毒素而成为有毒植物。毒素可能存在于植物的根、花、果实、表皮、刺毛或汁液中，如乌头、紫茉莉、大翠雀花等根部有毒，铃兰、嘉兰、七叶一枝花等茎部有毒，绿萝、黛粉叶、龟背竹等叶片汁液含刺激皮肤黏膜物质，刺茄和龙葵等果实有毒，而夹竹桃科和漆树科等植物全株有毒。

许多植物可以产生多种有毒物质：①苷类，如强心苷、氰苷类等；②生物碱类，如颠茄类生物碱、乌头类生物碱、毒芹碱、秋水仙碱等；③毒蛋白类，如相思子毒蛋白、巴豆毒素、蓖麻毒素、油桐毒素等；④酚类化合物，如漆酚、大麻酚等；⑤毒鱼酮类，如鱼藤酮等；⑥含萜类，如苦楝素、莽草毒素等。不同有毒植物对人体的毒性作用靶位和作用机制各不相同（见表 5-8）。这些能产生毒素的植物可能进入食物链或医疗药物系统，使食物或药物被污染而引起人类中毒，致病甚至致死。例如，有一种桑科植物叫作"见血封喉"，又名箭毒木，是我国热带季节性雨林的主要树种之一，此树产生的树汁有剧毒。其汁液若误入眼中，会引起双目失明；由伤口进入人体内会引起中毒，可能导致心脏停搏、血管封闭、血液凝固，使人在二三十分钟内死亡，所以得名"见血封喉"。

表 5-8 常见植物毒素、代表性植物及毒性作用

毒素种类	代表植物	毒性作用
苷类	白果、芦荟、夹竹桃	引起溶血反应，刺激消化道等
酚类	草棉、树棉	具有消化道毒性和神经毒性，具有杀精作用等
含萜类	狼毒、大戟、蓖麻	强烈刺激作用，可以引发强烈腹泻而致人虚脱
毒蛋白类	红豆	降低血糖，破坏神经冲动传递，抑制蛋白质合成等
毒鱼酮类	鱼藤	麻痹呼吸中枢和血管运动中枢，损害肝脏组织等
生物碱类	颠茄、乌头	损伤神经系统、呼吸系统、心脑血管系统等

5.3.2 病媒植物对人体健康的危害

自然界中,有些植物可以作为病毒、真菌、寄生虫等病原体及有毒化学品的传播媒介,可以通过成为食物源或直接接触使人体患病,也可以作为第二传播媒介而使人体患病,这类携带病原体和有毒化学品的植物被称为病媒植物(见图5-3)。例如,人们的手脚皮肤可能在农田劳作时因直接接触含钩虫幼虫的农作物而感染,也可能因生食含钩虫幼虫的蔬菜和瓜果而患钩虫病,这些钩虫通过皮肤接触或者口服感染进入人体,会引起皮肤炎症、消化道问题和贫血等症状。在动物中,家犬、家畜及野生动物等常被作为疾病传播的第二媒介,人们在放牧、剪毛、挤奶、皮毛加工等过程中可能接触动物身上来自病媒植物的虫卵而感染,例如尼巴病毒的暴发即由吃了携带尼巴病毒水果的病猪传染给人所致。植物所携带的病毒和病菌大多并不能直接使人类感染疾病,但有的植物产生的黄曲霉毒素等可能导致人类患病。

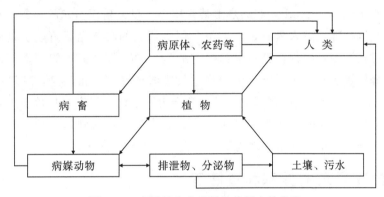

图5-3 病媒植物在病原体传播中的作用

5.3.3 植物过度繁殖及其健康危害

植物过度繁殖常见于入侵植物。有些入侵植物能够形成大面积的单优群落,造成本地植物减少甚至死亡。如水花生、凤眼莲、水浮莲等非本地植物,在营养条件丰富的水域中过度生长,脱落的根叶死亡后的残体造成生长水域化学需氧量(chemical oxygen demand, COD)含量过高,溶解氧下降,水质严重恶化,从而影响人类饮用水源安全和身体健康。另外,在湖泊中由于富营养化而导致的蓝藻暴发也会引起水质严重恶化,危害人群健康。有些藻类能产生毒素,如麻痹性贝毒、腹泻性贝毒、神经性贝毒,而贝类(如蛤、蚌等)能富集此类毒素,人食用了富集毒素的贝类可发生中毒甚至死亡。1981年印度东部沿岸曾发生麻痹性贝毒中毒事件,造成85人中毒,3人死亡;1983年菲律宾发生的贝类中毒事件使700多人中毒,21人死亡;1986年12月我国福建省因食用受赤潮毒素污染的贝类造成135人中毒,1人死亡;2008年,我国广东发生了一起毒贝类中毒事件,据报道有数十名消费者因食用受污染的贝类而中毒;2012年,美国加利福尼亚州发生了一起贝类中毒事件,数十名海螺消费者因食用受污染的贝类而中毒，导致多人就医治疗。

富营养化湖泊中的优势藻可产生藻类毒素，如铜绿微囊藻等能产生多肽类毒素，水华鱼腥藻等能产生生物碱毒素。近年来的研究发现，微囊藻毒素可明显增强3-甲基胆蒽及有机污染物启动的细胞恶性转化。藻类毒素对人体健康的影响已受到人们的高度关注。例如，研究人员对巢湖水体中藻类毒素的研究表明，巢湖水体中检测出83种浮游藻类，在16份水样中有12份检出了微藻毒素，其中2份超标。埃姆斯实验（Ames test）和微核试验（检测致突变作用）显示，该水体的原水具有可疑致突变性，经混凝处理后不能消除，加氯后仍然存在。水体中类毒素的存在还可能会导致严重的病症，甚至癌症。1972年在启东和海门南部地区肝癌高发，饮用沟塘水的居民肝癌死亡率高达100人/10万人，而北部居民饮用河水及小部分南部居民饮用深井水的肝癌死亡率分别为20人/10万人和5人/10万人。通过流行病学研究发现，肝癌高发可能跟水体中的某种促肝癌藻类毒素有关，因为检测发现沟塘中的藻毒素含量为294 pg/mL，而深水井中的浓度则小于50 pg/mL。红潮是由某些藻类大量繁殖而引起的现象，有些红潮会产生毒素，当这些毒素进入食物链，人类食用受污染的海产品后可能引发中毒。世界各地都发生过红潮中毒事件，其中最为严重的是，2002年4月，智利南部奇洛埃岛及附近一些沿海区域遭到红潮侵袭，致使当地贝类海产受到严重污染，受污染的贝类海产达1.8万t。一些地方发生多起食用贝类海产中毒事件，受害者达数十人，其中1人中毒死亡。溶藻毒素是一种由藻类产生的毒素，当海产品受到污染后，人类食用可能引发中毒。溶藻毒素中毒通常表现为呕吐、腹泻、头痛等症状。

5.3.4 植物导致的异味和过敏等

大部分植物在开花期间会产生令人愉悦的芬芳气味，但某些植物却会产生一些刺鼻的特殊异味。例如，产于马来群岛的大花草，是一种非常奇特的草本植物，它的花非常大，直径可达1 m，重达10 kg，是世界上较大的花朵之一。大花草的花期很短，一般只有几天，花朵开放后，为了吸引昆虫为其传粉会释放出恶臭，这种气味常常被形容成鲜牛粪或腐肉的气味，当地人称之为"尸花"或是"腐肉花"。

许多植物可以产生过敏物质，这些过敏物质散发于空气中、累积于植物的食用部位或其他部位，如春季许多植物的花粉散发于空气中，导致部分人群发生花粉过敏、咳嗽、哮喘、局部或全身发痒、起红疹块等。漆树、荨麻、番茄、豚草芒果等都可因产生过敏物质而导致部分人群过敏，如漆树汁液是我国传统的高质量生漆原料，但许多人一旦接近甚至较远距离接近漆树或其汁液、生漆等，会产生红疹、脱皮、全身发痒、溃烂，并伴有发烧之类的全身症状。芒果也是极易引发部分人群过敏的植物，过敏人群如碰到芒果树枝、树叶、汁液、果实的浆液，甚至吃芒果等都会引发芒果皮炎，出现红色皮疹等。

5.4 典型案例

5.4.1 新型冠状病毒及其健康危害

2019年底爆发的COVID-19大流行对人类健康造成了很大威胁。截至2021年12月31日，全球各个国家地区累计报告约28545万名确诊病例，逾547万名患者死亡。新型冠状病毒患者会在某一阶段出现发热、低烧或高烧，并伴有咳嗽症状，可能是干咳或排痰性咳嗽。其他常见临床表现还包括疲劳、四肢乏力、呼吸急促、鼻塞、咽喉痛、肌肉和关节疼痛、打喷嚏、流鼻涕、咯血、咳痰等。大约40%的患者出现嗅觉丧失与味觉丧失，或对正常的嗅觉或味觉能力产生其他干扰。严重症状包括呼吸困难、持续性胸痛、意识混乱、步行困难或面唇发黑。症状及严重程度因人而异，存在无症状感染者，目前认为无症状感染者也具有传播疾病的能力。COVID-19还有一些其他症状，如食欲不振、腹泻或恶心等胃肠病，以及头痛、眩晕等症状。严重并发症包含急性呼吸窘迫综合征(acute respiratory distress syndrome，ARDS)、脓毒症休克、全身炎症反应综合征、难以纠正的代谢性酸中毒、急性心肌损伤、凝血功能障碍，甚至死亡等。

新冠疫情这一突发的公共卫生事件迅速在我国扩散时，对全国超十亿人的身体健康和心理状态造成了深远的影响。新冠肺炎作为一种近年来新出现的、具有高度传染性的疾病，其感染源、传播方式、导致疾病的机制及治疗策略等都是在优秀的医务人员和科研人员不懈努力和持续探索后才逐渐明确的。在我国政府的统一指挥下，我国的医疗工作者和科研人员在抗击新冠肺炎的过程中，积极总结经验，并将传统医学理念应用于新冠肺炎的治疗中，迅速制定了《新型冠状病毒肺炎诊疗方案》，并随着研究的深入和实践经验的累积不断进行更新，有效控制了疫情的蔓延，同时也为全球的新冠肺炎防控工作做出了显著的贡献。

5.4.2 生物入侵的危害案例

外来入侵生物有别于普通外来物种的最大特征是它会对本地生态系统带来严重危害。当一种生物传入一个新的栖息地后，如果脱离了人为控制逸为野生，在适宜的气候、土壤、水分及传播条件下，极易大面积扩散蔓延，形成单优群落，破坏本地动植物组成，危及本地濒危动植物的生存，造成生物多样性的丧失，同时造成林业、农业、交通等方面的严重损失，对生态系统的结构和生态服务功能产生不良影响，且对人类健康也有重大影响。

5.4.2.1 生态安全方面的危害

每一个生物种群在自然生态系统中对各种资源(如光照、营养、空间等)都占据一定的位置，同时这也决定了它与其他种群间的关系，这种位置就是生态位。不同生物之间的生态位如果发生重叠，无疑将导致物种间的竞争。外来物种进入新的生境将会挤占本地物种的生态位，使本地物种失去生存空间。本地物种的生境如果被入侵种分隔成片段将会影响本地物种的遗传多样性。随着生境片段化，残存的次生植被常被入侵生物分割、包围和渗透，使本地生物种群进一步破碎化，造成一些植被的近亲繁殖和遗传漂变。这种影响的结果可能会使本地物种灭绝，尤其是一些濒危物种。

失去生态位可能会使本地物种处于不利的竞争地位，但有时外来物种会直接杀死当地物种，影响本地物种生存。外来害虫，如美国白蛾等取食危害本地植物造成植物种类和数量下降，同时与本地植食性昆虫竞争食物与生存空间，又致使本地昆虫多样性降低（尤其是对濒危珍稀昆虫的威胁更大），并由此带来捕食性动物和寄生性动物种类和数量的变化，从而改变生态系统的结构和功能。还有些外来入侵物种可以释放化学物质，抑制其他物种的生长，减少本地物种的种类和数量，甚至导致物种濒危或灭绝。此外，外来物种还会破坏生态景观的自然性和完整性，从而降低景观的观赏性。有的入侵物种，特别是藤本植物，可能使当地植被破坏，变成层次单一的低矮植被类型，使附近的乔木无法生长。

5.4.2.2 经济方面的危害

1992年里约热内卢联合国环境与发展大会以来，人们已意识到生物入侵是影响生物多样性的重要因素之一，而在实践中如何防止生物入侵，通常是通过对该物种做经济评估进行的。这里所谓经济评估是指把由引种产生的各种潜在的生态影响，以及由此而产生的监测、防治等措施的费用进行货币化，从而定量表示引种风险的过程。之所以要对引种活动进行经济评估，是因为生物入侵在全世界已造成了严重的经济损失。例如，在新西兰，由生物入侵造成的经济损失约为该国GDP的1%。我国是遭受生物入侵最严重的国家之一，截至2020年，我国已发现671多种外来入侵生物，包括动物（57种）、植物（461种）、昆虫（93种）、真菌（20种）、细菌（11种）、病毒（12种）、线虫（8种）和藻类（9种）等，其中有219种入侵到国家级自然保护区。早在2009年就有报道，外来入侵生物每年给我国造成的经济损失已超2000亿元。表5-9列出了我国部分入侵物种造成的经济损失情况。

表 5-9 我国外来入侵物种相关的经济损失和防治费用

物种	经济变量	时间	经济影响	地点
紫茎泽兰	畜牧业损失	每年	数千万元	四川凉山彝族自治州
凤眼莲	人工打捞费用	每年	5~11亿元	全国
豚草	人感染花粉病损失	每年	>100万元	全国
美洲斑潜蝇	防治费用	每年	4.5亿元	全国
松材线虫	经济损失	每年	5亿元	皖浙两省
互花米草	水产业损失	每年	数亿元	福建

5.4.2.3 对人类健康的影响

全世界的经济联系和交流越来越紧密，但经济一体化也带来了一些新的医学问题，其中有些是由于外来物种入侵引起的。病毒是个棘手的问题，尽管人们用疫苗成功地防治了天花、小儿麻痹症、黄热病等病毒，但是对许多病毒仍然没有有效的治疗措施。传染性疾病是外来物种入侵的典型例证。一般地，新型的传染病一些是直接通过旅行者无意带进来的，还有一些则是间接地从人们有意或无意引进的动物体上传染的。通常是由感染鼠疫杆菌（*pastrrella pestis*）引起淋巴腺鼠疫（由跳蚤携带，而跳蚤通过寄生于入侵物种——原产自印度的黑家鼠，从中亚传播到北非、欧洲和我国）。随着殖民地的建立，麻疹和天花从欧洲大陆席卷了西半球，当地居民对这些疾病的抵抗力很弱，这也导致了阿兹特克帝国和印加帝国的衰落。

一些外来动物如大瓶螺等，是人畜共患寄生虫病的中间寄主；麝鼠可以传播野兔热，极易威胁当地居民的健康。还有某些外来入侵植物可引起人类的过敏反应和中毒，如豚草花粉是人类变态反应症的主要病原体之一，所引起的"枯草热"给全世界很多国家的人民健康带来了极大的危害。据北京协和医院门诊统计，2016年至2018年，豚草花粉致敏[特异性IgE（immunoglobulin E，免疫球蛋白E）阳性]占夏秋季常见莠草花粉（菊科、藜科、桑科）的比例为26%～29%。青岛地区临床数据也表明，近些年，豚草花粉再次成为该地区夏秋季引起变应性鼻炎、哮喘等过敏病的重要原因。毒麦和长芒毒麦原生欧洲，约半个世纪前传入我国，这两种植物和麦类作物长得很像，混于麦类作物田中生长。它们的种子中含有毒麦碱，未熟或多雨潮湿季节毒力更强。人和动物食用含4%以上毒麦的面粉即可引起急性中毒，严重者会因中枢神经系统麻痹而死亡。

防治生物入侵，需要全社会共同努力，应充分调动公众的积极性，增强全社会防治意识，使全社会参与到防止生物入侵的行动中。防治生物入侵是一项规模宏大的工程，需要较高的国民环境意识和道德素质，因此提高我国公民对生物入侵的了解和环境意识迫在眉睫。

第6章 水体污染的健康效应

水是人类生活不可或缺的重要资源，对于维护人类的生命和健康至关重要。然而，随着工业化和城市化的快速发展，水环境面临着严重的污染问题，给人类带来了巨大威胁。水体污染主要来源于工业、农业排放和生活污水等，其中包含大量的有毒物质和有害微生物。当人们摄入被污染的水时，水中的有毒物质和有害微生物进入人体，对人体各个器官和系统产生负面影响。常见的水体污染物包括重金属、农药与有机物、藻类、微生物等。如果长期暴露于这些污染物中会引发呼吸系统疾病、神经系统疾病等多种健康问题。本章首先介绍评价水质的多方面指标，再重点讲述水体中典型的污染物及它们对健康的危害，最后以太湖和松花江污染为例探讨水体污染的环境和健康效应。

6.1 水质指标、污染源与健康危害途径

水质指标表示水中杂质的种类和数量，是判断水体污染程度的具体衡量尺度。针对水中存在的具体杂质或污染物，水质指标提出了相应最低数量或最低浓度的限制和要求。指明水质状况的标准有单项指标和综合指标之分。前者用于表征水的物理、化学和生物特性的个别要素，指明水质状况，如金属元素的含量、溶解氧水平、细菌总数等；后者用来指明水在多种因素作用下的综合水质状况，如化学需氧量用以表征水中能被生物降解的有机物污染状况，总硬度用来指明水中含钙、镁等无机盐类的污染程度，生物群落结构则用生物指数来表示。

6.1.1 水质指标

6.1.1.1 水质物理指标

表征水体物理性质的主要指标有色度、温度、浊度、吸光度与透光率、臭和味等。水体的物理组分是指描述和衡量水体物理性质和状态的各种参数和属性。这些物理组分对水体的动态特性、生态环境及水资源管理等方面具有重要的影响。以下是关于水体物理指标的详细介绍。

1. 色度

色度是指水体中悬浮颗粒物对光的吸收和散射程度，是水体透明度的一个指标。水体色度受到多种因素的影响，包括悬浮颗粒物的含量、有机物质的含量、溶解物质如铁和锰的存在等。不同的颜色可能指示不同类型的污染或溶解物质。色度通常与水体的透明度呈负相关关系。高色度水体可能表明存在大量的悬浮颗粒物，导致光线无

法透过水体,降低透明度。人类活动、工业排放、农业径流等也可能导致水体色度的增加。色度一般通过比较水样与标准颜色的差异来测量。这一过程通常使用色度计或分光光度计完成。测量的结果以色度单位(TCU,true color unit,真彩色单位)来表示。色度是一种相对标准,通常用于描述水样的透明度或清澈度。根据《水质 色度的测定》(GB 11903—1989),色度的标准单位为度,即在每升溶液中含有 2 mg 六水合氯化钴(Ⅱ)和 1 mg 铂(以六氯铂(Ⅳ)酸的形式)时产生的颜色为 1 度。

2. 温度

水体温度是指水中分子运动的速度,是水质评估中的一个重要指标。水温对水中的溶解氧含量有显著影响。一般而言,水温升高会降低水中氧溶解能力,这可能对水生生物产生负面影响。水体温度受到许多因素的影响,包括气温、季节、地理位置、太阳辐射等。气温升高通常导致水温上升,而寒冷的季节则可能导致水温下降。对于水生生物而言,不同种类的水生生物对温度的适应范围不同,水温的变化可能影响生物的繁殖、生长和行为。温度通常通过温度计或自动记录器等设备来测量。一般来说,水温高于 30 ℃要引起警惕,特别是在需要保护温度敏感的水生生物和生态系统的情况下。高温可能导致水体中的溶解氧水平下降,对水生生物产生危害,特别是对于氧气需求量较高的鱼类和其他水生生物。总体而言,水体温度是一个多方面影响的重要参数,对于水资源管理、环境保护、生态保育及气候研究等领域具有重要意义。因此,定期监测水体温度有助于了解水体的季节性变化和水温梯度。

3. 浊度

浊度是环境监测、水处理或工业过程操作中的关键水质参数之一。它反映了水中悬浮颗粒物的多少,是水体混浊程度的度量。这些悬浮颗粒物可以包括泥沙、藻类、有机物等微小颗粒,它们使水体变得浑浊,降低了水的透明度。高浊度可能表明水体中存在悬浮物,可能包含有害物质,影响水的可见度。高浊度水体可能对水生生物和植物造成影响,降低水中光照透明度,影响水生态系统的健康。在饮用水处理中,浊度是一个重要的监测指标。高浊度的水需要更多的处理步骤去除水中的悬浮颗粒物,确保水质符合饮用水标准。同时浊度也影响农业和工业用水。通常使用浊度计来测量水的浊度,其测量结果以浊度单位(NTU,nephelometric turbidity unit,散射浊度)表示。如肠道传染病和水生传染病。浊度计通过测量光在水中的散射来确定水体的浊度,散射越强,浊度就越高。根据《生活饮用水卫生标准》(GB 5749—2022)可知,当水中的浊度大于 1NTU 时,认为浊度较高,水中通常含有较多的悬浮颗粒、微生物和有机物质,这些物质可能包括细菌、病毒、寄生虫和其他污染物。饮用这样的水可能会增加感染水传播疾病的风险。

4. 吸光度与透光率

吸光度和透光率是水质分析中常用的两个指标,它们反映了水中特定物质与光的相互作用。这两个指标通常用于测量溶液中溶解物质的浓度或水中污染物的含量。在环境监测、水质分析和化学实验中,吸光度和透光率是重要的定量和定性工具。它们为科学家和环境工作者提供了手段,以了解溶液中的物质浓度和水体质量状况,从而采取适当的措施来维护水体健康和生态平衡。

（1）吸光度是光通过物质后被吸收的程度，通常用 A 表示。吸光度常用于分光光度计测定溶液中特定物质的浓度，如水中污染物、化学物质等。吸光度是一种重要的物理量化参数，广泛应用于化学、生物学、环境科学等多个领域。它与溶液中物质的浓度成正比关系，符合比尔定律：

$$A = \varepsilon l c$$

其中，A 是吸光度；ε 是摩尔吸光系数（与物质特性相关）；l 是光程（光通过溶液的路径长度）；c 是溶液中溶质的浓度。通过准确测量和分析吸光度，可以更精确地评估样品的成分和特性，从而对环境质量和生物过程进行定量分析和监测。

（2）透光率是光通过物质后未被吸收的程度，通常用 T 表示。透光率与吸光度之间有如下关系：$T = 10^{-A}$。有时也以百分比透光率表示，即 $T \times 100$。透光率常用于描述水体的透明度，评估水质清澈程度。清澈的水体具有高透光率，而浑浊的水体透光率较低。

5. 臭和味

水体中的臭味是指水中存在的有机或无机物质释放的气味。味道的来源包括溶解在水中的矿物质、微量元素、化学物质等。一些味道可能是天然的，其他味道也可能是由于人类活动引起的。一些水体中的味道可能对饮用水的品质产生影响。例如，过量的金属离子或其他有机物可能导致水味变异，降低水的适口性。不同的臭味可能对水体的健康和使用产生影响。强烈的异味可能是水体受到污染的迹象，而一些气味也可能对饮用水的接受性产生负面影响。臭味的检测可以通过专业训练的嗅味员进行嗅觉评估，确定臭味的种类和强度；还可以利用电化学传感器检测和测量挥发性有机化合物的浓度。监测水体中的臭和味是水质评估的重要组成部分。

6.1.1.2 水质化学指标

表征水体化学性质的指标主要有 pH 值，碱度，氮、磷、重金属、氯化物的浓度等。

1. pH 值

pH 值是用来衡量水体酸碱性的指标，它表示水中氢离子的浓度。pH 值的计算公式为

$$\mathrm{pH} = -\lg[\mathrm{H}^+]$$

其中，$[\mathrm{H}^+]$ 为氢离子的浓度。pH 值的范围为 0～14，其中 7 表示为中性。小于 7 的值表示酸性，而大于 7 的值表示碱性。pH 值对水体中的生物和化学过程具有重要影响。许多生物对于特定的 pH 范围更为适应，而过高或过低的 pH 值可能对水生生物造成危害。例如，当 pH 值低于 6.5 时，鱼类血液的 pH 值下降，血红蛋白载氧功能发生障碍，导致鱼体组织缺氧，尽管此时水中溶氧量正常，鱼类仍然表现出缺氧，出现浮头现象。由于组织缺氧，新陈代谢明显减弱，尽管食物很丰富，鱼类仍处于饥饿状态。pH 值低于 4.4 时，鱼类死亡率可达 7%～20%。pH 值低于 4，鱼类可能全部死亡。pH 值过高，会腐蚀鱼类的鳃组织，使鱼的呼吸能力减弱而大批死亡。

pH 值作为最重要的环境因子之一,它显著地制约了水生生境中物种的分布。pH 值的波动,或 pH 值始终保持在最佳范围之外,对许多物种将会施加生理压力,可能导致繁殖减少、生长迟缓,对疾病的易感性增加或死亡。此外,pH 值还可以影响水中的化学反应,例如对金属离子的溶解和沉淀。通过添加酸性或碱性物质,可以调整水的 pH 值,使其适应特定的用途或符合规定的标准。综上所述,监测水体的 pH 值是维护水质、生态平衡和水资源管理的重要工具。

2. 碱度

总碱度是水中可滴定碱的浓度。它表示水体中碱性离子的浓度,主要是碳酸根离子和氢氧根离子的浓度。水体中的碱性物质可以来自地下水、岩石溶解、土壤中的碱性盐等。此外,人类活动也可能引入碱性物质,例如排放含有碱性成分的工业废水。碱度与 pH 值有关,但并不相同。pH 值反映了水中氢离子的浓度,而碱度反映了水体中和酸性物质的能力。碱度通常以氢氧化钠(NaOH)的参数来表示,以中和溶液中的酸性物质。测量碱度的过程中,通过加入强碱溶液,测量所需的溶液量,以确定水体中的碱度。

3. 氮

氮是水体中常见的化学元素,对水质具有重要影响。氮在水体中以多种形式存在,主要包括氨氮(NH_4^+)、亚硝酸氮(NO_2^-)、硝酸氮(NO_3^-)和有机氮。这些形式的氮在水体中的存在可能源自自然过程,也可能由于人类活动而引入。以下是对水体中不同形态氮的介绍。

(1)氨氮(NH_4^+)。氨氮是水中溶解的氨(NH_3)转化为离子形式(NH_4^+)的浓度。它通常与废水、农业排放和有机物的分解有关。水中氨主要来源于生物对含氮有机物的分解。

(2)亚硝酸氮(NO_2^-)和硝酸氮(NO_3^-)。亚硝酸氮和硝酸氮分别表示水中的亚硝酸根离子和硝酸根离子的浓度,硝酸盐浓度与氮含量呈正相关。它们是氮的氧化态,通常形成氮循环的一部分。硝态氮主要通过有机残留物降解、堆肥、根系分泌物、降雨和光照释放等途径产生。最终,NO_3^- 被微生物固定化并转化为有机氮,通常以植物可利用的形式释放回生态系统。当硝酸盐的浓度大于 0.03 mg/L 时,高浓度的硝酸盐可以在人体内转化为亚硝酸盐,尤其是在胃酸的存在下。亚硝酸盐是一种有毒化合物,与胃酸和胃内的胺类化合物反应,形成致癌的亚硝胺物质,可能增加胃癌、食管癌等癌症的风险。

(3)有机氮。有机氮是指含有氮元素的有机化合物,主要由碳、氢、氮和少量其他元素组成。它们在自然界中广泛存在,是生物体生长和代谢的重要组成部分。常见的有机氮通常包括蛋白质、氨基酸等有机化合物。主要来源包括植物和动物的生物体,以及有机物的分解过程。有机氮在土壤、水体和大气中的分布和迁移受到物理性质如温度、湿度、流动速度等的影响。

总体而言,氮是生命活动和人类生产活动中不可或缺的元素,过高的氮浓度可能导致水体富营养化,促进藻类生长,产生藻华和缺氧等问题,监测水体中氮的浓度是水质评估的关键。

4. 磷

磷是水体中的重要元素，对水质具有重要影响。磷是一种剧毒物质，一旦进入活的生物群细胞可能导致急性中毒。磷在水体中以不同的形式存在，包括总磷、溶解性磷。总磷表示水样中所有形态磷的总和，包括无机磷（如磷酸盐）和有机磷（如有机磷酸酯）等。总磷的浓度是评估水体富营养化程度和土壤磷素供应能力的重要指标。其主要来源包括农业排放、废水排放、肥料使用、城市污水、沉积物释放等。总磷会对生物造成一定的影响，例如过量的总磷会导致水体中藻类生长过快，形成藻华，从而危害水体。总磷是评估水体和土壤富营养化程度的重要指标，对于环境保护、水资源管理和农业生产具有重要的应用和管理价值。溶解性磷表示水中以分子形式存在的磷，包括磷酸盐和有机磷化合物。与总磷相似，废水排放、肥料使用等是溶解性磷的主要来源。根据《地表水环境质量标准》(GB 3838—2002)可知，一般河流、湖泊、水库的地表水总磷的限值为 0.02 mg/L；饮用水源地的地表水总磷的限值为 0.01 mg/L。高浓度的磷直接接触皮肤会使人感到灼痛和疼痛，用高磷衣物洗过的衣服穿在身上有时会构成皮肤瘙痒。此外，高总磷含量破坏生态，且磷肥可以促进各种水生生物和植物的快速生长，导致湖水和河水发臭。总之，磷是导致水体富营养化的主要因素之一。过高的磷浓度可以促使藻类和植物的过度生长，形成藻华，降低水体透明度，引起缺氧等问题，对水体生态系统造成危害。水体中的磷浓度通常被用来评估富营养化水平，为采取适当的管理措施提供依据。

5. 重金属

重金属可以说是最常见的水体污染物之一，其从废水中释放可导致环境枯竭，影响水生生物和人类的健康。鉴于其不可生物降解的性质，重金属具有在环境和生物体的各种组成部分中累积的能力。在湿地生态系统中，重金属的存在延伸到河流、湖泊、沉积物层、植物和其他生物中，分布广泛。水体中常见重金属有铅（Pb）、镉（Cd）、汞（Hg）、铬（Cr）、镍（Ni）、铜（Cu）、砷（As）、锌（Zn）等。

以上重金属主要来自工业排放、农业和生活排放、大气沉降等多种污染源。

(1)工业排放。工业过程中的废水和废气排放可能含有多种重金属，尤其是金属生产、矿山开采、电镀等行业。

(2)农业和生活排放。农业活动、城市污水处理厂的排放及雨水冲刷也是重金属进入水体的常见途径。

(3)大气沉降。一些重金属可能通过空气中的颗粒物或降雨中的溶解物进入水体。

总体而言，重金属对水污染具有长期和广泛的影响，对人体健康、水质和生态系统均能造成严重威胁。因此，加强重金属污染的监测、控制和管理，实现水环境的保护和恢复，具有重要的环境和社会意义。

6. 氯化物

氯化物是氯元素失去电子形成的离子（Cl^-）化合物，水体中的氯化物通常以离子形式存在，它是水中的一种主要溶解性盐。氯化物是金属与盐酸的化合物，它们在水中的存在与水的盐度有关。氯化物的来源主要有两种，自然来源及人类活动。氯化物还可以通过人类活动引入水体，如道路盐使用、化肥使用、工业废水排放等。氯也是一种有害的毒素，但它能用于水的消毒，杀死许多有害细菌和微生物，并阻止微生物的生长。当 pH 值低于 6.3 时，余氯的毒性要大得多。在体内，长期接触氯会增加自由基的产生并导致癌症。儿童长期接触氯会导致哮喘发作，还会损害皮肤并引起眼睛和喉咙的刺激。

氯化物的浓度对于水体生物有一定的影响，低浓度的氯化物通常对环境没有显著影响。然而，过高的氯化物浓度可能对水体中的生物产生影响，特别是对盐度敏感的淡水生物。高浓度的氯化物可能影响水体的味道，并在一些情况下与其他水质问题，如腐蚀性和金属离子的溶解度等相关联。氯化物作为水质指标，其浓度的监测和管理对于维持水体的健康和可持续利用具有重要意义。确保氯化物浓度在适宜的范围内有助于预防水质问题。

6.1.1.3 水质有机物指标

1. BOD

生化需氧量（biochemical oxygen demand，BOD）是在一定条件下，水中微生物在一段时间内对有机物进行氧化降解的需氧量，通常以单位体积水的氧气消耗量（mg/L）来表示。BOD 的测定通常是通过在水样中培养微生物，让它们代谢有机物，测量在一定时间内水中氧气的减少量来完成的。当 BOD 高于 5 mg/L 时，可能导致水体中生物的氧气供应不足，影响水生生物的生存和繁殖。特别是对于溪流、河流和湖泊等水体，高 BOD 值可能导致鱼类和其他水生生物的死亡，从而影响渔业和水产资源。

BOD 受多种因素影响，包括水体中有机物的浓度、温度、微生物种类和数量等，是评估水体有机污染程度的重要指标之一。研究发现，水体中的 BOD 是随时间变化的。较高的 BOD 值可能表明水体中存在大量易降解的有机物，可能导致水质下降和生态系统的紊乱。BOD 还用于衡量水体的自净能力，即水体通过微生物降解有机物的能力。较高的自净能力意味着水体更容易恢复到良好的水质状态。通过减少有机废水排放、合理处理污水及加强水体保护，可以有效降低水体中的 BOD 值，提高水体质量。

总体而言，BOD 是反映水体有机污染程度和自净能力的关键水质指标，对于水体管理和保护生态环境具有重要意义。

2. COD

化学需氧量（chemical oxygen demand，COD）表示水中溶解的、悬浮的有机和无机物质在氧化剂作用下所需的氧气量，是水体氧化能力的一种度量，COD 用于间接测量水中被还原的有机和无机化合物的数量。值得指出的是，COD 仅仅反映有机污染物的氧化，而不反映多环芳烃或二噁英类化合物的氧化。COD 的测定通常是在水样中加入氧化剂（通常是重铬酸钾 $K_2Cr_2O_7$ 等），并在加热条件下催化氧化，然后测量未反应的氧化剂的消耗量来完成的。COD 的结果以每升水体中的氧消耗量（mg/L）来表示。当 COD 含量高于 40 mg/L 时，有机污染物可能对肝脏和肾脏造成不良影响，尤其是长期暴露于高 COD 水的情况下，可能导致肝脏和肾脏功能异常，甚至引起肝肾损害。

COD 是水质管理中用于监测水体中有机和无机物质氧化降解程度的关键指标，对于维护水体健康和可持续利用至关重要。需要注意的是，COD 与 BOD 有一些区别，COD 测定通常更快速，因为它利用的是化学氧化而非自然生物氧化。对于生物活性而言，BOD 通常反映水体中微生物的活性，而 COD 则更加广泛地反映了水体中的氧化能力。

3. TOC

总有机碳(total organic carbon，TOC)是指水体中所有有机碳的总和，包括溶解态和悬浮态有机碳。总有机碳主要来自生物体的分解、植物残渣、废水排放等。TOC 是评估水体中有机物总体含量的重要指标。监测处理水中的总有机碳可以通过指示有机物负荷的危险水平来预测整体水质。高 TOC 值可能表明水体受到有机物污染，但并不能提供有机物的具体种类和来源，还可能指示水体富营养化，表示藻类快速生长，存在形成藻华、降低水质和水体的透明度的风险。TOC 的测定通常采用化学氧化、紫外线光解或热氧化等方法进行。测定结果以每升水体中含有的毫克有机碳(mg/L)表示。根据《污水综合排放标准》(GB 8978—1996)可知，水体中 TOC 含量若高于 20 mg/L 时，可能会导致呕吐、腹泻、肝胆损伤，严重时会导致急性或慢性中毒。

4. 油和油脂

水体中的油和油脂是水质中的常见污染物。水体中的油是指水体中悬浮的或溶解的石油类物质，如原油、石油产品、机油、燃料油等；水体中的油脂是指水体中悬浮的或溶解的动植物脂肪，如油脂废物、食用油、工业废物油脂等。油和油脂主要有四种来源，包括工业排放、交通运输、农业活动及城市雨水径流。比如来源于工业生产中的油脂废物和油类排放；汽车、船舶等交通工具的燃油泄漏；农业化肥、农药的使用，以及农田径流中的油脂；雨水冲刷道路、建筑物等表面带走的油脂。

油和油脂的存在会导致下水道管线、泵和处理厂运行堵塞，从而造成健康风险和环境危害。高浓度的油和油脂会使水体变得浑浊，降低透明度，影响水质。油脂中可能含有一些对人体有害的物质，因此水体中的油脂污染也可能对人体健康产生影响。因此，加强油和油脂的管理与控制，实现它们的可持续生产和利用，对于保护环境和维护生态平衡具有重要意义。

5. 酚类污染物

酚类污染物是指含有酚基团的化合物，包括苯酚、邻苯二酚、对氯苯酚等。它们在水体中可能以溶解态或悬浮态存在，主要是由于工业、农业和生活活动中被污染的废水排放到水体造成的。以酚类化合物中的挥发酚为例，该物质的浓度大于 0.5 mg/L 时，可能引起呼吸道刺激，导致喉咙痛、咳嗽、气喘和呼吸困难等症状，还会对中枢神经系统产生不良影响，引起头痛、头晕、恶心、呕吐和神经系统紊乱等症状。控制工业废水排放、合理使用农药和化学品、强化城市污水处理等都是减少水体中酚类污染物的管理措施。

6. 表面活性剂

表面活性剂是一类具有特殊化学结构的化合物，能够在两种不相溶的物质界面(如固体-液体、液体-液体、液体-气体界面)上降低界面张力，使两种不相溶的物质能够混合或分散。表面活性剂由疏水性和亲水性部分组成，根据它们在水中的离子性质，可以分为阴离子（负电荷）、非离子（不带电荷）、阳离子（带正电荷）或两性（正/负电荷取决于pH值）表面活性剂。这些表面活性剂在水体中的存在形式因它们的化学性质而异。需要注意的是，高浓度的表面活性剂可能对水生生物产生毒性影响，破坏水体生态系统。控制工业废水排放、合理使用家庭清洁用品、强化污水处理等都是减少水体中表面活性剂的管理措施。以阴离子表面活性剂为例，若浓度高于5.0 mg/L可能引起过敏性皮炎或其他过敏反应。如果阴离子表面活性剂进入眼睛，可能导致眼睛刺激、灼热感、红肿等不适症状。

总体而言，表面活性剂在日常生活和工业生产中有广泛应用，但其可能对环境和生态系统造成负面影响。因此，加强表面活性剂的管理与控制，推广绿色和环保的替代产品，对于保护环境和人类健康具有重要意义。

7. 挥发性有机化合物

挥发性有机化合物（volatile organic compound，VOC）是一类在常温下具有较高蒸汽压和易挥发性的有机化合物。这些化合物容易从液态或固态转化为气态，并进入大气中。这些化合物通常在水体中以气态或溶解态存在。常见的VOC包括苯、甲苯、二甲苯、乙醚、氯仿、氯苯等，它们常常来自工业过程、交通排放、溶剂使用、农业活动等。以多环芳烃中的苯并芘（benzo(a)pyrene）为例，当其浓度大于0.0007 mg/L时，暴露于苯并芘可能导致人类出现呼吸系统问题，包括咳嗽、气喘、呼吸困难等症状。高浓度的VOC可能对水生生物产生毒性影响，破坏水体生态系统。通过气相色谱-质谱（gas chromatogram-mass spectrometry，GC-MS）联用、气相色谱法等分析方法可以测定水中VOC的浓度，对于水中VOC的及时监测和有效管理是维护水质健康的重要手段。建立和完善VOC的监测、排放和治理体系，提高排放控制效率，对于保护水质健康具有重要意义。

8. 有机农药

有机农药是一类用于植物保护的化学物质，通常用于防治农作物的害虫、病害和杂草。这些有机农药在使用过程中可能进入水体，对水体质量产生影响。有机农药包括多种化学类别，如有机磷农药（如敌敌畏）、有机氯农药（如DDT）、有机氮农药（如硝基苯胺）、杀菌剂（如甲基硫菌醚）等。例如，农药中的五氯苯酚浓度高于0.009 mg/L时，可能导致皮肤刺激、瘙痒和过敏反应。长期接触可能会导致皮肤问题。在世界十大农药使用国中，超过30%分布在南亚。有机氯杀虫剂，如滴滴涕（DDT）、艾氏剂、狄氏剂和多氯联苯（polychlorinated biphenyl，PCB）等，是对环境危害最大的杀虫剂。合理使用农药、选择低毒性农药、采用农田防治技术等是减少水体中有机农药污染的管理措施。总体而言，有机农药是一种环境友好、对人体健康有益的农药，具有广阔的市场前景和生态价值。但为了实现有效的病虫害控制和环境保护，需要加强有机农药的研发、推广和管理，引导农民正确使用有机农药，促进可持续农业发展。

6.1.1.4 水质微生物指标

凡有水的地方都会有微生物存在。水中溶有或悬浮着各种无机和有机物质，可供微生物生命活动之需。水体微生物主要来自土壤、空气、动植物残体及排泄物、工业生产废物废水及市政生活污水等。许多土壤微生物在水体中也可见到。由于各水体中所含的有机物和无机物种类和数量及酸碱度、渗透压、温度等的差异，各水域中发育的微生物种类和数量各不相同。微生物的数量和种群组成等也是水质好坏的评价指标。

微生物在环境、水体、土壤等自然系统中起着重要的作用，它们是生态系统的重要组成部分，对生态平衡和功能具有关键影响。指示生物被称为水质测量的基本工具，它们为水中存在或不存在病原生物提供证据。与其他病原体相比，总大肠菌群、细菌总数由于检测简单且成本效益高，目前被用于水质管理中的污染评估。微生物组分和指标是评估环境质量、水质污染和生态系统健康的重要依据。

1. 细菌总数

细菌总数是指在给定水样中所有细菌的总数量。包括各种细菌，无论是对人类有害的致病细菌，还是一些对人体无害的环境细菌。细菌总数的测定通常使用培养方法，将水样培养在富含养分的培养基上，然后计数产生的菌落。也可以使用现代分子生物学技术，如聚合酶链式反应(polymerase chain reaction, PCR)对细菌的基因进行检测。细菌总数受多种因素影响，包括水体的来源、周围环境条件、季节变化、人类活动等。污染源的存在，如废水排放、农田径流等，可能导致细菌总数升高。一些细菌可能引起水源性疾病，如胃肠道感染。因此，水体中高细菌总数可能对饮用水安全构成威胁。表6-1展示了我国饮用水质量标准《生活饮用水卫生标准》(GB 5749—2022)中微生物指标和限值。

表6-1 我国饮用水质量标准(GB 5749—2022)中微生物指标及限值

指标	限值
总大肠菌群/(MPN·100 mL^{-1}或CFU·100 mL^{-1})	不应检出
大肠杆菌/(MPN·100 mL^{-1}或CFU·100 mL^{-1})	不应检出
菌落总数/(MPN·100 mL^{-1}或CFU·100 mL^{-1})	100
贾第鞭毛虫/(个·10 L^{-1})	<1
隐孢子虫/(个·10 L^{-1})	<1

注：MPN, most probable number, 最可能数；CFU, 菌落形成单位, colony forming unit。

2. 总大肠菌群

总大肠菌群是指水体中所有与大肠菌科相关的细菌的总和，其中包括但不限于大肠杆菌。总大肠菌群主要受到粪便污染的影响，可能源自人类、动物(畜禽等)或其他生物体。高总大肠菌群数量可能暗示水体受到了粪便污染，其中一些细菌可能携带致病性基因，对人体健康构成潜在威胁。测定总大肠菌群通常采用培养方法，将水样培养在选择性培养基上，以促使大肠菌科细菌生长并形成可数的菌落。也可以使用分子生物学技术，如PCR来检测和定量大肠菌科细菌的DNA。据研究报道，在美国佛罗里达州中部的地表水中，大肠杆菌浓度具有相当的预测沙门氏菌浓度的能力。如果水中存在大肠杆菌，并长期暴露于受细菌污染的水中，会感染人体的肺、皮肤、眼睛、肾脏、肝脏和神经系统。总大肠菌群是评估水体污染、保护水质安全和维护生态环境的重要指标。

6.1.2 污染源

近年来，为了满足人类经济和社会发展的需要，自然水体不断开发，人类对自然水体的环境影响显著增加。由于工业用水、粮食用水、水电、航运、灌溉和娱乐等多种用途，我国的水体面临严重的问题。例如水的不可持续利用、洪水和干旱等极端事件、河流形态变化、河流湖泊污染加剧、水生栖息地和生物多样性受到威胁等。预计到 2030 年，淡水资源的缺口将达到 40%，再加上全球人口的不断增长，世界正走向广泛的水危机。

水体的污染源多种多样，水环境污染问题通常可分为点源污染和非点源污染两类。污水进入环境的过程十分复杂，如图 6-1 所示。

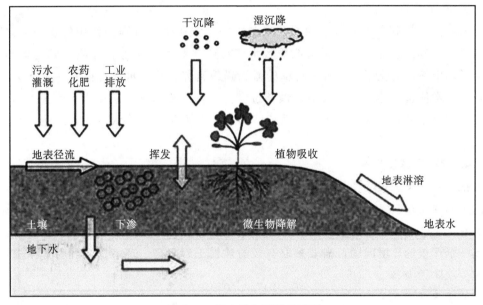

图 6-1　污水进入环境的过程

点源污染是指有固定排放点的污染源，多为工业废水及城市生活污水，由排放口集中汇入江河湖泊等水体。非点源（面源）污染是由于降雨的侵蚀，导致来自不同位置的污染物，经地表径流进入受纳水域，造成的一系列生态环境问题。非点源污染的来源比较广泛，如在农业地区化肥的不合理使用、畜禽养殖排放及生活污水的不合理排放，均会产生大量污染物，随之造成水体污染。为解决面源污染的问题，自 1990 年以来，美国政府平均每年投资超过 1 亿美元，日本某地区 61.5% 的氮气负荷来自高强度农业活动造成的面源污染。我国农田每年失氮量超过 1500 万 t，85% 的湖泊存在富营养化问题，水质恶化的重要来源也是面源污染。因此，由非点源污染引起的水体环境污染问题已成为当前环境综合治理中亟待解决的主要问题之一。

6.1.2.1　点源

1. 工业排放

工业活动产生的废水含有各种有机物和无机物,这些物质会对水质和生态环境造成威胁,可能导致水体污染和生态失衡。工业废物的性质可能因工业种类和污染时间而异,污染取决于所使用的原材料和类型,不同的过程和操作因素。例如,巴基斯坦开伯尔-普赫图赫瓦省的喀布尔河,估计每天接收 8 万 m^3 工业废水。即使在首都伊斯兰堡,其两个工业区的污水也没有得到适当的管理,废水直接排入河流。

2. 城市污水处理厂

污水处理厂的废水排放是造成水体污染的一个重要来源。尽管污水处理厂的主要任务是处理和净化废水,但如果处理不当或设备运行不良,仍可能导致对水环境的污染。污染物包括有机物、氨氮和总氮、磷和总磷、细菌和病毒、重金属等。来自污水处理厂的水体污染是一个严重的环境问题,需要采取有效的污水处理技术、环境监测和管理措施,治理出水水质。

3. 农业活动

农业活动是造成水体污染的重要来源之一。农业生产过程中使用的农药、化肥、畜禽粪便和其他农业废物,都可能导致水体污染,对水质和生态环境造成严重影响。农业活动中使用的化肥和有机肥料中的氮和磷等营养物质,可能在雨水冲刷下进入水体,导致水体富营养化。这会引发藻类过度生长,形成水华,破坏水体生态平衡。长期的农业污染还可能导致水体生态系统结构和功能退化,影响水体的自净能力和生态平衡。

4. 挖掘和建设工程

挖掘和建设工程活动是造成水体污染的一个重要来源。在挖掘和建设工程中,大量的土壤裸露在空气中,容易受到雨水冲刷。这可能导致土壤侵蚀,将泥沙、悬浮颗粒和有机质冲刷入附近的水体,引起水体淤积和浑浊。来自挖掘和建设工程的水体污染是一个严重的环境问题,需要采取有效的建设工程管理、环境监测和管理措施,以此减少水体污染。

5. 船舶和港口

船舶和港口是造成水体污染的一个重要来源。这些活动中产生的废水排放、燃油泄漏、船用废油和固体废物等都可能导致水质受损,对水体生态环境造成严重影响。船舶和港口主要污染源有四种。

(1)船用废水。船上的生活废水和排放污水中含有大量的有机物、油脂、氨氮和磷,直接排放到水体,造成水体污染。

(2)船舶燃油和油脂泄漏。船舶在加油、转移燃油或发生事故时,可能导致燃油和油脂泄漏,使得石油烃、多环芳烃(polycyclic aromatic hydrocarbon, PAH)污染水体。

(3)固体废物和渣滓。船舶和港口活动中产生的固体废物,如塑料垃圾、金属废料和其他固体废物,不当处理可能进入水体,造成水体污染。

(4)船舶排放气体。船舶燃料燃烧的排放气体,包括二氧化硫、氮氧化物和碳等,在干湿沉降的作用下,可能导致直接污染水体或酸雨,影响水体质量。

6.1.2.2 非点源(面源)

1. 农田径流

近年来,为了促进水果和蔬菜的生长,农业生产中使用的化肥和农药的质量和数量随意和过量都可能导致地表水的污染。除此之外,地表径流携带的农业废物等输入水体后,也可能造成污染。

2. 城市表面径流

城市表面径流指的是在城市地区由于雨水、融雪或其他原因而形成的地表径流。随着城市化的进程,城市表面径流问题日益突出,对城市的排水系统和水环境质量产生了影响。在城市环境中,大量的硬质表面减少了水的渗透,增加了径流的形成。城市表面径流可能携带各种污染物,如油脂、重金属、化学物质、垃圾、固体废物等,从而对接收水体造成污染。大量的城市表面径流还可能导致城市发生洪水的风险增加。

3. 天然来源

雨水、大气(沙尘、风暴)、地下岩石、火山、植被等是水体污染的自然来源。其中,雨水径流经常受到人类活动的污染。雨水排入水体是造成环境污染的重要原因。大气中微粒在重力作用下的直接沉降称为干沉降,这是造成水污染的另一种重要方式。此外,树叶、细枝等周围植被的掉落也会导致水体的养分增加;水体下存在的地下岩石和火山也可能是水体中某些盐类的来源。

4. 农村生活污水

我国大多数农村地区居民分布广泛、经济发展较慢,生活污水的排放问题异常严峻。农村地区生活污水除直接排入城市污水处理厂外,大部分农村地区无法建设污水管网和集中排污系统。农村污水难以得到有效处理。随意倾倒生活污水,可能造成农村地表水和地下水的污染,严重影响农村环境与居民健康。这种随意倾倒的处置方式,从长远来看还可能导致土地退化。

6.1.3 水污染的健康危害途径

水污染是人类健康问题的主要原因之一。全世界约有 23 亿人患有与水有关的疾病。在发展中国家,每年有 220 多万人因饮用不洁净的水和卫生设施不足而死亡,与水有关的传染病和寄生虫病约占世界婴儿死亡原因的 60%。水体污染主要通过以下几种方式对人类健康和生态系统产生不良影响。

6.1.3.1 直接接触

1. 污染饮用水摄入

直接饮用受污染的水是水体中污染物转移到人体最直接的途径。水体中存在的有害物质,如重金属、有机化学物质、微生物等可以引起水源性疾病,包括痢疾、霍乱等。例如,在巴基斯坦,工业废物和城市污水污染了饮用水,再加上处理厂缺乏水消毒和质量监测,是当地水传播疾病流行的主要原因。

2. 皮肤摄入

人类直接接触污染的水体,例如在游泳、洗澡、水上娱乐等中,水体中的化学物质和微生物等可能通过皮肤进入人体，导致皮肤病、感染和其他健康问题。

3. 呼吸道吸入

水体污染物（如挥发性有机物、悬浮颗粒物、病原体等）可能在水体表面蒸发或随风飘散进入空气中，吸入这些含有水体污染物的空气后，污染物会进入人体呼吸系统，进而参与血液循环，引发疾病。

6.1.3.2 间接接触

1. 食物链传递

水体中的污染物可能被水生生物吸收和富集，从而进入食物链。人类通过食用受污染的水产品，如鱼类和贝类，摄入这些有害物质，进而可能对健康产生负面影响。

2. 水中生态系统影响

水体污染可能破坏水中的生态平衡，对水体生态系统的健康产生负面影响。水体污染也可能影响水中生物的繁殖、生长和存活，从而影响水体的生态功能和水生生物的安全健康。

3. 水源地污染

如果水源地受到污染，供水系统中的水可能受到影响，导致城市或农村居民饮用水的不安全，增加了患水源性疾病的风险。例如，巴基斯坦卡拉奇附近偏远地区的一个村庄爆发了伤寒，在一周内造成3人死亡，300多人感染。这与当地唯一的饮用水来源水井的污染有关。

综上所述，水质与健康密不可分，对于个体和群体的健康都有着深远的影响。为了确保清洁安全的饮用水、保护水环境及水生生态系统，我们需要共同努力，采取有效的措施来保护水体、减少污染。在全球范围内，应该加强国际合作，共同面对水资源管理和水环境保护的挑战。通过共同努力，让健康的未来在清新的水域中得以延续。

6.2 水中典型污染物与健康影响

6.2.1 重金属污染

水中最常引起人体中毒的重金属有铅、铁、镉、汞、铜、锌、铬等，它们虽然有些是人体所需的微量元素，对人类健康发挥积极的作用，但大量摄入会损伤机体。具体如下。

6.2.1.1 铅

铅是常见的环境污染物，其在水中的浓度通常低于 0.01 mg/L。不同国家和地区可能有不同的标准，但一般来说，世界卫生组织建议饮用水中的铅浓度不应超过 0.01 mg/L。

1. 水体中铅的来源及累积

1) 铅的来源

(1) 工业废水排放。许多工业过程会用到铅，例如金属冶炼、电池制造、化工生产等。这些工业过程可能导致铅污染的废水排放到水体中。

(2)农业活动。农业活动中使用的化肥、农药和畜禽粪便中含有的铅,可能通过农田径流和渗漏进入地表水和地下水。

(3)城市排水系统。城市排水系统中可能存在铅管道或铅制品,这些管道可能会释放铅到供水系统中,导致饮用水中的铅浓度升高。

(4)大气沉降。大气中的铅颗粒物和气态铅化合物可能通过干湿沉降进入水体中,尤其是在工业区域和交通密集区。

(5)废弃物。含铅的固体废物,如废弃电池、电子产品、涂料和建筑材料等,可能通过垃圾填埋场的渗滤液进入土壤和水体。

(6)土壤侵蚀。铅可能从受铅污染的土壤中被侵蚀到水体中,特别是在降雨和洪水事件中,土壤中的铅可能被冲刷到河流和湖泊中。

2)铅的累积形式

水体中铅的累积形式包括水中溶解态铅、悬浮态铅、沉积物中的铅及水生生物体内的铅等。

(1)溶解态铅。铅可以以溶解态存在于水体中,形成铅离子(Pb^{2+})。这种形式的铅可以在水体中进行迁移和扩散,影响水体中铅的浓度。

(2)悬浮态铅。一部分铅以悬浮颗粒的形式存在于水体中,尤其是在废水排放、工业排放和土壤侵蚀等情况下。这些悬浮颗粒最终可能沉积在水体底部的沉积物中,造成底泥的铅污染。

(3)沉积物中的铅。铅可以沉积在水体底部的沉积物中,尤其是随着水体中溶解态铅与其他物质反应生成的不溶性沉淀物沉积下来。这些沉积物可能是底泥、河床、湖泊底部等的沉积物。在一定的条件下,沉积物中的铅有可能重新释放到水体中。

(4)水生生物体内的铅。水体中的铅可能被包括浮游生物、水生植物、贝类和鱼类等在内的水生生物吸收并在它们体内富集,然后被人类等更高层次的生物食用,导致铅通过食物链传递。

2. 水体铅污染造成的健康效应

1)神经系统

血液中铅水平达到 2000~5000 μg/L 时,会产生神经病理学变化,可导致神经系统损伤,特别是在儿童中。儿童的神经系统尤其容易受到铅的影响,可能导致智力发育迟缓、行为问题、学习障碍和注意力不集中。成人长期暴露于铅污染水体可能干扰神经递质,如多巴胺和 γ-氨基丁酸(γ-aminobutyric acid,GABA)的正常释放和功能,从而影响神经信号传递,导致神经系统功能受损,表现为头痛、疲劳、注意力不集中、记忆力减退、神经病变等症状。铅中毒可能导致运动神经损害,影响肌肉控制和运动能力,表现为肌肉无力、手脚抖动、步态不稳等症状。

2)血液系统

铅的毒性作用在血液系统中无浓度范围,只要儿童血铅水平等于或超过 100 μg/L,不管其有无相应的临床症状和体征及生物化学指标改变,即可诊断为儿童铅中毒。基于铅对人体的严重危害，目前日本、加拿大等发达国家已经将 60 $\mu g/L$ 作为诊断儿童铅中毒的标准。长期摄入铅可能增加高血压和心血管疾病的风险。血液中的铅干扰血红蛋白的合成，其会替代血红蛋白中的铁，形成不稳定的血红蛋白前体，影响氧气运输；铅会抑制体内铁元素的吸收和利用，从而影响血红蛋白的合成和功能，进而导致贫血的发生。贫血表现为血红蛋白含量降低，造成氧输送能力下降，导致疲劳、虚弱等症状。铅暴露也可能导致血小板减少，增加出血倾向，影响骨髓中血小板的生成和功能，导致血管扩张和收缩功能受损，增加心血管疾病的风险。

3）生殖系统

长期暴露于铅污染水体中的人可能会表现出生殖功能的损害。铅对性腺的影响可能导致生殖激素水平的异常，影响生殖细胞的发育和功能，从而影响生殖能力。在血铅含量超过 40 $\mu g/dL$ 时，暴露男性工人的生殖功能受损。血铅含量大于 2.5 $\mu g/dL$ 时，女性的不孕症风险大幅增加。铅可能穿过胎盘影响胚胎的生长发育，增加早产、低体重儿和出生缺陷甚至流产等的风险。

4）肾脏损伤

铅累积在肾脏中，可能导致肾脏功能受损，最终导致慢性肾脏疾病。血液中铅含量大于 10 $\mu g/dL$ 时，慢性铅暴露对肾脏、肝脏和血液均有一定损害。可能引起肾小球和肾小管的损伤，引起蛋白尿，影响肾脏的过滤和排泄功能，导致慢性肾脏病的发生和发展。铅还可能增加肾结石的风险，影响尿液中的矿物质代谢，增加结石形成的可能性。铅中毒还可能导致肾功能调节异常，影响肾脏对水和电解质的调节功能，导致电解质紊乱和水-电解质平衡失调。

5）细胞毒性

铅可能通过促进自由基的产生或抑制抗氧化系统的功能，导致氧化应激反应。氧化应激会损伤细胞的脂质、蛋白质和核酸等重要生物分子，导致细胞损伤甚至死亡。还可能导致细胞膜的损伤，影响细胞的完整性和功能。细胞膜损伤可能导致细胞内外物质的失调，进而影响细胞代谢和信号传导。铅暴露还可能直接或间接导致 DNA 的损伤，包括 DNA 链断裂、碱基修饰和基因突变等。DNA 损伤可能导致细胞的遗传物质发生变化，影响细胞的正常功能和调控。干扰细胞周期的正常调节，导致细胞周期的异常和细胞增殖受阻。这可能导致细胞增殖受到限制，甚至引发细胞凋亡。铅还可能导致细胞内毒素的释放，如细胞色素 C 等的释放，进一步损伤周围的细胞和组织，加剧细胞损伤和炎症反应。

6.2.1.2 镉

镉在自然界中常以化合物状态存在，一般含量很低，正常环境状态下，不会影响人体健康。镉和锌是同族元素，在自然界中镉常与锌、铅共生。未污染河水和污染河水的镉浓度分别小于 0.001 mg/L 和在 0.002～0.2 mg/L 范围内，海水中镉浓度平均约 0.11 $\mu g/L$，海洋沉积物中一般为 0.12～0.98 mg/L，我国规定饮用水中镉含量低于 0.005 mg/L。

1. 水体中镉的来源及累积

1) 镉的来源

水体中镉的来源可追溯到含镉矿物开采冶炼、镉化合物的生产和应用领域。归纳起来大致有以下几个方面：电镀工业、颜料工业，塑料稳定剂、电池和电子器件、合金生产等工业。早先在日本发生的痛痛病就是源于矿山含镉废水对水体的污染。20世纪20年代起，在日本北部富山县镉锌矿采掘过程中，产生浮选废渣，内含1.5%锌，其中约1/200是微粒状镉，通过河川水从山区运载到下游平地，河川水流动缓慢、发生沉积而污染水田。早期污染使田中水稻不能结实，游入水田中的幼鲤鱼入泥而死；后来水体中的镉通过稻米进入人体，引起累计死亡100多人的重大公害事件。

2) 镉的累积形式

水体中镉以多种形式存在，并且它的存在形式会受到水体的pH值、温度、氧化还原条件、浓度等因素的影响。镉在水体中的主要累积形式包括以下几种。

(1) 游离态(Cd^{2+})。镉可以游离态离子的形式存在于水体中，特别是在低pH值条件下，镉离子的溶解度更高。这种形式的镉是最容易被水生生物吸收的形式之一。

(2) 溶解有机态。镉可以有机物的形式存在于水体中，与有机物形成络合物。这些有机镉化合物的存在可以影响镉的生物有效性和迁移性。

(3) 沉积态。镉能与水体中的沉积物结合，形成沉淀物或吸附到悬浮物表面。这种形式的镉可能会长时间滞留在沉积物中，但在适当的环境条件下，也可能被重新悬浮到水体中。

(4) 生物富集态。镉能通过水生生物的摄取和富集，进入水生生物体内。逐渐随着食物链富集，导致高等生物体内镉含量增加。

(5) 胶态。镉可能以胶体形式存在于水体中，这些胶体可以是由有机物、无机物或者生物体分泌的物质。

2. 水体镉污染造成的健康效应

急性镉中毒大多是由于在生产环境中一次吸入或摄入大量镉化物引起的。大剂量的镉是一种强的局部刺激剂。镉从消化道进入人体后，会使人体出现呕吐、胃肠痉挛、腹痛、腹泻等症状，甚至可因肝肾综合症死亡。慢性镉暴露可能导致人体神经系统、血液系统、生殖系统及肾脏的损伤。

1) 神经系统

在儿童体内一定浓度的镉（如血液中大于 $0.38\ \mu g/L$ 和尿液中大于 $0.1802\ \mu g/L$）可能对儿童神经系统的功能造成危害。当镉在尿液中的浓度为大于 $0.8\ \mu g/L$ 和血液中的浓度为大于 $0.6\ \mu g/L$ 时，可能对成年人的神经系统造成危害。当血液中镉浓度为大于 $0.6\ \mu g/L$ 时，痴呆患者死亡率几乎是浓度为小于等于 $0.3\ \mu g/L$ 患者的四倍。

2) 血液系统

在正常人的血液中，镉含量很低，一定时间内接触镉后一般会增高，但停止接触后可迅速恢复正常。当血液中的镉含量超过 $0.89\ mol/L$ 时，镉暴露可能导致贫血，即血红蛋白或红细胞数量不足。这可能是由于镉影响了造血系统中的红细胞生成或加速了红细胞的破坏所致。

3）生殖系统

镉能调节激素结合，导致女性生殖异常的风险增加。镉也可能作为一种有效的非甾体类药物发挥作用，模仿或阻断内源性雌激素的作用。

4）肾脏损伤

尿镉浓度为 $1\sim2~\mu g/L$（肌酐）时，会引起肾小管损伤和萎缩，在体内形成镉硫蛋白，通过血液到达全身，并有选择性地累积于肾脏中。镉还能与含羟基、氨基、巯基的蛋白质分子结合，使许多酶受到抑制，从而影响肝、肾器官中酶系统的正常功能。肾脏可累积吸收量镉的 1/3，是镉中毒的靶器官。肾功能不全又会影响维生素 D3 的活性，使骨骼的生长代谢受阻碍，从而造成骨质疏松，骨骼萎缩、变形等。

6.2.1.3 汞

1. 水体汞的来源及累积

在水生生态系统中，汞主要累积在沉积物中。各种形态的汞（如 Hg^{2+}、Hg 及有/无机物结合态汞）在水生微生物的作用下，均可转化为具有更高毒性的甲基汞（MeHg），并沿食物链富集放大，富集因子达到 $10^4\sim10^7$，可能产生更大的健康危害。

2. 水体汞污染造成的健康效应

汞对人体健康的危害与汞的化学形态、环境条件和侵入人体的途径、方式有关。金属汞蒸气有高度的扩散性和较大的脂溶性，侵入呼吸道后可被肺泡完全吸收并经血液运至全身。血液中的金属汞，可通过血脑屏障进入脑组织，然后在脑组织中被氧化成汞离子。由于汞离子较难通过血脑屏障返回血液，因而逐渐累积在脑组织中，损害大脑。在其他组织中的金属汞也可能被氧化成离子状态，并转移到肾中累积。一般汞的摄入量达到 $200\sim300~\mu g$ 会导致慢性中毒。金属汞慢性中毒的临床表现主要是神经性症状，如头痛、头晕、肢体麻木和疼痛、肌肉震颤、运动失调等。大量吸入汞蒸气会出现急性汞中毒，其症候为肝炎、肾炎、蛋白尿、血尿和尿毒症等。急性中毒常见于生产环境，一般生活环境很少见。金属汞被消化道吸收的数量甚微，因此通过食物和饮水摄入的金属汞一般不会引起中毒。体内的汞主要经肾脏和肠道随尿、粪便排出，故尿汞检查对诊断汞中毒有重要参考价值。

无机汞化合物分为可溶性和难溶性两类。难溶性无机汞化合物在水中易沉降。悬浮于水中的难溶性汞化合物，虽可经人口进入胃肠道，但因难以被吸收，不会对人体构成严重危害。可溶性汞化合物在胃肠道的吸收率也很低。汞离子与体内的巯基有很强的亲和性，汞与酶中的巯基结合，能使酶失去活性，可能与体内含巯基最多的物质如蛋白质和参与体内物质代谢的重要酶类（如细胞色素氧化酶、琥珀酸脱氢酶和乳酸脱氢酶等）相结合，危害人体健康。

甲基汞是造成健康危害的主要有机汞种类。甲基汞可以通过食物进入人体，在人体肠道内极易被吸收并输送到全身各器官，尤其是肝和肾，其中 15% 到达脑组织。首先受甲基汞损害的是脑组织，主要部位为大脑皮层和小脑，故有向心性视野缩小、运动性失调、肢端感觉障碍等临床表现。这与金属汞侵犯脑组织引起以震颤为主的症候有所不同。甲基汞所致脑损伤是不可逆的，迄今尚无有效疗法，往往导致死亡或遗患终身(如水俣病)。

6.2.2 农药等有机污染物

农业种植成为推动农村经济发展的重要因素,但在农业生产过程中会出现病虫害,喷洒农药成了一种常用且有效避免病虫害的手段,但农药往往会残留在农作物及农产品内及通过土壤吸附渗入地下水,通过水体循环进入水环境(见图6-2),可能造成农产品及饮用水的污染,食用后会随之进入人体,对人体健康产生负面作用。农药在施用过程中易通过皮肤、呼吸道、消化道等途径进入人体,同时水生植物和农作物的茎叶、果实中的农药残留也会间接进入人体。接触这些农药可能导致急性中毒、慢性中毒、特殊中毒。尽管一般的农药残留超标不易造成急性中毒,但经过一段时间的累积易造成慢性中毒,具有潜在的致癌、致畸、致突变作用。

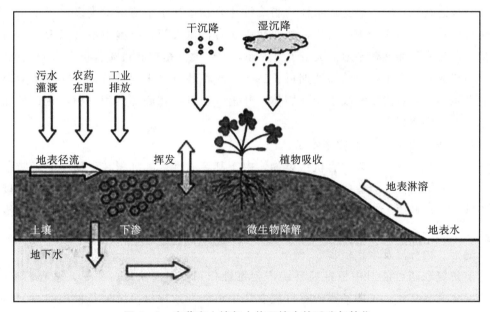

图 6-2 农药在土壤与水体环境中的迁移与转化

6.2.2.1 有机氯农药污染与健康

有机氯农药是一类人工合成的毒性较低、残效期长的广谱杀虫剂,主要用于果蔬、粮食作物生产过程的病虫害防治中,也曾是世界上产量最高,用量最大的一类农药。多数有机氯农药因难以通过物理、化学或生物途径降解而在环境中长期存留,其危害性已引起国际社会的共同关注。《关于持久性有机污染物的斯德哥摩公约》中首批列入受控的12种持久性有机污染物中,其中8种为有机氯农药。20世纪80年代大多数国家已明确禁用有机氯农药,但其残留在环境中的长期危害依然不容忽视。根据我国水中污染物浓度限值标准《地表水环境质量标准》(GB 3838—2002),适用于一般工业用水及人体非直接接触的娱乐用水,氯化物浓度限值为 250 mg/L。

1. 有机氯农药

有机氯农药主要分为以苯为原料的和以环戊二烯为原料的两大类。以苯为原料的有机氯农药包括使用最早、应用最广的杀虫剂滴滴涕；六氯环己烷，俗称六六六；六六六的高丙体制品林丹；滴滴涕的类似物甲氧滴滴涕、乙滴涕；从滴滴涕结构衍生而来、生产吨位小、品种繁多的杀螨剂，如杀螨酯、三氯杀螨砜和三氯杀螨醇等。另外还包括一些杀菌剂，如五氯硝基苯、百菌清、稻丰宁等。以环戊二烯为原料的有机氯农药主要包括作为杀虫剂的氯丹、七氯、硫丹、狄氏剂、艾氏剂、异狄氏剂和碳氯特灵等。此外，以松节油为原料的莰烯类杀虫剂、毒杀芬和以萜烯为原料的冰片基氯也属有机氯农药。

常用的有机氯农药有下列特性。①蒸气压低，挥发性小，所以使用后消失缓慢。②氯苯结构较为稳定，不易为生物体内酶系降解，所以积存在动、植物体内的有机氯农药分子消失缓慢。③有些有机氯农药，如滴滴涕在水中能悬浮在水表面；在气-水界面上滴滴涕可随水分子一起蒸发；在世界上没有使用过滴滴涕的区域也能检测出其分子以蒸发态存在。④一般是疏水性的脂溶性化合物，在水中溶解度大多低于 1 mg/L，水溶性虽较大，但小于 10 mg/L，这种性质使有机氯农药在土壤中不可能大量地向地下层渗漏流失，而能较多地被吸附于土壤颗粒上，尤其是在有机质含量丰富的土壤中，因此有机氯农药在土壤中的滞留期可长达数年，在地下水中含量较低。⑤在水生环境中，杀虫剂可以吸附或解吸于悬浮固体，并进一步沉降在底部沉积物中，在鱼类和其他水生生物中累积。

2. 有机氯农药造成的健康效应

有机氯化合物是持久性有机污染物，由于其亲脂性，其沉积在生物体的脂肪组织中，随着时间的推移会造成严重的健康危害。有机氯农药通过摄食、呼吸及皮肤接触等方式对人体健康产生影响，可以破坏生物体内某些激素、酶、生长因子和神经传导物质，细胞内相对稳态条件的改变导致氧化应激及细胞的快速死亡，从而引起帕金森病、癌症、内分泌及生殖疾病等。

有机氯农药可能对中枢神经系统产生毒性作用，引起头痛、头晕、恶心、呕吐、疲劳、焦虑等症状。长期暴露于有机氯农药中可能导致神经系统退行性疾病，如帕金森病。有机氯农药可能直接影响神经元的结构和功能，导致神经元损伤和细胞死亡。这可能是由于有机氯农药干扰神经元内部的信号传导、氧化应激和细胞凋亡等机制引起的。有机氯农药可能影响神经递质系统的正常功能，这可能导致神经递质的不平衡，影响神经系统的调节和控制功能。有机氯农药还能破坏血脑屏障的完整性，使得毒性物质能够更容易地进入大脑组织，导致部分神经系统受损。有机氯农药可能引起细胞内氧化应激，导致细胞的氧化损伤和神经元的损伤。这可能是由于有机氯农药诱导活性氧自由基的生成，使得细胞膜脂质过氧化和蛋白质氧化损伤等引起的。

6.2.2.2 有机磷农药污染与健康

1. 有机磷农药

有机磷农药是指含磷元素的有机化合物农药，主要用于防治植物的病、虫、草害，多为油状液体，有大蒜味，挥发性强，微溶于水，遇碱则其结构破坏。有机磷农药易分解，残留时间短。有机磷农药是目前世界上应用最广、人类接触量最大的毒物之一，其种类有 150 多种，常见的有机磷农药包括敌敌畏、毒死蜱、马拉硫磷等。根据我国地表水环境质量标准，其在水体中的含量不得超过 0.05 mg/L。

2. 有机磷农药造成的健康效应

有机磷农药对生物神经系统、内脏器官、生殖系统、免疫系统都会产生毒性，最主要的毒性表现为神经毒性。有机磷农药会引起 4 种主要的神经毒性疾病。

(1) 胆碱能综合征。有机磷农药导致胆碱能综合征的机理主要涉及其对胆碱能神经系统的抑制作用。有机磷农药抑制了乙酰胆碱酯酶(acetylcholinesterase, AChE)的活性，这是一种降解神经递质乙酰胆碱的酶。由于 AChE 的活性受到抑制，乙酰胆碱在神经突触中无法得到有效降解，使得其在突触间隙内累积。这会引起神经冲动传递的持续性增强，导致神经系统过度兴奋，引起一系列胆碱能症状，如肌肉痉挛、震颤、抽搐等。

(2) 中间综合征。有机磷农药导致的中间综合征(intermediate syndrome, IMS)是一种在急性有机磷中毒后发生的并发症，通常发生在急性中毒后的 24~96 h 内。它的特点是患者出现迟发性的肌无力、呼吸困难和肌肉麻痹等症状。因其发生时间介于胆碱能危象与迟发性神经病之间，故被称为中间型综合征。

(3) 迟发性多神经病。有机磷农药引起的迟发性多神经病(delayed polyneuropathy, OPIDP)是一种罕见但严重的神经系统并发症，通常是在接触有机磷农药一段时间后发生的，而不是在急性中毒后立即出现。迟发性多神经病多表现为下肢瘫痪、四肢肌肉萎缩，潜伏期为 4~45 d，特点是病情出现反复。OPIDP 主要受有机磷化合物的影响，其中最突出的代表是二乙基硫代磷酸酯和二乙基氧代硫代磷酸酯。

(4) 慢性神经精神疾病。毒理学研究表明，有机磷农药进入人体后会与体内的胆碱酯酶结合，形成较稳定的磷酰化胆碱酯酶，使胆碱酯酶失去活性，丧失对乙酰胆碱的分解能力，造成体内乙酰胆碱的累积，引起神经传导生理功能的紊乱。除此之外，有机磷农药还能诱导氧化应激，影响代谢途径，导致肝脏和心脏组织缺氧和灌注不足等多器官功能障碍。

6.2.3 藻类污染

藻类污染是指水体中藻类数量异常增多，导致水体富营养化，致恶化的现象。这种污染通常是由于水体中过量的营养物质(磷和氮等)、适宜的温度和光照条件等，促使藻类大量繁殖所致(见图 6-3)。

图 6-3 水环境中不同类型的藻类污染

世界卫生组织根据饮用水中微囊藻毒素的限值、藻类生物量和浓度关系及毒理学实验所得到的藻类作用浓度，制定了饮用水源中藻类的三级限值如下：安全限值为 1.0×10^4 个/L，警戒限值为 2.1×10^5 个/L，危险限值为 1.2×10^6 个/L。

6.2.3.1 造成污染的藻类及来源

导致水体富营养化的藻类主要包括以下几种。

(1) 绿藻。绿藻是一类单细胞或多细胞的藻类，通常在水体中呈绿色，是一种常见的水生植物，可以在富含养分的水体中繁殖迅速，导致水体藻类过度生长。

(2) 蓝藻。蓝藻实际上是细菌，但其通常被归类为藻类。蓝藻通常呈蓝绿色，有些品种会产生毒素，如微囊藻毒素。在水体中过度生长的蓝藻会形成藻华，给水质和生态系统带来严重影响。

(3) 硅藻。硅藻是一类单细胞藻类，通常在淡水和海水中广泛分布。其细胞壁富含硅，可以形成富含硅的藻类残骸。虽然大多数硅藻对水体无害，但在某些情况下，过度生长也可能导致生态环境问题。

藻类污染的主要来源包括以下几种。

(1) 农业生产。农业活动会产生大量的农业废水，其中包含大量的氮、磷等养分，这些养分进入水体，为藻类提供生长的营养物质。

(2) 城市和工业污染。城市和工业排放的废水中包含大量的养分，特别是污水处理厂未能完全去除的氮、磷等物质。

(3) 气候变化。气候变化可能导致水体温度升高、降雨模式变化等,这些因素都可能影响水体中藻类的生长和分布。

(4) 未经处理的污水排放。一些地区未经处理的污水直接排放到水体中,其中含有大量的有机质和养分,促使藻类过度生长。

6.2.3.2 藻类污染造成的健康效应

水体中过量的氮、磷等会造成水体中的藻类迅速生长繁殖,争夺水中的氧气,导致水生生物,如鱼类、贝类等的生长和繁殖受到严重影响,从而影响它们的生存和繁衍,造成水生生态环境的失衡和水生生物的疾病,甚至死亡。水体中的藻类含量超标会产生大量毒素,如微囊藻毒素等,这些毒素对人体有害。当微囊藻毒素浓度超过 0.001 mg/L 时,饮用或接触含有这些毒素的水可能会导致人类出现急性或慢性健康问题,如腹泻、皮肤炎症、肝损伤甚至癌症等。

6.2.4 微生物污染

6.2.4.1 水体中典型细菌及其致病性

自然界 1 mL 的清洁水体中的细菌总数在 100 个以下,而在受到严重污染的水体中,可达 100 万个以上。污染水体的细菌主要有肠道细菌(大肠菌群、粪链球菌、梭状芽孢杆菌等)和病原菌。

1. 致病大肠杆菌

致病性大肠杆菌(*escherichia coli*,简称 *E.coli*,见图 6-4)可以引起多种健康问题。我国《生活饮用水卫生标准》(GB 5749—2022)中关于生活饮用水的细菌标准的具体规定如下:1 mL 水中的细菌总数不得超过 100 个,总大肠杆菌数不可超过 3 个。

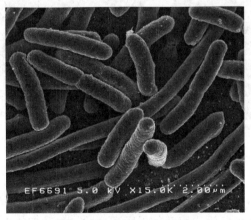

图 6-4 致病性大肠杆菌

以下是致病性大肠杆菌超标情况下可能造成的健康危害。

(1) 胃肠道疾病。大肠杆菌引起的最常见的健康问题是胃肠道疾病,包括腹泻、腹痛、恶心、呕吐等。这些症状通常在感染后的一到三天内出现,程度因个体而异,但对于一些特定的致病性大肠杆菌品系[如肠出血性大肠杆菌(*enterohemorrhagic E.coli*,

EHEC)]导致的腹泻可能伴随血便。

(2)溶血性尿毒综合征(hemolytic-uremic syndrome，HUS)。对于某些致病性大肠杆菌(尤其是 EHEC 品系)，感染后可能导致溶血性尿毒综合征。HUS 是一种罕见但严重的并发症，特征是可能引起溶血性贫血、血小板减少和肾衰竭。这种并发症通常在感染后的一到两周内发展。

(3)泌尿道感染。致病性大肠杆菌也可能引发泌尿道感染，尤其是在女性中较为常见。这种感染可能导致尿频、尿急、尿痛等症状。

(4)其他系统感染。在某些情况下，致病性大肠杆菌可能引发其他系统的感染，如呼吸道感染、软组织感染等，尤其是在免疫系统功能受损或有其他基础病的个体中。

2. 沙门菌

污染水体中经常可检出的沙门菌(salmonella，简称 S.)包括鼠伤寒沙门菌(*S. typhimurium*)、肠炎沙门菌(*S. enteritidis*)、乙型副伤寒沙门菌(*S. para-typhi B*)、伤寒沙门菌(*S. typhi*)、猪霍乱沙门菌(*S. chole-raesuis*)、婴儿沙门菌(*S. infantis*)、德比沙门菌(*S. derb*)、都柏林沙门菌(*S. dublin*)等。沙门菌主要来自病患者的粪便、畜栏粪污和屠宰场污水。水产养殖场受污染后，在水产品中也可检出沙门菌。沙门菌的正常参考值范围为 10～100 CFU/mL。在临床上除伤寒和副伤寒分别由伤寒沙门菌和副伤寒沙门菌引起外，急性胃肠炎、腹泻与腹痛等病症大部分由其他沙门菌引起。细菌性食物中毒通常也是由沙门菌引起的。沙门菌形态如图 6-5 所示。

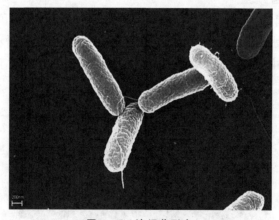

图 6-5 沙门菌形态

沙门菌感染可能导致多种健康问题，其中包括以下几方面。

(1)食物中毒。沙门菌是最常见的食物中毒病原菌之一。通常导致食物中毒性感染，表现为恶心、呕吐、腹泻、腹痛等胃肠道症状。这种食物中毒一般在感染后的 6～72 h 内出现症状。

(2)沙门菌败血症。在一些情况下，沙门菌感染可能引发败血症，也就是沙门菌进入血液引发全身性感染。这种情况可能对免疫系统功能受损的人群造成更为严重的健康威胁。

(3)肠道感染。沙门菌感染还可能引发肠道感染，表现为腹泻、腹痛、发热等症状。在一些情况下，沙门菌感染也可能导致血液性腹泻。

(4) 慢性健康问题。沙门菌感染还可能导致一些慢性健康问题，如反复发作的慢性胃肠道症状，影响患者的生活质量。

3. 志贺菌属

志贺菌属（shigella，简称 Sh.）一般只存在于菌痢患者和短时带菌者的粪便中，有时在污水中捕得的鱼体内也可检出，在家禽家畜的粪便中一般很少发现。志贺菌病主要通过食物或接触传染，如饮用水源受到污染，可引起水型痢疾暴发流行。引起痢疾的志贺菌主要有福氏志贺菌（Sh. flexneri）和宋氏志贺菌（Sh. sonnei）。此外，还有痢疾志贺菌（Sh. dysenteriae）和鲍氏志贺菌（Sh. boydii）。志贺菌形态如图 6-6 所示。

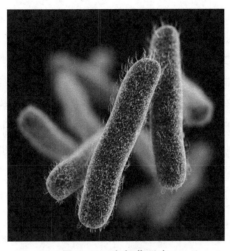

图 6-6 志贺菌形态

人和灵长类动物是志贺菌的适宜宿主，营养不良的幼儿、老人及免疫缺陷者更为易感。据报道，全球范围每年约有 14000 例志贺菌病，但估计发病人数为 30 万人。据统计，2020 年 8 月，安徽寿县保义镇居民 493 人陆续出现发热呕吐、腹痛腹泻症状，据省市县联合调查组初步调查，判定为志贺菌感染所引起，志贺菌引起的细菌性痢疾主要通过消化道传播。

志贺菌的致病机制主要源于其侵袭力、内毒素，个别菌株还能产生外毒素以发挥作用。志贺菌进入大肠后，黏附于大肠黏膜的上皮细胞上，继而进入上皮细胞并在体内繁殖，扩散至邻近细胞及上皮下层。由于毒素的作用，上皮细胞死亡，黏膜下发炎，并有毛细血管血栓形成，以至坏死、脱落，形成溃疡。志贺菌属中各菌株都有强烈的内毒素，作用于肠壁，使肠道通透性增高，从而促进毒素的吸收，继而作用于中枢神经系统及心血管系统，引起临床上一系列霉菌血症症状，如发热、神志不清，甚至中毒性休克。毒素还能破坏黏膜形成炎症、溃疡，表现为典型的痢疾脓血便。毒素作用于肠壁植物神经，可能导致肠道功能紊乱、肠蠕动共济失调和痉挛，继而发生腹痛、里急后重等症状。志贺菌 1 型及部分 2 型（施氏志贺菌）菌株能产生作用强烈的外毒素，其为蛋白质，不耐热，在 75～80 ℃下 1 h 即可破坏。其作用是增加肠黏膜通透性，并导致血管内皮细胞损害。外毒素经甲醛或紫外线处理可脱毒成类毒素，能刺激机体产生相应的抗毒素。

6.2.4.2 水体中典型病毒及其致病性

水中存在的病毒可以通过饮水或水体接触途径进入人体，还可能导致食物受到污染，引起各种疾病，如胃肠道感染（如腹泻、呕吐）、呼吸道感染和肝炎，以及引发食物源性疾病爆发，例如通过灌溉水或海产品污染等方式引发疾病。这些疾病可能会对人体的健康造成严重影响。

1. 肠道病毒

肠道病毒（enterovirus）属于微小 RNA 病毒科（*picornaviridae*），包括脊髓灰质炎病毒（poliovirus）、柯萨奇病毒（Coxsackie virus）A、柯萨奇病毒 B 和埃可病毒（enterocytopathogenic human orphan virus，ECHO virus）。肠道病毒是在水体环境中最常见，也是水病毒学研究得最多的一类病毒。肠道病毒颗粒小，不含类脂体，核心有单链核糖核酸，耐乙醚和其他脂溶剂，耐酸，对各种抗生素、抗病毒药、去污剂有抵抗作用。多数病毒在细胞培养中产生细胞病变。

肠道病毒通常寄生于肠道，仅于少数情况下进入血管或神经组织。正常的病毒携带者不多见，隐性感染甚为普遍，人感染后出现临床症状的也是少数。在研究水病毒学安全性中，常以肠道病毒作为代表，因为这类病毒病患者排毒量大、排毒时间长，肠道病毒对外界环境抵抗力强、存活时间较久，可以通过水体以外的途径传播，而且比其他病毒易于检测。

(1) 生物学性状。肠道病毒具有典型的正二十面体（icosahedral）结构，直径约为 30 nm。其外壳由四种结构蛋白（VP1、VP2、VP3、VP4）组成，内含单股正链 RNA 基因组。其基因组为单股正链 RNA，长度约为 7000～8500 核苷酸。它包含一个开放阅读框（open reading frame，ORF），编码用于病毒复制和蛋白质合成的各种蛋白质。肠道病毒在胃酸下具有相当的稳定性，并且可以在水、食物、环境表面等多种环境中存活一段时间。肠道病毒主要感染肠道黏膜，但也可以引起其他器官的感染，例如呼吸道、心脏、皮肤等。它们通常引起轻微到中度的呼吸道疾病、手足口病、脑脊髓膜炎等。但在某些情况下，特别是在免疫系统较弱的个体中，可以导致更严重的疾病。

(2) 生存环境。肠道病毒可以存在于自来水、河流、湖泊等水体中。这些水源可能被感染的粪便、污水等污染而含有病毒，尤其在卫生条件较差的地区，水源污染可能导致病毒传播。粪便是肠道病毒的主要排泄途径，病毒在粪便中存在。若粪便没有得到适当处理，可能导致水环境等被污染，从而引起疾病传播。

(3) 致病性。肠道病毒感染可能引起轻微的呼吸道感染，包括流感样症状、喉咙痛、咳嗽等。由柯萨奇病毒 A 组和肠道病毒 71 型等肠道病毒引起的手足口病在儿童中比较常见。患者可能出现口腔、手部、脚部等处的水泡、溃疡，伴随发热、食欲不振等症状；这些病毒还可能导致脑炎或脑脊髓膜炎，并发症通常在儿童中更为严重，甚至可能威胁生命。某些肠道病毒感染还可引起腹泻，表现为腹痛、腹泻、恶心、呕吐等消化道症状。极少数情况下，肠道病毒感染也可引发心肌炎，导致心脏功能受损，甚至危及生命。

2. 肝炎病毒

病毒性肝炎一般可分为甲型肝炎（传染性肝炎或短潜伏期肝炎）和乙型肝炎（血清性肝炎或潜伏期肝炎），两者病理变化和临床表现基本相同。主要临床症状有食欲减退、恶心、上腹部不适、乏力等。

(1) 生物学性状。乙型肝炎病毒（hepatitis B virus，HBV）是一种 DNA 病毒，属嗜肝 DNA 病毒科（hepadnaviridae），是一种具有包膜的病毒，其结构由蛋白质壳和内含有基因组的核酸组成。HBV 有外壳和核心两部分：外壳厚 7~8 nm，有 HBV 表面抗原（hepatitis B surface antigen，HBsAg）；核心直径约 27 nm，含有部分双链，部分单链的环状 DNA、DNA 聚合酶、核心抗原及 e 抗原。HBV 的 DNA 基因组约含 3200 个碱基对。长链的长度固定，有一缺口，此处为 DNA 聚合酶；短链的长度不定。不同类型的肝炎病毒具有不同的结构特征，但均由蛋白质壳包裹着一段 RNA（或部分 DNA）基因组。当 HBV 复制时，内源性 DNA 聚合酶修补短链，使之成为完整的双链结构，然后进行转录。肝炎病毒的基因组可以是单股或双股 RNA，或者双股 DNA。基因组大小、结构和编码的蛋白质数量在不同类型的肝炎病毒之间有所不同。肝炎病毒主要感染肝脏细胞，在肝脏内进行复制，导致肝炎病变。它们依赖于宿主细胞的生物合成机制进行复制。通过与宿主细胞的特定受体结合，进入细胞内，释放出核酸基因组，利用宿主细胞的细胞器和酶进行病毒基因组的复制、转录和翻译，最终产生新的病毒颗粒并释放到细胞外。

(2) 生存环境。肝炎病毒可以通过污染的水源进入水环境中。污染源通常是含有肝炎病毒的粪便、污水或被污染的废水。肝炎病毒在水中的存活时间取决于多种因素，包括水温、pH 值、阳光照射、存在的有机物和病毒浓度等。在一般条件下，肝炎病毒在水中的存活时间可能是几天到几星期。

(3) 致病性。肝炎病毒感染的急性阶段可能导致急性肝炎，表现为发热、乏力、黄疸、恶心、食欲丧失、腹痛等症状。急性肝炎通常是自限性的，大多数患者在感染后数周到数月内康复。肝炎病毒的持续感染可能会导致一些感染者发展成为慢性感染，即病毒持续存在于体内超过 6 个月。慢性感染通常是无症状的，但可能会逐渐出现慢性疲劳、肝功能异常、黄疸等症状。慢性感染可能导致长期的肝脏损害，如肝硬化、肝癌等。肝硬化即肝脏组织的结缔组织增生和纤维化，导致肝功能逐渐受损。肝硬化是肝癌的重要危险因素之一，肝癌是肝炎病毒感染的严重后果之一，是肝炎病毒相关疾病的主要死因之一。一些肝炎病毒感染者还可能出现免疫复合物的形成，导致免疫介导的肝脏损伤。这种情况在慢性感染中尤其常见。需要注意的是，不同亚型的肝炎病毒可能对宿主的致病性有所不同。例如，乙型肝炎病毒的 HBeAg 阳性亚型通常与更严重的肝脏损害相关。

3. 轮状病毒

轮状病毒（rolavirus）归类于呼肠孤病毒科（reoviridae）轮状病毒属。由澳大利亚毕晓普(Bishop)等于1973年从腹泻病人的十二指肠上皮细胞中发现。

(1)生物学性状。轮状病毒是一种双链核糖核酸病毒，属于呼肠孤病毒科，主要感染小肠上皮细胞并产生肠毒素，导致细胞损伤和腹泻。轮状病毒颗粒呈球形，具有双层衣壳，每层衣壳呈二十面体，无外层衣壳的粗糙型颗粒直径为50~60 nm，而完整病毒颗粒直径为70~75 nm。轮状病毒对理化因素具有较强的抵抗力，耐乙醚和弱酸，对普通消毒剂如70%酒精、5%来苏尔等有抵抗作用，但对56 ℃以上高温、干燥、紫外线等敏感。

(2)生存环境。轮状病毒在外部环境中的生存能力较强。传染性轮状病毒能够在地下水中生存数月，在未经消毒处理的水环境中的生存能力取决于水的温度。研究发现当病毒污染的水样保持在4 ℃时，轮状病毒的存活时间比保持在20 ℃时长得多。在高温、酸碱度极端或含有消毒剂的水中，轮状病毒的存活时间会大大缩短。在室温空气中，轮状病毒能存活长达7个月。在粪便中，轮状病毒可以存活数天甚至数周。此外，轮状病毒对热的耐受力相对较弱，在56 ℃的高温环境下，其存活时间大约为0.5 h。在更低温度下，如−20 ℃，轮状病毒可以存活7年；在−70 ℃的环境中，轮状病毒可以长期存活。

(3)致病性。轮状病毒对人体的致病性主要表现为轮状病毒感染后导致的胃肠及消化系统健康效应。轮状病毒感染是造成婴幼儿腹泻的主要原因之一。轮状病毒感染能引起宿主肠道绒毛上皮细胞的损伤和炎症反应。病毒复制过程中会导致细胞的溶解和破坏，进而引起局部炎症反应。通常在感染后1至3天内出现水样或稀便的腹泻，伴有腹痛、恶心、呕吐等症状。腹泻严重时可能导致脱水。感染轮状病毒后可能会出现发热症状，尤其是在腹泻和呕吐持续的情况下，可能伴有低热或中等强度发热。轮状病毒感染细胞再生障碍还可能影响肠道细胞的再生和修复能力，从而延长病程和症状的持续时间，引起宿主免疫系统的抑制，使宿主更容易受到其他病原体的感染。

6.2.5 消毒副产物残留

水质消毒副产物(disinfection by-products，DBPs)是消毒剂(如氯、氯胺、二氧化氯和臭氧)与水中无机物或有机物反应产生的物质。不同的水质消毒剂会产生不同类型的消毒副产物。此外，水质中各种无机物和有机物的存在、水温、pH值及消毒剂的剂量都会对DBPs的形成和变化产生影响。常见DBPs包括氯酸盐、亚氯酸盐、溴酸盐、三卤甲烷(trihalomethans，THM)和卤代乙酸(haloacetic acid，HAA)等。

6.2.5.1 水中典型消毒副产物

1. 三卤甲烷

水中的三卤甲烷是指三种不同卤素(氯、溴、氟)替代了甲烷分子中的氢原子而形成的化合物。最常见的三卤甲烷包括三氯甲烷(氯仿，$CHCl_3$)、一溴二氯甲烷($CHBrCl_2$)、二溴一氯甲烷[又名氯二溴甲烷或二溴氯甲烷($CHBr_2Cl$)]、三溴甲烷(溴仿，$CHBr_3$)。水中三卤甲烷的存在通常是由于水处理过程中使用了卤素化消毒剂(如氯、溴)或者是自然界中存在的卤素化合物在水中与有机物反应而形成的。对于消毒剂而言，三卤甲烷暴露可能表现为黄疸、肝功能异常、脂肪肝等症状。当三卤甲烷浓度大于 0.3 mg/L 时，可能对肝脏产生不良影响，导致肝脏损伤或肝功能异常。

2. 卤代乙酸

对于消毒剂二氯乙酸而言，当浓度大于 40 μg/L 时会导致水体中消毒副产物卤代乙酸（HAA）的产生。卤代乙酸是一类常见的水质污染物，主要由水体中的有机物与消毒剂（如氯）反应而产生。卤代乙酸包括氯乙酸、溴乙酸、氯二溴乙酸、溴二氯乙酸等。这些物质在水中存在的程度取决于水体中有机物的含量、消毒剂的使用量和消毒工艺等因素。

3. 溴酸盐

水中的溴酸盐是溴酸（$HBrO_3$）及其盐类存在于水中的形式。它们通常是由于水处理过程中使用了含溴的消毒剂，如次溴酸钠、次溴酸钾等，或者是自然界中存在的溴化物在水中氧化而形成的。

6.2.5.2 水中消毒副产物的健康效应

水中消毒副产物对人体的不同系统都会造成不同程度的影响。

1）呼吸系统损伤

水中的消毒副产物可能随着水蒸气释放到空气中，特别是在使用气氛压力法进行消毒时。这些消毒副产物包括氯仿、氯乙烷等有机氯化合物。人体可能通过吸入水蒸气或气溶胶的方式，使得环境中的 DBPs 进入人体呼吸道，引起呼吸道炎症、哮喘等疾病。

2）消化系统损伤

DBPs 中的有害物质可能通过食物、水源等途径直接进入人体消化道，引起消化道炎症、溃疡等疾病。水中消毒副产物可能具有刺激性作用，直接接触消化道黏膜时，导致胃肠道黏膜的炎症、溃疡和出血等。某些消毒副产物可能会对消化系统细胞产生毒性作用，干扰消化系统内的代谢过程。引起细胞损伤、细胞凋亡、氧化应激等，进而导致组织损伤和炎症反应，干扰代谢功能。水体中的消毒副产物还可能在消化道吸收后，进入血液循环，对全身健康造成影响。

3）神经系统损伤

部分 DBPs 具有神经毒性，它们可能进入神经组织并影响神经元的结构和功能，可对神经系统产生直接毒性作用，引起头痛、头晕、记忆力减退等症状，严重时可导致神经系统疾病。

4）生殖系统损伤

长期接触低浓度三氯甲烷气体的人群会出现性腺功能下降的症状，并且其受精能力和生育能力都减弱，精子出现畸形且活性降低。

5）致癌风险

长期饮用加氯水或用其沐浴或在其中游泳，都可能增加患膀胱癌的概率，经常在游泳池中游泳的人，膀胱癌的发生率高出一般人 57%。

6.3 典型案例

6.3.1 太湖污染案例

太湖，位于长江三角洲南缘，是中国五大淡水湖之一。在20世纪60年代，太湖处于略贫营养状态，自20世纪80年代以来，经济发展导致大量污染物的产生和排放，导致水质恶化，出现了富营养化和藻华（微囊藻属）现象。最终于2007年暴发了蓝藻污染事件，主要原因为太湖沿岸的工业污染排放和水产养殖。这一事件引发了湖水中大量蓝藻的繁殖，对太湖的生态环境产生了严重不良影响。

2007年4月底，太湖西北部湖湾，尤其是梅梁湖等地，发生了严重的蓝藻大规模暴发。水利部太湖流域管理局的监测数据显示，5月6日，各水厂水源地的叶绿素a含量达到高峰，其中小湾里水厂水源地最高浓度为259 μg/L，贡湖水厂次之，浓度为139 μg/L，锡东水厂水源地为53 μg/L。太湖西北部湖湾的叶绿素a浓度普遍超过40 μg/L，表明蓝藻大量繁殖。到5月中旬，蓝藻在湖湾进一步聚集，分布范围不断扩大。5月16日，太湖梅梁湖犊山口水质变黑，波及小湾里水厂，导致该水厂于22日停止供水。现场监测显示，小湾里水厂水源地附近的蓝藻大量死亡，水质变黑发臭，并逐步向梅梁湖湾口蔓延。在高温条件下，大面积蓝藻严重污染了供给全市市民的饮用水源头。

随后无锡市采取紧急措施，从周边城市调运纯净水解决市民饮水问题。同时，启动了"引江济太"工程，引进长江水净化太湖水；采取人工增雨办法，降水灭藻；组织大批人力打捞太湖蓝藻。直到6月2日，自来水厂才恢复正常供水。这场生态灾难让人们彻底意识到太湖生态已经非常脆弱，自然调节能力严重丧失的问题。根据国际治理湖泊的经验，湖泊一旦发生富营养化，往往需要十年甚至几十年的长期控源才能恢复到较低的营养盐水平。

太湖污染的起因主要包括以下几方面。

(1) 工业废水排放。太湖周边地区有着发达的工业区，一些企业早年未经适当处理就将废水排入太湖，其中包括有机物、重金属等污染物。工业污染是太湖污染最大的污染源，直接导致太湖蓝藻的大面积暴发。自20世纪80年代末，无锡等地的太湖地区把化工业作为支柱产业，使得大大小小的化工、电镀、印染等企业如雨后春笋，数以千计的污染企业沿太湖一字排开，污水直接排放到太湖里。据了解，《太湖水污染防治"十五"计划》中要求进行清洁生产审核的无锡企业有几百家，然而许多企业仍不能达标。在2006年的调查监测中发现，废污水超标的十几家公司中，竟然包括2家污水处理厂，大量污水未经过合格处理就直接排入太湖。所排放的污染物种类多而且难以被生物降解，工业废水中往往含有较多的污染物种类或浓度较高的有毒有机物和一些强碱、强酸性物质，这些污染物质具有毒性、刺激性、腐蚀性等特点，通过日积月累导致污染的爆发。

(2)城市污水排放。随着城市人口和经济的增长，城市污水排放成为太湖水质问题的一个重要来源。太湖流域的城市化过程导致了大量污水的产生，城市的急剧扩张导致污水排放量大幅增加，管网建设滞后、维护保养不及时等问题导致污水外渗，进入地下水体。城市生活污水主要以有机污染物为主，富含氮、磷、有机物和微生物，有机物被降解需要消耗氧气而导致水体缺氧。

(3)农业面源污染。农业活动引入了农药、化肥等，这些物质可能通过径流进入太湖，导致水体富营养化和农药残留问题。农村农业生产生活中，大量使用的氮、磷、农药等化学品，通过农田地表径流和农田渗漏成为太湖面源污染的重要来源。太湖流域的池塘养殖是农业源污染的主要来源之一，在太湖流域，在池塘养殖过程中氮、磷等污染物的排放加快了水体富营养化程度。农业排水具有面广、分散、难以收集和治理的特点。农业排水是造成水体污染的面源，并通过各种渠道使水体恶化和富营养化。

(4)大气沉降。大气中的污染物，尤其是氮氧化物和硫化物，可能通过降雨或气溶胶沉降到太湖水域，引起水体的酸化和富营养化。太湖流域大气湿沉降中存在营养盐污染物，包括氮和磷，加剧水体富营养化。大气沉降中的营养盐和重金属对太湖水生生态系统产生潜在影响，可能引起水质恶化，威胁水体生态平衡和生物多样性。

太湖污水进入贡湖水厂，导致水中蓝藻繁殖，其腐烂和分解过程释放出难闻的恶臭，污染水域的空气中充斥着令人作呕的味道，给周边居民的生活带来了巨大影响。不仅在水域附近，即便远离水源，也能感受到这种令人难以忍受的臭气，形成了一场空气中的水污染灾难。自来水无法供人们正常饮用，而且散发出一种难闻的气味，如同腐烂的气息在空气中弥漫，给人一种沉闷、刺鼻的感觉。

本次污染事件中，主要的水体污染物质可分为营养盐类污染物、重金属类污染物和持久性有机污染物等。其中营养盐类污染物可以导致水体富营养化，进而促进蓝藻等有害藻类的生长，可能导致人体肝肾损伤等健康问题；重金属类污染物质如镉、砷等，由于其生物毒性、持久性和生物富集性，长期暴露可能引发慢性疾病，如神经系统、肾脏和骨骼系统的损害；持久性有机污染物的暴露可能对人体健康产生长期危害，例如影响免疫系统、内分泌系统等，甚至可能增加癌症的风险。

太湖水污染已经导致该地区的生态系统遭受严重破坏，对太湖流域的社会经济可持续发展造成了严重影响。国务院出台的《太湖流域管理条例》治理文件，要求各级政府和相关部门加强对污染源的监管，实施有效的污染防治措施。此外，《国家环境保护"十一五"规划》将太湖流域的水污染防治作为重点内容之一，提出了一系列具体的治理措施和目标，包括控制工业排放、改善农业污染、加强生态修复等，从而保证太湖良好的生态环境。同时，国家发展改革委会同有关方面组织编制了《"十四五"重点流域水环境综合治理规划》，提出要深化太湖流域水环境综合治理，加大工业污染和农业面源的污染治理力度，提升河流的治理水平。这些政策为太湖污染治理提供了坚实的法律和政策保障，推动了各级政府和社会各界共同努力，逐步改善太湖的水环境质量，通过多年治理，太湖水体污染的情况得到了极大改善。

6.3.2 松花江污染案例

2005年11月13日13时30分许,中国石油吉林石化公司(吉化公司)双苯(指苯酚和苯酐,简称双苯)厂苯胺二车间由于精制塔循环系统堵塞,操作人员处理不当发生爆炸。爆炸发生后,吉化公司东10号线入江口水样有强烈的苦杏仁气味,苯、苯胺、硝基苯、二甲苯等主要污染物指标均超过国家规定标准。松花江九站断面苯类指标全部检出,以苯、硝基苯为主。从3次监测结果分析,污染逐渐减轻,但右岸仍超标100倍,左岸超标10倍以上。松花江白旗断面只检出苯和硝基苯,其中苯超标108倍,硝基苯未超标。由于吉化爆炸事件,松花江发生重大水污染事件。大量苯类物质尚未燃烧或者燃烧不充分,导致约100 t苯类物质(苯、硝基苯等)随着消防用水,绕过了专用的污水处理通道,通过排污口直接进入松花江,对松花江水体造成污染。苯类物质对环境是有害的,而且易在水生生物中产生生物累积,对生态环境具有不可逆的损害,进入水体的污染物可以通过食物链传递和累积,再对水生生物产生毒害作用,继而可能会对人类的健康产生威胁。本次吉化爆炸事件,引发了松花江重大水环境污染,给松花江下游沿岸城市的供水安全造成严重威胁。

爆炸除直接造成吉化厂自身重大损失外,主要通过两种途径对环境造成影响:一方面是爆炸浓烟造成的大气污染,另一方面是苯类污染物流入松花江对水体造成了严重污染,影响地表饮用水水源水质和沿江由松花江补给的浅层井水水质,使得松花江流域在严重缺水的同时,水质又受到严重污染,可利用的水资源进一步减少,加剧了松花江水资源的短缺,影响了工农业生产和居民生活,严重限制了当地的社会经济可持续发展。

本次爆炸排入松花江水体的主要污染物包括硝基苯、苯、苯胺和二甲苯,其中硝基苯的危害最大。上述污染物对人体健康分别有以下危害。

(1)硝基苯。硝基苯是一种有刺激性气味的有机化合物,是一种重要的化工原料或中间体,被广泛地应用于医药、炸药、农药等生产过程。硝基苯不仅能对植物的生长繁殖产生毒性影响,也能危害人类及动物的血液、肝脏、生殖系统和神经系统,引起贫血甚至死亡。因硝基苯不易被微生物分解,有毒物质长期残留于江水,顺水流污染其他江河及沿岸生物,并在水生生物体内富集,在高浓度情况下,可直接导致水生生物死亡,低浓度时会累积在水生生物体内,通过食物链最终危及人类,由此会造成松花江流域内长期的潜在生态危害。

(2)苯。苯是一种挥发性有机化合物,对人体有毒性,长期暴露与接触可导致骨髓抑制,对造血系统产生不良影响。

(3)苯胺。苯胺是一种无色至浅黄色有机化合物,有刺激性气味。长期接触苯胺可能导致中枢神经系统和造血系统损害,对皮肤、眼睛、呼吸道有刺激作用。

(4)二甲苯。二甲苯是一种有特殊刺激性气味的挥发性有机物。长期接触二甲苯可导致中枢神经系统损害,影响呼吸系统,对眼睛和皮肤有刺激作用。

对于上述污染物,当地采取在取水口投放粉末活性炭等措施进行治理,并不断完善污染物去除工艺技术。然而，虽能使污染物浓度降低，但污染物的残余物、衍生物仍可能逐步释放。

生物治理技术是有效的污染治理手段。它借助培育的植物，或培养、接种的微生物的生命活动，对水中污染物进行转移、转化及降解，实现水体净化。该技术成本低廉、实用性强，适用于松花江水污染治理。国内外诸多研究者通过富集培养等技术，已筛选出多种能降解硝基苯等污染物的微生物，如葡萄球菌、产气荚膜杆菌、链球菌、棒状杆菌等。

第 7 章　土壤污染的健康效应

　　土壤是环境四大要素之一，是连接自然环境中无机界、有机界和生物界的中心环节。随着工业化的发展、城市化的加快，人类活动范围不断扩大，人为因素对土壤环境的污染与破坏也日益加重，土壤成为许多有害废弃物处理和处置的场所。因此土壤环境污染不像大气与水体污染那样容易显现，而是一个漫长而隐蔽的过程。土壤是陆地生态系统的核心及食物链的首端，直接关系到人类的消费活动。土壤污染物可以通过食物、饮水和皮肤接触等途径转移到人体并危害人体健康。因此，对土壤环境污染及健康效应的评价是现代环境卫生学的一项重要任务。只有准确、及时地评价土壤环境污染及其健康效应才能最大限度地保护环境和人体健康，并为制定可行的卫生和环境管理决策提供科学依据。

7.1　土壤污染的概念、特点与健康危害途径

7.1.1　土壤污染的概念及过程

7.1.1.1　概念

　　目前，关于土壤污染的定义并不统一，较为一致的看法为：土壤生态系统由于外来物质、生物或能量的输入，使其有利的物理、化学及生物特性遭受破坏而降低或失去正常功能的现象称为土壤污染。全国科学技术名词审定委员会给出的土壤污染定义为：对人类及动、植物有害的化学物质经人类活动进入土壤，其累积数量和速度超过土壤净化速度的现象。广义来讲，任何有毒有害物质的进入导致土壤质量的下降，或人为导致的表土流失等，均可视为土壤污染。

　　判断土壤污染目前常有三种方法：①土壤中污染物含量超过土壤背景值的上限；②土壤中污染物含量超过《土壤环境质量　农用地土壤污染风险管控标准（试行）》(GB 15618—2018)中的标准值；③土壤中污染物对生物、水体、空气或人体健康产生危害。土壤污染可进一步从以下三方面理解：其一是土壤物理、化学或生物性质的改变，使植物受到伤害而导致产量下降或死亡；其二是土壤物理、化学或生物性质已经发生改变，虽然植物仍能生长，但部分污染物被农作物吸收进入作物体内，使农产品中有害成分含量过高，人畜食用后引起中毒和各种疾病；其三是因土壤中污染物含量过高，从而间接地污染空气、地表水和地下水等，进一步影响人体健康。

　　综上所述，从环境科学角度讲，人类活动所产生的污染物，通过多种途径进入土壤，当污染物向土壤中输入的数量和速度超过土壤净化能力时，自然动态平衡即遭到

破坏，造成污染物的累积，逐渐导致土壤正常功能的失调。同时由于土壤中有毒有害物质的迁移转化，引起大气和水体的污染，并通过食物链构成对人体直接或间接的危害，这种现象称为土壤污染。所以，土壤污染应同时具有以下三个条件：一是人类活动引起的外源污染物进入土壤；二是导致土壤环境质量下降，有害于生物、水体、空气或人体健康；三是污染物浓度超过土壤污染临界值。

7.1.1.2 土壤污染过程和原因

外界的物质和能量，不断地输入土壤体系，并在土壤中转化、迁移和累积，从而影响土壤的组成、结构、性质和功能。同时，土壤也向外界输出物质和能量，不断影响外界环境的状态、性质和功能，在正常情况下，两者处于一定的动态平衡状态。在这种平衡状态下，土壤环境是不会发生污染的。但是，如果人类的各种活动产生的污染物质，通过各种途径输入土壤，可能导致土壤环境正常功能失调和土壤质量下降，或者土壤生态结构发生明显变化，导致土壤微生物区系（种类、数量和活性）的变化，土壤酶活性减小；进而影响作物的生长发育，以致造成产量和质量的下降，并可通过食物链对生物和人类产生直接危害。

造成土壤污染的主要原因包括以下几方面。①不合理的污水排放，如工业废水的直接排放，导致土壤重金属含量增加，人们长期食用污染土壤生产的农作物，会对人体神经、免疫系统造成一定危害，威胁人体健康。②农药化肥的过度使用，农业生产中，为提高产量，盲目地使用农药化肥造成了土壤的严重污染。③固体废物处置不当，工业废物及生活垃圾随意丢弃，废物的填埋不当引发严重的土壤污染；垃圾填埋后，发生分解腐败产生渗滤液，若其未得到有效的处理，其中的有毒有害物质进入土壤，可能造成污染。此外，农用地膜的残留也是土壤的一大污染源。高分子塑料地膜在自然状况下难以分解，污染成分和微塑料等长期存在于土壤中，改变土壤结构、阻碍水分及养料的运输，加剧土壤污染。

7.1.2 土壤污染的特点及污染途径

7.1.2.1 土壤污染特点

1. 隐蔽性和滞后性

大气污染、水污染和废物污染等问题一般都比较直观，通过感官就能发现。而土壤污染往往要通过对土壤样品进行分析化验和农作物的残留检测，甚至通过研究对人畜健康状况的影响才能确定。因此，土壤污染从产生到出现问题通常会滞后较长的时间。如日本的"痛痛病"经过了几十年才被人们所认识。

2. 污染累积性

污染物在大气和水体中，通常都比较容易迁移，而在土壤中不像在大气和水体中那样容易扩散、稀释和迁移，因此容易在土壤中不断累积而超标，同时也使土壤污染具有很强的地域性。

3. 不可逆转性

重金属对土壤的污染基本上是一个不可逆转的过程，如被某些重金属污染的土壤可能要100～200年时间才能够恢复。此外，许多有机化学物质污染也需要较长的时间才能降解。

4. 难治理

如果大气和水体受到污染，切断污染源后，通过稀释、自净作用有可能使污染问题逐渐逆转，但是累积在污染土壤中的难降解污染物则很难靠稀释作用和自净化作用来消除。土壤污染一旦发生，仅仅依靠切断污染源的方法往往很难恢复，有时要靠换土、淋洗土壤等方法才能解决问题，治理技术可能见效较慢。因此，治理污染土壤通常成本较高，治理周期较长。

鉴于土壤污染难以治理，而土壤污染问题的产生又具有明显的隐蔽性和滞后性等特点，土壤污染问题一般都不太容易受到重视。自20世纪中叶以来，一方面农业集约化生产加快，土壤开发强度越来越大，农药、化肥等各种化学品投入剧增。另一方面工业飞速发展，直接或间接向土壤排放大量污染物，导致越来越多的土壤污染，造成农作物污染和减产，并通过食物链危害人体健康。土壤受到污染后，含重金属浓度较高的污染表土容易在风力和水力的作用下分别进入大气和水体中，直接导致大气和地表水污染，以及地下水污染和生态系统退化等其他次生生态环境问题。

7.1.2.2 土壤污染途径

根据污染物的来源，土壤环境污染的主要途径包括以下四方面。

1. 水

污染源主要是工业废水、城市生活污水和受污染的地表水体。据报道，在日本由受污染地表水体造成的土壤污染占土壤污染总面积的80%，而且绝大多数是由污水灌溉造成的。地表径流造成的土壤污染，其分布特点是污染物一般集中于土壤表层，因为污染物大多以污水灌溉形式从地表进入土壤。但是，随着污水灌溉时间的延长，某些污染物可随淋溶水向土壤下层迁移，甚至达到地下水层。水型污染是土壤污染最主要的发生类型，其分布特点是沿被污染的河流或干渠呈树枝状或呈片状分布。

2. 大气

土壤中的污染物也可能来自大气中颗粒物的沉降。由大气造成的土壤环境污染，可分为点源污染和面源污染两类。点源土壤污染特点是以大气污染源为中心呈椭圆状或条带状分布，长轴沿主风向伸长。其污染面积和扩散距离取决于气象条件(风向、风速等)和污染物的性质、排放量及排放形式。面源土壤污染的特点是，由于污染源分散或呈流动状，土壤污染无明显边界且污染面积广。例如，因大气污染造成的酸性降水乃至土壤酸化，就是一种广域范围、跨越国界的大气污染现象。

3. 固体废物

在土壤表面堆放或处理、处置固体废物、废渣，不仅占用大量耕地，并且污染物还可通过大气扩散或降水淋溶，使周围地区的土壤受到污染。固体废物污染属点源性质，主要造成土壤环境的重金属、油类、病原菌和某些有毒有害有机物的污染。

4. 农业生产

在农业生产中，过量施用化肥、农药，以及使用城市垃圾堆肥、厩肥等，均可能引发土壤环境污染。其中，化学农药和污泥中的重金属是主要污染物。由此可见，化肥一方面可作为植物生长发育所需营养元素的供给来源，另一方面却也可能成为环境污染因子。

7.1.3 土壤污染的健康危害途径

土壤环境中的物理、化学和生物等污染物可以通过各种途径，直接或间接地进入人体而危害人体健康。土壤是大气圈、岩石圈、水圈和生物圈相互作用的产物，是联系无机界和有机界的重要环节。人类生产生活排放到大气、水中的污染物终归要进入土壤，而土壤环境中的污染物也可通过大气、水及食物链等途径转移到人体，危害人体健康（见图 7-1）。

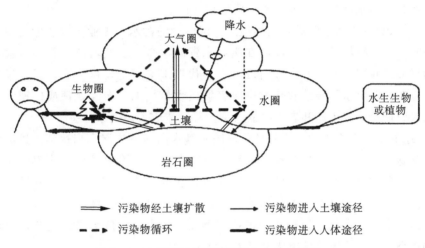

图 7-1 土壤污染物转移及进入人体示意图

7.1.3.1 土壤污染物转移到人体的途径

1. 土壤—大气—人体

土壤本身含有空气，土壤中的一些有害气体如甲烷等，可通过与外界空气的气体交换，而进入大气。稻田和一些畜牧场释放的甲烷，会对大气造成污染。国际能源署（International Energy Agency，IEA）数据显示，2022 年我国甲烷排放量为 5567.61 万 t，占全球排放量的 15.7%。2022 年我国农业活动排放甲烷 1850.19 万 t，占全国排放的 33.2%；我国农业活动排放氧化亚氮约 117 万 t，占总氧化亚氮排放的 60%。土壤环境中具有挥发性的污染物，如酚、氨、硫化氢等，可以直接蒸发而进入大气。氮肥在施用后，可直接从土壤表面挥发成气体进入大气；以有机氮或无机氮形式进入土壤的氨肥，在土壤微生物的作用下可转化为氮氧化物进入大气。

因地面铺装不好、缺少绿化，地面的尘土和堆积的垃圾等被风扬起尘埃，可将化学性污染物（如铅、农药等）和生物性污染物（如结核杆菌、粪链球菌等）转移入大气；沥青路面也可由于车辆轮胎频繁摩擦而扬起多环芳烃、微橡胶、石棉等，这些物质被风携带而悬浮于空气。在风速较大时，扬入大气的尘土更多，污染物也可能被扩散到更远的地方，进而沉降在地面成为灰尘，污染地表水和土壤，并可经呼吸道、消化道等进入人体，危害人体健康。

2. 土壤—水—（水生生物）—人体

土壤污染物经水转移至人体有四种形式。

(1)地表水径流。土壤污染物可以通过雨水冲刷、淋洗进入地表水，尤其是雨水或灌溉水流过农田后形成的径流，更易使土壤中的污染物进入水体。由于化肥、农药的大量使用，土壤中的氮、磷等农药残留均可污染水体。农田土壤每侵蚀 1 mm，每公顷（1 公顷 $=10^4$ m^2）土壤的径流中磷的含量为 10 kg，氮为 10～20 kg，碳为 100～200 kg。径流中农药流失量约为施药量的 5％。如施药后短期内出现大雨或暴雨，径流中农药含量会更高。水溶性强的农药可溶入水相，吸附力强的农药可吸附在土壤颗粒上，并随径流悬浮于水中。我国农村有使用人粪便和厩肥等有机肥料的传统，用未经处理的粪便给菜地和农田施肥也有可能造成土壤生物性污染。

(2)污水灌溉。污水灌溉是指用经过一定处理的污水、工业废水或生活与工业混合污水灌溉农田、牧场等。污水灌溉在缓解水资源紧张、农业增产增收和污水处理上有重要的意义。我国污水灌溉自 20 世纪 50 年代以来一直呈发展势态，近几年来有迅速增长的趋势。污灌水可导致农作物中有害物质含量增加。未经处理或处理不达标的污水灌入农田，会造成土壤和农作物的污染，甚至造成人体健康危害。

(3)地下水。土壤中的污染物还可以随土壤水向地下渗漏，当达到渗透区时，污染物就很容易在地下含水层中转移。一般污染物在砂质土壤中的转移速度比在黏性土壤中快，但如果黏土中有裂缝，则污染物的转移速度加快。土壤中污染物最终将转移到附近的饮用水井或污染地下饮用水水源，虽然这一过程十分漫长，但水井或地下水源一旦受到污染，则在相当长的时间内持续存在，污染物浓度会越来越高，治理难度和成本都很高，饮用污染的地下水会对人体健康造成损害。

(4)水生生物或植物。进入地表水的污染物，除可通过饮用水直接进入人体外，还可以被水中的水生生物或水生植物所摄取，并在生物体内大量累积。研究表明，进入水体中的重金属对水生生物的毒性，不仅表现为重金属本身，而且重金属可在微生物作用下转化为毒性更大的金属化合物，如汞的甲基化作用。此外，生物还可以从环境中摄取重金属，经过食物链的生物放大作用，在体内成千上万倍富集，人体则通过食入含污染物的水产品而受到污染物的危害，造成慢性中毒。

3. 土壤—人体

土壤中的生物性污染物可通过人体的直接接触而危害人体健康。用于肥田的生活垃圾、畜禽粪便等固体废物中的微生物、病毒或寄生虫，如钩端螺旋体、破伤风杆菌等可通过完好或破损皮肤使人体受到感染。另外，土壤中的放射性物质可直接照射于人体而引起人体健康危害。

4. 土壤—食物—人体

生长在污染土壤中的植物，可以从土壤中吸收有害污染物，并通过食物链转移进入人体。如土壤中的氨或氨盐，经硝化菌的作用，形成亚硝酸盐和硝酸盐，即可被植物吸收、利用。动物以这些植物为食，或人食用了这样的农产品，其中的亚硝酸盐和硝酸盐将最终进入体内并危害人体健康。调查发现，施氮过多的蔬菜中，硝酸盐含量是正常情况的20～40倍。硝酸盐和亚硝酸盐本身对人体并无大的毒害作用，但通过化肥进入蔬菜、水果，再被人食用后，它们在体内可转化成具有毒性和强致癌作用的亚硝酸胺，可造成人体，尤其是婴幼儿血液失去携氧功能，出现中毒症状，对健康构成极大的危害。

虽然目前我们仍未掌握环境污染物通过土壤食物链浓缩、放大的参数，但已有的研究表明，重金属污染物基本依照以下规律转移：大气、农灌水（工业废水）→农田土壤→农田农作物→畜禽饲料（粮食、菜果等）→人体。生物放大作用是与食物链有关的，但是生物体内污染物浓度的增加还与生物累积作用和生物浓缩作用有关。生物累积和生物浓缩作用可使生物体中某种污染物的浓度高于环境浓度。因此，进入土壤中的微量毒物，可通过生物放大、生物累积和生物浓缩作用，使高位营养级的生物受到毒害，最终威胁人类健康。

由上述可见，土壤污染对人类健康危害具有潜隐性、间接性的特点，并且可以经由多种途径进入人体，导致严重后果。

7.1.3.2 土壤污染物在食物链—大气—水中的动态转移原理

污染物在食品中的残留量，受环境污染物浓度、植物对污染物的截获能力及污染物在植物体内的富集和转移等多种因素的影响。因此，从污染物排放到污染物在动植物可食部分中出现是一个动态过程。国外针对重大环境污染事件而开展了动态食物链模式研究。如国际原子能机构与环境合作委员会曾组织大型国际协调研究项目"核素在陆地、水体、城市诸环境中迁移模式有效性的研究"。中国辐射防护研究院环境科学所研究人员作为中国组负责人，主持开展了"动态食物链模式、参数的理论与实验研究"工作，进行了有关转移参数（污染物沉积速度、植物叶面积指数、土壤表层的污染元素及其含量、植物可食部分污染元素及其含量等）的理论和定量研究，建立了我国动态食物链模式及中国食物链的部分转移参数，提出了适合于中西方食物链的污染物动态转移模式，如图7-2所示。

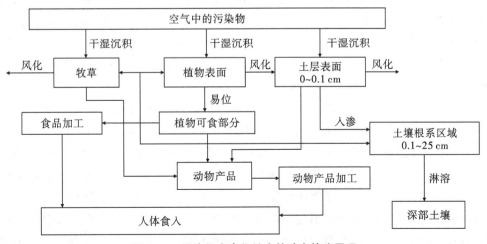

图7-2 污染物在食物链中的动态转移原理

7.1.3.3 土壤污染物侵入人体的方式及体内过程

土壤污染物经大气、水和食物等途径进入人体，并通过机体的生物膜而进入血液，这一侵入过程称为吸收。在人体中土壤污染物主要通过消化道、呼吸道和皮肤吸收。

1. 侵入方式

(1) 消化道侵入。经土壤—水和土壤—食物途径转移的污染物，主要通过消化道侵入人体。消化道的任何部位均对污染物有吸收作用，经口腔黏膜吸收得极少，在胃内主要通过简单扩散的方式被吸收，起主要作用的是小肠。污染物在消化道的吸收过程中受很多因素影响：①消化道中多种酶类和菌群可改变污染物的毒性，使其转化成新的、毒性更大的物质；②胃肠道内容物的种类和数量、排空时间及蠕动状态都会影响消化道对环境化学物的吸收，肠道蠕动减少可增加污染物的吸收，蠕动增加则可降低其吸收率；③污染物的溶解度和分散度也是影响吸收的因素。另外，消化道不同部位的 pH 值、营养吸收状况也是影响污染物吸收的重要因素。例如摄入高钙、高铁或高脂食物可降低铅的肠道吸收。

(2) 呼吸道侵入。经土壤—大气或土壤—扬尘转移的污染物，主要经呼吸道侵入人体。经呼吸道吸收的污染物质不经门静脉血液进入肝脏，故未经肝脏的生物转化过程而直接进入体循环并分布到全身。由于肺泡表面积大，肺泡周围毛细血管丰富且与空气接触面广，经肺部吸收的气态毒物，如氯气、硫化氢、氮氧化物等能迅速通过肺泡壁进入血液，其速度仅次于静脉注射。同时呼吸道富有水分，易使污染物溶解吸收，或造成局部刺激和腐蚀性损害。

影响污染物经呼吸道吸收的影响因素主要有以下几方面。①分压差和血/气分配系数：按扩散规律，气体从高分压(浓度)处向低分压(浓度)处通透，肺泡气和血液中该气态物质的分压(浓度)差越大，吸收越快；血/气分配系数越大，气体越易被吸收入血液。②溶解度和相对分子质量：非脂溶性的物质通过亲水性孔道被吸收，其吸收速度主要受相对分子质量大小的影响，相对分子质量大的化学物吸收较慢。③肺泡通气量和血流量的比值：肺泡通气量与血流量的比值称通气/血液比值，比值升高，则说明污染物侵入会较多，反之则较少。

(3) 皮肤侵入。一般来说，完整、健康无损的皮肤是抵挡污染物的良好屏障，对污染物的通透性较弱，但确有不少污染物可通过皮肤吸收而产生全身毒性作用。经土壤—大气、土壤—扬尘和土壤—水体转移的污染物均可经皮肤侵入，其主要是通过表皮和毛囊、汗腺、皮脂腺吸收。毛囊、汗腺、皮脂腺只占皮肤表面积的 0.1%～1%，所以它们的吸收不如表皮重要。可以通过皮肤吸收的污染物，大多数是通过表皮后，经乳突毛细管进入血液。易溶于脂和水的物质，如苯胺可被皮肤迅速吸收，具脂溶性而水溶性极微的苯，经皮肤吸收的量较小。某些污染物可通过皮肤吸收引起全身作用，如有机磷农药经皮肤吸收可能引起中毒甚至死亡，四氯化碳经皮肤吸收可引起肝脏损害。表皮吸收的主要方式是简单扩散，其影响因素很多。经毛囊吸收的污染物不经过表皮屏障，可直接通过皮脂腺和毛囊壁进入真皮。电解质和某些金属，特别是汞，可通过毛囊、汗腺和皮脂腺被吸收。皮肤被擦伤、灼伤，或被酸、碱化学性损伤时，可促进污染物的迅速吸收。

(4)其他途径侵入。某些污染物还可通过眼部黏膜被吸收。另外，土壤中的放射性物质还可通过直接辐射或照射作用而引起人体健康损害。

2. 分布、贮存和排泄

(1)分布。通过不同途径侵入人体的污染物除少数在血液里呈游离状态外，大部分与血浆蛋白结合，随血液和淋巴的流动分散到全身各组织器官，这个过程称为分布。同一种污染物在机体内各组织器官的分布是不均匀的，不同的污染物在机体内的分布情况也不一样。这是因为其在体内的分布与各组织、器官的血流量、亲和力等多种因素有关。分布的起始阶段，主要取决于机体不同部位的血流量，血液供应越丰富的器官，污染物的分布越多，所以血流丰富的肝脏，可达很高的起始浓度。但是随着时间的延续，污染物在器官和组织中的分布受到污染物与组织或器官亲和力的影响而形成污染物的再分布过程。

(2)贮存。某些污染物与某种组织有很强的亲和力或具有高度脂溶性，而在某种组织浓集或累积。浓集或累积的部位可能是污染物主要毒性作用部位即靶器官，也可能不呈现毒性作用而成为贮存库。进入血液的污染物大部分与血浆蛋白或体内各组织成分结合，并在特定部位累积而导致组织器官局部污染物浓度较高。贮存状态的污染物与其游离状态部分呈动态平衡；贮存的污染物释放入血液呈游离状态时，即可呈现毒性作用。污染物在体内贮存的毒理学意义有两方面：一方面对急性中毒有保护作用，贮存库使污染物在体液中的浓度迅速降低，减少其到达靶组织或靶器官的作用剂量；另一方面贮存库可能成为体内污染物的内暴露源，具有慢性致毒的潜在危害。研究污染物在体内的分布规律和归属，了解和获得不同污染物的亲和组织、靶器官和贮存库的基础知识，对于深入研究环境污染物在人体内的代谢及毒性作用机理具有重要意义。

(3)排泄。排泄是环境污染物及其代谢产物由体内向体外转运的过程。排泄的主要途径是经肾随尿液排出和经肝随同胆汁通过肠道随粪便排出。此外，环境污染物也可随各种分泌液如汗液、乳汁、唾液、泪液及胃肠道的分泌物等排出；挥发性物质还可经呼吸道排出。

7.2 土壤中典型污染物与健康效应

7.2.1 土壤重金属污染

重金属是土壤中具有潜在危害的污染物，它们不能被土壤微生物分解，却可被生物体富集，某些重金属还可转变成毒性更强的甲基化合物。重金属可以通过食物链在人体内累积，严重危害人体健康。20世纪50年代，日本发生的"痛痛病"即是由镉污染土壤所引起的公害病。目前，普遍关注的重金属主要有镉、铅、汞、铬等。我国部分城市土壤重金属污染水平见表7-1。

表 7-1 我国部分城市土壤重金属污染水平

城市	砷	钴	铬	铜	锰	镍	铅	锌	镉	汞
北京	7.77	—	70.15	24.61	—	31.44	34.63	89.48	0.17	0.50
南京	—	—	76.90	36.45	707.2	35.48	32.65	99.75	0.24	—
拉萨	25.64	—	35.90	20.25	—	17.35	22.70	66.07	0.10	0.07
呼和浩特	6.38	—	103.6	26.04	888.4	28.33	39.05	115.8	0.20	—
昆明	9.72	—	51.09	249.0	1160	43.00	62.27	381.8	1.10	—
天津	11.00	—	81.00	45.00	—	33.00	44.00	148.0	0.39	0.18
重庆	—	—	86.77	24.87	—	33.19	28.89	126.0	0.28	0.08
郑州	—	8.84	63.40	21.67	461.0	26.82	48.19	80.04	0.31	0.15
广州	16.07	—	62.21	25.42	—	19.92	57.19	140.2	0.30	0.25
长沙	15.31	14.40	134.1	27.58	—	14.87	56.03	149.5	1.24	—
济南	11.93	—	71.87	26.08	—	32.18	—	72.08	0.20	0.05
沈阳	8.09	—	67.30	44.80	—	38.10	59.14	206.6	0.49	—
西安	12.15	24.96	69.74	32.52	662.6	30.67	37.11	101.7	—	—
上海	—	—	128.0	55.00	719.0	56.00	119.0	229.0	0.33	—
哈尔滨	8.87	—	61.28	—	—	25.73	26.74	72.03	0.17	0.08
中国土壤背景值	11.20	10.60	61.00	22.60	583.0	26.90	26.00	74.20	0.10	0.07

注：表中数据单位为 mg/kg。

重金属从排放源进入人体的途径和风险评估如图 7-3 所示。

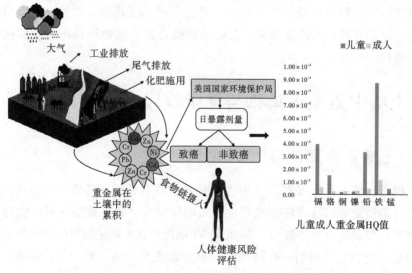

图 7-3 重金属进入人体途径及健康风险评估

(HQ：hazard quotient，危害商数。)

7.2.1.1 镉污染

1. 土壤镉污染来源及在人体内的累积

镉在地壳中的丰度为 0.2 mg/kg，在世界范围内，未污染土壤镉含量在 0.01～0.70 mg/kg 范围内。我国土壤镉含量为 0.017～0.332 mg/kg。环境中镉大约有 70% 累积在土壤中，15% 存在于枯枝落叶中，迁移到水体中的镉仅占 3.4% 左右。进入天然水体中的镉，大部分存在于底泥和悬浮物中。土壤镉污染来源主要有矿山开采和冶炼、工业生产、农业施肥等。

土壤镉污染进入人体的主要途径一般包括食品摄入、饮水摄入、吸烟摄入及其他途径(灰尘或土壤扬尘吸入)。镉累积性很强，在人体内，镉的半衰期长达 10～30 年，可累积 50 年之久。人体摄入镉后累积于细胞中，可使细胞功能改变的镉含量称为镉临界浓度。正常人血液中镉含量很低，WHO 指出，正常人全血镉浓度一般低于 0.089 μmol/L，个体血镉临界值为 10 μg/L。血液中的镉主要存在于红细胞中，血浆中的镉仅占血镉的 1%～7%。通过血液循环，血浆中的镉会释放到全身各组织中。

肝和肾是镉的最大储存库。镉接触量增大时，人体内较大部分的镉存在于肝脏中，肝内镉含量随时间延长递减，而肾脏镉含量则逐渐增多。长期低剂量接触镉时，体内负荷约一半集中在肾脏和肝脏，其中肾脏中镉的浓度比肝脏高数倍之多。在各器官中首先达到临界浓度的器官称为"靶器官"。除肝、肾外，能累积镉的器官还有睾丸、肺、胰、脾、甲状腺和肾上腺，但较肝、肾的浓度低很多。骨、脑、心、肠、肌肉和脂肪组织中镉含量更低。毛发中也含有镉，含量一般为 0.5～3.5 mg/kg。

2. 土壤镉污染对健康的危害

土壤镉污染对健康的危害主要为慢性过程，主要损伤肾脏，也可同时累积在骨骼、心血管、肺脏、神经等多个器官和系统。镉还具有致癌、致畸和致突变作用。镉已被 WHO 国际癌症研究机构(Internation Agency for Research on Cancer，IARC)列为 I 类致癌物。

(1)肾脏损害。肾脏是镉慢性毒作用的靶器官，长期接触镉可引起肾脏的损害，主要的损害部位是肾皮质的近曲小管。镉导致肾损害的早期监测指标有两类：一是反映肾小管功能改变和细胞损伤的指标，如 $\beta2$ 微球蛋白($\beta2$ - microglobulin，$\beta2$ - MG)、视黄醇结合蛋白、尿 N-乙酰-β-葡萄糖苷酶(N - acetyl - β - glucosaminidase，NAG)等；另一类是反映肾小球功能改变的指标，如尿白蛋白等。

有学者对沈阳市张士灌区镉污染地区的成年妇女进行了长达 10 年的追踪调查，结果表明，停止镉摄入后，污染区妇女肾损害得到恢复。然而，有研究人员对日本某镉污染区 8 年中的 3 次调查结果表明，虽然居民的尿镉呈几何均数下降，但 $\beta2$ - MG 在不断升高，因此，他们认为由环境镉引起的肾小管损伤是不可逆的，且在镉暴露降低后肾损伤仍会慢慢发展。

(2)骨骼损害。镉最严重的健康效应是对骨骼的损伤。20 世纪 50 年代，发生在日本富山县的"痛痛病"，其主要特征就是骨软化和骨质疏松。镉对骨骼的损害还包括骨骼疼痛难忍、不能入睡，甚至发生病理性骨折，继而可导致肌肉萎缩、关节变形，甚至死亡。当尿镉含量增加时，绝经后妇女和男子的低骨矿物质密度流行率呈显著性增加趋势；用血镉含量作为剂量指标时，血镉含量亦增加，绝经后妇女、绝经前妇女和男性居民的低骨矿物质密度流行率均显著性增加。最新研究表明，即使是较少的环境镉暴露也会影响到骨骼。

(3) 神经系统和幼儿智力发育损害。铅对认知功能的损伤已众所周知，但镉对智力不良影响的研究还较少。镉可直接抑制含巯基酶，亦可导致去甲肾上腺素、5-羟色胺、乙酰胆碱水平下降，对脑代谢产生不利影响。特别是对儿童，他们的脑组织发育不够完善，中枢神经系统对镉的敏感性比成人高。在相同的污染环境中，镉对儿童神经系统的危害比成人严重。有研究认为，亚临床浓度的镉，即可影响儿童认知能力的发展。镉暴露儿童，智商和视觉发展水平下降、学习能力降低。还发现镉水平和认识缺陷、学习困难之间呈现正相关关系，体内镉含量有助于智商判别和精神发育迟滞的诊断。

(4) 心血管损害。动物实验和人群调查证明，镉可引起各种心血管系统障碍，并可对心肌和收缩系统产生不良影响。研究人员观察了52例慢性"痛痛病"女性患者和104例居住在非污染区、无"痛痛病"症状的女性患者的心电图变化，发现病例组心电图的PR间期明显延长，局部缺血发生次数显著增加。镉对血压的影响，目前有两种相互矛盾的研究结果，一种观点认为镉是导致高血压的病原因子，另一种观点认为，镉因剂量不同具有降低血压和升高血压的双向调节作用。

7.2.1.2 铅污染

1. 土壤铅污染来源及在人体内的累积

土壤铅含量与成土母质有关。有资料表明，片麻岩、花岗岩、石灰岩、砂岩、页岩等铅含量为 10～50 mg/kg，平均为 16 mg/kg。火成岩的铅含量一般高于砂岩和石灰岩等沉积岩，酸性岩高于基性岩和超基性岩。发育于冰水沉积物、冰渍物、埋藏黄土等母质的土壤铅含量较高。

土壤铅的地域分布与离污染源的远近直接相关，在铅锌矿、冶炼厂附近及公路两侧的土壤铅含量高。在同一区域内，铅的分布与地形有关。无论是矿区或非矿区，坡地土壤中的铅含量低于冲积平原土壤中的铅含量。铅在土壤剖面中很少向下移动，主要累积在土体表层，随剖面深度增加，铅含量下降。铅的冶炼是土壤铅污染的主要来源，其他主要污染源是火山喷发、工业废气及含铅汽油的燃烧排放等。随着无铅汽油的推广利用，这一污染源已经得到有效控制。除上述污染源外，其他涉铅工业的"三废"排放也不容忽视。

铅吸收进入血液后，以磷酸氢铅、铅蛋白质复合体或铅离子形式存在，并随血液循环到达全身，95%的血铅与红细胞结合，特别是细胞膜、低分子蛋白及血红蛋白分子，铅在红细胞内的半衰期约为25天。血铅测定可反映铅接触者近期体内的铅负荷，它与空气中铅浓度有明显的剂量-效应关系，与红细胞中锌原卟啉及游离原卟啉相关性良好，是一项敏感性较好的早期检测指标。铅进入红细胞后大部分比较稳定，形成非扩散性铅，但与低分子蛋白结合的铅易于扩散，通过血浆进入其他组织。血铅在肝、肌肉、皮肤、结缔组织含量较高，其次为肺、肾、脑。几周后，约90%的体内铅储存于骨骼内。

2. 土壤铅污染对健康的危害

铅是作用于全身各系统和器官的毒性物质，对神经系统、造血系统、消化系统、心血管系统、肾脏系统和生殖系统等均有一定的损伤效应。

(1)神经系统。铅对神经系统的损害主要是引起末梢神经炎，出现运动和感觉异常。常见的运动异常有伸肌麻痹，可能是由于铅抑制了肌肉内的肌磷酸激酶，使肌肉内的磷酸激酶减少，致使肌肉失去了收缩的动力；也可能是神经和脊髓前角细胞发生变性，阻碍了伸肌神经冲动的传递而造成麻痹。感觉异常的常见症状是上肢前臂和下肢小腿出现麻木、肌肉痛。早期有闪电样疼痛，进而发展为感觉减退和肢体无力。

经常接触低浓度的铅，在中毒早期或在铅的轻微影响下，大脑皮质的兴奋和抑制过程可发生紊乱，皮层-内脏的调节也发生障碍，出现头痛、头晕、疲乏、记忆力减退、失眠、易噩梦和惊醒等症状。并且伴有食欲不振、便秘、腹痛等消化系统的症状。进一步可引起神经系统组织结构的改变，损伤小脑和大脑的皮质细胞，干扰代谢活动，导致营养物质和氧的供应不足。由于能量缺乏，脑内小毛细血管内皮细胞肿胀、管腔变窄、血流淤滞、血管扩张、渗透性增加，造成血管周围水肿，甚至可以发展为弥漫性脑损伤和高血压脑病。

(2)造血系统。贫血是急性或慢性铅中毒的早期表现，而且是慢性低水平铅接触的重要临床表现。发生贫血的原因之一是铅影响血红蛋白的合成，即抑制了血红蛋白合成过程中许多酶的催化作用。由于血红蛋白的合成障碍，出现骨髓增生性贫血，在外周血液中可见到点彩红细胞、网织红细胞和多染性红细胞增多。有人认为点彩红细胞是由于铅中毒时红细胞膜被金属破坏，嗜碱性物质在染色时被沉淀所致，铅中毒病人此种细胞明显增多，但点彩红细胞数与铅吸收量不完全一致，个体差异大，又非铅中毒所特有，因而只能作为诊断铅中毒时的重要参考指标。贫血发生的另一个原因是溶血。铅能抑制红细胞膜三磷腺苷酶的活性，使控制细胞内外钾、钠离子分布的红细胞膜失去作用，导致溶血。铅还可使红细胞机械脆性增加，致使红细胞在通过毛细血管时破裂，发生溶血。

(3)消化系统。铅对人体的消化系统会产生损害。损害程度与接触铅量的多少、时间及中毒途径均有关系。铅可抑制肠壁碱性磷酸酶和ATP酶的活性，引起消化系统分泌功能及运动功能异常，常伴有食欲不振、腹胀、便秘、恶心和腹部不定部位的隐痛，严重者可出现腹绞痛。铅对肝脏的损害多见于消化道铅中毒者，可引起肝肿大，甚至肝硬化或肝坏死。铅可以直接损伤肝细胞，可能是引起肝内小动脉痉挛，导致肝脏局部缺血所致。铅引起的小动脉痉挛可能是由卟啉代谢障碍，抑制含巯基酶及干扰自主神经所致，也可能是铅直接作用于平滑肌所致。

(4)心血管系统。铅作用于血管壁，可引起细小动脉痉挛，导致腹绞痛、视网膜小动脉痉挛、高血压性细小动脉硬化。铅中毒患者通常面色苍白，也是由于皮肤血管收缩所致。铅能影响大脑的能量代谢，使心脏泵血功能降低，导致自主神经功能失调，造成心电传导改变，降低窦房结的自动节律性，使心率变慢。

7.2.1.3 汞污染

1. 土壤汞污染来源及在人体内的累积

汞广泛应用于工业、农业、医药卫生等领域。它可以通过各种途径进入土壤。在世界范围内，土壤中汞的含量为 0.03~0.3 mg/kg，我国土壤中汞的含量为 0.006~0.272 mg/kg，土壤背景值为 0.04 mg/kg。我国土壤汞的来源是多方面的，除土壤母质本身含汞外，工农业生产是土壤汞污染的主要来源。随着工业的发展，汞的生产量急剧增加。大量的汞在生产、应用过程中进入环境。目前，全世界每年开采应用的汞在 1 万 t 以上，其中绝大部分最终都以"三废"的形式进入环境。据计算，在氯碱工业中，每生产 1 t 氯，要流失 100~200 g 汞；生产 1 t 乙醛，需要 100~300 g 汞，以损耗 5%计，年产 10 万 t 乙醛就有 500~1500 kg 汞经废水流入环境。

某些煤和其他化石燃料中存在高含量的汞。据估计，全世界每年有 1600 多吨的汞通过煤和其他化石燃料的燃烧释放到大气中，这是重要的汞污染源。因为汞是亲硫族元素，在自然界中汞常伴生于铜、铅、锌等有色金属的硫化物矿床中。在这些金属冶炼过程中，汞大部分通过挥发作用进入废气中，因此，在这些金属冶炼厂附近的土壤中，汞污染相对比较严重。另外，在仪表和电气工业中常使用金属汞；在造纸工业中常使用醋酸苯汞、磷酸乙基汞等做防腐剂。在这些工业中，汞蒸气污染和含汞废水污染也相对较为严重，排放后进而引起土壤汞污染。

除工业污染源以外，农业生产活动，如污水灌溉、污泥施肥等也可能会引起局部地区的土壤汞污染。汞的化合物也曾作为农药使用，大量施用这些含汞农药可造成大面积农田土壤含汞量增加。20 世纪 50 年代，发生了由于汞污染引起的"水俣病"事件，此后人们认识到了汞污染的危害性，含汞农药的生产和使用大大减少，许多国家已禁止在农业上使用含汞农药。虽然近几十年限制含汞农药的生产与使用，由含汞农药带来的土壤汞污染已大大减轻，但受污染土壤中汞的半衰期长达数年，因而还可能存在长期潜在危害。1985 年，我国颁布修订的《灌溉水质标准》(GB 5084—2021)，规定灌溉用水中汞含量不能超过 0.001 mg/L，但目前国内仍然有不少地区因污水灌溉而引起土壤汞污染。

为了有效缓解汞对人类健康和环境所带来的严重威胁，国际社会制定了《关于汞的水俣公约》，旨通过限制汞的排放、使用和贸易来减少其对环境及人体健康的影响。2013 年 10 月 10 日，联合国环境规划署主办的汞条约外交会议在日本熊本市通过了《关于汞的水俣公约》(以下简称《公约》)。2017 年 8 月 16 日，《公约》正式生效。中国作为汞生产和使用大国，对履约任务十分重视。2013 年 10 月 10 日，中国作为首批签约国签署《公约》；2016 年 4 月 28 日，全国人民代表大会常务委员会正式审议并批准《公约》的决定；中国政府于 2016 年 8 月 31 日正式向联合国交存《公约》批准文书，成为第 30 个批约国。根据《公约》要求，政府部门发布了一系列有关汞生产、使用和排放的管理措施，以推动全面履约并提高我国的汞履约能力。中国通过这些政策和行动，不仅在国内推动了环境的改善，也为全球环境治理贡献了中国智慧和中国方案，展现了大国的责任和担当。

不同的汞化合物在体内的分布存在着明显的差别，无机汞及其化合物进入人体血液后，大部分与血浆蛋白结合，而甲基汞则多分布于红细胞内，通过血液循环可迅速弥散到全身各器官，但在各器官的分布并不均匀。一般以肾脏含汞量最高，并且主要储存在近端肾小管内。汞在体内分布的递减次序为肾＞肝＞血液＞脑＞末梢神经。甲基汞化合物在体内的分布较为均匀，且更易通过细胞膜和血脑屏障渗入脑组织，甲基汞在体内约有15%累积在脑内。人体内汞的累积量，主要决定于每日摄取汞量的多少和摄取时间的长短。在每天汞摄入量恒定的条件下，其排泄速度也逐渐趋于稳定，此时，体内的汞负荷量呈平衡状态。

2. 土壤汞污染对健康的危害

汞污染的特点是浓度低、范围广。对人群健康的影响主要表现为低剂量、长期暴露引起的非典型性、多系统的慢性损害，包括神经系统、运动系统、肾脏系统、心血管系统、免疫系统和生殖系统的损害等。危害的程度与汞和汞化合物在环境中的形式和浓度、接触方式和持续时间等有关。

(1)神经系统。在神经系统中，慢性汞中毒对成人可造成记忆丧失，包括老年痴呆病样痴呆、注意力不集中、共济失调、感觉迟钝、发音障碍、亚临床手指震颤、听觉和视觉损伤、感觉紊乱、疲劳加重；对儿童、婴幼儿可造成语言和记忆能力短缺、注意力不集中、孤独症等。汞具有很强的神经毒性，即使是低水平暴露也会损害神经系统。研究发现，汞可以在细胞水平阻碍作用或抑制硫的氧化作用中，引起许多慢性神经退行性疾病，包括帕金森综合征、阿尔茨海默病、肌萎缩侧索硬化、系统性红斑狼疮、类风湿性关节炎、孤独症等。

神经系统发育的易损期对环境特别敏感。胎儿和成年人机体敏感性差异在于胎儿更易受甲基汞毒性的影响。甲基汞可透过胎盘和血脑屏障，在胎儿体内累积，对神经系统具有强烈的毒性作用。不足以引起母体任何症状的低剂量甲基汞，其后代却可出现智力低下、精细行为和运动障碍、神经发育迟缓等症状。胎儿和幼儿对甲基汞的神经毒性易感，甲基汞可能通过影响神经细胞凋亡过程，从而影响早期脑的发育。实验研究发现甲基汞可损害大鼠的大脑皮层、小脑、海马等部位的神经细胞，如抑制小脑颗粒细胞生长，引起颗粒细胞核浓缩和核碎裂等；降低发育大鼠的大脑皮层神经元膜电位，导致兴奋性增强等。

(2)肾脏系统。肾脏是无机汞排泄、累积和毒性作用的主要器官，肾脏比大脑和肝脏能累积更高水平的汞。实验研究表明，大鼠皮下注射氯化汞，可使尿NAG酶、尿蛋白、尿汞、血尿素氮(blood urea nitrogen，BUN)和肾汞含量，随着染汞剂量的增加而升高。微量的二价汞离子可结合肾上皮细胞DNA，暴露效应通常发生于近曲小管细胞。暴露于5 mg/kg汞环境中2年，可引起甲基汞中毒，发生血浆肌酐水平增高，甚至肾功能不全。

(3)对肝脏的影响。利用单细胞凝胶电泳技术检测甲基汞对肝细胞DNA的损伤情况，发现小鼠汞体内染毒后，肝细胞的存活率降低，肝细胞DNA损伤率明显增高，且存在明显的剂量-效应关系。其机制可能是甲基汞改变了细胞膜的通透性，破坏细胞离子平衡，抑制营养物质进入细胞，引起离子渗出细胞膜，以及通过C—Hg键的断裂产生自由基，干扰细胞的正常形态和功能，导致细胞崩解死亡。

7.2.2 土壤农药污染

农药是包括杀虫剂在内的多种化学制剂，其对农业经济的作用一般是积极的。据联合国粮农组织估计，如不施用农药，因受病、虫、草害的影响，人均粮食产量将损失1/3，棉花产量将损失50%。从20世纪70年代开始，由于高残留农药环境污染问题的出现，农药使用受到特别的关注。农药可在环境中长期保持毒性，可通过接触、呼吸、饮食等方式，直接或间接地进入人或其他生物体中，使人体健康、生态安全受到极大的威胁。部分农药会破坏人体免疫系统的抗癌功能，如表7-2所示，因此，许多国家陆续禁用滴滴涕、六六六等高残留的有机氯农药和有机汞农药，并建立了环境保护机构以加强对农药的管理。

表7-2 诱导和促进癌症发生的农药及其代谢物举例

农药类别	农药名称
杀虫剂、杀螨剂	六六六、氯丹、毒杀芬、六氯苯、七氯、反式九氯、艾氏剂、狄氏剂、异狄氏剂、甲氧滴滴涕、灭蚁灵、DDT、硫丹、硫丹硫酸酯、环氧七氯、顺式氯丹、反式氯丹、氧化氯丹(氯丹代谢物)、甲萘威、涕灭威、克百威、敌百虫、马拉硫磷、亚砜磷、对硫磷、毒死蜱、乐果、氯菊酯、氯氰菊酯、氰戊菊酯、苯醚菊酯、三氯杀螨醇、双甲脒
除草剂	2,4-D、2,4,5-T、五氯酚、西玛津、莠去津、氟乐灵、杀草强、嗪草酮、除草醚、甲草胺、利谷隆
杀菌剂	苯菌灵、多菌灵、腐霉利、代森锌、代森锰锌、代森联、福美锌、乙烯菌核利、戊菌唑、丙环唑、氟环唑、十三吗啉、咪酰胺
熏蒸剂	二溴氯丙烷

农药的开发目标也逐渐向易降解、低残留、高活性及对环境有益、生物安全的方向发展。拟除虫菊酯类、沙蚕毒素类农药，称为第二代杀虫剂。近些年来，能抑制昆虫生长的调节剂(第三代杀虫剂)和控制昆虫行为的调节剂(第四代杀虫剂)的发展代表了这一领域的新方向。本章主要讨论土壤中有机氯农药和有机磷农药污染对人体健康的危害和防治。

7.2.2.1 有机氯农药与健康

1. 有机氯农药概述

有机氯农药是具有杀虫活性的氯代烃的总称。这类农药有六六六、滴滴涕及其他有机氯化合物。由于其具有较高的杀虫活性、广谱性、对温血动物的毒性较低、持效性较长的特点，加之生产方法简便、价格低廉，这类农药中的一些品种，在许多国家相继投入大规模生产和使用，其中滴滴涕、六六六是最主要的品种。通常，有机氯农药主要可分为三种类型，即滴滴涕及其类似物、六六六和环戊二烯衍生物。这三类化合物均含有被氯原子取代的碳环结构。首先，由于分子中只含有 C—C、C—H 和 C—Cl 键，具有较高的化学稳定性，在正常环境中不易分解，这种稳定性是造成残留和持久药效的根本原因。因而在世界许多地方的空气和水中，能够检出微量的有机氯。另一个特性是大多数有机氯农药都具有极低的水溶性，在常温下为蜡状固体物质，有很强的亲脂性，因而易于在生物体脂肪中累积，并通过食物链富集。

2. 有机氯农药对健康的危害

(1) 急性健康危害。有机氯农药的急性健康危害表现为各种急性中毒。如生产、储存、运输过程中的农药泄漏事故；配制、使用过程中的操作不当事故；管理不善、安全知识不够或故意造成的误服农药事故等。接触中毒途径有吸入、口服和皮肤吸收，以口服中毒多见，多在半小时至数小时发病。患者感全身倦怠无力、流涎、恶心、剧烈呕吐、腹痛、腹泻。继之出现中枢神经系统高度兴奋状态，呈头痛、头晕、烦躁不安、肌肉震颤、痉挛和共济失调，肌痉挛逐渐频繁加重，发展为全身大抽搐。

滴滴涕、六六六、艾氏剂和狄氏剂等中毒时，多呈强直性阵性抽搐，酷似士的宁中毒；而毒杀芬中毒则以全身癫痫样抽搐为突出表现。有机氯能使心脏对肾上腺素过敏，故中毒时易发生心室纤维性颤动。最后，患者可陷入木僵、昏迷和呼吸衰竭，老年人、幼儿和心血管疾病患者可能有生命危险。病程中还可并发中枢性发热和肝、肾损害。

(2) 慢性健康危害。长期低剂量接触有机氯农药会引起各种慢性健康危害，可能损伤神经系统、造血系统、皮肤、生殖系统等，其中对人类生殖健康危害较大。

a. 神经系统和造血系统损害。长期接触有机氯农药可引起全身倦怠、四肢无力、头痛、头晕、食欲不振等神经衰弱和消化系统症状。严重时可引起震颤，肝、肾损害。血象可见贫血，白细胞和血小板减少。有些病例可出现末梢神经炎。

b. 皮肤损害。六六六和氯丹可引起接触性皮炎，多局限于接触部位，以红斑、丘疹为主，伴有剧痒，重者出现水疱。少数六六六敏感者，可出现湿疹样损害。

c. 患肿瘤的风险。流行病学研究表明，某些有机氯农药如滴滴涕、艾氏剂和氯丹等广泛弥散在环境中，容易引起人及动物淋巴瘤和白血病、肺癌、胰腺癌和乳腺癌的发生。

d. 对生殖健康的影响。研究通过测定产妇静脉血中有机氯农药残留水平和相关激素物质，结合既往不良妊娠结局、婴儿平均出生体重等因素分析，认为有机氯农药体内代谢产物具有干扰内分泌功能、产生生殖和发育毒性的作用，表现为拟雌激素作用为主。

7.2.2.2 有机磷农药与健康

1. 有机磷农药概述

有机磷杀虫剂药效高，易于被水、酶及微生物所降解，残留毒性较少。因而在 20 世纪 40 年代到 70 年代得到迅速发展，在世界各地被广泛应用，有 140 多种化合物正在或曾被用作农药。有机磷杀虫剂存在的问题，一是病虫害易产生抗性，使药效减退；

二是某些有机磷农药品种急性毒性高,易产生迟发性神经毒性。近20年来由于拟除虫菊酯等新型杀虫剂的开发和使用,有机磷杀虫剂的研究和生产速度开始减慢,但目前仍是主要的农用杀虫剂。

有机磷农药种类很多,一般分为以下几类。①磷酸酯类:磷酸中的三个氢原子被有机基团取代生成的化合物,如敌敌畏、毒虫畏和久效磷等。②硫代磷酸酯类:磷酸分子中的氧原子被硫原子置换,氢原子被有机基团取代生成的化合物,如对硫磷、马拉硫磷、乐果等。③膦酸酯和硫代膦酸酯:磷酸中的一个羟基被有机基团取代,形成P—C键,称为膦酸;膦酸中其他羟基的氢原子又被有机基团取代则称为膦酸酯,如敌百虫;膦酸酯中的氧原子再被硫原子取代,则为硫代膦酸酯,如苯硫磷等。④磷酰胺和硫代磷酰胺:磷酸酯分子中的羟基被氨基取代生成磷酰胺;磷酰胺中的氧原子再被硫原子取代则为硫代磷酰胺,如育畜磷、甲胺磷等。

2. 有机磷农药对健康的危害

(1)急性健康危害。经消化道吸收、皮肤吸收和呼吸道吸入的有机磷农药极易引起人体中毒,造成健康危害。WHO在20世纪70年代的统计表明,全世界每年有50万人农药中毒,其中1%中毒者不治死亡。WHO最新一项调查显示,全球每年约有数百万人发生急性有机磷农药中毒,其中有20万人因救治不及时而死亡。据不完全统计,我国1992—1996年发生了近25万件农药中毒案例,致死患者2万多人。急性有机磷农药中毒仍是我国常见的中毒类型,约占所有中毒病例的20%~50%,其中,3%~40%的患者因救治不及时而丧生。农药中毒致死事件中以有机磷农药为主,尤以高毒性的敌敌畏、甲胺磷等居多。中毒状况主要包括以下几类。

a. 呼吸道吸入中毒。有机磷毒物(蒸气态)可能通过呼吸道吸入中毒,发病较快较猛,在数分钟内可导致严重中毒或死亡。一般首先在眼和呼吸道引起中毒症状,表现为瞳孔明显缩小、流泪、胸闷、气短,严重者可出现呼吸困难。如果吸入的有机磷毒物剂量较大时,很快出现其他明显中毒症状。

b. 消化道吸收中毒。口服有机磷毒物后,可在数分钟至数十分钟内出现中毒症状。一般首先在消化道引起中毒症状,表现有恶心、呕吐、腹痛和腹泻,同时伴有头晕和头痛等。当口服有机磷毒物剂量较大时,可随后出现其他明显中毒症状。如不及时救治,一般数十分钟或数小时可导致死亡。

c. 皮肤吸收中毒。有机磷农药通过皮肤吸收一般发病较慢,但其潜伏期一般不超过12 h。有机磷农药的原液接触皮肤后,首先可在局部皮肤引起水泡、出汗和肌颤。经水稀释的农药接触皮肤后,完整无损的皮肤在早期一般无明显症状或体征,当接触农药的时间较长时,可逐渐出现全身中毒症状。因此,有机磷农药皮肤吸收中毒发病较慢,如接触农药时间较短或吸收剂量较少,一般病情较轻、病程较短或不导致死亡;如接触时间较长或吸收剂量较大,不但病程较长,也可导致死亡。

(2)慢性健康危害。目前,关于长期暴露于有机磷农药对人体可能造成危害的研究较少,缺乏对有机磷农药慢性暴露的必要监测和防护。2006年,英国《皇家热带医学与卫生学会学报》刊发了席尔瓦(Silva)等人的综述性文章,该文总结了长期接触有机磷农药可能产生的一些症状，包括：皮肤烧灼感或针扎感；双手和面部刺痛或麻木；面、颈、臂和腿部肌肉抽搐或痉挛；呼吸道感染症状，包括胸痛、咳、流涕、喘息、气促及喉部刺激症状；多汗、恶心、呕吐、腹泻、多涎、腹痛、流泪及眼刺激症状视力障碍、情绪焦躁、双手颤抖和易怒等。慢性中毒者的健康状况和生活质量明显受影响，但是没有关于对生存质量影响的报道。

有机磷农药的慢性健康危害多发于职业人群，如农药生产人员、农村施药人员。慢性有机磷农药中毒在农村发病较多见，最显著的特点是胆碱酯酶活性明显下降，临床症状表现较轻，如乏力、恶心、纳呆、出汗、轻微腹泻、腹痛、精神异常等，偶有肌纤维震颤与瞳孔缩小。准确诊断、对症治疗一般可完全恢复正常。有研究发现有农民因防护不当、长期小剂量接触有机磷农药导致生殖机能下降，具体表现为不同程度的精子质量下降和性机能障碍。农药厂工人中慢性中毒者较多检查出肝胆组织不同程度的细胞坏死、纤维化等肝实质损害。

7.2.3 土壤氟污染

7.2.3.1 氟分布

氟是构成地壳的固有元素之一，在地球上分布广泛，岩石、土壤、水体、植物、动物及人体内都含有一定量的氟。在自然土壤中，氟含量有从表层向心土层逐渐集中的趋势，但在氟污染区，表层土壤氟含量则明显高于心土层。不同类型土壤氟含量具有一定差异，我国东部以黄棕壤氟背景值为最高，由此向南向北递减，在温带由东向西逐渐减少。表7-3为我国部分地区土壤氟含量。

表7-3 我国部分地区土壤氟含量

地区	表层土壤背景值/(mg·kg^{-1})	氟含量/(mg·kg^{-1})		
		最大值	最小值	平均值
鲁西南黄河沿岸	478	815.35	233.54	594.02
重庆万州区	478	3801.00	175.00	578.40
新疆若羌县	478	952.00	386.00	645.00
安徽省涡河沿岸	478	1009.00	448.00	685.00
珠三角新会地区	478	2922.74	104.74	617.39
贵阳中心区	478	3665.00	274.00	1143.00
新疆石河子	478	991.15	81.57	394.97
安徽省	478	1236.70	106.60	485.20
四川石棉县	478	627.00	301.00	469.00
浙江湖州市	478	883.00	111.00	474.75

7.2.3.2 氟污染来源

土壤环境中氟的主要污染源包括：①富氟矿物的开采，氟在自然界主要存在于萤石（CaFz）、冰晶石（NaAIF₆）和磷灰石（CasF(PO₄)）三种矿物中；②涉氟工业的废物排放；③燃烧高氟原煤排放；④施用含氟磷肥；⑤使用含氟超标的水源灌溉农田。此外，地下水中含氟量较高时，当干旱时随着水分的上升、蒸发，氟向表层土壤迁移、累积，也会导致土壤氟污染。

7.2.3.3 氟的迁移转化

土壤固相和液相中的氟通过沉淀-溶解、吸附-解析、络合-解离、氧化-还原等一系列反应达到动态平衡。氟一般可在土壤-植物系统中迁移与累积，以难溶态存在的氟不易被植物吸收，但随水分状况及土壤 pH 值等条件的改变，土壤中的氟化物可以发生迁移转化，以植物易吸收的形态转入土壤溶液中，提高氟化物的活性和毒性。例如，当土壤 pH 值小于 5 时，土壤中的活性 Al^{3+} 含量提高，F^- 可与 Al^{3+} 形成络阳离子 AlF_2^+ 和 AlF^{2+}，这两种络阳离子可被植物吸收，并在植物体内累积。

7.2.3.4 氟在人体内的累积

人体摄入的氟约 60% 来自饮用水，40% 来自食物，空气氟可忽略不计。其中，饮水中的可溶性氟主要由胃吸收。食物中的氟受其他化学成分的影响，其吸收率为 75%～90%，吸收方式为被动扩散。除此之外，氟蒸气与含氟粉尘也可通过体表或呼吸进入人体。氟是一种累积性物质，吸收后的氟以离子形式由血液输送，进入人体组织，进入体内后很快被吸收，主要沉积在骨骼、牙齿、指甲和毛发中，以牙釉质含量最多，氟的摄入量多少也是最先表现在牙齿上。骨骼和牙齿是氟化物作用的主要靶器官，骨骼和牙齿的氟含量约占身体总氟含量的 90% 以上，并以每年增加 0.02% 的量累积，并具有调节血氟浓度的作用。适量氟可对牙齿和骨骼发生保护作用，过量氟摄入后会产生毒性作用，还可导致氟斑牙和氟骨症的形成。

7.2.3.5 氟的健康危害

氟对于人体健康非常敏感，既为人体所必需，但稍微过量又能对人体产生危害。钙是骨骼、牙齿的重要组成部分，并与钾、钠、镁离子协同，以维持组织的正常生理功能。微量氟与机体钙磷代谢有密切关系，能促进骨骼和牙齿的钙化，摄入适量的氟可以预防龋齿，有益于儿童生长发育，可预防老年人骨质变脆。过量摄入氟会影响细胞酶系统的功能，破坏钙磷代谢平衡，损害骨骼和牙齿，并且对心血管、中枢神经、消化、内分泌、视器官、皮肤等多器官系统具有一定危害。

1. 氟斑牙

氟被牙釉质中的羟磷灰石吸附，可形成坚硬的氟磷灰石保护层。氟磷灰石是牙齿的基本成分，可使牙质光滑坚硬，可抵抗酸性腐蚀、抑制嗜酸细菌的活性、对抗某些酶对牙齿的损害，从而防止龋齿的发生。缺氟时，由于不能形成氟磷灰石保护层，牙釉质易被微生物、有机酸和酶侵蚀而发生龋齿。但人体吸收过量的氟，会导致大量的氟沉积于牙组织中，使牙釉质发生色素沉着，牙齿表面变粗糙，失去光泽，硬度减弱，牙质遭到破坏，造成氟斑牙和牙缺损，以上颌门齿损害最重。氟斑牙表现为牙釉质表面斑点化及牙釉质和牙本质的发育不全，主要特征是牙釉质上出现棕色斑点、斑块，又称斑釉齿。发病原因是在牙齿发育期牙釉质受氟的影响缺损、着色。

2. 氟骨症

氟是钙化作用所必需的物质。适量氟有助于钙和磷的利用及在骨骼中的沉积，促进骨骼形成，提高骨骼硬度。适量氟还可降低硫化物的溶解度，抑制骨骼被吸收。因此，氟可促进儿童的生长发育，对骨质疏松症有一定预防作用。但人体摄入过量的氟，却会产生氟骨症。氟骨症表现为骨骼组织学的改变、骨密度增加、骨骼形态学的改变、外生骨疣和跛足，随年龄的增长而情况加剧。由于骨质内沉积着大量氟化钙，阻碍骨钙的正常代谢，骨质钙含量、密度增加，使得骨质硬化。同时，氟化钙少量沉积于软组织中，使骨膜、韧带及肌腱钙化，患者活动受限。

3. 氟对神经系统的影响

氟对神经系统的损害主要表现在中枢神经、周围神经及听神经、尺神经上。氟过多会影响大脑的生理过程，导致记忆力减退、精神不振、失眠、易疲劳等。过量的氟在脑组织中累积，可致脑细胞结构、神经细胞某些受体、神经递质及酶的活性改变，造成神经细胞发育障碍。氟进入人体，通过攻击氧和抗氧化酶，干扰神经系统氧代谢，导致体内含氧自由基显著增多。由于机体自由基的大量堆积，超氧化物歧化酶(super-oxide dismutase，SOD)在参与自由基过程中被过分消耗，引起不饱和脂肪酸发生一系列反应，最终使脑神经细胞的细胞膜脆性和通透性增加，损伤脑细胞。

7.2.4 细菌和病毒

7.2.4.1 细菌

细菌是土壤中数目最多的土著微生物之一，但大多对人类不致病。对人体健康造成危害的主要为外来致病细菌，通过人类生产生活等方式进入土壤，常见的有伤寒沙门菌、炭疽芽孢杆菌（即炭疽杆菌）、产气荚膜梭菌、破伤风梭菌等。土壤致病菌主要通过生食农作物，以及接触过土壤而不清洁的手、皮肤、扬尘等进入人体。土壤病原微生物造成疾病传播的可能性与其在土壤中存活时间的长短密切相关，主要受土壤质地、pH值、有机质种类、污染物浓度及湿度、温度、日照、雨水、土著微生物的拮抗等因素影响。本节主要阐述土壤中较为常见的炭疽芽孢杆菌、产气荚膜梭菌、破伤风梭菌、钩端螺旋体的健康危害。

1. 炭疽芽孢杆菌

(1) 生物学性状。炭疽芽孢杆菌为革兰阳性需氧芽孢杆菌，菌体长 $4\sim8~\mu m$，宽 $1\sim1.5~\mu m$，两端平直；在动物或人体内常呈单个或短链状；无鞭毛，不运动。炭疽芽孢杆菌有三种主要的细胞抗原：菌体多糖抗原、荚膜多肽抗原和毒素蛋白抗原。炭疽芽孢杆菌芽孢呈椭圆形，位于菌体中央，在有氧条件下或人工培养基中形成。芽孢抵抗力强，耐干旱、紫外线、γ 射线及多种消毒剂，但对碘及氧化剂敏感。炭疽芽孢杆菌繁殖体的抵抗力与其他细菌相似，对青霉素及其他广谱抗生素均敏感。

(2) 生境。炭疽芽孢杆菌主要是草食家畜（羊、牛、马等）的致病菌。炭疽芽孢通过水、饲料、草料进入动物体内，并快速发芽繁殖。动物感染后，常突然死亡，伴有自然孔出血，表现为急性败血症。感染动物死亡后，暴露的炭疽芽孢杆菌繁殖体迅速形成芽孢污染土壤。土壤中的炭疽芽孢杆菌抵抗力极强，传染性可达20～30年。原因是芽孢有完整的核质、酶系统、合成菌体的结构，保存细菌的全部生命活性的同时还有一个厚而复杂的外壳，厚度可达 $0.12~\mu m$，比繁殖体外膜厚6～10倍；并且芽孢形成后，胶质中心收缩干燥，大大增强了其对温度、辐射、消毒剂的抵抗力。除此之外，芽孢内某些成分，如酶、盐类、核糖核酸等物质的质和量的变化也增强了其外界抵抗力。除抵抗力强的特点，芽孢还耐储存，因此是首选的生物战剂。英国1942—1943年在格伦纳德岛进行了炭疽芽孢生物战剂杀伤力试验，1986年对该岛进行污染消除时，仍能检出炭疽芽孢杆菌。

(3) 致病性。人可因接触患病动物或其尸体及被污染的土壤，吸入带菌气溶胶而被感染。临床将人类炭疽病分为以下三种类型。①皮肤炭疽：细菌由体表破损处或切口处进入人体内并在局部引发炎症，入侵处出现小疖、水疱、脓疱，最后形成坏死，中央部有黑色坏死性焦痂，故名炭疽，若不及时治疗，细菌可进一步侵入局部淋巴结，或入血引起败血症。②肺炭疽：由吸入细菌芽孢所致，在肺组织局部发芽繁殖，引起呼吸道症状及原发性肺炎，并伴发全身中毒症状，可在2～3天内死于中毒性休克。③肠炭疽：多由食入未煮熟的病畜肉所致，以恶心、呕吐、厌食在先，随之发热、腹痛，并伴有胃肠道溃疡出血，发病后2～3天可因毒血症而死亡，病死率25%～60%。以上各类炭疽病均可并发败血症，以传染性休克为特征，心肺功能迅速衰竭而致死。

(4) 预防防治。炭疽的预防重点在消灭牲畜炭疽和传染源，并对炭疽流行老疫区、常发地区和密切接触牲畜人员实施炭疽活菌苗预防。疫情发生时，应紧急接种菌苗。

2. 产气荚膜梭菌

(1) 生物学性状。产气荚膜梭菌是革兰阳性粗大杆菌的一种，可在动物体内形成明显荚膜，其芽孢呈椭圆形，位于次级端，无鞭毛，不运动。该细菌非十分严格厌氧菌，在有少量氧的环境中仍能生长，且生长迅速。多数菌株有双层溶血环，内环是由 θ 毒素引起的较窄的透明溶血环，外环是由 α 毒素引起的不完全溶血环。在卵黄琼脂平板上，菌落周围出现乳白色混浊圈，是由于 α 毒素分解卵磷脂所致，称 Nagler 反应（即卵磷脂酶试验）。

产气荚膜梭菌能分解多种糖类，代谢过程中产酸产气。在牛乳培养基中培养时，该菌分解乳糖产酸，酸使酪蛋白凝固。同时，产生大量气体，这些气体将凝固的酪蛋白冲击成蜂窝状，还会使封固液面的凡士林层上移，甚至能冲掉试管口棉塞，这一独特现象被称为"汹涌发酵"。产气荚膜梭菌易于形成芽孢，其芽孢抵抗力较强。例如，从患者粪便中分离出的芽孢，能够耐受1～5小时的100℃加热。

(2) 生境。产气荚膜梭菌广泛存在于人和动物的肠道、粪便及土壤中。人体带菌率约为20%，一般土壤中的检出率可达100%。产气荚膜梭菌易于形成芽孢，芽孢抵抗力较强，长期存在于土壤和沉淀物中。由于产气荚膜梭菌对外界不良环境具有较强抵抗力，在外环境存活时间较长，因此，产气荚膜梭菌常被作为水或土壤卫生细菌学检验中的指标菌。若土壤中产气荚膜梭菌被大量检出，而大肠菌群数量很少时，常代表土壤曾受过粪便污染，即陈旧性污染。产气荚膜梭菌污染食物后，其繁殖体大量繁殖并形成芽孢，产生肠毒素，人们误食就会发生食物中毒现象。

(3) 致病性。产气荚膜梭菌能产生12种外毒素，其中以α毒素最为重要。α毒素也称卵磷脂酶，能分解细胞膜上卵磷脂和蛋白质的复合物，破坏细胞膜，引起溶血和组织坏死，损伤血管内皮细胞，造成血管通透性增加，导致组织水肿。同时，α毒素可使血小板凝集形成血栓，加重局部组织的缺血和坏死。还可作用于心肌，使血压下降、心率减慢，导致休克。β毒素是人类坏死性肠炎的致病物质。ε毒素是一种毒素前体，经胰蛋白酶活化后具有坏死和致死作用，且具有通透酶活性，可引起胃肠道血管通透性增高。ι毒素能引起皮肤坏死及提高血管通透性。θ毒素对氧敏感，具有溶血、杀死白细胞等活性。κ毒素本质为胶原酶，是一种出血因子，注入血管会引发血管破坏和出血。λ毒素是明胶酶，μ毒素是透明质酸酶，ν毒素是DNA酶，均有利于细菌的扩散。

(4) 预防防治。感染伤口应及时清创，用氧化剂大量清洗，可避免形成局部的厌氧环境。虽然该细菌在人与人之间传播能力不强，但病人仍需严格隔离，所用器材及敷料均需彻底灭菌。患者早期可用多价抗毒素血清及大剂量青霉素治疗，对感染局部尽早施行手术，切除感染和坏死组织，必要时截肢以防止病变扩散。

3. 破伤风梭菌

(1) 生物学性状。破伤风梭菌为革兰阳性中等细长杆菌，两端钝圆，无荚膜。成熟的芽孢为圆形，位于菌体顶端，芽孢大于菌体使细菌呈鼓槌状，周身有鞭毛。在培养基上形成不规则菌落，菌落周边疏松，边缘不整齐，易在培养基表面呈迁徙生长。培养较长时间，尤其在形成芽孢后易转为革兰阴性。生化反应不活泼，一般不分解糖类，也不分解蛋白质。该菌有鞭毛和菌体两种抗原，根据鞭毛抗原的不同可分为10个血清型，各血清型产生的毒素无差异。繁殖体的抵抗力与普通细菌相似，一旦形成芽孢，则抵抗力非常强，可在土壤中生存几十年。

(2) 生境。破伤风梭菌主要栖身场所为土壤，也存在于人和动物大肠中，通过粪便排出体外，10%～40%家畜粪便中可检出。破伤风梭菌在自然界易形成芽孢，破伤风梭菌芽孢广泛存在于各类土壤中，特别是经过粪便施肥的土壤中。在农村，土壤中的检出率与居民破伤风发病率呈正相关。该菌繁殖体抵抗力与其他细菌相似，但芽孢抵抗力甚强，在土壤中可存活数十年。当机体存在较深伤口或伴有需氧菌及兼性厌氧菌的同时感染，或坏死组织多时，破伤风梭菌芽孢在坏死组织中会大量繁殖，产生破伤风痉挛毒素致病。

(3) 致病性。破伤风梭菌芽孢广泛分布于自然界，一般由伤口侵入人体。该菌感染的重要条件是窄而深的伤口，中间有坏死组织或创口有泥土污染，局部组织缺血缺氧，大面积外伤伴有需氧菌或兼性厌氧菌混合感染，都会消耗伤口局部的氧，降低局部氧化还原电势，造成局部厌氧环境，有利于破伤风梭菌出芽繁殖。该菌一旦形成感染，产生的外毒素毒性极强，会引起严重疾病。

产生的外毒素(也称破伤风痉挛毒素)由质粒编码，在破伤风梭菌繁殖体内首先合成分子质量为150 kDa(1 Da≈1 g/mol)的毒素蛋白前体，然后在细菌蛋白酶的作用下切割为分子质量分别为 50 kDa 和 100 kDa 的两条多肽链(轻链与重链),两者间通过二硫键连接。轻链为毒性部分,为锌内肽酶;重链具有结合功能,能与神经细胞表面受体特异性结合,使毒素进入神经细胞。实验证明,二硫键被还原以后,使锌内肽酶与重链分离,毒性也随之消失,故重链与轻链必须同时存在才有毒性作用。

(4)预防防治。伤口应做到及时、正确地清创扩创,避免形成局部厌氧的微环境,这是预防破伤风梭菌感染的重要措施。此外,还可以用类毒素进行主动免疫,以有效地预防破伤风的发生。公认的免疫计划为基础免疫 2 次,间隔 6 周及 6 个月分别再进行加强,可获得持久的预防效果,免疫时间可达 12 年。人工被动免疫可注射纯化的破伤风抗毒素(tetanus antitoxin,TAT)。如创口有污染,应注入 1500~3000 U 的 TAT 作紧急预防。加强注射类毒素几天后抗体可迅速增长,抗体的增长与基础免疫水平密切相关。对于已发病患者,应迅速用足量的 TAT 治疗,一般需用 10 万~20 万 U 的 TAT。目前应用的 TAT 是用破伤风类毒素多次免疫的马所得的马血清纯化制剂,用前应作皮试,以防止变态反应的发生。

4. 钩端螺旋体

(1)生物学性状。钩端螺旋体革兰染色为阴性,不易被碱性染料着色。钩端螺旋体每个菌体有 12~18 个螺旋,排列紧密,菌体纤细,长 6~12 μm,宽 0.1~0.2 μm,菌体一端或两端弯曲成钩状,常呈 C、S 和 8 字等形状。菌体基本结构由外至内分别为外膜、内鞭毛和柱形原生质体,内鞭毛是螺旋体的运动器官。钩端螺旋体能在营养丰富的人工培养基中生长,需氧或微需氧,最适温度为 28~30 ℃,最适 pH 值为 7.2~7.5,生长缓慢。钩端螺旋体主要包含属、群和型特异性抗原,根据中国疾病预防控制中心(Chinese Center For Disease Control And Prevention,CDC)发布的数据及《中华流行病学杂志》期刊中的相关文献,我国已发现的钩端螺旋体血清群为 18~19 个,血清型 74~80 种。

(2)生境。钩端螺旋体对外界环境抵抗力较弱,只能生活在液体和半液体环境中,不能在干燥的环境中生存,干燥环境下数分钟即死亡。亦不能在 pH=6.8 或以下的酸性环境存活,但能在 pH 值为 7.8~7.9 偏碱性的环境中存活。有资料显示,钩端螺旋体能在潮湿的碱性土壤、湿泥、沼泽、小溪和小河中存活,人可因直接或间接接触,如因水田劳动、收割稻谷、菜地浇水、饲养家畜、积肥、抗洪排涝等接触而感染。

(3)致病性。钩端螺旋体病是人兽共患的传染病,带菌动物为钩端螺旋体病传染源。目前,全世界已发现 200 多种动物体内携带钩端螺旋体,其中以鼠类和猪为主要传染源,带菌率高且排菌期长。感染动物多为隐性或慢性感染,钩端螺旋体在其肾小管中长期生长繁殖,可随尿排出体外,污染土壤和水源,人因接触污染物而被感染。孕妇感染钩端螺旋体后,也可经胎盘感染胎儿引起流产。偶有吸血昆虫的叮咬而感染者。当钩端螺旋体经皮肤黏膜侵入人体后,在局部迅速繁殖,并入血引起菌血症或败血症,继而扩散至肺、脑及肌肉等组织器官,出现全身中毒症状,如高热、乏力、头痛、全身酸痛、结膜充血、腓肠肌剧痛、淋巴结肿大等症状。由于感染钩端螺旋体型别、毒力和数目的差异,机体免疫症状的不同,临床表现轻重相差较大。临床常见的有黄疸出血型、流感伤寒型、肺出血型、脑膜脑炎型、肾衰竭型等。

(4) 预防防治。钩端螺旋体的防治原则主要是消灭传染源、切断传播途径和增强机体的抗钩端螺旋体的免疫力。疫苗已有全菌体疫苗和外膜亚单位疫苗,可在疫区使用。青霉素为首选治疗药物,庆大霉素、四环素和金霉素亦有效。

7.2.4.2 病毒

病毒是一类个体微小,具有非细胞结构,只含单一核酸,必须在活细胞内寄生复制增殖的微生物。病毒的起源与生命的起源密切相关,因此,几乎任何生命物种都有与之对应的病毒。土壤是各种生命的汇聚源,其贮藏或经土壤传播的病毒种类繁多,可引起动物、植物、细菌、真菌、藻类等感染或发生各种病害。而通过污染土壤引起人类致病的病毒主要是粪-口传播的病毒,如脊髓灰质炎病毒,柯萨奇病毒,埃可病毒等肠道病毒,甲型、戊型等肝炎病毒,轮状病毒,诺如病毒,星状病毒等,这些病毒也可以借助水或食物致病。此外,一些通过动物媒介传播的病毒也会通过污染的土壤和尘埃引起疾病,如汉坦病毒。

病毒一旦脱离了宿主细胞,就会暴露在各种不利的环境因素中。在这些环境压力下,病毒的稳定性或感染活性对其从一个宿主成功地转移到另一个宿主异常重要。病毒在土壤中的存活时间与土壤中有机物的种类和数量、温湿度、pH 值、微生物种群等因素有关。病毒易吸附于土壤颗粒内而延长其存活时间。有研究显示,肠道病毒在壤土及砂壤土中的存活期可长达一百多天。土壤中黏土成分越多,对病毒的吸附力越大;反之,沙土吸附力小。土壤表面的病毒可因暴雨冲刷污染地下水或附近水源。利用污水灌溉农田或利用土地处理污水、污泥,都有可能使病毒污染地下水和土壤,引起疾病。下面以汉坦病毒为例说明土壤病毒的污染及健康效应。

1. 生物学性状

汉坦病毒颗粒大小不等,具有多形性,一般呈圆形或卵圆形,有包膜,直径为 $75\sim210$ nm,平均直径为 122 nm。核酸类型为单股负链 RNA,分大、中和小 3 个节段,分别编码 RNA 聚合酶、包膜糖蛋白(G1 和 G2)和核衣壳蛋白(nucleocapsid protein,NP)。病毒颗粒表面包裹着双层脂质包膜,包膜表面伸出由 G1 和 G2 糖蛋白构成的突起结构。这些糖蛋白具备双重功能位点:中和抗原位点能够与特异性抗体结合,激发机体的免疫防御机制,中和病毒活性;血凝活性位点则能促使病毒与红细胞发生凝集反应,在病毒感染与传播过程中发挥作用。汉坦病毒的 NP 具有极强的免疫原性,可刺激机体的体液免疫和细胞免疫应答。该病毒可在 A549(人肺癌细胞株)、Vero-E6(非洲绿猴肾细胞)、R66(人胚肺细胞株)等多种细胞中增殖,但增殖缓慢,一般不引起明显的细胞病变,感染细胞仍可生长繁殖。

2. 生境

汉坦病毒是动物媒介传播的病毒,其宿主动物种群广泛,包括 170 多种陆栖脊椎动物,最主要的是啮齿动物。自然携带汉坦病毒的动物,通常具有较强的传染性,当人们接触到这些动物或其栖息环境中的汉坦病毒时,可能被感染。我国汉坦病毒的动物媒介主要是黑线姬鼠、褐家鼠和林区的大林姬鼠。不同的鼠密度、动物病毒感染率及与人群接触的机会,均可影响疾病的流行强度。其中鼠密度受气候、鼠类栖息地条件、鼠类繁殖强度、种群构成等因素变化的影响。一般认为病毒在鼠体内增殖,随唾液、尿液、呼吸道分泌物及粪便排出,污染周围环境,再经过伤口、呼吸道、消化道等途径传播给人类。被鼠咬伤或破损伤口接触含有病毒的鼠类血液和排泄物亦可能导致感染。受污染的土壤、尘埃也可能与疾病传播有关。

3. 致病性与免疫性

汉坦病毒主要引起肾综合征出血热(hemorrhagic fever with renal syndrome,HFRS),又称流行性出血热,起病急,发展快,潜伏期一般为2周左右。临床症状以发热、出血及肾脏损害为主。临床经过分为发热期、低血压休克期、少尿期、多尿期和恢复期。病死率一般为5%左右。病死率除与病型、病情轻重有关外,与治疗早晚、措施得当与否也有很大关系。

该病根据传染源不同可分为3种类型。①野鼠型,主要由野外黑线姬鼠传播,多发生在农业区,青壮年易感,一般病情较重;②家鼠型,由褐家鼠传播,农村和城市均可发生,病情较轻,多无典型的5期经过;③大白鼠型,实验室工作人员及饲养员易感。病毒感染机体后,患者的细胞免疫功能低下、体液免疫亢进,补体水平下降,病后第1~2天即可测出免疫球蛋白M(IgM)抗体,第5~6天达高峰,可用于早期诊断。免疫球蛋白G(IgG)抗体在病后第3~4天出现,第10~14天达高峰,可持续很长时期。此病感染后抗体出现早,病后可获持久性免疫力,再次感染发病者极少。此病毒隐性感染率较低,流行地区正常人群汉坦病毒抗体阳性率仅为1%~4%。

4. 预防防治

预防采取环境治理、灭鼠防鼠、预防接种、个人防护等综合性措施。我国应用的肾综合征出血热疫苗,2年保护率在90%以上,安全可靠,不良反应少。在抗病毒药物研究中,选用利巴韦林(病毒唑)具有一定疗效。体外实验证明,利巴韦林能抑制汉坦病毒多聚酶活性,降低mRNA水平。

7.2.5 放射性污染

由放射性核素释放、能使物质发生电离的射线称为放射线(亦称电离辐射,简称辐射),包括α射线、β射线、γ射线和X射线等。土壤环境中存在多种来源的天然电离辐射,人们日常生活所需的食品、水、衣物、住房及其他生活用品也含有一定水平的辐射。当放射线造成机体内的生物大分子与水分子电离和激发时,机体可呈现各种形式的危害效应,最常见的是急性放射病、慢性放射病和小剂量外照射引起的远期致癌、致畸、致突变作用。

7.2.5.1 土壤放射性污染

土壤环境中放射性物质有天然来源和人为来源两类。天然放射性物质主要有铀、钍和含量丰富的钾-40等,形成土壤放射性的本底值。人工放射性物质主要来源于核武器试验、原子能利用过程中的放射性污染和核泄漏事故、放射性同位素的生产和应用。放射性污染具有毒性强、污染隐蔽、穿透性强、处理困难大、健康危害大等特征。

土壤放射性物质进入人体主要有两种途径，即消化道食入、皮肤或黏膜侵入。

7.2.5.2 急性及慢性放射病

1. 急性放射病

急性放射病(acute radiation sickness，ARS)是指机体一次或短时间(数日)内分次受到大剂量射线照射引起的全身性疾病。一般来说，人体受到 100 cGy(1 cGy=10^{-2} J/kg)左右的全身均匀或比较均匀的射线照射后，就可能发生急性放射病。急性放射病是最严重的辐射生物效应。一般只有在核武器爆炸、核事故或辐射装置事故、辐射源丢失事故等情况下才会发生急性放射病。

急性放射病损伤广泛，患者表现复杂，主要取决于受照剂量的多少。病情经过具有明显的阶段性。在一定剂量范围内，机体有自行恢复的可能性。根据存活时间、主要受损器官和临床表现等，急性放射病分为三型：骨髓型、肠型和脑型。骨髓型急性放射病的受照剂量范围为 100~1000 cGy，骨髓造血系统受损是基本损伤，依据病情严重程度、临床表现和所接受剂量的大小可分为轻度、中度、重度和极重度放射病。肠型急性放射病是机体受到 1000~5000 cGy 剂量照射后，以呕吐、腹泻、血水便等胃肠道症状为主要特征的极严重的急性放射病。此型急性放射病发病快、病情重、进展迅速，临床分期不明显，经积极综合治疗后仍无存活的病例。脑型急性放射病是指机体受到 5000 cGy 以上剂量照射后发生的，以中枢神经系统损伤为特征的极其严重的急性放射病，其病情较肠型更为严重，发病迅猛，临床分期不明显，病情凶险，多在 1~2 天内死亡。

2. 慢性放射病

慢性放射病(chronic radiation sickness，CRS)是指人体在较长时间内受到超过最大容许剂量当量限值的电离辐射作用，引起多系统损害的全身性疾病，通常以造血组织损伤为主要表现。慢性照射的剂量与发病之间的关系甚为复杂，射线作用于机体后引起的生物效应与很多因素有关，如受辐射类型，照射方式，剂量率高低，个体对辐射的敏感性，个体年龄、性别、营养及健康状况等，因此，较难确定统一的引起慢性放射病的剂量范围。

慢性放射病的临床特点包括：①起病慢，病程长；②症状多，阳性体征少；③症状出现早于外周血象改变，外周血象改变又早于骨髓造血变化；④症状的消长、外周血白细胞数的升降与接触射线时间长短和剂量大小密切相关。多数患者有头昏、头痛、乏力、易激动、记忆力减退、食欲降低、睡眠障碍、心悸气短、多汗等自主神经紊乱综合征的表现。早期一般没有明显体征，常见的是一些神经反射变化和神经血管调节方面的变化。病情如果继续发展，常伴有出血倾向、前臂试验阳性、内分泌变化、细胞及体液免疫功能低下、皮肤营养障碍、晶状体混浊等。

7.2.5.3 小剂量外照射对人体健康的影响

环境低水平的辐射主要来源于以下两个方面。

1. 天然辐射

天然辐射包括宇宙射线和陆地射线。宇宙射线是环境辐射的一个重要成分，它产生于宇宙或太阳系,进入大气层后,宇宙射线转变为银河宇宙射线和太阳辐射。宇宙核反应释放一系列次级粒子及放射性核素,并随海拔高度上升而释放增强。我国大部分省市宇宙射线对空中飞行和地球表面人体照射强度射线剂量率人口加权均值在 30~45 nGy/h(1 Gy=1 J/kg)范围内,西藏地区约为 143 nGy/h,是我国的最高值。陆地辐射包括两部分,一是存在于地球表层的长半衰期放射性核素,二是宇宙粒子与大气层中原子发生核反应产生的核素。在陆地辐射中,值得注意的是人们居住环境建筑材料的变化,近些年来许多国家政府机构和有关组织对氡及其子体特别重视。室内空气中氡及其子体浓度一般高于室外空气,而且楼房层高越低,室内浓度越高。室内的氡主要来源于房屋下的土壤、建筑材料和室外空气的进入。

2. 人为辐射

人为辐射主要为核工业和人类其他活动产生的辐射。核工业包括从铀矿开采、冶炼、燃料元件加工制造到反应堆运转和辐照过的核燃料后处理的整个工艺过程。核电站利用大功率反应堆的核能发电。核工业对环境的危害主要是放射性污染。根据核工业的发展,铀水冶炼厂和核燃料后处理厂对环境的污染比其他环节要严重,老厂比新厂严重。总的来说,核企业在正常运转时,对环境的污染不会超过国际放射防护委员会推荐的限值标准;一旦发生事故,逸出大量放射性物质,则会造成严重的环境污染。

7.3 典型案例

7.3.1 土壤镉污染典型案例——日本富山"痛痛病"事件

"痛痛病"(itai-itai disease)又称疼痛病或骨痛病,是发生在日本的一起典型的重金属污染事件。日本三井金属矿业公司(三井公司)在神通川河上游建立的炼锌工厂把大量污水排入神通川河流,1952 年,神通川河里的鱼大量死亡,两岸稻田大面积死秧减产。1955 年以后,在神通川流域河岸出现了一种怪病,症状初始是腰、背、手、脚等各关节疼痛,随后遍及全身,有针刺般痛感,数年后骨骼严重畸形,骨脆易折,甚至轻微活动或咳嗽,都能引起多发性病理骨折。经尸体解剖,有的病人骨折达 73 处之多,身长缩短了 30 cm。对于该病患者,呼吸都会带来难以忍受的痛苦,长期卧床不起,营养不良,最后在衰弱疼痛中死去,有的患者因无法忍受痛苦而自杀,这种病由此得名为"痛痛病"。

至 20 世纪 60 年代,医学界经过长期分析研究后,发现痛痛病的病因源于神通川上游的神冈矿山排放的含镉废水。锌、铅冶炼排放的含镉废水污染神通川流域,两岸居民引水灌溉农田,使农田土壤中的含镉量高达 7~8 μg/g,居民食用的稻米含镉量达 1~2 μg/g,同时饮用含镉的水,久而久之,使镉在体内累积,造成慢性镉中毒。发现病因时,痛痛病已在日本多地蔓延。病患区从神通川而扩大到黑川、铅川、二迫川等 7 条河的流域,其中除富山县的神通川之外,群马县的碓水川、柳濑川和富山的黑部川都已发现镉中毒的痛痛病患者。此外,痛痛病患者的分布与大米中镉浓度的分布一致,在疾病高发区，大米中含镉浓度与痛痛病的发生强度呈明显的剂量-反应关系。

痛痛病是镉慢性中毒时肾损伤、骨骼改变等的综合表现。一般可分潜伏期、警戒期、疼痛期、骨骼变形期及骨折期等5期。主要症状是骨质疏松、全身疼痛、四肢弯曲变形、全身多发性骨折。此外，患者还可出现贫血、睾丸损伤及癌症等。进入体内的镉，会造成骨损伤。主要表现为骨密度降低、骨小梁减少、骨骼中矿物质含量降低，进而出现骨质疏松现象。一般认为镉造成的骨损伤继发于肾损伤，由于维生素 D 的代谢发生在肾细胞中，肾损害使得维生素 D 的内源性缺失，影响人体对钙的吸收和成骨作用。同时，镉使骨胶原肽链上的轻脯氨酸不能氧化产生醛基，妨碍骨胶原的固化与成熟，导致骨骼软化。典型痛痛病的骨 X 射线表现呈高度骨萎缩，骨盆、肋骨、胸部、腰椎等发生明显变形。

妊娠、哺乳、内分泌失调、营养缺乏（尤其是缺钙）和衰老被认为是痛痛病的诱因。调查显示痛痛病多发生在 40～60 岁绝经期妇女中，常为多胎生育者，男性病例相对较少。经科学家分析，一方面是由于男性荷尔蒙有助于防止骨头矿物质的溶出，而女性体内的男性荷尔蒙相对比较少；另一方面还与女性的生理生育有关。

痛痛病的诊断标准为长期居住在镉污染地区，肢体疼痛，血清无机磷降低，碱性磷酸酶上升，尿蛋白和尿糖阳性，尿镉含量增高，表明有潜在发病的可能。尿中低分子量球蛋白增多及尿酶的改变是早期镉中毒较敏感的指标。

2015 年我国公布了《职业性镉中毒的诊断》(GBZ 17—2015)这一标准，其中对慢性镉中毒的诊断标准如下。

(1)慢性轻度中毒。有一年以上密切接触镉及其化合物的职业史，尿镉连续两次测定值高于 5 $\mu mol/mol$（肌酐）[5 $\mu g/g$（肌酐）]，伴有头晕、乏力、腰背及肢体痛、嗅觉障碍等症状，实验室检查具备下列条件之一者：①尿 β2 微球蛋白含量在 9.6 $\mu mol/mol$（肌酐）[1000 $\mu g/g$（肌酐）]以上；②尿视黄醇结合蛋白含量在 5.1 $\mu mol/mol$（肌酐）[1000 $\mu g/g$（肌酐）]以上。

(2)慢性重度中毒。在慢性轻度中毒的基础上，出现慢性肾功能不全，可伴有骨质疏松症或骨质软化症。

7.3.2 徽县血铅超标案例

2006 年 8 月初，因甘肃徽县新寺村一名男孩在西安市第四军医大学西京医院就医时意外发现了血铅超标，随后，徽县水阳乡新寺、牟坝两村村民，开始分批到西安进行血铅化验。经中国疾病预防控制中心及甘肃省临床检验中心排查，总共筛查血样 2652 份，查出铅中毒 260 人，其中儿童 255 人，包括轻度中毒 67 人，中度中毒 174 人，重度中毒 14 人。

调查表明，徽县水阳乡新寺村村口的徽县有色金属冶炼有限责任公司是造成此"血铅超标"事件的重要污染源。该公司自 1996 年投产以来，违反有关法律法规，沿用国家明文淘汰的烧结锅生产工艺，未经许可擅自扩大生产规模，不按规定运行治污设施，超标排污，最终导致了这一特大环境事件的发生。对该公司周边 400 m 范围内 7 个监测点进行的土壤总铅浓度的初步监测,发现 1～5 cm 表层土壤总铅浓度为 16～187 mg/kg,超出背景值 0.83～2.46 倍;15～20 cm 耕层土壤总铅浓度有 3 个监测点高出背景值 0.69～1.8 倍,有两个值高出背景值 5.2～12.2 倍。

血铅超标是一种严重的健康问题,可能对人体产生多种影响。血铅超标与神经系统的损害有关。大量的科学研究表明,暴露于高铅环境中的个体往往会出现头痛、神经痛、注意力不集中、记忆力减退等神经系统相关问题。尤其铅对儿童神经系统和身体发育具有特别严重的影响,可能导致智力下降、行为问题和学习障碍。血铅超标也与心血管系统疾病风险增加相关。长期血铅超标可能导致高血压、心脏病和中风等疾病的发生率增加。一些研究还发现,血铅超标会削弱人体的免疫系统功能,使个体更容易感染疾病,并且对疫苗的效果产生负面影响。

徽县血铅事件引起全国乃至国际上对于环境污染事件的广泛关注,加剧了我国对于环境保护的呼声。事件后,我国政府加强了对类似工业企业的环保监管力度,以防止类似事件再次发生,并通过加大惩罚力度以遏制环境违法行为。

第8章 大气污染的健康效应

工业文明和城市发展在为人类创造巨大财富的同时,也把数十亿吨的废气和废物排入大气中。大气污染不分地域国界,借助风力四处传播,其危害的阴影可能笼罩全球。大气被污染后,除了破坏臭氧层、加剧"温室效应"使全球气候变暖、形成酸雨、危害动植物外,对人类最直接、最明显的威胁是引发各种疾病,危害人体健康。大气中污染物的浓度一般比较低,对人体主要产生慢性毒副作用。但在某些特殊条件下,如工厂发生事故、气象条件突然改变或地理位置特殊等,使大气中的有害物质不易扩散,这时有害物质的浓度会急剧增加,引起人群急性中毒。本章针对大气污染的特征、典型污染物及其健康效应展开讲述。

8.1 大气污染的组成、来源与健康危害途径

8.1.1 大气污染的组成

大气污染通常是指由于人类活动或自然过程引起某些物质进入大气中,呈现足够的浓度,达到足够的时间,并因此危害人体健康的大气环境污染现象。根据污染物的化学性质及其存在的大气状况,大气污染可分为以下两类。

(1)还原型大气污染。还原型大气污染多发生于以煤炭为主要燃料且兼用石油的地区,又称煤炭型大气污染。主要污染物为二氧化硫、一氧化碳、颗粒物(PM)等。由于大量使用煤炭等燃料,燃料燃烧过程中释放的大量颗粒物、二氧化硫和一氧化碳,在低温、潮湿的静风天气下,在近地层聚集,形成了还原性烟雾,严重危害人类呼吸系统和其他系统健康。

(2)氧化型大气污染。氧化型大气污染多发生于以石油为主要燃料的地区,污染物主要来自汽车尾气,又叫汽车尾气型大气污染。汽车尾气、燃油锅炉及石化工业所排放出的氮氧化物、甲烷及一氧化碳,在高温、干燥的静风天气下发生光化学反应,产生臭氧、过氧酰基硝酸酯(peroxyacyl nitrates,PANs)、醛类等具有强氧化性的气体或离子,刺激人的眼睛、喉黏膜等,严重危害人类健康。

根据燃料性质和污染物的组成,大气污染可分为以下四类。

(1)煤炭型大气污染。煤炭型大气污染是由燃煤引起的,污染强度以对流最强的夏季和白天为最轻,而以逆温最强、对流最弱的冬季和夜间最重。

(2)石油型大气污染。石油型大气污染是由石油和石油化学产品及汽车尾气所产生的。由于氮氧化物和碳氢化合物等生成光化学烟雾时需要较高气温和强烈阳光,因此,

污染强度变化规律和煤炭型大气污染刚刚相反,以夏季午后发生频率最高,冬季和夜间较少或不发生。

(3)混合型大气污染。在工业中心城市,由企业生产、汽车尾气、燃煤等排放的二氧化硫、粉尘、氮氧化物及重金属等在静风天气下,于近地层聚集,形成混合型大气污染,污染物被吸入肺部,刺激人体呼吸道,易引起肺气肿、气管炎、哮喘等疾病。

(4)特殊性大气污染。工业、企业在生产过程中可能发生事故,导致特殊气体的大量排放,造成局部小范围的特殊大气污染。

按照污染的范围来分,大气污染大致可分为以下四类。

(1)局限于人类活动范围的大气污染,如某些烟囱排气的直接影响。

(2)涉及一个地区的大气污染,如工业区及其附近地区或整个城市大气受到污染。

(3)涉及比一个城市更广泛地区的区域污染,如某个区域的灰霾现象。

(4)必须从全球范围考虑的全球性污染,如大气中的飘尘和二氧化碳气体的不断增加,造成了全球性污染,受到世界各国的关注。

8.1.2 大气污染的来源

大气污染源是指向大气环境排放有害物质或对大气环境有害的场所、设备和装置,通常是指由人类活动向大气输送污染物的发生源。按污染来源可分为天然污染源和人为污染源。

8.1.2.1 天然污染源

自然界中某些自然现象能向环境排放有害物质或造成有害影响,是大气污染物的一个很重要的来源。尽管与人为污染源相比,由自然现象所产生的大气污染物种类少、浓度低。但从全球角度看,天然污染源是很重要的一类污染源,尤其在清洁地区。在某些情况下天然污染源比人为污染源造成的危害更严重。有人曾对全球的硫氧化物和氮氧化物的排放进行估计,认为全球氮氧化物排放中的93%、硫氧化物排放中的60%来自天然污染源。大气污染物的天然污染源主要有:

(1)火山喷发,排放 SO_2、H_2S、CO_2、CO、HF 等生态和火山灰颗粒污染物。

(2)森林火灾,排放 CO、CO_2、SO_2、NO_2、HC 等气态和颗粒污染物。

(3)自然沙尘,包括风沙、土壤尘等,主要排放颗粒污染物。

(4)森林植物释放,主要为萜烯类碳氢化合物等气态有机污染物。

(5)海浪飞沫,主要排放硫酸盐与亚硫酸盐等海盐气溶胶污染物。

8.1.2.2 人为污染源

人为污染是由于人们的生产和生活造成的大气污染,可来自固定污染源(如烟囱、工业排气管等)和流动污染源(汽车、火车等各种机动交通工具)。人为污染的来源更多,范围更广,是大气污染的主要来源,尤其是在人口密集区。大气污染的人为源可概括为以下几类。

1. 燃料燃烧

煤、石油、天然气、生物质等燃料的燃烧过程是向大气排放污染物的重要源头。

煤是主要的工业和民用燃料，主要成分是碳，并含有氢、氧、氮、硫及金属化合物。煤燃烧时除产生大量烟尘外，还会形成一氧化碳、二氧化碳、二氧化硫、氮氧化物、有机化合物及烟尘等有害物质。火力发电厂、钢铁厂、焦化厂、石油化工厂、有大型锅炉的工厂和用煤量大的工矿企业，根据企业的性质、规模不同，对大气产生污染的程度也不同。另外，家庭炉灶排气也是一种排放量大、分布广、排放高度低、危害性不容忽视的大气污染源。

2. 工业生产

由于不同企业的生产性质和流程工艺不同，此类污染源所排放的污染物种类和数量也大不相同，但有一个共同的特点是排放源集中、排放浓度较高、局部污染强度大，是城市大气污染的主要来源。污染物主要由火力发电、钢铁、化工和硅酸盐等工矿企业在生产过程中所排放的煤烟、粉尘及有害化合物等形成。例如，石油化工企业排放 SO_2、H_2S、CO_2、NO_x；有色金属冶炼工业排放 SO_2、NO_x 及含重金属元素的烟尘；磷肥厂排放氟化物；酸碱盐化工厂排放 H_2S、CO_2、NO_x 及各种酸性气体；钢铁工业在炼铁、炼钢、炼焦过程中排放粉尘、硫氧化物、氰化物、CO、H_2S、酚、苯类、烃类等。总之，工业生产过程排放的大气污染物的组成与工业企业的生产性质密切相关。

3. 交通运输

此类污染源指汽车、飞机、火车和轮船等交通运输工具在运行时向大气中排放的尾气，主要污染物是烟尘、碳氢化合物、NO_x 和金属粉尘等，是城市大气环境恶化的主要原因之一。在交通运输污染源中，汽车尾气污染尤为严重。据统计，2022 年全国机动车的 CO、HC、NO_x、PM 排放量分别为 743.0 万 t、191.2 万 t、526.7 万 t 和 5.3 万 t。其中，柴油车 NO_x 排放量超过汽车排放总量的 80%，颗粒物超过 90%；汽油车 CO、HC 排放量均超过汽车排放总量的 80%。就我国目前的情况看来，由于人口密度大及汽车数量的剧增，汽车尾气对大气的污染仍在加剧。

4. 农业活动

农药及化肥的使用对提高农业产量起着重要的作用，但也给环境带来了不利影响，致使施用农药和化肥的农业活动成为大气的重要污染源。田间施用农药时，一部分农药会以粉尘等颗粒物的形式散逸到大气中，残留在作物上或黏附在作物表面的化肥仍可挥发到大气中，进入大气的农药可以被悬浮的颗粒物吸附并随气流向各地输送，造成大气农药污染。

8.1.3 大气污染的健康危害及途径

各种自然和人为过程导致污染物排放到大气中，这些污染物在空气中累积并达到一定浓度时，就会对人类的健康产生威胁。研究表明，大气污染物主要通过呼吸道进入人体，小部分污染物也可以降落至食物、水体或土壤中，通过进食或饮水，经消化道进入体内。有的污染物还可通过直接接触黏膜、皮肤进入人体，脂溶性的物质更易经过完好的皮肤而进入体内。以下介绍大气污染对人体产生的危害。

8.1.3.1 直接危害

直接危害又可分为急性危害和慢性危害。

1. 急性危害

急性危害是指大气污染物浓度在短期内急剧升高,可使当地人群因吸入大量的污染物而引起急性中毒。按其形成的原因可以分为烟雾事件和生产事故。烟雾事件根据烟雾形成的原因又分为煤烟型烟雾事件、光化学型烟雾事件和复合型烟雾事件。

煤烟型烟雾事件主要由燃煤产生的大量污染物排入大气,在不良气象条件下,不能充分扩散所致。自 19 世纪末开始,世界各地曾经发生过许多起大的烟雾事件,如比利时马斯河谷烟雾事件、美国多诺拉烟雾事件及伦敦烟雾事件等。在这类烟雾事件中,引起人群健康危害的主要大气污染物是烟尘、SO_2 及硫酸雾。烟尘含有的三氧化二铁等金属氧化物,可催化 SO_2 氧化成硫酸雾,而后者的刺激作用是前者的 10 倍左右。

光化学型烟雾事件是由汽车尾气中的氮氧化物和挥发性有机物(volatile organic compound,VOC)在日光紫外线的照射下,经过一系列的光化学反应生成的刺激性很强的浅蓝色烟雾所致。其主要成分是臭氧、醛类及过氧酰基硝酸酯(peroxyacyl nitrates,PANs),这些通称为光化学氧化剂。其中,臭氧约占 90% 以上,PANs 约占 10%,其他物质的比例很小,如醛类化合物,主要有甲醛、乙醛和丙烯醛等。PANs 中主要是过氧乙酰硝酸酯,其次是过氧苯酰硝酸酯和过氧丙酰硝酸酯等。光化学型烟雾最早出现在美国的洛杉矶,先后于 1943 年、1946 年、1954 年和 1955 年在当地造成光化学型烟雾事件。特别是在 1955 年,污染持续了一周多的时间,致使哮喘和支气管炎流行,65 岁及以上人群的死亡率升高。

煤烟型烟雾事件与光化学型烟雾事件的发生除与污染物的种类有关外,还受气候和气象条件等的影响。两类烟雾事件发生条件的比较见表 8-1。

表 8-1 煤烟型烟雾事件与光化学型烟雾事件比较

项目	煤烟型烟雾事件	光化学型烟雾事件
污染来源	煤和石油制品燃烧	石油制品燃烧
主要污染物	颗粒物、SO_2、硫酸雾	VOC、NO_x、O_3、SO_2、CO、PANs
发生季节	冬季	夏秋季
发生时间	早晨和夜晚	中午或午后
气象条件	气温低、气压高、风速很低、湿度高、有雾	气温高、风速很低、湿度较低、天气晴朗、紫外线强烈
逆温类型	辐射逆温	下沉逆温
地理条件	河谷或盆地易发生	南北纬度 60° 以下地区易发生
受污染后人体可能症状	咳嗽、喉痛、胸痛、呼吸困难,伴有恶心、呕吐、发绀等,死亡原因多为支气管炎、肺炎和心脏病	眼睛红肿流泪、咽喉痛、咳嗽、喘息、呼吸困难、头痛、胸痛、皮肤潮红等,严重者可出现心肺功能障碍或衰竭
易感人群	老年人、婴幼儿及心肺疾病患者	心肺疾病患者

生产事故性排放引发的急性中毒事件一旦发生，后果通常十分严重，代表性事件有印度博帕尔毒气泄漏事件和切尔诺贝利核电站爆炸事件。博帕尔是印度中央邦的首府，美国联合碳化物公司博帕尔农药厂建在该市的北部人口稠密区，工厂设备年久失修，该厂的一个储料罐进水，罐中的化学原料发生剧烈的化学反应导致储料罐爆炸，41 t异氰酸甲酯泄漏到居民区，酿成迄今世界最大的化学污染事件。毒气泄漏时，微风自东北吹向西南，白色的烟雾顺着风向弥漫在博帕尔市区狭长地带的上空，烟雾两个小时后才逐渐消散。该事件导致的各种后遗症、并发症不计其数。暴露者的急性中毒症状主要有咳嗽、呼吸困难、眼结膜分泌物增多、视力减退，严重者出现失明、肺水肿、窒息和死亡。事件后当地孕妇的流产率和居民死产率明显增加。事件后10年的调查显示，当年暴露人群的慢性呼吸道疾病患病率高、呼吸功能降低、免疫功能降低。暴露者中神经系统症状，如失眠、头痛、头晕、记忆力减退、动作协调能力差、精神抑郁等的发生率高。

1986年4月26日凌晨1时许，切尔诺贝利核电站发生爆炸，反应堆放出的核裂变产物主要有^{131}I、^{103}Ru、^{137}Cs及少量的^{60}Co。这些放射性污染物随着的东南风飘向北欧上空，污染北欧各国大气，继而扩散范围更广。3年后的调查发现，距核电站80 km的地区，皮肤癌、舌癌、口腔癌及其他癌症患者增多，儿童甲状腺病患者剧增，畸形家畜也增多。

2. 慢性危害

空气污染可引起呼吸系统、神经系统、心血管系统等身体重要器官的各种慢性疾病，而且还使不少疾病的死亡率增加。

(1)呼吸系统。空气污染物主要直接通过呼吸道侵入人体，气体和微小颗粒可以到达肺的内部。在各种气态和颗粒污染物的长期作用下，会使人体肺功能降低，使呼吸道自身的防御能力遭到破坏，最终导致呼吸系统的病理改变，常表现为慢性阻塞性肺部疾患。慢性阻塞性肺部疾病(chronic obstructive pulmonary disease，COPD)是一类以气道阻塞为特征的慢性呼吸系统疾病，包括支气管哮喘、慢性支气管炎和肺气肿。随着病情的发展，病人最终可因呼吸和循环衰竭而死亡。慢性阻塞性肺部疾病的发生和发展是各种空气污染物共同作用的结果。比如SO_2具有刺激作用，刺激呼吸道而增加黏液的分泌，可以抑制呼吸道纤毛的运动，结果使大量的黏液不能及时被清除，停留于呼吸道内，削弱呼吸道对外界病原微生物的抵抗力，容易发生呼吸道的感染。NO_x难溶于水，其危害部位在深部呼吸道和肺泡，危害性更大。由NO_x转变形成的亚硝酸和硝酸的刺激作用和腐蚀作用更强，严重时可以引起肺水肿。

(2)神经系统和心血管系统。空气污染物不仅可以进入呼吸道，还可以进入血液，对人体的其他部位产生毒害作用，造成神经系统、心血管系统、骨骼系统等全身重要器官的损害。如一氧化碳是煤、石油等矿物燃料不完全燃烧时所产生的一种气态污染物。一氧化碳经呼吸道吸收时不产生刺激作用，因而不易被接触者所察觉。进入血液后，一氧化碳很快与红细胞中的血红蛋白结合，形成碳氧血红蛋白。由于一氧化碳结合血红蛋白的能力远远超过血中氧气与血红蛋白的结合能力，因而影响氧气与血红蛋白的结合,使血红蛋白携带氧气的功能降低,最终使得全身组织缺氧。此外,一氧化碳还能抑制血红蛋白释放所携带的氧气,进一步加重组织的缺氧情况。一般情况下,空气中一氧化碳的浓度较低,不会引起急性中毒。但长期接触低浓度一氧化碳对健康的影响不可低估,尤其是对神经系统和心血管系统的危害。如动物实验证实,较低浓度一氧化碳可以引起心动过速、血压下降、心肌病变等。在日常生活中,冬季室内取暖所产生的较高浓度的一氧化碳甚至可以引起居民的心血管病和心瓣膜病。一氧化碳也能促进血管壁的脂质沉积,加快动脉硬化的进程。

(3)免疫系统。空气污染物危害健康的原因,除了与空气污染物对人体器官的直接作用有关外,还有一个重要原因是使机体免疫功能降低。免疫功能是机体的免疫系统对进入人体内的各种外来异物具有识别和排除的能力。免疫功能异常将导致机体对外界有害因素的抵抗力降低,因而容易发病和死亡。

吸进呼吸道的颗粒物在肺组织中积聚,影响局部的免疫功能,可表现为抵抗细菌、病毒等病原体侵袭的能力下降,死亡率增加。颗粒物还可使呼吸道纤毛运动能力降低,使附着在呼吸道表面的异物难以清除,这也是导致机体抵抗力下降的原因之一。此外,颗粒物对肺组织中一种起重要保护作用的成分——巨噬细胞具有明显的毒性,可降低巨噬细胞的吞噬能力,甚至导致巨噬细胞死亡。经肺组织进入全身的颗粒物也会改变其他组织的免疫功能,一般表现为细胞免疫和体液免疫功能的降低,免疫细胞繁殖能力和免疫球蛋白含量的降低。

常见的空气污染物二氧化硫、氮氧化物等可降低机体对细菌和病毒的清除能力,增加疾病的发病率和死亡率。原因主要是二氧化氮造成肺组织巨噬细胞损伤,使其吞噬细菌的能力下降。二氧化氮也可抑制巨噬细胞产生的干扰素,使机体对病毒的抵抗力下降。二氧化硫与颗粒物同时被吸入时可增强其对免疫系统的毒性,使机体更易受到病菌的感染。全身免疫功能在长期低浓度气态污染物作用下也会发生明显的改变,一般早期表现为免疫功能的过度增高,而后期则表现为机体的体液免疫和细胞免疫的全面下降。空气污染与人体免疫功能的改变有关,可以降低非特异性免疫功能和特异性细胞免疫、体液免疫功能。空气污染严重地区儿童的唾液溶菌酶含量、植物血凝素皮肤反应、血清免疫球蛋白含量、淋巴细胞转化率等许多免疫指标均明显低于清洁对照区或轻污染区。

(4)致癌作用。不论是气态还是颗粒物污染物,其中均含有一些经动物实验或其他致癌性试验所证实的致癌物。在化学性质上,这些致癌物有的为有机化合物,如多环芳烃类、硝基多环芳烃类等;有的为无机化合物,如镍、铬、砷、镉等。研究表明,这些致癌物在污染严重的空气中浓度较高,并且与当地居民肺癌患病率的增加有密切关系。由于空气致癌物常被吸附在细小的颗粒物上,故很容易被人体吸入肺部,增加接触致癌的机会。此外,颗粒物中不同的化学物质之间还可能存在协同作用,增强致癌物的作用。

8.1.3.2 间接危害

环境污染通过产生温室效应、形成酸雨、破坏臭氧层及生成大气棕色云团等方式间接影响着人类的健康。

1. 温室效应

大气层中的某些气体，如 CO_2 等能吸收地表发射的热辐射，有使大气增温的作用，称为温室效应。这些气体统称为温室气体，主要包括 CO_2、甲烷、氧化亚氮和氯氟烃等。其中，CO_2 是造成全球变暖的主要原因。

气候变暖有利于许多病原体及有关生物的繁殖，从而引起生物媒介传染病的分布发生变化，扩大其流行的范围，加重对人群健康的危害。在热带、亚热带地区，由于气候变暖对水分布和微生物繁殖产生影响，一些介水传染病的流行范围扩大，强度加大。另外，气候变暖还可导致与暑热相关疾病的发病率和死亡率的增加。据统计，2014 年至 2022 年高温天气可能导致了 33000 人死亡。2023 年全球平均气温是 1940 年以来的最高值。当年 5 月—7 月墨西哥约 112 人因极端高温死亡，其中 104 人死于中暑，主要集中在北部三个州，这些地区的最高气温已超过 45 ℃。2023 年 6 月中国北方部分地区地表温度超过 70 ℃，接连发生热射病事件，死亡率高。

气候变暖还会使空气中的一些有害物质如真菌孢子、花粉等浓度增高，导致人群中过敏性疾患的发病率增加。此外，由于气候变暖引起的全球降水量变化，最终使得洪水、干旱及森林火灾发生次数增加，这些也对人体健康产生了危害。

2. 臭氧层破坏

臭氧层中的臭氧几乎可全部吸收来自太阳的短波紫外线，使人类和其他生物免遭紫外线辐射的伤害。科学家发现，南北两极上空臭氧急剧减少，如同天空坍塌了一个"空洞"，因此叫作"臭氧洞"。这同广泛使用氟利昂（电冰箱、空调等制冷材料）密切相关。臭氧层被破坏形成空洞以后，减少了其对短波紫外线和其他宇宙射线的吸收和阻挡功能，造成人群皮肤癌和白内障等发病率的增加，对地球上的其他动植物也有杀伤作用。据估计，平流层臭氧浓度减少 1%，UV-B 辐射量将增加 2%，人群皮肤癌的发病率将增加 3%，白内障的发病率将增加 0.2%～1.6%。

3. 酸雨

在没有大气污染物存在的情况下，降水（包括雨、雪、雹、雾等）的 pH 值在 5.6～6.0 范围内，主要由大气中二氧化碳所形成的碳酸所致。当降水的 pH 值小于 5.6 时称为酸雨。酸雨的形成受多种因素影响，其主要前体物是 SO_2 和 NO_x，其中 SO_2 对全球酸沉降的贡献率为 60%～70%。SO_2 和 NO_x 可被氧化剂或光化学反应产生的自由基氧化转变为硫酸和硝酸。吸附在液态气溶胶中的 SO_2 和 NO_x 也可被溶液中的金属离子、强氧化剂所氧化。酸雨可以直接刺激人的皮肤，也可以引起哮喘等呼吸道疾病。除此之外，酸雨能够增加土壤中有害重金属的溶解度，加速其向水体、植物和农作物的转移，这些物质一旦被人体摄入，有害重金属便在人体富集，对人类健康造成威胁。

4. 大气棕色云团

大气棕色云团（atmospheric brown clouds，ABC）是指区域范围的大气污染物，包括颗粒物、煤烟、硫酸盐、硝酸盐、飞灰等。ABC 热点区是指年平均人为气溶胶光学厚度（aerosol optical depth，AOD）超过 0.3，且吸收性气溶胶对气溶胶光学厚度的贡献超过10%的地区。世界目前有五大ABC热点区，包括东亚、南亚的印度中央平原、东南亚、南部非洲及亚马逊流域。世界上还有13座"超大城市"被确认为棕色云团热点城市，它们是泰国曼谷，埃及开罗，孟加拉国达卡，巴基斯坦卡拉奇，伊朗德黑兰，尼日利亚拉各斯，韩国首尔，印度的加尔各答、新德里和孟买，以及我国的北京、上海和深圳。

鉴于ABC的广泛分布及暴露人口数巨大，ABC可能带来的健康影响受到了国际组织及各国政府的高度关注。ABC中的多种组分对人群健康可直接产生不良影响。ABC中的颗粒物可吸收太阳的直射或散射光，影响紫外线的生物学活性。因此，在大气污染严重的地区，儿童佝偻病的发病率较高，某些通过空气传播的疾病易于流行。大气污染还能降低大气能见度，使交通事故增加。

8.2 大气中典型污染物与健康影响

8.2.1 大气颗粒物

大气颗粒物污染是一个重要的环境风险因素，会导致巨大的健康危害和经济损失。全球疾病负担研究表明，大气颗粒物污染是全球可归因伤残调整生命年的主要风险因素。2019年空气污染导致我国185万人死亡，其中有142万人死于大气颗粒物暴露。大气颗粒物对人体健康的危害已经成为广泛共识。在我国，已有多项时间序列研究、病例交叉研究和定组研究观察到大气颗粒物的短期暴露与死亡率、发病率和亚临床结果之间的关联。基于我国开展的多城市研究发现，大气颗粒物每增加10 $\mu g/m^3$，呼吸系统疾病住院率增加0.29%~1.52%，心血管系统疾病住院率增加0.19%~0.26%。除了呼吸系统和心血管系统外，大气颗粒物的短期暴露还会增加与神经系统、内分泌系统、代谢系统和生殖系统相关的疾病风险，并且导致不良出生结局、妊娠疾病、神经发育损伤等多种健康危害。

8.2.1.1 大气颗粒物对呼吸系统的影响

呼吸系统是大气颗粒物直接接触的靶器官。进入呼吸道的大气颗粒物可以刺激和腐蚀肺泡壁，使呼吸道防御机能受到破坏，肺功能降低，出现呼吸系统症状，如咳嗽、咳痰、喘息等，导致呼吸系统疾病包括慢性支气管炎、肺气肿、慢性阻塞性肺部疾病、哮喘等的入院人数增加及患病率和死亡率升高。

1. 大气颗粒物对呼吸系统疾病的影响

1) 对呼吸系统疾病入院数和患病率的影响

我国研究者对大气颗粒物暴露与呼吸系统疾病发病率之间的关系进行了分析，结果显示大气颗粒物短期和长期暴露均与呼吸系统疾病入院数和患病率增加之间呈显著正相关。上海开展的一项研究探讨了大气污染与哮喘入院数之间的关系，在校正了气象因素等后，结果显示研究对象暴露当天和前一天PM10和黑碳移动平均浓度增加一个四分位间距，哮喘入院数分别增加1.82%和6.62%。在香港开展的一项回顾性生态学研究(2000—2004年)显示，短期暴露于PM2.5与COPD患者急性加重入院人数升高有关，相对风险(relative risk, RR)为1.014[95%置信区间(confidence interval, CI)：1.007~1.022]。在台湾开展的一项病例交叉设计方法，收集了台北市2006—2010年间每日COPD患者的急诊入院人数，并与研究期间PM2.5的浓度进行关联分析发现，高浓度水平的PM2.5可导致COPD患者急诊入院数显著增加。

大气颗粒物暴露对呼吸系统发病率的影响除了有短期急性效应外，还具有慢性长期影响。在我国4个城市(广州、武汉、兰州、重庆)1993—1996年进行的研究显示，大气颗粒物(包括PM2.5、PM2.5~10、PM10)的长期暴露均与儿童呼吸系统疾病、哮喘、支气管炎的患病率呈显著正相关。以PM2.5为例，浓度每升高39 $\mu g/m^3$，哮喘和支气管炎的患病率分别增加1.22%(95% CI：0.73%~2.01%)和1.50%(95% CI：0.55%~4.12%)。

2) 对呼吸系统疾病死亡率的影响

21世纪初，我国研究者已经开始进行大气颗粒物污染与人群呼吸系统疾病死亡率之间的关系的研究。截至目前，已经有较多的研究报道，尤其是近期开展的一些大规模流行病学研究及荟萃分析研究，为大气颗粒物污染对我国人群呼吸系统疾病死亡率的影响提供了较为充分的研究证据。

A. 对呼吸系统疾病死亡率的短期影响

在我国17个典型城市开展的一项大气污染和居民急性健康效应的流行病学研究取名为"中国大气污染与居民健康效应研究"(China Air Pollution and Health Effects Study, CAPES)。该研究系统地分析了我国主要大气污染物与城市居民死亡率之间的关系。CAPES充分考虑到我国大气污染高暴露水平和高暴露人口、污染组成和成分等特征，纳入的城市包括鞍山、北京、福州、广州、杭州、香港、兰州、南京、上海、沈阳、苏州、太原、唐山、天津、乌鲁木齐、武汉和西安。上述城市地理分布基本能反映我国的区域、经济特征。研究者从各城市的疾病预防控制中心收集1996—2008年市区居民每日的非意外总死亡数、心血管系统疾病死亡数和呼吸系统疾病死亡数，从各城市的环境监测中心收集PM10、PM2.5及气态污染物SO_2、CO、NO_2和O_3数据，在校正混杂因素后，结果显示PM10浓度每升高10 $\mu g/m^3$，引起居民呼吸系统疾病死亡率增加0.56%(95% CI：0.31%~0.81%)。

此外，我国研究者近期还采用荟萃分析的方法综合探索了我国不同城市(包括北京、香港、天津、上海、苏州、杭州、武汉、西安、重庆、鞍山、沈阳、太原等)33项时间序列研究和病例交叉研究中有关PM10和PM2.5短期暴露对呼吸系统疾病死亡率的影响，结果显示，PM10浓度增加10 $\mu g/m^3$，所有年龄人群呼吸系统疾病死亡率增加0.32%(95% CI：0.23%~0.40%)；PM2.5浓度升高10 $\mu g/m^3$，所有年龄人群呼吸系统疾病死亡率增加0.51%(95% CI：0.30%~0.73%)。复旦大学阚海东教授团队对北京(2007—2008年)、上海(2004—2008年)、沈阳(2006—2008年)的PM2.5~10进行了研究，发现三个城市的PM2.5~10日均浓度分别为101 $\mu g/m^3$、50 $\mu g/m^3$和49 $\mu g/m^3$。在单一污染物模型中，三个城市的联合分析显示，PM2.5~10与总非意外原因和心肺疾病导致的每日死亡率之间存在显著关联。滞后 1 天的 PM2.5～10 浓度每增加 10 μg/m³，总死亡率增加 0.25%（95% CI：0.08～0.42）、心血管死亡率增加 0.25%（95% CI：0.10～0.40）、呼吸系统死亡率增加 0.48%（95% CI：0.20～0.76）。

中国科学院曹军骥研究员团队研究了西安市大气 PM2.5 组成与心肺疾病死亡率等的关系。该研究使用广义线性泊松模型分析了西安市 2004—2008 年逐日 PM2.5 中的多种化学成分[有机碳（organic carbon，OC）、元素碳（element carbon，EC）、10 种水溶性离子及 15 种无机元素]对死亡率变化的影响。图 8-1 总结了 PM2.5 质量浓度及其部分组分单天滞后 0～3 天的定量回归结果。PM2.5 质量浓度与死亡率具有显著的相关

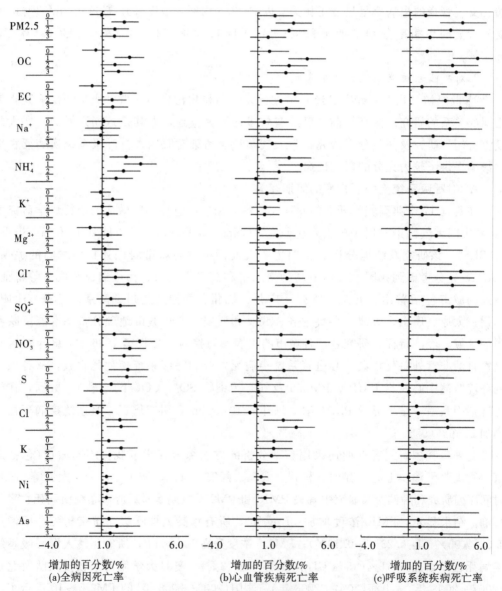

图 8-1　西安市 2004—2008 逐日 PM2.5 及其部分化学组分增加一个四分位差导致的不同死因死亡率增加百分比（95% CI）

（注：左侧各 0、1、2、3 表示增加的百分数/%）

性，且PM2.5日均质量浓度每增加一个四分位间距，在滞后1天时，全病因死亡率增加1.8%（95% CI：0.8%～2.8%）、心血管疾病死亡率增加3.1%（95% CI：1.6%～4.6%）、呼吸系统疾病死亡率增加4.5%（95% CI：2.5%～6.4%），PM2.5化学组分对健康的影响因滞后天数不同而不同。PM2.5中OC、EC、NH_4^+、NO_3^-、Cl^-、Cl和Ni对全病因死亡率、心血管疾病和呼吸系统疾病死亡率有显著影响（见图8-1）。OC和EC与心血管及呼吸系统疾病死亡率呈正相关（滞后1～3天），但是未发现其与全病因死亡率有密切关系。NH_4^+和NO_3^-与全病因死亡率及心血管疾病死亡率显著相关，与呼吸系统疾病死亡率无显著相关性。其中全病因死亡率和心血管疾病死亡率与NO_3^-的关系优于其与PM2.5质量浓度的关系，表明化石燃料排放的污染组分对人体健康有重大影响。在暴露滞后1天的情况下，PM2.5质量浓度（114.9 $\mu g/m^3$）与NO_3^-浓度（15.4 $\mu g/m^3$）增加一个四分位间距时，全病因死亡率分别增加1.8%（95% CI：0.8%～2.8%）和3.8%（95% CI：1.7%～5.9%）。另外，Cl^-、Cl和Ni在至少1天的暴露滞后时间内，与这三种死亡率均表现出显著的相关关系。暴露于NH_4^+滞后3天和Cl^-滞后1天的情况下，表现出与心血管疾病或呼吸系统疾病死亡的显著负相关。Na^+、K^+、Mg^{2+}、SO_4^{2-}、S、K和As表现出至少和一种死亡率增加有正相关关系，但对于F^-、Ca、Ti、Br、Mo、Cr、Mn、Fe、Zn、Cd或Pb均未表现出与任何一种死亡率增加有相关性。

B. 对呼吸系统疾病死亡率的长期影响

我国开展的一项大气污染与人群死亡率关系的前瞻性队列研究，基于全国高血压调查及其随访研究，对16个省31个城市70947名成年人进行了跟踪调查，收集了人群的死亡率资料，并通过固定监测点的数据获得了研究期间鞍山、北京、福州、广州、杭州、香港、兰州、南京、上海、沈阳、苏州、太原、唐山、天津、乌鲁木齐、武汉和西安的三种空气污染物［总悬浮物（total suspended particulate，TSP）、SO_2和NO_x］浓度，分析结果显示研究期间上述城市TSP的平均浓度为289 $\mu g/m^3$，TSP浓度升高与呼吸系统疾病死亡率增加之间呈正相关。在沈阳开展的回顾性队列研究显示，PM10的平均浓度升高10 $\mu g/m^3$，呼吸系统疾病死亡率的RR值为1.67（95% CI：1.60～1.74）。

美国一项大型队列研究评价了PM2.5对呼吸系统的慢性健康影响，发现长期PM2.5暴露与呼吸系统疾病死亡率增加显著相关，PM2.5暴露浓度每增加10 $\mu g/m^3$，带来的呼吸系统疾病死亡风险增加1.24倍，肺炎和慢性阻塞性肺部疾病死亡率分别增加1.60倍和110倍，肺癌死亡率增加1.13倍。同时，研究人员利用生态学研究发现PM2.5浓度与肺癌死亡率呈正相关，且暴露时间越长，肺癌死亡率越高。长期PM2.5暴露是哮喘发病的重要危险因素，研究大气PM2.5与哮喘的长期相关性发现，PM2.5每增加10 $\mu g/m^3$，调整混杂因素后的哮喘患病风险增加105倍。

虽然我国有关颗粒物对呼吸系统疾病发病率和死亡率影响的研究已经取得了一定成果，但是由于我国颗粒物监测尤其是PM2.5的监测开展得较晚，呼吸系统疾病登记制度不完善等原因，有关颗粒物暴露对呼吸系统影响的前瞻性流行病学研究开展得相对较少,因此长期暴露于较高浓度颗粒物对我国人群呼吸系统的影响,尤其是死亡率的影响及其机制仍有待探讨。

2. 大气颗粒物对肺功能的影响

肺功能对呼吸系统疾病患者的愈后有重要的预测价值,同时也是评价颗粒物暴露对人体呼吸系统影响的一类重要指标。较常使用的肺功能指标包括用力肺活量(forced vital capacity,FVC)、第一秒用力呼气量(forced expiratory volume in first second,FEV_1)和呼气流量峰值(peak expiratory flow,PEF)等。

1)对儿童肺功能的影响

许多研究显示长期暴露于大气颗粒物污染中可导致人群肺功能水平的降低,由于儿童正处于生长发育的关键时期,身体机能尚未成熟,因此儿童所受不良影响更为明显。在北京进行的一项PM10和PM2.5对健康学龄儿童肺功能短期影响的研究中,对216名7~11岁小学生肺功能进行了测定,并同时收集了测定当天及前4天PM10和PM2.5的浓度,经分析得出,大气PM10和PM2.5对儿童肺功能存在短期负效应,并且有一定的滞后性。在内蒙古包头市的研究显示,沙尘天气和非沙尘天气的大气颗粒物暴露均与儿童PEF的降低存在显著关联。在台湾开展的一项研究,对2919名12~16岁青少年的肺功能进行了检测,并与日均污染物浓度值进行关联分析得出,PM10暴露与青少年FVC和$FEV_{1.0}$的降低呈显著关联。

颗粒物长期暴露也可对儿童肺功能产生不良影响。一项对塞尔维亚2007—2011年2130名14岁以下儿童入院治疗与颗粒物暴露的研究中,PM2.5浓度对支气管炎、肺炎、哮喘及其他呼吸系统疾病有负面影响。其中687人因支气管炎和其他呼吸系统疾病入院治疗。数据显示,在塞维利亚市,PM2.5的日均浓度超过10 $\mu g/m^3$时,儿童因呼吸系统疾病住院的日均费用接近200欧元。如果将PM2.5的年日平均浓度从现有水平降低到10 g/m^3,则因呼吸系统疾病住院的儿童日平均人数将减少0.09例。说明大气颗粒物是导致儿童通气功能障碍的重要因素之一。在我国广州、武汉、兰州、重庆4个城市1993—1996年间开展的研究中,每半年对儿童进行一次肺功能测量,共计测量了15600人次,并同时监测了大气颗粒物的浓度,发现PM2.5、PM10、TSP的浓度与儿童肺功能指标FEV_1、FEV_1/FVC调整均值、FEV_1/FVC≤80%的异常率存在显著正相关性,PM2.5每升高10 $\mu g/m^3$,FEV_1和FVC分别降低2.7 mL(95% CI:−3.5 mL~−2.0 mL)和3.5 mL(95% CI:−4.3 mL~−2.7 mL),说明大气颗粒物是导致儿童通气功能障碍的重要因素之一。

2)对成人肺功能的影响

除了对儿童肺功能的影响外,大气颗粒物对成年人肺功能影响的研究同样显示,大气颗粒物暴露与成年人PEF、$FEV_{1.0}$等肺功能指标水平呈显著负相关。以北京市某高校21名年轻健康在校大学生为研究对象,对其进行3个时期的肺功能追踪研究显示,研究对象的肺功能水平与PM2.5的暴露水平及化学组分呈显著负相关。与奥运会期间相比,研究对象在奥运会前、后期的PEF水平显著降低。上海市开展的一项研究采用个体采样器测定了上海市区107名男性外勤交警(高暴露组)和101名居民(一般暴露组)

PM2.5的暴露情况,并测定了两组人群的FVC、FEV$_1$、FEV$_1$/FVC和PEF指标,结果显示高暴露组的PM2.5暴露水平明显高于一般暴露组,并且高暴露组肺通气功能指标的异常率也显著高于一般暴露组,说明长期暴露于高浓度的PM2.5也是导致成人呼吸系统受损、通气功能下降的重要因素。

3. 大气颗粒物对呼吸系统症状的影响

1) 对儿童呼吸系统症状的影响

大气颗粒物的人体暴露可引起人群呼吸系统症状,如咳嗽、咳痰、喘息等的发生率增加或症状加重。2001年对北京市近6000名小学生进行呼吸系统健康问卷调查结果显示,大气污染较严重区域儿童的咳嗽、咳痰等症状的发生危险性高于对照区儿童,并且居室附近有交通干道的儿童各呼吸系统疾病的发生率高于居室附近没有交通要道的儿童。在香港开展的一项研究,通过卫星遥感数据和固定监测点数据获得研究对象(9881名11~20岁的学生)居住地点的PM10浓度,并对其与研究对象呼吸系统症状发生之间的关系进行了分析,结果显示PM10暴露可增加受试者咳嗽和咳痰的发生。一项对2011—2015年济南市0~17岁儿童的每日空气污染与呼吸系统住院率的研究,发现PM2.5对儿童呼吸系统疾病住院人数有显著的相关性。PM2.5每增加10 $\mu g/m^3$,总住院率增加0.23%(95% CI,0.02%~0.45%),学生组(6~17岁)住院率相应增加0.9%(95%CI,0.39%~1.42%)。

2) 对成人呼吸系统症状的影响

2008年对北京某城区和郊区成人呼吸系统症状发生情况进行的横断面调查显示,与郊区相比,城区成人的持续性咳痰和哮喘样症状的年龄标准化发生率相对较高。城区和郊区前5年PM10的年均浓度分别为146.4 $\mu g/m^3$和110.6 $\mu g/m^3$,提示大气颗粒物污染对成人呼吸系统症状的发生有一定的长期效应。对上海市高暴露人群的呼吸系统症状发生率进行调查,显示交警对大气PM2.5的暴露水平显著高于普通居民,其咳嗽、咳痰、咽部不适、气喘、气短和鼻部不适的发生率显著高于普通居民。

4. 大气颗粒物对呼吸系统氧化应激反应的影响

关于大气颗粒物对呼吸系统影响的毒性机制假说有很多,如有害有机成分假说、酸性气溶胶假说、生物质成分假说、肺部细胞的炎症介质假说和氧化性损伤假说等,其中最被认可的是大气颗粒物可导致呼吸系统的氧化应激反应和肺部细胞炎症水平的变化假说。基于此,我国研究者在大气颗粒物对呼吸系统的氧化应激反应和炎症水平的影响方面开展了大量的研究。

研究人员于北京奥运会前、中、后三个阶段对北京125名年轻健康成年人的呼出气冷凝液中氧化应激指标进行了三次追踪测定,并同时测定了研究对象所处工作和生活环境的PM2.5浓度及其中SO_4^{2-}、EC、OC成分的含量。分析结果显示,研究对象呼出气冷凝液中硝酸盐和亚硝酸盐含量与PM2.5暴露及其中SO_4^{2-}、EC、OC的含量呈显著正相关,与8-异前列腺素含量也呈现正相关性。由于呼出气冷凝液中硝酸盐和亚硝酸盐是NO的氧化代谢产物,8-异前列腺素是表征脂质过氧化的生物标志物,因此研究结果表明PM2.5暴露可使人群呼吸系统产生氧化应激反应。

体内和体外实验结果显示，大气颗粒物可导致肺组织抗氧化指标水平的降低和反应氧化损伤指标水平的上升。研究采用 PM10 对大鼠进行气管滴注，24 h 后测定得出大鼠肺组织超氧化物歧化酶（superoxide dismutase，SOD）活性降低，丙二醛（malondi-aldehyde，MDA）和蛋白质羰基含量升高，由于 SOD 是生物体内重要的抗氧化酶，而 MDA 和蛋白羰基分别是细胞膜脂质过氧化反应的终产物及评价氧化应激的指标，上述结果提示 PM10 可引起大鼠体内抗氧化和氧化系统的失衡，产生氧化应激效应。还有研究采用沙尘暴天气中采集的 PM2.5 对大鼠进行气管滴注 24 h 后，可造成大鼠肺脏 SOD 活性和谷胱甘肽（glutathione，GSH）含量显著降低，以及硫代巴比妥酸反应物质（thiobarbituric acid reactive substances，TBARS）水平增加，并且上述指标的变化水平与 PM2.5 染毒剂量呈现剂量-反应关系，提示大气颗粒物可导致细胞抗氧化能力降低，脂质过氧化作用增强，细胞可能受到一定程度的氧化应激或氧化损伤。

5. 大气颗粒物对呼吸系统炎症的影响

有关大气颗粒物对呼吸系统炎症发生的研究结果显示，大气颗粒物可导致肺部的炎性损伤和炎性因子水平增加。对儿童 PM2.5 和 BC 暴露浓度与其呼出气氧化亚氮（exhaled nitric oxide，eNO）水平变化的关系研究的显示，PM2.5 和 BC 浓度每升高一个四分位间距，eNO 水平分别增加 16.6%（95% CI：14.1%～19.2%）和 18.7%（95% CI：15.0%～22.5%），由于 eNO 是反映呼吸道炎症水平的无创指标，因此该研究结果显示大气颗粒物的暴露可升高儿童呼吸道炎症水平。

细胞实验和动物实验同样显示大气颗粒物对肺部炎症水平有显著影响。有研究采用北京城区 PM2.5 对肺腺癌细胞（A549）进行染毒，探讨 PM2.5 对 A549 细胞的损伤作用及对 NF-κB 表达的影响，结果显示 PM2.5 可引起 A549 细胞的炎性损伤，诱导细胞质中有活性的 NF-κB 向核内转移，行使其调控炎性反应的功能。大鼠经硫酸镍气管滴注后可引起急性肺损伤和全身炎症反应，大鼠肺泡灌洗液中炎性因子白细胞介素-6（Interleukin 6，IL-6）、肿瘤坏死因子 α（tumor necrosis factor-α，TNF-α）水平明显增高。PM10 对大鼠进行染毒后，可引起大鼠肺泡及细支气管结构损伤，肺间质炎性细胞浸润、嗜酸性粒细胞浸润明显增多，并随染毒剂量增加炎性损伤作用加重。利用 PM2.5 对小鼠肾损伤的研究发现，PM2.5 暴露后正常小鼠出现肾功能不全、血清肌酐和血尿素氮上调、组织炎症因子上调等症状。同时 PM2.5 可激活 NLRP3（核苷酸结合结构域富含亮氨酸重复序列和含热蛋白结构域受体3）炎症反应，并在 PM2.5 累积后发生级联扩增反应，从而加重小鼠的肾损伤。

8.2.1.2 大气颗粒物对心血管系统的影响

1. 大气颗粒物对心血管疾病的影响

大量研究表明，大气颗粒物是导致不良心血管健康效应的重要空气污染物之一。大气颗粒物的长期或短期暴露可引起人群心血管疾病的急诊人数和入院人数增加及死亡率升高，心血管疾病主要包括心肌缺血、心肌梗死、心律失常、动脉粥样硬化等。

1）对心血管疾病急诊人数和入院人数的影响

在我国多个城市开展的研究均显示大气颗粒物暴露与心血管疾病发病率增加之间

存在显著正相关。北京开展的一项研究分析了 PM2.5 与心血管疾病急诊就诊人数之间的关系，该研究在 2004 年 6 月—2006 年 12 月期间收集了北京大学第三医院急诊室每日的心血管疾病急诊人数和北京大学附近固定监测点的 PM2.5 日均浓度数据，在控制了温度和相对湿度的影响后，分析结果显示 PM2.5 浓度每升高 10 $\mu g/m^3$，心血管疾病急诊人数在 0 天滞后的比值比（odds ratio，OR）为 1.005（95％ CI：1.001～1.009）。还有研究显示，大气颗粒物的粒径大小对心血管疾病发病率有显著影响，PM0.1 的效应具有滞后性，而粒径在 100～1000 nm 范围内的颗粒物则表现出较为显著的急性效应。

在上海开展的一项研究采用时间序列分析方法探讨了 PM10 暴露与各种疾病入院数之间的关联，该研究于 2005—2007 年间分别收集了来源于上海市卫生健康委员会和环境监测中心的心血管疾病入院人数和大气污染物浓度的监测资料，结果显示 PM10 浓度每增加 10 $\mu g/m^3$，滞后 5 天时心血管疾病入院人数增长 0.23％（95％ CI：−0.03％～0.48％）。香港的一项研究显示，PM2.5～10 及 PM10 的暴露可导致缺血性心脏病急诊入院人数增加，并且 PM10 中交通来源、二次硝酸盐来源及海盐来源的组分与缺血性心脏病急诊入院人数之间存在显著正相关。一项长期的数据统计研究发现 PM2.5 对心血管疾病日住院人数的效应在当日和滞后第 3 日的差异有统计学意义，在当日可达到最大增加值，且 PM2.5 浓度每升高 10 $\mu g/m^3$，心血管疾病住院人数增加 0.96％（95％ CI：0.1％～1.83％）。相较于短期 PM2.5 对人体的影响，长期暴露对心血管健康的影响更大。PM2.5 浓度每下降 10 $\mu g/m^3$，可使平均寿命延长（0.61±0.20）年；同时 PM2.5 浓度每升高 10 $\mu g/m^3$，缺血性心脏病、心律失常、心力衰竭的住院率均会随之有不同程度的升高。综上，PM2.5 暴露可增加心血管事件的发生。

2）对心血管疾病死亡率的影响

（1）对心血管疾病死亡率的短期影响。在我国北京、上海、广州、西安等城市的研究均显示大气颗粒物的短期暴露与人群心血管疾病死亡率之间存在显著正关联。如在上海市 2004 年 3 月—2005 年 12 月期间的研究显示，PM2.5 浓度的两天滑动平均值每升高 10 $\mu g/m^3$，居民心血管疾病死亡率增加 0.41％（95％ CI：0.01％～0.82％）；在广州市 2007—2008 年期间的研究显示，PM2.5 两天的滑动平均值升高 10 $\mu g/m^3$，居民心血管疾病死亡率增加 1.22％（95％ CI：0.63％～1.68％）；在西安市 2004—2008 年期间的研究显示，PM2.5 日均浓度每增加一个四分位数间距，在滞后 1 天时，心血管疾病死亡率增加 3.1％（95％ CI：1.6％～4.6％）。

我国研究者还采用荟萃分析的方法对我国不同城市 33 项时间序列研究和病例交叉研究中有关 PM10 和 PM2.5 短期暴露对心血管疾病死亡率影响的结果进行综合分析显示，PM10 浓度升高 10 $\mu g/m^3$，所有年龄人群心血管疾病死亡率增加 0.43％（95％ CI：0.37％～0.49％）；PM2.5 浓度升高 10 $\mu g/m^3$，所有年龄人群心血管疾病死亡率增加 0.44％（95％ CI：0.33％～0.54％）。大气颗粒物（PM2.5）浓度升高导致的死亡率变化结果总结在表 8-2 中。

表 8-2　PM2.5 浓度升高 10 μg/m³，不同地区居民死亡率增加百分比

研究地点	全病因死亡率		心血管疾病死亡率		呼吸系统疾病死亡率	
	死亡率增加/%	95% CI：	死亡率增加/%	95% CI：	死亡率增加/%	95% CI：
上海市	—	—	0.41	0.01%～0.82%	—	—
广州市	—	—	1.22	0.63%～1.68%	—	—
西安市	1.8	0.8%～2.8%	3.1	1.6%～4.6%	4.5	2.5%～6.4%

(2) 对心血管疾病死亡率的长期影响。大气颗粒物的暴露除了对心血管疾病死亡率具有短期影响外，研究显示大气颗粒物长期暴露与心血管疾病死亡率之间也存在显著相关性。大量研究显示，长期或短期暴露于不同浓度的 PM2.5，可增加心血管疾病的发生和死亡风险，且没有安全阈值。2017 年我国因大气污染导致心血管疾病过早死亡人数为 77 万(95% CI：52 万～101 万)，占全国心血管疾病死亡人数的 19.4%，其中 PM2.5 对全国心血管过早死亡人数的平均贡献率为 11.7%[9 万(95% CI：6 万～11 万)]。一项基于中国疾病预防控制中心全面健康保障系统的数据研究收集了 2019—2021 年阳泉市大气 PM2.5 污染对居民心脑血管疾病死亡影响数据，结果显示大气 PM2.5 浓度每升高 10 μg/m³，居民心脑血管疾病死亡率增加 1.89%(95% CI：1.03%～2.75%)，单日滞后效应在暴露当天最大为 1.26%(95% CI：0.40%～2.13%)，累计滞后效应在暴露第 2 天最大，为 1.68%(95% CI：0.73%～2.63%)。除此之外，大气 PM2.5 浓度每升高 10 μg/m³，男性、女性、大于等于 65 岁和小于 65 岁居民心脑血管疾病死亡率分别增加 1.38%(95% CI：0.24%～2.53%)、2.13%(95% CI：0.99%～3.28%)、1.87%(95% CI：0.93%～2.81%)和 2.15%(95% CI：0.51%～3.81%)。

虽然目前我国有关大气颗粒物对人群心血管疾病影响的研究已经取得了较大的进展，但大部分是采用时间序列研究、病例交叉研究及固定群组研究来探讨大气颗粒物的急性效应，有关大气颗粒物对心血管系统长期影响的研究仍有待开展。鉴于大气颗粒物，尤其是 PM2.5 对人群心血管系统健康的潜在危害性，近年来关注大气颗粒物对心血管系统影响的研究日渐增多。除了上述针对大气颗粒物对人群心血管疾病发病率和死亡率影响的流行病学研究外，还有一些研究选择能够反映心血管健康状态的生物标志物进行测定，通过分析大气颗粒物对各种生物标志物水平的影响，来探讨大气颗粒物对心血管系统的不良效应及其作用机制/途径。目前大气颗粒物对心血管系统产生影响的主要机制包括对系统性炎症水平的影响、氧化损伤、对凝血功能的影响、对血管功能的影响及对心脏自主神经功能的影响等。

2. 大气颗粒物对系统炎症水平和氧化应激反应的影响

典型的系统性炎性生物标志物主要包括 C 反应蛋白(C-reactive protein，CRP)、TNF-α 和纤维蛋白原等。研究显示大气颗粒物污染可引起机体呼吸系统释放的细胞因子和趋化因子进入人体血液循环，引发循环系统的系统性炎症反应；超细颗粒物 PM0.1 可通过肺外迁移直接介导循环系统的系统性炎症反应。

国内近期开展的一项健康人群心血管生物标志物对 PM2.5 污染水平改变的早期和持续反应研究发现，当一群健康青年人从郊区校园迁至城区校园后，其系统性炎症生物标志物 CRP、TNF-α 和纤维蛋白原水平整体呈上升趋势，并且 PM2.5 及其中的化学组分与上述系统性炎性生物标志物水平的升高呈显著正相关。此外，大气颗粒物刺激呼吸系统产生的炎性因子及通过肺毛细血管进入血液循环的 PM0.1 可同时改变循环系统的氧化应激状态，导致氧化应激损伤。如台北的一项对 76 名大学生为期一年的流行病学研究发现，人群血液中 DNA 氧化损伤的标志物 8-羟基脱氧鸟苷(8-OHdG)的含量升高与大气颗粒物的短期暴露有关，该研究揭示了大气颗粒物暴露可引起人体的氧化应激损伤。

3. 大气颗粒物对凝血功能的影响

凝血功能是人体心血管健康状态的重要反映，主要的几种凝血标志物主要包括纤维蛋白原、血浆酶原激活剂抑制因子 1(plasminogen activator inhibitor 1, PAI-1)、组织型血浆酶原激活剂(tissue plasminogen activator, t-PA)、血管性血友病因子(von Willebrand factor, vWF)和可溶性血小板选择素(soluble P-selectin, sP-selectin)等。这几种主要的凝血标志物与心血管疾病间的关系已被大量研究证实。其中纤维蛋白原是反映机体凝血功能的基础指标，同时也是反映系统性炎症的标志物；PAI-1 和 t-PA 均是血浆凝血酶原激活系统的重要组成部分，在机体对心血管损伤的反应中起关键作用；vWF 在血小板的黏附和聚集中起着关键作用，同时也是内皮功能紊乱的标志物；sP-selectin 在介导血小板黏附于内皮的过程中起到一定作用，并在激活的内皮细胞和激活的血小板外表面均有表达。

我国研究者通过测定凝血生物标志物的水平变化来分析大气颗粒物污染对人群凝血功能的影响。一项研究在北京奥运会前、中、后期对 114 名健康成年人血液中 vWF 变化水平的测定结果显示，在大气颗粒物浓度较高的奥运前期和后期，人群中 vWF 的水平均高于大气颗粒物浓度较低的中期。对年轻健康人群从郊区校园迁至城区校园的研究结果显示，大气 PM2.5 中化学组分与凝血标志物 PAI-1、t-PA 和 sP-selectin 的水平升高之间的关联绝大部分为正相关关系。

因子 XII(FXII)和内源性激活通路在大气颗粒物持续促凝反应中的作用如图 8-2 所示。与正常血浆比，体外暴露于大气超细颗粒物的人先天性 FXII 缺陷血浆的凝血酶生成潜能被抑制，气管内灌注大气超细颗粒物的 FXII 基因被敲除的小鼠血浆的凝血酶生成潜能受到抑制，表明人类长期暴露于大气超细颗粒物后血液凝结风险的增加可能与 FXII 调控的凝血酶形成有关。一项更有说服力的研究表明，高浓度大气 PM2.5 通过激活激肽释放酶-激肽系统(kallikrein-kinin system, KKS)来调节内源性的凝血通路，具体为 KKS 的初始因子 FXII 与大气颗粒物样品的结合实现了 FXII 的自我活化，使血浆激肽前体(plasmaprekallikrein, PPK)转化为血浆激肽(plasmakallikrein, PK)，然后裂解高分子量激肽原(high molecular weight kininogen, HMWK)，释放出具有生物活性的缓激肽。PK 对 FXII 的激活产生正反馈调节作用，从而放大 KKS 系统的激活作用。大量 FXIIa 会将 FXI 活化，从而引发一系列级联反应事件，最终导致凝血酶生成。此外，研究人员进一步证实了 KKS 在大气 PM2.5 诱导内源性凝血系统活化中的作用。PM2.5 暴露后，PK 基因敲除的小鼠血浆中凝血酶-抗凝血酶复合物的水平及凝血酶生成潜势均较正常小鼠显著降低；同时，添加前激肽释放酶抗体可消除 PM2.5 诱导的正常人血浆中凝血酶的生成。综上，大气 PM2.5 能激活 KKS 进而活化内源性凝血通路，介导凝血酶生成。上述研究均显示大气颗粒物暴露可对人群凝血功能产生显著不利影响。（Ⅻa 为活化的Ⅻ因子；Ⅺ为血浆凝血活素前质；Ⅸ血浆凝血活酶成分；Ⅸa 为活化的Ⅸ因子；Ⅷ为抗血友病球蛋白，一种辅助因子；Ⅷa 为活化的Ⅷ因子；Ⅹ为斯图尔特-普劳尔因子；Ⅹa 为活化的Ⅹ因子；Ⅴ为前加速素，为辅因子；Ⅴa 为活化的Ⅴ因子；Ⅱ为凝血酶原；Ⅱa 为凝血酶；APC 即 activated protein C，为活化蛋白 C；TF 即 Tissue Factor，为组织因子；Ⅶ为稳定因子；Ⅶa 为活化的Ⅶ因子；ⅩⅢ为纤维蛋白稳定因子；ⅩⅢa 为活化的 ⅩⅢ因子。）

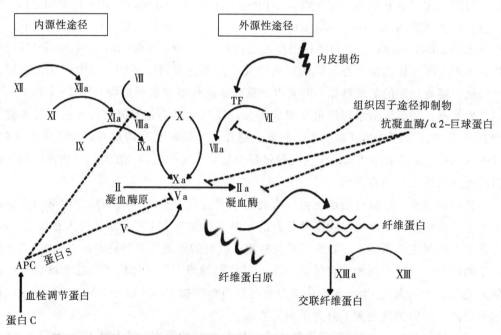

图 8-2　因子Ⅻ（FⅫ）和内源性激活通路在大气颗粒物持续促凝反应中的作用

4. 大气颗粒物对血管功能的影响

血管内皮细胞在维持心血管系统的正常功能中起着重要作用，进入循环系统的大气颗粒物及系统性炎性生物标志物可导致血管内皮细胞中多条信号通路被激活，引起血管内皮细胞功能受损，表现为活性氧（ROS）产生增加，血管收缩内皮素-1、组织因子等释放增加，血管舒张因子和血管缓激肽的释放减少，这些效应可进一步引起血管舒张和收缩功能异常，导致血压升高等不良影响，使心血管疾病的发生率增加。一项对年轻健康人群从郊区校园迁至城区校园的研究结果显示，PM2.5 浓度每升高 51.2 $\mu g/m^3$，研究人群的收缩压升高 1.08 mmHg（95% CI：0.17～1.99 mmHg），舒张压升高 0.96 mmHg（95% CI：0.31～1.61 mmHg）。

5. 大气颗粒物对心脏自主神经功能的影响

心率变异性(heart rate variability, HRV)是检测心搏间期变异的指标,能够定量反应心脏自主神经系统中交感神经和副交感神经的活性及它们的调节功能,因此被公认为是评价心脏自主神经功能的定量指标。HRV 的降低被认为是心血管疾病发病风险增加的重要因素。流行病学和动物实验的研究结果均显示大气颗粒物暴露可对生物体心脏自主神经功能产生影响。

一项以北京市出租车司机为对象的研究,探讨了奥运会前、中、后期 PM2.5 浓度变化与研究对象 HRV 水平变化间的关系。研究结果显示,奥运会前、中、后期出租车内 PM2.5 的平均浓度分别为 105.5 $\mu g/m^3$、45.2 $\mu g/m^3$ 和 80.4 $\mu g/m^3$,PM2.5 暴露浓度升高与 HRV 水平降低之间存在显著关联,奥运期间 HRV 水平显著升高。根据 HRV 指标降低的生理学意义,研究结果显示了 PM2.5 暴露可改变人体 HRV,增加人群心血管疾病的发病风险。在奥运前和奥运间对 40 名心血管疾病患者的追踪研究显示,PM2.5 和 BC 浓度分别每升高 51.8 $\mu g/m^3$ 和 2.02 $\mu g/m^3$,HRV 指标水平分别降低 4.2%(95% CI:1.9%~6.4%)和 4.2%(95% CI:1.8%~6.6%),并且 HRV 的降低在 CRP 水平较高人群、BMI 指数>25 人群和女性人群中表现得更为显著。大气颗粒物暴露同样可引起老年人群和年轻人群心脏自主神经调节功能的变化,导致 HRV 水平的降低。另外,动物实验也显示大气颗粒物及其中的金属成分 Fe、Ni 和碳组分染毒可导致实验动物心脏自主神经功能的紊乱,HRV 指标下降。

目前,大气颗粒物对心脏自主神经功能产生影响的机制仍在探讨之中,可能的机制包括颗粒物直接激活神经反射受体;进入血液循环的大气颗粒物直接激活心脏离子通道;局部或全身的炎症反应对心脏自主神经系统引发急性反应等。

8.2.1.3 其他健康影响

1. PM2.5 与大脑

PM2.5 不仅能引起肺部、心血管及神经系统疾病,暴露于 PM2.5 污染还可能引起认知功能障碍,并在脑内产生阿尔茨海默病(Alzheimer disease, AD)样病理改变。说明 PM2.5 可促进早期 AD 样病理发生发展,是 AD 发病的重要风险因素之一。PM2.5 与 AD 的发生发展密切相关。长期暴露在 PM2.5 环境中可引起嗅觉功能障碍,而嗅觉退化是 AD 发病的前兆之一。同时,PM2.5 可引起瘦素、内皮素-1 浓度显著升高,以及引起维生素 D 缺乏,这些指标的变化与 AD 发病密切相关。PM2.5 还可加速情景记忆、识别推理、语言学习和视空间工作记忆能力的衰退,诱发 AD 临床前期常见的早期认知能力下降。载脂蛋白 E ε4(apolipoprotein E ε4, ApoE ε4)是公认的 AD 易感因子。流行病学研究表明,PM2.5 暴露能显著增加 ApoE ε4 携带者的神经退行性病变风险。PM2.5 水平每超过美国标准限值(12.0 $\mu g/m^3$)4.34 $\mu g/m^3$,AD 的患病风险将增加 138%。

表观遗传改变近年来被认为是 PM2.5 引起脑损伤的主要机制之一。大量流行病学调查和动物实验表明,PM2.5 可能与神经或神经精神疾病,特别是与神经发育障碍、神经退行性变性疾病有因果关系。神经系统发育障碍(neurodevelopmental disorders,

NDDs），包括孤独症谱系障碍（autism spectrum disorder，ASD）和注意缺陷多动障碍（attention deficit hyperactivity disorder，ADHD），会影响大脑的发育和功能。妊娠期和产后早期是大脑发育的关键时期，容易受到环境毒素的影响。有研究报道，怀孕期间接触颗粒物可通过子宫和胎盘功能改变传播给胎儿，对神经发育产生不利影响。有研究建立了妊娠小鼠气管滴注PM2.5动物模型，重点研究了PM2.5对子代发育的不良影响，以及相关的干预措施。最近的流行病学研究揭示了PM2.5暴露与ADHD发展之间的联系。在一项针对丹麦儿童的全国性病例对照研究中，通过监测和评估母亲从孕前到婴儿期多个时期暴露于大气污染物的水平发现，母亲在婴儿早期而不是怀孕期间暴露于大气污染物会增加儿童被诊断为孤独症的风险。最近的一项多点病例对照研究调查显示，ASD与出生后第一年的PM2.5暴露呈正相关，PM2.5浓度每增加1.6 $\mu g/m^3$，OR值为1.3（95% CI：1.0～1.6）。此外，我国上海的一项研究发现，PM2.5暴露（中位数水平=66.2 $\mu g/m^3$）在生命的前3年显著增加了患ASD的风险。一项荟萃分析还表明，孕妇怀孕期间暴露在PM2.5中与新生儿患孤独症的风险增加有关，而产后暴露在PM2.5中也是婴儿患孤独症的风险因素。然而，由于社会阶层、城市居住地、产妇年龄、受孕情况或出生季节等多种混杂因素，一些研究存在局限性。

帕金森病（Parkinson disease，PD）是仅次于阿尔茨海默病的第二大神经退行性变性疾病。当约80%的多巴胺能神经元丧失时，患者会出现运动迟缓等临床症状及抑郁和认知障碍等非运动症状。尽管目前尚不清楚多巴胺能障碍的确切病因，但可归因于多种因素，包括老龄化、遗传和增加多巴胺能障碍风险的环境因素。有几项流行病学研究调查了PM2.5与PD之间可能存在的联系。在加拿大安大略省进行的一项基于人群的队列研究中，发现暴露于空气污染物，特别是暴露于PM2.5（年平均浓度为9.8 $\mu g/m^3$）与PD的风险增加有关。一项病例交叉分析中，短期暴露于PM2.5会增加PD住院的风险。美国纽约的两项独立研究也表明，长期暴露于PM2.5可能导致PD的临床症状恶化。研究结果支持了PM2.5对PD的不利影响，且可能因颗粒组成而异的观点。以上流行病学研究表明，短期和长期暴露于PM2.5均可显著增加患PD的风险。

精神分裂症（schizophrenia，SZ）是一种严重的慢性精神障碍，以精神活动与环境不协调为特征。通常起病于中青年阶段，以思维、感知、情感和行为障碍为特征。城市中的环境毒素和污染物已被确认是SZ和其他精神障碍的可靠风险因素。PM2.5在这些有关SZ的流行病学研究中起着关键作用。在中国沿海城市进行的研究发现，PM2.5暴露与SZ患者再次入院之间存在正相关。在这项研究中，按年龄组进行的分层分析表明，与PM2.5浓度相关的OR在65岁以上的患者中大幅增加，并且在6天的单个滞后期观察到其显著增加。一项前瞻性研究报告称，环境PM2.5与SZ患者复发风险的增加之间存在统计学意义上的显著相关性。然而，尽管有这些发现，仍有少数研究报告称PM2.5暴露与精神分裂症风险之间的相关性不明显。相比之下，有关精神分裂症的诊断或严重程度与PM2.5之间相关性的数据不足。

抑郁症也被称为精神病学中的"普通感冒"，是最常见的精神障碍，其核心症状是持续的情绪低落和兴趣减退。如果不及时治疗，抑郁症会恶化，最终将发展成重度抑郁症，危及生命。抑郁症的病因尚不清楚，但人们普遍认为生物、心理和社会环境因素在其发病机制中发挥了作用。全基因组关联研究揭示了重度抑郁障碍和精神分裂症之间的中度遗传相关性，表明两者之间可能存在共同的病因或机制。此外，长期暴露于 PM2.5（平均浓度为 26.7 $\mu g/m^3$）中会影响成年人的认知，并增加一般人群患重度抑郁症（major depressive disorder，MDD）的风险。最近的研究报告指出，PM2.5 浓度每增加 10 $\mu g/m^3$，患重度抑郁症的风险便增加 2.26 倍。一项病例交叉研究的数据也表明，PM2.5 暴露对抑郁症住院治疗有显著影响。因此，考虑到流行病学的局限性，需要开展更多深入的纵向研究，并对潜在的生物机理进行调查，以获得更具结论性的结果。

双相障碍（bipolar disorder，BD）的特点是躁狂或抑郁交替发作，也叫躁郁症。躁郁症的发病高峰在 15 至 19 岁之间，是导致年轻人残疾的主要原因之一。BD 的病因尚不清楚，但遗传、神经生化和社会心理因素在其发展过程中均发挥了作用。BD 的遗传率很高，并且与精神分裂症和抑郁症密切相关。目前有多项证据评估了空气污染与 BD 之间的关联。一项系统回顾和荟萃分析表明，PM2.5 与包括躁郁症在内的多种不良心理健康结果之间存在统计学意义上的显著相关性。PM2.5 浓度每增加 10 $\mu g/m^3$，罹患躁狂症的风险增加 4.99 倍。尽管目前有关 PM2.5 与躁狂症之间关系的研究取得了积极成果，但对其潜在机制的了解仍不够全面。众所周知，增加城市绿化覆盖面有助于降低 PM2.5 浓度，接触更大范围、更近距离的绿地可能会降低患 BD 的风险。因此，全面了解 PM2.5 与 BD 之间的关联及相关干预策略应在未来的研究中得到更多关注。

2. PM2.5 与肝脏

肝脏作为人体全身脂代谢的关键场所，是空气污染导致脂代谢紊乱的重要靶器官，氧化应激及炎症反应所引起的肝功能不全可使脂质代谢紊乱。空气污染可以导致肥胖、胰岛素抵抗、肝脏脂质含量增加。PM2.5 可以通过多种途径从肺转移至肝脏，导致氧化应激，表现为肝脏炎症、肝脏脂代谢紊乱和脂肪变性。在长期暴露于 PM2.5 的小鼠体内，促炎细胞因子 TNF-α 的表达水平明显升高，进而引起氧化应激及肝脏炎症水平的升高，破坏肝脏代谢平衡，且这种代谢紊乱呈现剂量依赖性的特征。使用相关抑制剂阻断氧化应激信号通路，再暴露于 PM2.5，小鼠肝组织中炎症反应和氧化应激相关基因的表达受到抑制，同时与脂质累积相关的基因表达水平也降低，反向证明 PM2.5 引起的氧化应激与炎症反应能够导致肝组织脂代谢异常。PM2.5 也可使小鼠肝脏脂质代谢紊乱，影响肝脏脂质合成、转运和分解代谢相关基因表达。非活性菱形蛋白 2（inactive rhomboid-like protein 2，iRhom2）被认为能够诱导促炎细胞因子 TNF-α 的分泌。将野生型和 iRhom2-/-小鼠以每周 5 天、每天 6 h 暴露于 PM2.5（浓度 101.5±2.3 $\mu g/m^3$）中，连续暴露 24 周后发现，较之野生型小鼠，iRhom2-/-小鼠的附睾脂肪含量增加，肝组织脂肪变性，血清中甘油三酯和总胆固醇水平升高，表现为血脂异常，而且肝脏和附睾脂肪组织中脂质代谢相关基因表达异常。

8.2.2 挥发性有机化合物

挥发性有机化合物（VOC）按照世界卫生组织的定义是指沸点在 50～250 ℃、室温下饱和蒸汽压高于 133.32 Pa、常温下以气态形式存在于空气中的一类有机物。环境中 VOC 来源广泛,主要有机动车尾气排放、工业固定排放、溶剂挥发、生物质燃烧和日常生活排放等。VOC 主要以气态形式分布在环境中,这一特性决定其主要通过呼吸暴露途径威胁人体健康。人体从环境中吸入气体,依次通过鼻腔、气管、支气管,最终抵达肺部,在肺泡内进行气体交换后呼出。人体吸入和呼出气体的 VOC 由内源类 VOC 和外源类 VOC 组成。外源类 VOC 是从外界环境通过多种暴露途径进入人体的一类挥发性有机物,吸入人体后,在肺泡通过浓度梯度驱动的自由扩散达到血气分配的动态平衡后呼出;而内源类 VOC 是人体代谢过程中产生的一类 VOC,通过血气屏障从人体释放出来。

8.2.2.1 挥发性有机化合物对呼吸系统的影响

1. 挥发性有机化合物对呼吸道黏膜的刺激

室内装饰及装修材料是 VOC 的主要人为污染源。目前,在我国开展了一些室内 VOC 污染水平与呼吸道黏膜刺激效应相关关系的人群流行病学研究。研究发现精装修居室中甲醛、氨、苯浓度均高于简单装修组,同时精装修组居民呼吸道刺激症状、神经系统症状、眼部刺激症状及皮肤刺激症状阳性率均高于简单装修组($p<0.05$,p 值是在原假设为真的情况下,观察到当前样本数据或者更极端结果的概率)。以天津市 159 户新装修 6 个月~1 年的居室内的 198 名居民为研究对象监测室内 VOC 浓度水平,并依据居室内 VOC 是否超标将研究对象分为超标组(浓度为 2.033 ± 1.161 mg/m^3)和非超标组(浓度为 0.271 ± 0.142 mg/m^3),统计分析结果表明,VOC 超标组居民恶心、皮肤瘙痒、胸闷气短的阳性率显著高于非超标组($p<0.05$)。

2. 挥发性有机化合物对呼吸系统疾病的影响

哮喘是一种慢性呼吸道炎性疾病,表现为气道的高反应性和可逆性气流受限,引起反复发作的喘息、气促和胸闷等症状。在过去的几十年里,随着环境 VOC 浓度的不断增加,哮喘的患病率明显升高,两者间的关系受到广泛关注。VOC 暴露与哮喘患病风险关系的研究结果存在差异。

对于儿童哮喘,英国的 3 项病例对照研究皆未发现 VOC 暴露与儿童持续喘息或哮喘存在关联性;但瑞典的横断面研究和澳大利亚的病例对照研究都表明 VOC 暴露可增加儿童哮喘的患病风险,且存在暴露-反应关系。以澳大利亚 88 例哮喘儿童和 108 名健康对照为研究对象的结果显示,VOC 浓度每增加 10 μg/m^3,哮喘患病风险增加 27%(OR=1.27,95% CI:1.18~1.37),而当 VOC 暴露浓度大于等于 60 μg/m^3 时,哮喘患病风险可增加 4 倍。儿童暴露于苯、甲苯、乙苯等 VOC 可增加哮喘的患病率。甲醛是最常见的室内 VOC,其浓度每增加 10 μg/m^3,儿童哮喘患病风险增加 17%(OR=1.17,95% CI:1.01~1.36)。

在成人哮喘研究中,日本的一项横断面研究显示 VOC 暴露与哮喘无关;但美国第三次全国健康和营养调查研究发现,VOC 暴露与成人哮喘相关,且芳烃类 VOC 浓度每增加 1 个单位,哮喘患病风险增加 63%(OR=1.63,95% CI:1.17~2.27)。此外,1,4-二氯苯(OR=1.16,95% CI:1.03~1.30)和甲基叔丁醚(OR=1.19,95% CI:

1.07～1.32)暴露也可增加哮喘患病风险。法国一项以490户住房内共1012名居民为对象的横断面研究表明，室内VOC暴露可增加成人哮喘患病风险，每增加5种VOC的高水平暴露，哮喘患病风险会增加40%，其中芳烃类(OR=1.12，95% CI：1.01～1.24)及烷烃类(OR=1.41，95% CI：1.03～1.93)VOC都可增加哮喘患病风险。

哮喘的本质是呼吸道的慢性炎症。动物实验结果表明，暴露于聚氯乙烯(PVC)地板释放的VOC可以加重卵清蛋白致敏小鼠的嗜酸粒细胞性肺炎，并且该炎症的加重与Th2细胞因子升高相关；进一步的细胞染毒实验结果表明，VOC可以通过直接作用于树突细胞(dendritic cell，DC)产生白细胞介素-12(IL-12)及诱导氧化应激，调节Th1/Th2平衡，从而实现其佐剂效应。采用不同浓度甲醛、苯、甲苯、二甲苯混合气体吸入染毒正常小鼠(每天2 h、每周5 d、连续2周)，可以观察到一氧化氮合酶(nitric oxide synthase，NOS)水平显著升高，高暴露组肺泡灌洗液中总细胞数、巨噬细胞数及嗜酸性粒细胞数显著升高，γ干扰素(IFN-γ)和P物质水平显著降低，神经营养因子-3显著升高，该结果表明VOC短期暴露可以通过NO信号通路诱导呼吸道炎症，并且该呼吸道炎症反应还可以通过神经信号调节。

用《室内空气质量标准》(GB/T 18883—2002)标准中相应限值10倍、30倍、50倍和100倍的甲醛、苯、甲苯、二甲苯混合气体染毒昆明小鼠(每天染毒2 h，共染毒10 d)后，测定小鼠肺脏中的氧化损伤指标。结果表明，肺脏活性氧(ROS)、丙二醛(MDA)含量随染毒剂量的增加而增加，总抗氧化能力(total antioxidant capacity，T-AOC)、谷胱甘肽(GSH)、过氧化氢酶(catalase，CAT)、谷胱甘肽过氧化物酶(glutathione peroxidase，GSH-Px)及超氧化物歧化酶(SOD)活力随染毒剂量的增加而降低，并且ROS、MDA含量与混合气体的浓度呈显著的正相关关系，GSH含量与混合气体的浓度呈显著的负相关关系。结果显示，甲醛、苯、甲苯及二甲苯混合气体急性暴露对小鼠肺脏具有氧化损伤作用，混合气体的联合毒性效应强于单一成分。鉴于呼吸道氧化应激与炎症反应的密切关系，该结果提示VOC氧化应激也是其哮喘激发作用的机制之一。

8.2.2.2 挥发性有机化合物的致癌性

VOC的多种成分已被动物实验和流行病学研究证实具有致癌性。例如，我国自来水消毒中常用的氯仿，作为干洗剂被广泛使用的四氯乙烯及作为主要成分普遍存在于橡胶和工程塑料中的苯乙烯均已被国际癌症研究机构(IARC)列为人类可疑致癌物(A2类)；而苯、1,3-丁二烯已被IARC列为确定的人类致癌物(A1类)。其中，苯由于其确定的人类致癌性及在环境中的广泛存在性，受到人们的重点关注。

1. 流行病学研究

苯导致人类白血病的最强有力的流行病证据来自NCI/CAPM研究及美国俄亥俄州(Pliofilm研究)的职业暴露人群的一系列队列研究。在美国国家癌症研究所(National Cancer Institute，NCI)与中国预防医学科学院(Chinese Academy of Preventive Medicine，CAPM)合作开展的NCI/CAPM研究中，调查了来自我国12座城市672座工厂的74828名苯暴露工人的淋巴造血系统恶性肿瘤及血液疾病状况，平均跟踪随访时间为 12 年，研究发现职业暴露人群总白血病（RR=2.5，95% CI：1.2～5.1）、急性非淋巴细胞白血病（acute non-lymphocytic leukemia, ANLL; RR=3.0, 95% CI：1.0～8.9），以及合并急性非淋巴细胞白血病和前体骨髓增生异常综合征（myelodysplastic syndrome, MDS）（ANLL/MDS：RR=4.1，95% CI：1.4～11.6）的风险均显著升高；按照平均暴露水平（<10 mg/L，10～24 mg/L，≥25 mg/L）或者是累计暴露量（<40 mg/L，40～99 mg/L，≥100 mg/L 一年）进行分组分析，结果表明，总白血病风险在平均暴露浓度小于 10 mg/L 组（RR=2.2，95% CI：1.1～4.2）及累积暴露量小于 40 mg/L 一年组（RR=2.2，95% CI：1.1～4.5）均显著升高；在平均暴露浓度 10～24 mg/L 组和累积暴露量 40～99 mg/L 一年组人群，总白血病、ANLL 和 ANLL/MDS 的风险均升高，并且存在弱的剂量-反应关系。在美国俄亥俄州开展的 Pliofilm 研究中，以 3 个盐酸橡胶的制造工厂苯暴露工人为研究对象，观察到白血病的总死亡率显著升高；白血病风险与最近 10 年的苯暴露关系最为密切，但与超过 20 年前的苯暴露无显著相关关系；急性髓细胞性白血病（acute myelogenous leukemia, AML）是苯暴露导致的最主要的白血病类型，并且在累积暴露量大于 200 mg/L 一年时，AML 危险性随累积暴露量升高而升高，即存在剂量-反应关系。基于上述苯的致白血病数据，美国环保署计算出了苯的吸入单位风险值的范围为 $2.2 \times 10^{-6} \sim 7.8 \times 10^{-6}$ $\mu g/m^3$。

人群流行病学研究结果表明，苯及其代谢产物可以通过其遗传毒性作用引起肿瘤。通常在高浓度职业暴露人群中才可以检测到外周血细胞染色体畸变（亚二倍体及超二倍体缺失、断裂、裂隙等），该暴露浓度通常已经可以引起血液病变。然而，在相对较低苯暴露职业人群中也检测到染色畸变，同时研究发现在宽泛的暴露浓度范围内存在剂量-反应关系。流行病学研究还表明 DNA 氧化损伤也是苯遗传毒性作用机制之一。研究人员以 87 名苯暴露职业人群为研究对象，低、中、高组人群苯暴露平均浓度分别为 2.46 mg/m^3、103 mg/m^3 和 424 mg/m^3，选择外周血淋巴细胞 8-羟基脱氧鸟苷（8-hydroxy-2 deoxyguanosine, 8-OHdG）为效应指标。该研究发现，在中、高浓度组 8-OHdG 与暴露水平显著相关。此外，流行病学研究还观察到了苯暴露对肿瘤抑制基因甲基化的影响，检测了 11 名苯中毒 20 年的患者和 8 名非苯暴露者外周血中 $p15$ 和 $p16$ 基因的表达和甲基化状态。研究发现，苯中毒者 $p16$ 基因的表达下降、平均甲基化水平升高，二者呈负相关；与对照组相比，苯中毒者 $p15$ 基因的平均甲基化水平虽未见明显改变，但 $p15$ 基因启动子第 3 个 CpG 岛呈现高甲基化状态。

2. 毒理学研究

在大、小鼠吸入或经口染毒试验中，苯能够导致多个部位的肿瘤。大鼠吸入 200～300 mg/L 的苯（每天 4～7 h，每周 5 天，染毒 104 周）后，Zymbal 腺瘤和口腔肿瘤发生率显著升高。小鼠吸入 100～300 mg/L 的苯（每天 6 h，每周 5 天，染毒 16 周），在 18 个月后观察到多种肿瘤，包括胸腺淋巴瘤、粒细胞白血病、Zymbal 腺瘤、卵巢肿瘤和肺部肿瘤。

近年来，苯的致癌性的表观遗传机制引起了人们的关注。一些研究观察到了苯暴露对肿瘤相关基因甲基化的影响。用苯的毒性代谢产物（氢醌）对人的 TK6 淋巴样干细胞进行染毒,结果显示,氢醌可导致 TK6 细胞的全基因组低甲基化,其效应强度与已知可致白血病的烷化剂和拓扑异构酶Ⅱ抑制剂相当。研究发现,用苯处理的成人淋巴细胞,DNA 修复基因 $parp-1$ 的 mRNA 表达量急剧下降,启动子甲基化水平明显升高。而 DNA 甲基化酶抑制剂 5-氮杂-2′-脱氧胞苷(5-aza-2′-deoxycytidine)能使 $parp-1$ 表达恢复正常,并使升高的甲基化水平得到一定程度恢复。

8.2.2.3 其他健康影响

人群流行病学研究结果表明,VOC 暴露对健康的影响还包括眼部刺激症状(如畏光、流泪、眼刺痛、灼痛等不适)、神经毒性症状(如头痛、头晕、嗜睡等)、皮肤刺激症状(如皮肤干燥、瘙痒、红肿等)及食欲不振、恶心、胃胀、胃痛、腹部不适、疲劳等。刘风云等研究发现室内装修后入住越早,出现呼吸道刺激症状、眼部刺激症状、神经毒性症状、皮肤刺激症状及恶心、腹部不适等症状的比例越高,随着入住时间的推迟,儿童出现症状的比例逐渐降低。VOC 对雄性生殖系统也存在健康影响,可对雄性小鼠睾丸产生明显毒性,影响其组织病理结构,导致精子畸形、睾丸性激素水平和酶活性下降、血清激素水平改变。同时 VOC 可影响雄性小鼠骨髓嗜多染红细胞中微核的检出率,具有遗传毒性的可能。汽车涂料的 VOC 暴露会造成雄性小鼠血液中白细胞、淋巴细胞和血小板数量降低,具有明显的血液毒性。

VOC 还会对肝肾系统产生影响。有研究将孕鼠暴露于二甲苯后发现,引起了胎鼠肝脏结构缺损,而暴露于二甲苯的大鼠也存在线粒体结构不完整的情况。暴露于乙苯的实验动物出现体重降低、肾脏增生的情况,可引起肾脏肿瘤。研究人员研究了乙醇、甲苯与苯吸入染毒 27 周后对雌性 BALB/c 小鼠的肝、肾等器官的损伤,结果表明,小鼠肾、肺的损伤较轻,但对肝脏损害较严重,导致脂肪沉积、气球样变性和嗜酸样变性及点状坏死。高剂量组和混合暴露组损伤更为显著,且随染毒时间延长,病变程度越深,病变范围越广。染毒 2 个月时,电镜可观察到损害症状,如线粒体肿胀、内质网减少等。随着染毒时间的进一步增加,暴露组小鼠转氨酶和尿素氮均较对照组明显升高。甲醛和甲苯联合暴露对小鼠肝、脾器官氧化损伤的影响研究发现,甲醛、甲苯单独及联合染毒均可引起小鼠肝脏和脾脏氧化损伤,随着染毒剂量的增大,SOD 活力降低,脂质过氧化物 MDA 含量增多,显示损伤与染毒剂量存在剂量-反应关系。

总的来说,VOC 对健康的影响是一个低剂量、长期、慢性的过程。VOC 污染受到室外环境、室内环境(装修、装饰材料等)、生活习惯(吸烟、烹调油烟)等多方面影响,为了更加科学、系统、全面地分析 VOC 对人群健康的影响,应进行长期的人群健康调查,并加强室外环境和室内空气中 VOC 的监测及人群内暴露水平检测,更好地掌握室内外 VOC 的污染状况,准确地评价空气中 VOC 水平和人群的内暴露水平及它们与健康危害的关系。

8.2.3 臭氧

臭氧(O_3)是由三个氧原子结合在一起形成的,稳定性极差,具有很高的活性,常被用作漂白剂、除臭剂及空气和饮用水的灭菌剂。臭氧主要存在于大气平流层和近地面。距离地球表面 10~50 km 的大气平流层中含有大量臭氧,它们会吸收对人体有害的短波紫外线,并使地球上的生物免受过多紫外线的伤害,因此被称为"地球上生物的保护伞"。另一部分臭氧存在于地表附近,其浓度与人类活动密切相关,如果浓度过高,将会危害人体健康。

臭氧是一种高反应性气体,是光化学烟雾的主要成分。臭氧是非常强的氧化剂,能和生物分子起反应形成臭氧化物和自由基;几乎能与任何生物组织反应,对呼吸道的破坏性很强;会刺激和损害鼻黏膜和呼吸道,使呼吸道上皮细胞脂质在过氧化过程中产生的花生四烯酸增多,进而引起上呼吸道的炎症。臭氧的这种刺激,轻则引发胸闷咳嗽、咽喉肿痛,重则引发哮喘,导致上呼吸道疾病恶化,还可能导致肺功能减弱、肺气肿和肺组织损伤,而且这些损伤往往是不可修复的。臭氧还会刺激眼睛,使视觉敏感度和视力降低;破坏皮肤中的维生素 E,促使皮肤皱纹、黑斑等问题的出现。当臭氧浓度在 200 $\mu g/m^3$ 以上时,会损害中枢神经系统,使人感觉头痛、胸痛、思维能力下降。此外,臭氧会阻碍血液输氧功能,造成组织缺氧;使甲状腺功能受损、骨骼钙化。

8.2.3.1 臭氧对呼吸系统的影响

1. 臭氧暴露与呼吸道防御

由于臭氧具有高反应性和微溶于水的特性,其基本通过呼吸道吸入暴露。虽然在高浓度臭氧暴露下,可能损伤皮肤,但其经皮肤途径仅局限于停留在皮肤的表层,不能被吸收。没有证据表明,大气臭氧暴露会干扰皮肤结构的完整性、皮肤的屏障功能和引起皮肤疾病。臭氧主要的吸收部位是上呼吸道和连通到胸内的气管。成年男性臭氧的吸收率至少为 75%。臭氧经口吸收量低于经鼻吸收量。由于呼吸道的大小和其组织表面的差别,妇女和儿童的吸收程度比较高。臭氧的反应性决定了其在气管内会向上皮内衬液弥散,较少直接与上皮接触。上皮内衬液含有一些抗氧化基质如抗坏血酸、尿酸、谷胱甘肽、蛋白质和不饱和脂质。这些成分将会抵御臭氧介导的氧化反应,从而保护呼吸道上皮免遭损伤;通过呼吸道纤毛摆动,不断地提供新的生物活性物质来更新呼吸道上皮内衬液中的抗氧化成分,使其形成呼吸道内的化学屏障,来抵御臭氧危害。但上皮内衬液中某些成分的氧化也会产生有生物活性的化合物如脂质过氧化物、胆固醇臭氧化产物和甲醛等,从而引起炎症和细胞损伤。

即使处于相同的臭氧水平,臭氧对人体的危害也具有个体差异性。研究表明,肺部臭氧的吸收率与年龄无关,与上呼吸道和气管不同组织区域的吸收率相关。营养不良会导致上皮内衬液中抗氧化物质(如维生素 E)减少,从而导致臭氧吸收率升高。肺部的原有疾病如慢性支气管炎、哮喘或者肺气肿会导致呼吸道不通畅,从而影响呼吸道组织对臭氧的吸收率。因此,臭氧对人体产生的毒性和相关病理机制不仅与臭氧的浓度有关,还取决于人体相关受体的水平。

2. 臭氧暴露诱发呼吸道疾病

1) 臭氧对呼吸道疾病的影响

欧美和我国等多个国家的研究均证实,短期暴露于臭氧可导致人体呼吸道危害。

臭氧引发的呼吸道不良反应健康效应指标包括呼吸道疾病入院率和死亡率。多个城市有关臭氧水平和呼吸道疾病入院率的大样本研究表明，随着臭氧浓度的增加，呼吸系统疾病引发死亡的危险明显增加，经济损失巨大。臭氧形成过程依赖于温度，因此入院率和死亡率在温暖的季节明显上升。

国外学者首先研究了1993—2006年间，英国5个城市及5个乡村地区每日臭氧暴露浓度与死亡率之间的暴露-反应关系。发现臭氧浓度每升高10 $\mu g/m^3$，全病因死亡率分别增加0.48%（95% CI：0.35%～0.60%）和0.58%（95% CI：0.36%～0.81%），表明短期臭氧暴露与死亡率增加相关。我国学者根据2008年上海市环境保护部门的每日24 h近地面臭氧监测数据，以每日最大8 h（11：00～18：59）的臭氧浓度均值作为上海市居民的平均暴露水平，以该年上海市的全部常住人口作为臭氧暴露人口，计算近地面臭氧污染对上海市居民的健康影响和相关的健康经济损失，发现2008年上海市近地面臭氧每日最大8 h的年平均水平为88 $\mu g/m^3$，其中市区为78 $\mu g/m^3$，市郊区为96 $\mu g/m^3$，这种近地面臭氧污染可致413（95% CI：150～711）例居民心血管疾病早逝和10891（95% CI：7486～14240）例居民因呼吸系统疾病住院，呼吸系统疾病引起的归因健康经济损失为7.91亿元。2009年美国加利福尼亚大学学者研究了长期暴露于臭氧是否增加心肺疾病引发的死亡，特别是呼吸系统疾病引发的死亡等问题。研究对象选自1982年9月至1983年2月美国癌症协会开展的癌症预防研究Ⅱ队列。该研究有全美超过120万人的志愿者参加。研究结果显示，18年随访期间共有118777人死亡，其中9891人死于呼吸系统疾病，臭氧浓度和呼吸系统疾病（RR=1.029，95% CI：1.010～1.048）引发的死亡率明显相关。

2）臭氧导致呼吸系统疾病的毒性作用机制

臭氧进入呼吸道，能刺激和氧化呼吸道黏膜和肺细胞，降低呼吸道防御机能，使呼吸道疾病发病率增加，甚至使死亡率增加。损伤作用主要涉及以下机制。

臭氧刺激作用。臭氧是光化学烟雾氧化剂的主要成分，是一种浅蓝色气体，氧化能力很强，占总氧化剂的85%左右，主要刺激和损害深部呼吸道。臭氧浓度为0.11～1.07 mg/m^3时，人可闻到臭氧的难闻的气味；浓度为0.43～0.64 mg/m^3时，呼吸道阻力增加、咳嗽、头痛、思维能力下降，严重时可导致肺气肿和肺水肿等病变。

氧化损伤。臭氧的毒性效应可能是由其氧化性所致。臭氧可直接氧化细胞膜磷脂、蛋白质等产生有机自由基（RO·或ROOO·），也可直接氧化脂肪酸和多不饱和脂肪酸而形成有毒的过氧化物，从而损害膜的结构和功能，改变膜的通透性，导致细胞内酶的外漏，引起组织损伤。缺乏维生素C和维生素E的动物对臭氧的敏感性增加，可能与这两种维生素的抗氧化作用有关。

对肺功能的损伤。臭氧引起肺功能改变的阈值为0.43～0.86 mg/m^3。人体暴露于1.07 mg/m^3的臭氧中3 h，用力肺活量（FVC）、第一秒用力呼气量（FEV_1）、用力呼气中段流速（forced expiratory flow during middle half of FVC, $FEF_{25\%～75\%}$）等显著下降。运动可以增加对臭氧的敏感性，运动员对臭氧的敏感性比一般人高。臭氧对肺功能的影响可能与其直接氧化细胞膜、刺激中性粒细胞和肥大细胞释放炎症介质的组胺有关。臭氧分别与 SO_2、NO_2、PAN 联合作用时,均能增加对肺的损伤作用。

8.2.3.2 臭氧对哮喘发生的影响

臭氧是光化学烟雾的主要成分,低浓度暴露即可对哮喘患者产生危害。流行病学研究显示,在世界范围内哮喘发病率呈逐年增加趋势,这一变化趋势与环境因素(如大气污染)有关。

1. 臭氧对哮喘发病的流行病学研究

流行病学调查表明,短期暴露于臭氧是加重成人和儿童哮喘发作的重要危险因素。我国研究发现控制其他污染物的混杂后,臭氧浓度每升高 10 $\mu g/m^3$,儿童哮喘住院风险增加 1.63%(95% CI:0.20%～2.72%)。在儿童中臭氧可能引起变应性致敏,从而引发哮喘。目前尚无明确的证据表明长期暴露臭氧和哮喘发作的相关性。

臭氧暴露是哮喘的促发因素,有多种炎症介质和细胞因子参与了臭氧的毒性作用过程。流行病学研究表明,环境中臭氧浓度的增加与急性哮喘恶化发病率的增加有关。这一事件的标志物就是炎症加重 24 h 后,住院率和急诊就诊增加,表明炎症在这一事件中可能起到一定的作用。在哮喘患者中,臭氧暴露的效应被放大,导致或者加重中性粒细胞炎症,或者加重嗜酸性粒细胞炎症。除了哮喘患者自身对臭氧更加敏感之外,臭氧能够增强病患当前和后期阶段对过敏原的反应。

2. 臭氧对哮喘动物模型的毒性研究

动物实验结果表明,低浓度臭氧短期暴露可加重哮喘大鼠变应性呼吸道炎症反应,与其他炎症反应一样,IL-2、IL-6 和 IL-8 等细胞炎症因子明显升高。同时,臭氧暴露诱导免疫反应,调节免疫细胞,引发哮喘。将哮喘组大鼠给予低浓度臭氧暴露后,血浆和肺组织 IL-4 持续升高,血浆 γ-INF 进一步降低,说明低浓度臭氧即可促进过敏原引起以 Th2 为主的体液免疫,从而加重哮喘的过敏反应,同时 Th1 细胞功能受到抑制,γ-INF 产生减少。臭氧暴露组 CD4(+)CD25(high)$Foxp_3$(+)调节性 T 细胞占 CD4+细胞的比例下降。低浓度臭氧暴露可能在哮喘的发病过程中通过下调 CD4(+)CD25(high)$Foxp_3$(+)调节性 T 细胞数量并抑制其功能,进一步加重哮喘患者体内的 Th1/Th2 比例失衡,促进哮喘发展。但臭氧与哮喘发病的关系还有待进一步研究。

8.2.3.3 臭氧对呼吸道炎症发生的影响

1. 臭氧对呼吸道炎症影响的流行病研究

对于敏感人群,具有气流阻塞特征的慢性支气管炎和(或)肺气肿患者和哮喘患者,臭氧暴露可显著加重呼吸道炎症,增加炎症因子在肺组织中的表达。国外学者采用病例对照研究评估了臭氧对 36 个美国城市居民肺炎和 COPD 住院率的影响。结果显示,8 h 臭氧浓度升高 5 mg/L,肺炎和 COPD 住院率分别增加 0.27%(95% CI:0.08%～0.47%)和 0.84%(95% CI:0.26%～0.57%)。

2. 臭氧对呼吸道炎症影响的动物实验研究

一项动物实验发现,给予小鼠低浓度臭氧短期暴露后,其支气管肺泡灌洗液

(bronchoalveolar large fluid，BALF)细胞总数、中性粒细胞比例增高，IL-2、IL-6、MDA炎症因子水平明显升高。深入研究发现臭氧进入呼吸道后首先刺激上皮细胞和肺泡巨噬细胞释放出一系列细胞因子和前炎症因子，炎症因子又进一步刺激T淋巴细胞活化分泌IL-5等嗜酸性粒细胞趋化因子，刺激肺上皮细胞、成纤维细胞、呼吸道平滑肌细胞、内皮细胞等使它们表达黏附分子，并分泌多种细胞因子，从而使各种炎症细胞(如中性粒细胞、嗜酸性粒细胞等)聚集，从而诱导呼吸道炎症的发生并使炎症反应扩大和持续。学者分别在小鼠臭氧暴露前给予2 mL/kg的NaHS预处理和臭氧暴露后给予2 mL/kg的NaHS治疗，结果表明NaHS均能抑制臭氧暴露引发的小鼠气道炎症，降低气道高反应性。可见，对于臭氧暴露引发的气道炎症，NaHS具有一定的预防和治疗作用。

通过透射电镜观察肺部的细微结构发现，臭氧引起的呼吸道病理变化发生在肺泡Ⅱ型细胞的线粒体上，线粒体功能的改变可能导致细胞凋亡或者坏死，巨噬细胞还表现出空泡退行性病变、吞噬嗜锇性板层小体和颗粒物。这种巨噬细胞的激活将引起前炎症细胞因子的释放。同时臭氧引起肺中性粒细胞炎症，产生肺腺泡中央区域的上皮损伤。因此，炎症反应是臭氧引起肺损伤极其重要的通路。

8.2.3.4 臭氧对心血管系统的影响

越来越多的研究表明，空气中臭氧的污染不仅仅影响气管和肺部等污染物直接接触的靶器官，而且对肺以外的心血管系统也能产生有害的影响。臭氧是大气中的强氧化剂，其和生物分子起反应，形成臭氧化物和自由基。臭氧化物和自由基进入呼吸道可直接导致入院率和日死亡率升高。同时，这些氧化物和自由基可通过血液进入全身循环系统，进一步导致心血管疾病。目前，有关臭氧污染诱导心血管危害的人体和动物研究成为该领域的研究热点。

1. 臭氧对心血管系统影响的流行病学研究

国外大量研究已表明臭氧短期暴露与人群心血管疾病死亡风险的相关性。一项大规模的关于23个欧洲城市臭氧暴露与每日总的和分死因死亡率关系的研究，发现1 h臭氧浓度升高10 $\mu g/m^3$，心血管疾病的死亡人数增加0.45%(95% CI：0.17%～0.52%)。相比欧美发达国家的研究数据来看，我国部分城市的臭氧污染危害效应存在差异。广州、中山、上海、苏州的研究结果显示，臭氧浓度每升高10 $\mu g/m^3$，心血管疾病死亡风险增加0.53%～0.98%。如前所述，敏感人群如老年人和既有心血管疾病患者可能更易受臭氧暴露的危害，臭氧暴露对心血管疾病住院率有显著影响。臭氧浓度每升高10 $\mu g/m^3$，65岁以上老年人心血管疾病住院风险增加0.006%(95% CI：0.000%～0.014%)。臭氧污染造成的心血管危害的经济损失巨大。如在2008年上海市常住人口臭氧暴露的研究中，由臭氧污染导致的心血管疾病引起的归因健康经济损失为10.24亿元。虽然国内外多个城市均发现臭氧短期暴露与心血管疾病死亡风险增加相关，但台北地区的两项研究表明，臭氧暴露与心血管疾病死亡呈弱相关，并不显著。结果的差异性首先考虑受到大气其他污染物的影响，包括光化学烟雾的其他成分和颗粒物等。其次是难以准确评估个体暴露臭氧水平，导致结果的不准确。未来的研究要确定引发臭氧污染的最低人体阈值,才能评估其产生的具体人体危害,进一步探索其相关毒性作用机制。

2. 臭氧对心血管的毒性作用及其机制

与大气颗粒物相似,臭氧暴露引起心血管效应的机制尚不清楚。但是,暴露于环境臭氧的动物和人体试验均证实了臭氧对心肌效应(急性心血管功能紊乱、微观的心肌病理和异常的心肌蛋白合成)有影响。学者提出假说,臭氧暴露可调节炎症反应和增加心血管系统的氧化应激。分离人类外周血单核细胞进行体外研究发现,臭氧暴露和脂质过氧化及蛋白巯基含量的增加存在明显的关系。动物模型也表明,臭氧暴露会引起系统氧化应激的增加。

另一种假说是臭氧通过局部的中枢神经通路引起反射。臭氧暴露可能启动刺激,激活肺刺激性受体,进而引起刺激性受体介导刺激副交感神经系统通路。对于这一刺激的传出反应可能直接影响到心脏起搏器活动、心肌收缩和冠状动脉血管张力,导致心脏收缩速率和肌力不足。臭氧吸入可引起心率降低,表明这种变化可能是自主神经系统的改变造成的。更重要的是,短暂接触到生物相关的臭氧水平可以调节交感神经元和中枢神经元中儿茶酚胺的生物合成和使用速率,这表明,臭氧暴露相关的心率降低可能是由心脏副交感神经活性的提高引起的。

8.2.3.5 臭氧污染对生殖系统的影响

迄今为止,有关臭氧对人体生殖毒性的研究还较少。学者将怀孕 7 天的 CD-1 小鼠分别在 $0.8\ mg/m^3$、$1.6\ mg/m^3$ 和 $2.4\ mg/m^3$ 的臭氧环境下饲养至第 17 天,观察臭氧对小鼠繁殖性能的影响。结果发现,臭氧暴露孕鼠出生的小鼠在体型大小、性别比例、死胎数、新生小鼠死亡率等方面与对照组没有差别。我国学者也发现将昆明小鼠于怀孕前暴露于浓度在 $0.09\sim0.18\ mg/m^3$ 范围内的臭氧环境中,可能对孕鼠及胎仔无生殖毒性作用。低浓度臭氧组雌性小鼠的动情周期比较规律,卵巢组织切片均未发现异常,血清雌二醇水平差异无统计学意义;臭氧暴露组与对照组雄性小鼠的睾丸组织切片均未发现异常,精子畸形率、早期精细胞微核率、血清睾酮水平差异均无统计学意义。以上动物研究表明低浓度臭氧对小鼠的生殖生理系统可能没有影响作用。但这还需要进一步的研究。

8.2.3.6 臭氧与大气颗粒物的联合健康效应

事实上,人们通常在有限的时间内暴露于多种空气污染物中。研究暴露于多种环境污染的健康效应可能对于评价人类的健康风险作用更大。PM2.5 组分复杂,可能 30%,甚至更多来自化学物质的转化,而不是排放源的直接排放,其转化能力和大气氧化能力有很大关系。高臭氧浓度导致大气氧化能力强,可加快大气颗粒物转化生成,PM2.5 中二次转化的成分占比将会增加,同时 PM2.5 的高浓度又给臭氧的生成提供了反应的表面,进一步加速了臭氧的生成,两种污染物的紧密联系形成了大气的复合污染。大量的流行病学资料表明,臭氧和大气颗粒物污染对呼吸系统的健康会产生负面影响。两者都会降低肺功能、提高气道反应、恶化哮喘和 COPD,同时也增加了医疗保健费用和住院率。它们的联合暴露不仅可以影响到气管和肺部等吸入污染物直接接触的靶器官,而且对肺以外的器官也会产生有害的影响。这可能是由于大气颗粒物和臭氧联合引起的肺部的氧化应激使下游心血管系统受到干扰所致。下面以最有代表性的心肺疾病为例,探索两种污染物的联合暴露的危害和可能作用机制。

1. **联合暴露对心肺系统疾病影响的流行病学调查**

最近的几项流行病学证据表明,大气颗粒物和臭氧与呼吸系统疾病的住院率之间存在正相关。学者对东北地区 7 个城市 23326 名 6～13 岁儿童哮喘发生率的一项研究表明:在儿童中,PM10 浓度每升高 31 $\mu g/m^3$,患哮喘的相对风险增加 1.33(95% CI: 1.24～1.45);臭氧浓度升高加 23 $\mu g/m^3$,患哮喘的相对风险增加 1.31(95% CI: 1.21～1.41)。有研究发现,单独暴露于低浓度的臭氧和 PM2.5 几个小时,并未引起健康成年人肺功能的明显改变。但两者同时暴露时,表现出潜在的细胞损伤和间质性炎症。

更多的研究关注了心血管疾病,流行病学证据表明大气颗粒物和气态污染物与心血管疾病的高发病率和死亡率有关。在增加环境臭氧或吸入大气颗粒物的几小时之内,心脏会受到影响,表现在心律变异性(HRV)的降低和心肌梗死概率的增加。学者对 20 位健康老人分别在冬季和夏季监测心率变异性的一项研究表明:臭氧浓度每增加约 21 $\mu g/m^3$,老人心电图高频(high frequency,HF)成分显著下降 4.87%。在有空气污染之后,有慢性动脉疾病和充血性心力衰竭的人呈现较高的死亡风险。这样的发现引起以下假设,即空气污染可能通过扰乱血管的动态平衡来产生健康影响。与这一假设相一致的是,在吸入大气中的细颗粒物和臭氧暴露的 2 h 内,健康成年人动脉血管收缩。相关研究已经确定了城市污染和人类血浆内皮素-1(endothelin-1,ET-1)的增加相关。ET-1 是一个控制血管平滑肌张力动态平衡的血管收缩肽。但影响血浆 ET-1 的上升的机制及臭氧和颗粒物的各自贡献并不清楚。在许多心血管疾病(包括动脉粥样硬化、充血性心力衰竭和高血压)中,ET-1 在循环系统和组织中的水平都升高。对长期大气颗粒物的暴露对患致死性冠心病风险的评价研究发现,在女性中,PM2.5 浓度每升高 10 $\mu g/m^3$,在单污染模型中,患致死性冠心病的相对风险增加 1.42(95% CI: 1.06～1.90),在和臭氧的两种污染物模型中,相对风险增加 2.00(95% CI: 1.51～2.64);而在男性中没有发现这种相关性。台湾的一项报告指出,在年轻健康的邮递人员中,臭氧和 PM1～2.5 的暴露可以引起心-踝血管指数(cardio-ankle vascular index,CAVI)的改变,但是没有影响到 HRV。CAVI 可以代表血管紧张性的变化。而这一变化与缺血性心脏病病人冠状动脉粥样硬化和左心室功能有关。这一研究表明,心血管功能对大气颗粒物与臭氧的联合污染十分敏感。

2. **联合暴露对心肺系统疾病影响的生物学机制**

体外细胞培养的实验结果表明,由大气颗粒物引起的健康效应可能是其与其他污染物共同暴露造成的。大气颗粒物和其他污染物的交互作用在诱导心肺反应上可能是通过气体的反应和/或通过一般的生物途径改变细胞和器官系统而产生的。在动物实验中,当大鼠暴露于臭氧和各种大气细颗粒物混合的污染物时,发现毒性效应有所增加,大鼠肺损伤情况加重。臭氧暴露影响心血管系统的机制与增加的氧化应激、由细胞因子介导的系统炎症、内皮功能和血管收缩性的紊乱，以及心脏频率的自主控制的改变等可能相关。

学者探讨了臭氧和PM2.5暴露对大鼠心脏自主神经系统和系统炎症的影响及二者之间的关联性。PM2.5低、中、高剂量单独暴露组为每只动物分别经气管滴注0.2 mg、0.8 mg和3.2 mg的PM2.5；臭氧单独暴露组为只吸入暴露4 h臭氧；臭氧和PM2.5联合暴露低、中、高剂量组为大鼠预先暴露于0.8 mg/L的臭氧4 h，然后再分别经气管滴注0.2 mg、0.8 mg和3.2 mg的PM2.5；对照组为气管滴注生理盐水，每周暴露2次，共3周。结果发现，PM2.5单独暴露组和联合暴露组HRV指标与对照组比较有显著变化。臭氧单独暴露组仅引起低频(low frequency, LF)成分显著增加。心率(heart rate, HR)只有在联合暴露组有明显降低。血压在联合暴露组和高剂量PM2.5组有明显上升。TNF-α和IL-6在PM2.5单独暴露组和联合暴露组均有上升趋势。CRP在PM2.5单独和联合暴露组均表现出明显的剂量-效应关系。IL-6、TNF-α、CRP与HRV均显著相关。病理学检查发现，PM2.5暴露组有颗粒物的沉积和心肌炎症。结论是臭氧可增强由PM2.5暴露引起的大鼠心脏自主神经系统紊乱和炎症反应。除了大鼠，大气颗粒物和臭氧暴露也可引起小鼠HRV和HR的改变。部分动物实验采用炭黑颗粒物代替大气颗粒物，因为炭黑颗粒成分单一，与人类现实生活中每日的暴露组成不完全相同。尽管有几个可信的理论来解释这个机制和其他的潜在的负面效应，但是可信的足以支撑结论的实验证据还很缺乏。

一些报道已经指出，大鼠同时暴露于大气颗粒物和臭氧中可以加重肺的损伤，尚未明确损伤的加重是否是由污染物间的直接交互作用或者是通过其他的机制引起。臭氧可直接与大气颗粒物中的生物活性物质起反应，并且影响其中的生物活性物质。汽油尾气颗粒物可引起健康人呼吸道炎症反应，但当同时暴露于汽油尾气颗粒物和臭氧时，健康人唾液中的中性粒细胞和过氧化物酶明显增加。可见，臭氧和大气颗粒物具有协同作用。柴油尾气颗粒物(diesel exhaust particles, DEP)广泛存在于城市大气颗粒物中。和DEP共存的臭氧有可能会与DEP中的一些成分起反应。为研究臭氧是否能直接和大气颗粒物反应而影响大气颗粒物的生物活性，将柴油尾气颗粒物暴露于0.1 mg/L的臭氧48 h，然后通过气管滴注到大鼠中。滴注24 h后检测肺部炎症和损伤，通过DEP暴露后再进行臭氧暴露与DEP暴露后再进行空气暴露的比较研究发现，臭氧暴露组使DEP引起大鼠痰中的中性粒细胞和髓过氧化物酶(myeloperoxidase, MPO)的分泌增加。此外，发现MPO和基质金属蛋白酶(matrix metalloproteinase, MMP)及中性粒细胞数之间有很强的相关性，暗示DEP暴露后进行臭氧暴露可以提高中性粒细胞的活性。这些结果表明，臭氧可以放大DEP引起的气道炎症。有研究表明，与单独暴露于一种污染物相比，臭氧和炭黑颗粒物联合暴露后，小鼠肺泡巨噬细胞的吞噬作用降低，肺中性粒细胞增加。这种生物学效应提高的机制可能是炭黑颗粒物作为臭氧的载体到达远端肺的区域，而臭氧以气体的形态很难到达肺的远端区域，或者是臭氧将大气颗粒物从无毒的物理化学形式变成了有毒的物理化学形式。

总之,近年来大气颗粒物与臭氧污染对心肺功能的影响已经受到广泛的关注,但目前对于大气颗粒物和臭氧的毒性效应机制还不是十分清楚。参与机制假说包括臭氧暴露可调节炎症反应和增加心血管系统的氧化应激及调节自主神经系统。例如,最近的一项研究表明,大气颗粒物和臭氧影响心脏的自主控制功能。在这项研究中,臭氧对心率变化的负面影响比大气颗粒物的影响更深远。这可能是因为大气颗粒物自身或者和臭氧的联合作用引起了下游心血管系统的紊乱,因为肺和心血管之间有着复杂而密切的联系。尽管 PM2.5 暴露后可引起明显的心血管损伤效应,但是具体的 PM2.5 影响心脏功能的机制仍然不清楚。潜在的机制可能是短期暴露于 PM2.5,动脉血压在几小时到几天内表现出上升,对于长期 PM2.5 暴露,许多前炎症和氧化应激反应、血管功能紊乱和自主神经控制的不平衡可能会最终引发慢性的动脉高压。相信随着研究的不断深入,人类可以更好地揭示这两种物质对心肺系统的潜在危害机制,这将会为更好地保护人类,尤其是保护易感人群提供理论依据。

8.2.4 微生物

空气中的微生物污染日益得到重视,并已经成为近年来的研究热点。空气中微生物大多附着于灰尘粒子上,以微生物气溶胶的形式存在于空气中。微生物气溶胶是悬浮于空气中的微生物所形成的胶体体系,其粒径谱范围很宽,约 $0.002\times10^{-3}\sim30.0\times10^{-3}$ mm。与人类疾病有关的微生物气溶胶粒子的直径一般为 $4.00\times10^{-3}\sim20.0\times10^{-3}$ mm,具体的粒径分布如表 8-3 所示。不同城市、同一城市的不同区域及不同的研究者用不同方法测出的微生物气溶胶的粒径各不相同,但对人体健康有害的病原微生物大部分粒径在 10.0×10^{-3} mm 以内。

表 8-3 微生物气溶胶粒径分布

微生物气溶胶种类	粒径/μm
病毒	0.015~0.045
细菌	0.300~15.0
真菌	3.00~100.0
藻类	0.50
孢子	6.00~60.0
花粉	1.00~100.0

8.2.4.1 生物气溶胶的健康危害

微生物气溶胶主要包括细菌、病毒、真菌等几大类,它们可以通过与人皮肤接触、呼吸道吸入、消化道摄入等途径导致易感人群的多种健康问题。一般来说,当空气中致病性细菌和病毒达到感染剂量时,往往会引起人类患流感、急性皮炎、急性肺炎等多种急性疾病,并且它们还会随着患者的活动形成二次生物气溶胶加以传播。同时许多细菌的细胞成分(如 β-葡聚糖)也是重要的病原体。真菌通过其孢子在空气中传播,它们作为条件致病菌主要引起多种呼吸道疾病和过敏反应。此外真菌毒素也可能导致多种中毒反应。

空气微生物对人群的健康影响是多方面的，主要包括呼吸道黏膜刺激、支气管炎和慢性呼吸障碍、过敏性鼻炎和哮喘、过敏性肺炎、吸入热和有机尘中毒综合征、呼吸道传染病感染、霉菌毒素中毒、不良建筑物综合征等。空气微生物感染危害性大，主要与呼吸道的生理结构有密切关系。从鼻、咽、喉、气管、支气管到肺泡，被阻留在任何部位的病原微生物粒子，都可以在该处引起感染。成人的肺约有 3 亿个肺泡，总面积约有 70 m^2。由于肺泡所处温度适宜，营养丰富，是微生物生存和繁殖的良好场所，因此，下呼吸道更易感染。另外，只要空气中的病原微生物气溶胶粒子具备足够的数量、大小适宜的粒径（一般<5 μm），以及适宜的温度、湿度和阳光等环境因素这三个条件，被吸入后就能够引起呼吸道感染。

空气微生物的来源复杂，有自然来源、人类活动来源等。在人类呼吸道传染性疾病中，空气传播感染是非常重要的传播途径，病毒、细菌都可以通过空气传播感染。表 8-4 中所列出的一些例子是最为常见的空气微生物传播感染。由于空气微生物传播感染具有复杂性，如易感性强、暴发性强、微生物来源复杂、微生物种类多等特点，就给防控带来了很大的难度。

表 8-4 室内空气中微生物的危害性

微生物种类	列举	引发的疾病	来源
病毒	流感病毒	流感	人
病毒	麻疹病毒	麻疹	人
细菌	分枝杆菌	肺结核	人
细菌	嗜肺军团菌	军团菌病、庞蒂亚克热等	室外污水
细菌	肺炎双球菌	肺炎	污水处理设施

8.2.4.2 呼吸系统疾病

呼吸系统疾病是一大类临床疾病，其中一部分与微生物气溶胶有密切关系。在这部分呼吸系统疾病中有的是传染性的，有的是非传染性的。传染性呼吸系统疾病主要与病原微生物有密切关系。一些非传染性呼吸系统疾病，如不良建筑物综合征（sick building syndrome, SBS）、呼吸道黏膜刺激、过敏等，都与微生物或微生物细胞的代谢产物有关。许多真菌、革兰氏阴性菌等微生物，在生长、繁殖等过程中，会产生大量的孢子、内毒素、霉菌毒素等有毒成分，能够引起人的过敏性鼻炎、支气管炎、哮喘、结膜炎、荨麻疹、皮炎、蘑菇肺、中毒等非传染性疾病。空气微生物中比较常见的革兰氏阴性菌在细胞膜的外层膜中，有一种脂类和杂糖形成的共价复合物即内毒素，内毒素与蛋白质、磷脂酰胆碱共同构成直径 30~50 nm 的盘状颗粒物，很容易形成积尘和气溶胶，当人吸入一定浓度的内毒素气溶胶就会发生积尘中毒综合征。

真菌孢子是另一类影响人类健康的空气生物因子。在面粉加工企业人员中，有一种职业病叫"Baker哮喘",国外研究认为链格孢属、曲霉属气溶胶是引起"Baker哮喘"的元凶;干酪青霉是引起哮喘和过敏性肺炎的致病因子。近年来许多对空气微生物的研究集中在真菌污染方面,这是因为空气真菌及其孢子被认为是造成多种呼吸系统疾病的主要因素,但其致病机制有待进一步研究探明。

除此之外,生物气溶胶是诺如病毒、甲型H1N1流感病毒、SARS病毒、结核分枝杆菌等多种病原微生物的重要传播方式,是引发传染病的重要传播途径。研究人员通过搜集SARS-CoV-2气溶胶传播的证据,发现SARS-CoV-2气溶胶传播是合理的,合理评分(综合证据的权重)是8/9,对SARS-CoV-2的防控策略应考虑其气溶胶传播方式。美国哈佛大学和伊利诺伊理工学院的研究人员联手进行了一项研究,试图建立COVID-19在船上的传播模型,并得出结论:气溶胶传播在"钻石公主"号新冠肺炎疫情中扮演了重要角色。早期患者通过呼吸排放大量(每小时高达几百万个)新型冠状病毒,呼出气的新型冠状病毒阳性率高达约27%,揭示气溶胶传播扩散新型冠状病毒的事实,为更好阻断空气传播、防控新型冠状病毒感染提供了重要的科学依据。

其次,吸入尘螨、真菌、动物蛋白气溶胶也可能诱发肺泡炎、支气管哮喘、过敏性哮喘、肺炎、鼻炎等过敏性呼吸系统疾病等。花粉,来自细菌、真菌等的内毒素,葡聚糖等可侵袭呼吸道,引起呼吸道黏膜刺激症状,并增加呼吸道炎症的风险,严重者可出现支气管炎和慢性呼吸系统障碍。最后,长期暴露在生物气溶胶环境中,可增加呼吸道癌变的风险。目前已证明有多种毒素能引起实验动物恶性肿瘤。暴露于成熟的栎木、山毛榉等的木尘中可能诱发鼻窦腺癌。木工工人的鼻窦癌发病率比普通人高1000倍。在养猪场中,由于高浓度内毒素暴露,也使得工人肺癌发生的风险增加。

8.2.4.3 其他健康影响

生物气溶胶还会对心血管系统、神经系统等其他系统造成一定的影响。通过研究IL-6、白细胞等循环生物标志物与暴露细菌、真菌气溶胶的相关关系,发现暴露细菌、真菌气溶胶会引起全身炎症。暴露在高浓度细菌、真菌气溶胶环境中可能引发心血管疾病。研究人员通过神经行为学问卷调查和神经生理学测试,发现长时间暴露在产毒真菌空气中可能对儿童神经系统功能造成影响。空气中真菌在产生有毒代谢产物的同时,还能产生烃类、醇类及酮类等挥发性有机物,对人体产生毒性作用。暴露于内毒素气溶胶后还有可能导致发热、休克等中毒反应。

8.3 典型案例

8.3.1 伦敦烟雾事件及其健康后果

1952年12月4日至9日,英国伦敦上空受高压系统控制,大量工厂生产和居民燃煤取暖排出的废气难以扩散,积聚在城市上空。伦敦被黑暗的迷雾所笼罩,马路上几乎没有车,人们小心翼翼地沿着人行道摸索前进。大街上的电灯在烟雾中若明若暗,犹如黑暗中的点点星光。当时,伦敦空气中的污染物浓度持续上升,许多人出现胸闷、窒息等不适感，疾病发病率和死亡率急剧增加。此次事件被称为"伦敦烟雾事件"，成为 20 世纪十大环境公害事件之一(见图 8-3)。

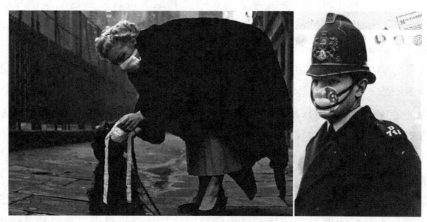

图 8-3　伦敦烟雾事件照片

酿成伦敦烟雾事件的主要原因是冬季取暖燃煤和工业排放的烟雾在逆温天气条件下的不断累积发酵。在此次事件中，伦敦每天排放到大气中的污染物有烟尘、二氧化碳、氯化氢(盐酸的主要成分)、氟化物，以及最可怕的二氧化硫，这些二氧化硫随后转化成了硫酸(燃煤烟尘中有三氧化二铁，能催化二氧化硫氧化生成三氧化硫，进而与吸附在烟尘表面的水化合生成硫酸雾滴)，造成严重的呼吸道刺激和损伤，甚至死亡。直到 20 世纪 70 年代后，伦敦市内改用煤气和电力，并把火电站迁出城外，使城市大气污染程度降低了 80%，才摘掉了"雾都"的帽子。

8.3.2　我国北方灰霾的健康危害

2013 年 1 月，我国华北及华东大部分地区发生的严重雾霾，涉及区域超过 130 万 km^2，其持续时间之长、覆盖范围之广、危害人数之多在世界历史上均为罕见。2013 年 1 月 13～22 日，河北南部、山东西部、河南等地被灰霾笼罩，大气污染最为严重。据环境监测显示，当时北京和石家庄局部地区的 PM2.5 峰值浓度分别超过了 600 $\mu g/m^3$ 和 1100 $\mu g/m^3$。

这次持续的灰霾事件中，北京市 2013 年 1 月 10～15 日，PM2.5 质量浓度每升高 10 $\mu g/m^3$，心血管疾病和呼吸系统疾病住院率分别增加 1.09% 和 0.68%。石家庄市 PM2.5 浓度每升高 10 $\mu g/m^3$，市区居民下呼吸道感染、肺炎住院风险最大分别增加 1.0% 和 1.1%；PM2.5～10 浓度每升高 10 $\mu g/m^3$，COPD 住院风险最大增加 1.8%，同时均显示 PM10 滞后 5 日浓度的住院风险最大。2013 年 1 月 10～31 日京津冀 12 个城市的人群因 PM2.5 短期暴露导致超额死亡 2725 人，PM2.5 浓度每升高 10 $\mu g/m^3$，人群中呼吸系统疾病死亡率增加 0.96%，循环系统疾病死亡率增加 0.65%。2013 年 1 月 17～31 日北京市各区县灰霾期间的超额死亡风险(164 人/15 天)显著高于 2008—2011 年同期的风险(57 人/15 天)，并呈现出市中心显著高于周边区县的规律。急性呼吸系统相关研究显示,2013年1月灰霾期间人群呼吸困难症、憋喘和呼吸停止症状出现频次显著增加,强调了灰霾天气污染与呼吸困难症状的急性健康效应增加有关。另外,对比灰霾事件前后妊娠妇女的心理调查报告显示,妊娠妇女在灰霾天气抑郁自评量表(self-rating depression scale, SDS)总均分、躯体化得分、强迫症状得分、人际关系敏感得分、抑郁得分、焦虑得分、敌对得分、恐怖得分及偏执得分均显著高于非灰霾天气得分,其中抑郁和躯体化的阳性检出率增加幅度最大,分别增加了27.0%和19.9%。

2013年开始,我国多部门联合主动"重拳出击",打响了持续数年的"蓝天保卫战",设立了有关PM2.5监测的新标准。2015年开始,我国大范围持续性霾过程次数直线下降。2021年2月25日,生态环境部宣布《打赢蓝天保卫战三年行动计划》圆满收官。到2023年12月,全国339个地级及以上城市平均空气质量优良天数比例为85.5%,扣除沙尘异常超标天数后,实际为86.8%,PM2.5平均浓度为30 $\mu g/m^3$。同时2023年底,国务院印发《空气质量持续改善行动计划》,明确了推动空气质量持续改善的总体思路、改善目标、重点任务和责任落实。

基于《空气质量持续改善行动计划》,要求到2025年全国地级及以上城市PM2.5浓度比2020年下降10%,重度及以上污染天数比率控制在1%以内;氮氧化物和VOC排放总量比2020年分别下降10%以上。重点任务主要包括:优化产业结构,促进产业产品绿色升级;优化能源结构,加速能源清洁低碳高效发展;优化交通结构,大力发展绿色运输体系;强化面源污染治理,提升精细化管理水平;强化多污染减排,切实降低排放强度等;将利用法治、市场、科技、政策等手段推动空气质量持续改善。

8.3.3 云南省宣威市燃煤污染导致的肺癌高发

宣威市位于云南省东北部乌蒙山区,是云南省的主要产煤基地,宣威中部地区大部分可供开采煤层主要集中在晚二叠纪的C1煤层。宣威不同地区所产烟煤类型不一,其产生的烟煤污染程度也不同。宣威来宾镇出产的C1煤层烟煤在燃烧过程中产生的PM2.5和其中的二氧化硅浓度高于宣威宝山镇出产的K7煤层烟煤和宣威文兴镇出产的M30煤层烟煤。宣威当地居民燃料的来源仍以就地取材为主,主要以本地产的烟煤为燃料进行取暖和烹饪。加之当地民用燃炉普遍温度较低,C1煤层烟煤难以完全燃烧,产生大量的颗粒物,其中粒径小于2 μm 的颗粒物超过50%,所占比例远大于国内其他地方。并且当地煤烟尘中还含有大量多环芳烃类物质,如苯并[a]蒽、5-甲基䓛、苯并芘及二苯并芘等,还含有大量的自由基、砷、镍、铬、镉等有毒重金属,结晶型和无定型纳米级二氧化硅颗粒物(直径小于100 nm)等。

研究认为,居民燃煤燃烧造成的空气污染是宣威地区肺癌高发的主要危险因素。1973年之前,宣威农户几乎100%使用无烟囱的室内开放式"火塘"(在地上挖坑为灶,将煤放在其中点火即可)做饭和取暖。由于缺乏排烟设备,燃料在火塘内燃烧时排放出大量煤烟,一年四季室内烟火不断,使得室内空气严重污染。早些年,宣威肺癌高发区室内空气中TSP、BaP及SO_2浓度分别为10.45 mg/m^3、6269 $\mu g/m^3$和0.44 mg/m^3,低发区三者的浓度分别为 2.57 mg/m³、45.7 μg/m³ 和 0.03 mg/m³。当地政府在 20 世纪 70 至 90 年代广泛开展了改炉改灶整治工作，在使用烟煤作为主要生活能源的大部分家庭安了烟囱以降低室内污染，使室内空气质量得到明显改善。经过改造，宣威农村室内 TSP、BaP 和 SO_2 均降低了 90% 以上，室内多环芳烃浓度也明显下降，局部地区甚至下降了 80% 以上。宣威居民家中烹饪阶段室内 TSP 的致突变活性降低超过 95%，非烹饪阶段约降低了 70%，室内空气污染物的致癌生物活性明显下降。但烟煤目前仍是宣威居民的主要生活燃料，室内仍然存在严重污染，具有明显的燃煤特征。

宣威肺癌的发病机理涉及多个方面，包括环境因素、遗传因素及分子层面的改变。宣威地区的烟煤燃烧会产生大量的致癌物质，如多环芳烃和羰基化合物，这些致癌物质可能是宣威肺癌高发的一个重要原因。一项家庭燃煤的相关研究显示，燃煤排放的多环芳烃、含氧多环芳烃和氮杂环芳烃在宣威死亡率最高的来宾镇总浓度最高。甲醛和乙醛均是煤炭燃烧排放较多的羰基化合物。关于气态羰基化合物致癌风险的研究表明，宣威地区煤炭排放的甲醛浓度至少比普通室内水平高 2~3 倍。同时，该研究指出不同羰基化合物的累积效应还可能导致实际吸入性癌症风险的增加。基因突变和遗传因素也在宣威肺癌的发病机理中起着重要的作用。例如，有研究表明宣威肺癌的发生具有家族聚集性，肺癌先证者的亲属患肺癌的危险性增加，是配偶系亲属的 1.85 倍。此外，*FAM83A* 基因在肺癌中的功能与机制也得到了初步研究，该基因在肺癌中的表达量显著高于癌旁组织，并且与来源于癌症基因组图谱（The Cancer Genome Atlas，TCGA）数据库中有关 *FAM83A* 在非小细胞肺癌中的表达水平相一致。在分子机制层面的研究显示，肺癌的发展涉及多种信号通路的改变。例如，*FAM83A* 可以激活表皮生长因子受体（epidermal growth factor receptor，EGFR）下游的 RAS/MAPK 和 PI3K/AKT/TOR 信号通路，这些信号通路的异常激活可能是导致当地人群肺癌细胞生长和扩散的原因。虽然研究人员取得了一定研究进展，但关于室内空气污染导致癌症的机理还需要进一步深入研究。

第 9 章　室内空气污染的健康影响

谈到空气污染，大家通常关注的是室外大气污染。事实上，室内环境对人们健康的影响可能远比室外要大得多。调查显示，成年人每天有 70%~80% 的时间在室内度过，部分老年人和婴幼儿待在室内的时间甚至超过 90%。世界卫生组织发布的《室内空气污染与健康》指出，目前室内空气污染的程度已高出室外污染 5~10 倍，全球 4% 的疾病与室内空气质量相关，每年有 200 多万人因室内空气污染所致疾病而过早死亡，室内空气污染已成为人类健康十大威胁之一。与大气污染相比，室内空气污染物种类众多，成分复杂，使用的建筑材料、装饰材料、燃料燃烧、烹饪过程、办公设施、生活用品，以及室内的通风状况和人类自身活动等均可能对室内污染物的种类和浓度产生影响，进而导致不同的健康风险。本章将针对常见的室内污染物进行来源和健康风险的讲述。

9.1　室内空气污染物来源

室内空气污染类型一般分为室外来源污染和室内来源污染，其中室内来源又包含建筑和装修材料、居室内人的活动、室内燃料的燃烧及家用电器及其他设备。

9.1.1　室外来源污染

室外来源污染物包括通过门窗、墙缝等进入的室外污染物和人为因素从室外带至室内的室外污染物。

1. **室外空气污染渗入**

工业废气和汽车尾气是造成室外大气环境污染的主要因素。它们在渗透、自然通风和机械通风作用下可以进入建筑物。渗透是指污染物通过墙壁、地板和天花板及门窗周围的开口、接缝和裂缝进入室内。自然通风是指污染物通过打开的门窗进入室内。机械通风是指室外的污染物还可能通过设备，如房间（如浴室和厨房）中排气的通风风扇等进入室内。

2. **人为携带进入**

人体毛发、皮肤及衣物皆会吸附（黏附）空气污染物，当人自室外进入室内时，也自然地将室外的空气污染物带入室内。此外，将干洗后的衣服带回家，会释放出四氯乙烯等挥发性有机化合物；将工作服带回家，可把工作环境中的污染物带入居室内。室外空气污染物及来源见表 9-1。

表 9-1　室外空气污染物及来源

室外空气污染物	来源
硫氧化物、氮氧化物、一氧化碳	燃料燃烧、有色金属熔炼等
颗粒物	燃料燃烧、建筑施工、交通扬尘、蒸气凝结等
臭氧	光化学反应等
花粉	植物
钙、氯、硅、镉	土壤、工业生产、建筑施工等
有机物	溶剂挥发、燃料蒸发、燃料燃烧等

9.1.2　建筑和装修材料

建筑装饰装修污染指的是在室内装修过程中产生的有害物质对人体健康带来的影响和对周边环境造成的污染。

将建筑装修材料按照材质进行分类，可以划分为有机高分子材料，如黏合剂、涂料、塑料、木材等；无机非金属材料，如陶瓷、水泥、玻璃、石材、砖等；复合材料，如人造大理石、涂层钢板等；金属材料，如铝合金、不锈钢等。若按照装修材料的装修部位来划分，可分为门窗材料、地面材料和墙体材料。另外，建筑装修材料因其功能需求不同、制备工艺不同，需添加相应的化学物质（如胶黏剂、防腐剂等），这些化学组分也会随着时间推移挥发到室内，造成室内空气污染，并且这些建筑材料通常随意堆放，不做苫盖措施，更会造成污染物排放加重，如图 9-1 所示。以下介绍四类常见的建筑和装修材料。

图 9-1　建筑材料随意堆放

1. 石材及板材

石材主要用作建筑装修材料的地面和墙体。石材多为天然材料，具有放射性元素，如大理石辐射相对较低，而花岗岩属于酸性岩石，其放射性元素含量高。

板材主要分为实木材质、人造木板及其他的诸如刨花板、大芯板、装饰面板、密度板和防火板等的建筑材料，因为许多板材在制作过程中添加了相对数量的胶水，会产生一定量的甲醛和苯系物，气味比较大。

2. 涂料

日常用到的涂料有防水涂层、防火涂料、防腐涂料、乳胶漆等。部分涂料在使用之后，会持续向空气中释放出挥发性较强的有机化合物，主要成分包含甲醛、苯系物、氯乙烯、酚类等。

3. 墙面壁纸

壁纸的种类有很多，可以大致分为塑料壁纸、天然纸质壁纸、毛绒织物壁纸、金属壁纸等，其中，塑料壁纸因为材质的关系含有的不稳定成分较多。另外，壁纸在粘贴过程中会使用到胶黏剂，它们都会向空气中释放甲醛、苯系物、氯乙烯等污染物，严重影响了人们的身体健康。

4. 地毯

地毯根据原材料的不同，可以分为化纤地毯、纯毛地毯、混纺地毯、橡胶地毯等。纯毛地毯相对比较高档，但更容易吸附灰尘，滋生螨虫。家中最常用的地毯为化纤地毯，主要由化学纤维制作而成，材料包括聚丙烯酸胺纤维、聚酯纤维、聚丙烯纤维、聚丙烯腈纤维等，会向空气中释放甲醛、苯系物等有机污染物。

5. 水性处理剂

水性处理剂是一种辅助材料，主要包括水性阻燃剂(包括防火涂料)、防水剂、防腐剂等。甲醛具有防腐功能，在装修工程中对部分木基层的防腐处理可能用到含甲醛的水溶性防腐剂，在装修基层处理中还可能使用防水剂、防虫剂，这些材料都可能向室内引入甲醛污染。

9.1.3 居室内人的活动

人类自身的活动对居室内环境质量有着重要的影响。吸烟是室内污染的重要来源之一，尤其是在空间狭小、通风不良的小居室中。香烟在燃烧过程中，局部温度可高达 900～1000 ℃，产生大量烟雾。烟雾中既有气态污染物(约占 91.8%，主要是氮氧化物、二氧化碳、氧化氰等)，又有悬浮颗粒污染物(约占 8.2%，主要是烟焦油和烟碱)，不论是气态还是颗粒态污染物，均可被吸入呼吸道深部。香烟烟雾还会吸附在墙壁等地方，随着低沸点成分的挥发和气态污染物一起构成室内的臭气源。

1. 烟碱

烟碱又称尼古丁。尼古丁常温下为无色或浅黄色油状液体，在空气中易变深色，极易溶于水和酒精，味辛辣，易挥发并具有强烈的烟草味。在吸烟时，尼古丁会通过肺部迅速进入血液并跟随血液循环，然后传递给大脑，这是导致人们吸烟成瘾的主要原因之一。

2. 烟焦油

烟焦油是吸烟者使用的烟嘴内积存的一层棕色油腻物,俗称烟油。它是有机质在缺氧条件下不完全燃烧的产物,是众多烃类及烃的氧化物、硫化物及氮化物的极其复杂的混合物,其中包括苯并芘、镉、砷、胺、亚硝胺及放射性同位素等。烟焦油还含有多种致癌物质和苯酚类、富马酸等促癌物质,虽然含量较低,但在生物体中具有累积作用,长期吸烟对人体具有致癌性。

9.1.4 室内取暖和烹饪活动

1. 室内燃料的燃烧

燃料的种类不同,产生的污染物种类和数量也不同。目前居室内最常用的燃料包括固体燃料、天然气和电。有研究发现,以煤和生物质等固体燃料为主的厨房内,污染物以一氧化碳(CO)、二氧化碳(CO_2)、二氧化硫(SO_2)、挥发性有机物(VOC)和可吸入颗粒物(PM10)为主;以天然气作为燃料的厨房内,以 CO 和二氧化氮(NO_2)等含氮化合物污染为主;以电为燃料的厨房内,以氮氧化物(NO_x)等污染为主。研究人员用二次电喷雾电离高分辨率质谱法对燃气灶烹饪过程中及之后的产物进行了检测,发现了 600 多种化合物,包括含氮杂环化合物、含氧杂环化合物、醛类、脂肪酸和氧化产物。其中 400 多种是烹饪过程中的一次产物,大约 200 种是二次形成的产物。最多的化合物是 9-氧代壬酸,这可能是油酸或亚油酸在非均相羟基自由基氧化过程中形成的产物。

2. 烹饪油烟排放

油烟是一种包括气、液、固态物质的混合物。根据烹饪方式的不同,所产生的污染物种类也不尽相同。如油炸过程中,使用大豆油和葵花籽油排放油烟中醛酮化合物浓度最高。油烟中颗粒物的数量浓度与温度具有相关性,温度的增加会使油烟颗粒物数量浓度增长。油炸烟气中 VOC 排放组分以醛类为主,其排放浓度在 0.201~0.657 mg/m³ 范围内。另外,不同木炭烧烤加工时油烟中会包含甲醛、乙醛和丙烯醛等化合物,它们的浓度各不相同。炭烧烤烟气中 VOC 排放组分以苯酚、萘、甲苯、苯甲醛等苯系物为主,排放浓度在 0.372~1.761 mg/m³ 范围内。油烟会产生不同粒径的颗粒物。与以上两种烹饪方式相比,爆炒过程中的超细颗粒物的排放率最高,但其 VOC 含量却较以上两种方式少。另外,还有研究表明以水为主烹饪食物的方式(如蒸煮等)时,排放的油烟较少,比以油为主烹饪食物方式排放的 PM2.5 浓度低得多。为 256.6 ± 31.0 μg/m³,VOC 浓度为 1.354 mg/m³。

9.1.5 家用电子或电器设备

在科技高度发展的今天,与人们日常生活、工作密切相关的电子计算机、微波炉、电磁炉、手机、空调等各种各样的设备进入千家万户。这些电子或电器设备在使用的过程中都会不同程度地产生辐射或发出一定频率、一定强度的电磁波。这些电磁波无色无味,看不见,摸不着,穿透力强,可以充斥整个空间,并作用于人体。当这些电磁波的能量强度超过人体的耐受极限,会影响人体的健康,引发多种社会疾病。

1. 微波炉

微波炉可以烹调食物、快速解冻、快速加热食物,甚至可以代替烤箱烘烤蛋糕,很多人家都有。微波炉对人体产生的影响主要以热效应为主。家用微波炉多采用 2450 MHz 主频对食物进行封闭式加热,食物内的水分子受到这种强电磁波辐射后产生大量摩擦而变热。如果微波炉密封不严密,微波炉泄漏的微波能量也能使人体内的水分子变热,影响人体的健康。在微波炉正面门缝处的高频辐射最强且衰减最慢。因此,在使用微波炉时要保证安全距离。

2. 电磁炉

电磁炉对人体存在多方面影响,主要涉及热效应与电磁效应。其工作原理基于电磁共振,当电流通过线圈时会产生磁场,磁场内的磁力穿过锅具底部,便会引发无数小涡流,促使锅体高速发热,进而对锅内食物进行加热。正因如此,电磁炉仅对特定金属(如铁)起作用。

值得注意的是,人体血细胞含有较高含量的铁元素。而对人体细胞而言,即使是低程度的加热也可能带来严重后果,所以使用电磁炉时应避免距离过近。此外,电磁炉运行时会产生极低频的电场与磁场,若血液或细胞中存在磁性物质,就容易受磁诱发作用影响,导致重金属在体内累积,干扰血液与细胞的正常活动,从而损害人体健康。

3. 电热毯

电热毯(电热板)产生的电磁场属于低电压电流磁场,所产生电磁场强度并不大,但由于电热毯使用的特殊性(电热毯使用时接近人体),故其对人体作用的磁场强度不弱于其他电子或电器设备。目前市场流通的电热毯的电功率一般为 $150\sim200$ W/m^2,若一个标准床垫的面积为 3 m^2,则一个标准床垫大小的电热毯的功率大约为 500 W。

4. 手机

手机是现代人生活和工作中必备的通讯工具,其在使用过程中会在室内环境中产生电磁辐射,并通过传输通道间的交互作用形成污染,对人类的正常活动产生干扰。手机通信的使用频率波段为 $30\sim3000$ MHz,属于微波波段。《电磁环境控制限值》(GB 8702—2014)规定,使用频率在 $30\sim3000$ MHz 范围内的电场强度限值为 12 V/m。手机的工作频率并不算高,其辐射强度在一定范围内较小。但是由于手机的使用方法比较特殊,使用的时候几乎贴近耳朵,距离人体大脑太近,大脑处于手机辐射的近场区范围,所以容易受到超量的电磁辐射。

5. 计算机

计算机(电脑)内部构造复杂,由多个零部件构成。计算机在运行时的辐射来源于各个部位,包括主机箱、显示器、键盘与鼠标等。在使用时,要与计算机保持一定的距离,不宜过长时间操作。当用户与计算机之间距离较近时,计算机泄露出的电磁辐射会对用户的身心健康产生危害。

6. 冰箱

冰箱在通电后可以产生电磁辐射并危害人类健康。冰箱在工作过程中会释放出不同频率的电磁波,形成一种穿透力极强的电子雾。在工作状态下,冰箱后侧或下方的散热管释放的磁场较高,是前方的几十甚至几百倍。此外,冰箱的散热管灰尘太多也会对电磁辐射有影响,灰尘越多电磁辐射就越大。

9.2 室内主要污染物及其健康影响

室内空气污染物主要包括颗粒物、挥发性无机化合物、挥发性有机化合物、重金属及微生物等。颗粒物的粒径是颗粒物最重要的特性之一,室内颗粒物的粒径分布一般在 0.01~10 μm 范围内。挥发性无机化合物主要有二氧化碳、一氧化碳、氮氧化物、臭氧及氨和氡等。挥发性有机化合物包括多种有机气体污染物,它们具有低沸点(50~260 ℃)和低蒸气压等特性。此外,在密闭的空间还可能会出现微生物含量升高的现象,它们可能是由多种细菌、真菌和病毒组成的,这些微生物可以通过空气传播引起疾病。

9.2.1 颗粒物

空气中的颗粒物(particulate matter,PM)是指悬浮在空气中的固态或液态颗粒,也常称气溶胶。由于颗粒物的物理化学性质和健康效应均与粒径大小密切相关,因此通常根据空气动力学当量直径(d_p),将颗粒物分为总悬浮颗粒物($d_p \leqslant 100$ μm,TSP)、可吸入颗粒物($d_p \leqslant 10$ μm,PM10)、细颗粒物($d_p \leqslant 2.5$ μm,PM2.5,也称可入肺颗粒物)和超细颗粒物($d_p \leqslant 0.1$ μm,PM0.1)等。由于惯性作用,粒径大于 10 μm 的颗粒物易被鼻腔与呼吸道黏液排出。因此,对人体健康影响较大的颗粒物是 PM10 及 PM2.5 等,而且颗粒越小,随吸入气流进入肺部和血液系统的比例越高,因而健康危害也越严重。

建材切割、打磨乳胶等操作都会导致 PM2.5 浓度升高。油漆、胶合板、刨花板、泡沫填料、内墙涂料、塑料贴面、黏合剂等装修材料能持续释放甲醛、苯、甲苯、乙苯和二甲苯等挥发性有机化合物,而这些有机物是形成 PM2.5 中二次有机气溶胶(secondary organic aerosol,SOA)的重要前体物。《室内空气质量标准》(GB/T 18883—2022)规定,室内空气中 PM2.5 的浓度每小时平均不超过 0.05 mg/m³。在装修过程中其危害对象主要是装修施工人员,长期暴露于高浓度 PM2.5 会导致心血管疾病、呼吸系统疾病和肺癌,暴露于高浓度 PM2.5 数小时至数周还会导致暴露者心血管疾病相关的死亡率、非致命事件发生频率升高,并降低预期寿命。

吸烟过程中会产生尼古丁和烟焦油等悬浮颗粒物,粒径在 0.01~1.0 μm 范围内,随着时间的延长,粒子直径不断增大,烟气在吸烟者口腔内保留 10 s 后,粒子直径增大至 0.1~46 μm,平均直径为 0.2 μm。大量尼古丁对人体心血管系统和呼吸系统有直接的毒害作用,可引起呼吸加快、血压升高、心跳加快,甚至心律不齐等症状,严重者可诱发心脏病;还会破坏体内吸收的维生素 C 从而减弱人体的免疫能力。尼古丁极易被口腔、消化道和呼吸道吸收，也可通过皮肤进入体内，过量摄入能抑制中枢神经系统，使心脏停搏乃至死亡。成人致死量为40～75 mg（约相当于2包香烟的尼古丁总量），儿童致死量为10～20 mg。

香烟中的烟焦油中含有多种致癌物，还含有一些促癌物。据试验，把烟斗中挖出来的烟焦油涂在家兔的耳朵上，可使家兔100%产生肿瘤。据分析，1 kg烟草中含烟焦油70 mL，若1人每月吸烟0.5 kg，每月吸入烟焦油35 mL，1年吸入烟焦油420 mL，10年吸入烟焦油4200 mL，这些烟焦油即使被滤嘴滤去90%（实际达不到），仍有10%即420 mL吸入体内。吸入的烟焦油微粒聚焦在支气管壁和肺泡中，其中3,4-苯并芘长期不断地作用于人体器官，极易引发肺癌。烟焦油能降低肺上皮细胞的纤毛烟尘颗粒的保护功能，使黏液的分泌失去控制，分泌的过多的黏液埋没纤毛，使纤毛的活动减低甚至停止，失去效用。烟焦油还会损害巨噬细胞吞噬外来物质的功能，导致机体免疫力的降低。

有研究调查在室内用煤取暖做饭时产生的PM10的浓度为313～386 $\mu g/m^3$，在炉灶内使用薪柴作为燃料，产生的PM2.5浓度最高，日平均浓度249 $\mu g/m^3$。烹调油烟是由烹饪食用油加热后与食材发生一系列复杂反应，产生的混合污染物，主要成分是油烟颗粒物和气态的烟气污染物。对于烧烤油烟产生的不同粒径颗粒物PM1、PM2.5、PM4.0和PM10，浓度变化范围分别为9.96～29.3 mg/m^3、10.3～30.5 mg/m^3、10.7～31.6 mg/m^3和12.3～34.7 mg/m^3；使用花生油炒制食物时产生的PM1、PM2.5、PM10的平均浓度分别为0.756 mg/m^3、2.234 mg/m^3和3.793 mg/m^3。在燃料燃烧和烹饪过程中产生的颗粒物可能会导致肺部癌变。

油烟会导致氧化应激，即体内氧化与抗氧化作用失衡。有研究通过检测肺组织中的氧化应激（ROS、MDA和GSH）、促炎（TNF-α和IL-1β）和细胞凋亡[NF-κB和Caspase-3（细胞凋亡因子）]的生物标志物来揭示烹饪油烟对肺的毒理学效应，其机制如图9-2所示。长期暴露于油烟颗粒物中，会导致机体氧化应激，这不仅会降低GSH活性，使抗氧化防御系统不堪重负，而且还可以通过作用于线粒体使其释放凋亡诱导因子（apoptosis-inducing factor，AIF）激活Caspase-3导致细胞凋亡。另一方面，氧化应激也可通过激活诱导转录因子NF-κB引起DNA损伤，同时提高肿瘤坏死因子（TNF-α）和白介素（IL-1β）的细胞因子水平促使炎症的发生。机体的炎症和细胞凋亡最终可能导致肺损伤。另外，颗粒物为室内的气体污染物（如SO_2、NO_2、甲醛等）提供了吸附载体，为这些污染物提供通道进入肺部深处，从而促成了多种急慢性疾病的发生。

9.2.2 挥发性无机化合物

1. 氨

室内空气中的氨主要来自于建筑施工中使用的混凝土外加剂。正常情况下不应存在氨的室内污染问题。但在我国北方地区，冬季施工单位为提高混凝土结构的抗冻能力会添加防冻剂，同时为控制混凝土凝固速度还会适当增加早强剂、高碱混凝土膨胀

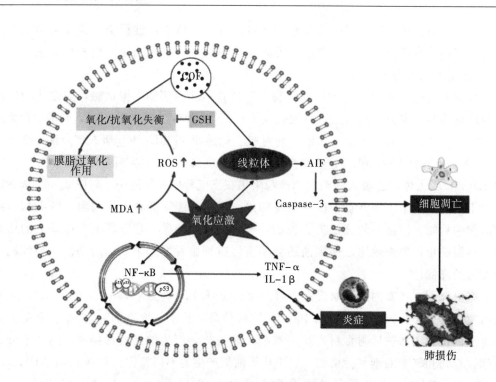

图 9-2　烹饪油烟(COF)对肺毒理学的可能机制

(注：COF，cooking oil fumes，烹饪油烟)

剂等添加剂，这些添加剂中含有大量的氨类物质，当温度升高会逐渐释放出来，其释放时间长达十年之久。此外，室内装饰材料中的添加剂和增白剂大部分含有氨水，在室温下易释放出气态氨，但这种释放过程较快，能在较短时间内扩散到室外环境中，不会造成长时间的室内污染。装修选用的木制板材在加压成形过程中使用了大量黏合剂，它们在室温下易释放出的气态氨，这是室内空气中氨污染的主要来源。

因氨极易溶于水，对眼、喉、上呼吸道刺激性强、作用快，轻者会导致充血和分泌物增多，进一步可引发肺水肿，部分人长期接触氨可能会出现皮肤色素沉积或手指溃疡等症状。《室内空气质量标准》(GB/T 18883—2022)规定，室内空气中氨的浓度每小时平均值不超过 0.20 mg/m³，如果吸入的氨气浓度过高且量大时，会导致心脏搏动骤停和呼吸停止等危及生命的情况出现。

2. 氡

建筑装修材料中的氡主要存在于建筑物地基及其周围土壤中，特别是由放射性含量高的岩石风化而成的土壤，氡浓度更高。建筑物建在地面上，氡就会沿着地面的裂缝扩散到室内。此外，建筑材料也会释放出氡，如花岗岩、砖砂、水泥及石膏，特别是含有放射性元素的天然石材。根据《民用建筑工程室内环境污染控制标准》(GB 50325—2020)可知，室内空气中氡的浓度限值为 150 mg/m³。氡对人体的危害主要有两种。一是体外辐射，^{222}Rn 的衰变主要是以 α 衰变为主，由于 α 射线的电离作用强大而穿透能力差，因此难以穿透表面皮肤对人造成较大的伤害；同时它还会对人体的神经系统、造血器官、消化系统造成一定程度的损伤。二是体内辐射，氡被人体吸入后,其衰变形成的一系列氡子体以微粒的形式沉积在肺部,氡子体衰变释放出的α射线可以使肺细胞受损,可能会引发肺癌。此外,氡还会引发基因突变,容易造成男性不育。

3. 二氧化碳

室内燃烧源产生的废气中CO_2作为对人体有害的气体,其体积分数占燃烧废气的比例较高。研究人员进行了北方地区典型住宅厨房CO_2浓度分布模拟分析,测得不同工况下CO_2体积分数为$0.03 \sim 0.08$。

CO_2是一种无色无味,高浓度时略带酸味,不助燃且比空气密度大的气体。燃料燃烧后产生大量的CO_2,其浓度过高时具有刺激和麻醉作用且能使肌体发生缺氧窒息,轻度中毒时表现有头晕、头痛、肌肉无力、全身酸软等;中度中毒时头晕将有倒地之势,具体表现有胸闷、鼻腔和咽喉疼痛难忍、呼吸紧促、胸部有压迫及憋气感、肌肉无力、皮肤发红、血压升高,脉快而强等;重度中毒时,中毒者会突然头晕无法支持而倒地,具体表现有呼吸困难、心悸、神志不清、昏迷、皮肤口唇和指甲青紫、血压下降、脉弱至不能触及、瞳孔散大等。

CO_2与血红蛋白的亲和力是氧与血红蛋白亲和力的许多倍。通常情况下,香烟烟雾中CO_2含量约为5%,吸烟者吸入大量香烟烟雾,使血液中CO_2浓度也相应增高。有调查结果表明,吸烟者血液中CO_2含量为正常不吸烟者的$5 \sim 10$倍。由于血红蛋白与大量CO_2相结合,也影响了其对氧的载荷,使血液中的氧含量减少到相当于不吸烟的正常人在海拔8000 m高度的氧含量,造成供氧不足的现象。

4. 一氧化碳

一氧化碳(CO)是燃料在不完全燃烧时的产物,是"煤气"的主要成分。在贵州普定县的一项研究中,使用无烟囱煤炉的厨房内CO浓度为3.73 ± 1.86 mg/m³。长期接触低浓度CO会对心血管系统、神经系统产生影响,造成低氧血症,甚至造成胎儿出生时体重小、智力发育迟缓。短时间内吸入较高浓度CO会造成急性中毒,危害人体的脑、心、肝、肾、肺及其他组织。研究人员发现孕妇在孕期时所处室内的空气质量与婴儿出生体重之间存在暴露-反应关系,孕期家庭烹饪时使用木炭作为燃料会使胎儿出生体重减少243 g,可能是因为烹饪期间燃料燃烧产生的气态污染物CO与血红蛋白结合可以透过胎盘,降低母体对其氧的输送,也限制胎盘向胎儿供给营养物质的能力。

吸烟过程也会排放CO,当CO随香烟烟雾进入人体,并经肺部转入血液时能与血液中携O_2的血红蛋白(hemoglobin,Hb)结合生成稳定的碳合血红蛋白(carbohemoglobin hemoglobin,COHb)。不吸烟的正常人体内碳合血红蛋白的含量约为0.5%,而吸烟严重者可达$15\% \sim 20\%$,即有$15\% \sim 20\%$的血红蛋白丧失了输送O_2的功能(相当于慢性煤气中毒),从而导致正常血液循环受阻,思维及判断力受到影响,增大心脏负担,增加中风和心脏病等的发病机会。

过量吸入CO会使人中毒。2021年1月9日,自贡市荣县旭阳镇一养殖场内,两位村民因用木炭烤火取暖,导致CO中毒致死亡。同年11月24日晚,湖南娄底新化县东方红村发生一起屋内烧柴导致的CO中毒事件,屋内4人3人中毒失去意识。当年

10月27日，山西省晋中市平遥县曹村有村民烧蜂窝煤取暖，导致CO中毒，最终全家四口三人中毒身亡。2018年12月15日，菏泽市巨野县大义镇程庄村一农户屋内烧玉米芯取暖导致CO中毒，造成6人死亡。2019年1月2日，山东省菏泽市牡丹区何楼办事处后尚庄村一村民室内使用火盆燃烧木炭取暖发生CO中毒事件，造成3人死亡。可见，CO中毒事件时有发生，导致严重的健康和经济负担，需要引起足够的重视。

5. 二氧化硫

煤炭常用于农村地区家庭室内的取暖或者烹饪过程，其燃烧会排放大量的二氧化硫（SO_2）。有研究对室内厨房中SO_2浓度进行监测，发现其浓度可高达0.35 mg/m^3。SO_2对人体的危害主要有以下几点。①SO_2具有强烈的刺激作用，能刺激眼结膜和鼻咽部黏膜，易溶于水，而被上呼吸道和支气管黏膜的黏液吸收，故主要作用于上呼吸道和支气管以上的气道，是慢性阻塞性肺部疾病（COPD）的主要病因之一。②与其他物质的联合作用：SO_2与可吸入颗粒物之间有协同作用，吸附在颗粒物上的SO_2可以进入呼吸道深部，其毒性可增加3～4倍，而且吸附在颗粒物上的SO_2还可以被氧化为SO_3，它们沉积在肺泡内或黏附在肺泡壁上，长期作用可致肺纤维性病变，以至发生肺气肿；吸附着SO_2的颗粒物被认为是变态反应原，能引起支气管哮喘。SO_2有促癌作用，可以加强苯并芘的致癌作用。③SO_2被吸收后，可分布到全身器官，例如，可以与血液中的维生素B1结合，破坏其与维生素C的正常结合，使体内维生素C失去平衡，从而影响新陈代谢和生长发育。

6. 氮氧化物

在厨房中使用燃气炉具时所产生的氮氧化物（NO_x）可达200 $\mu g/m^3$左右（在密闭厨房内）。燃气炉具的使用可以使厨房中NO_2浓度升高，小时均值甚至可达270 $\mu g/m^3$，超出《室内空气质量标准》（GB/T 18883—2022）中0.2 mg/m^3的限值。一些流行病学研究已证实，室内NO_2水平和燃气烹饪是最常见的影响儿童健康的问题，暴露于NO_2会引发咳嗽、气喘和哮喘等呼吸系统症状。NO_2还会增加暴露人群对气道感染的敏感性，损害肺功能，甚至造成肺水肿。NO_x中毒可致气管、肺病变，还可引起肺水肿、中枢神经系统的破坏，对造血组织等产生不良影响。

9.2.3 挥发性有机化合物

室内挥发性有机化合物（VOC）主要来自建筑和装饰装修材料中的板材、胶合剂、涂料、油漆、壁纸及室内使用的清洁剂和个人用品等。室外，汽车尾气、工业废气等也排放大量VOC，它们进入室内也会间接造成室内VOC污染。烹饪加工过程中，油烟含有的有机化合物成分复杂。炭烧烤烟气中VOC组分以苯酚、萘、甲苯、苯甲醛等苯系物为主，排放浓度在0.372～1.761 mg/m^3范围内；油炸烟气中VOC组分以醛类为主，排放浓度在0.201～0.657 mg/m^3范围内。长期生活在VOC浓度较高的环境中，人体呼吸系统会受到持续刺激，内脏也处于慢性中毒状态，整体免疫系统受到影响，最终导致身体状况不佳，不同浓度TVOC引起的机体反应见表9-2。《民用建筑工程室内环境污染控制标准》（GB 50325—2020）中规定，Ⅰ类民用建筑空气中总VOC（total

VOC，TVOC)的浓度限值为 0.45 mg/m³。室内的 VOC 种类主要有甲醛、苯系物和醛酮类化合物，它们是室内环境中对人体健康有危害的主要有毒物。

表 9-2　不同浓度 TVOC 引起的机体反应

VOC 浓度/(mg·m⁻³)	机体反应
<0.2	无不良反应
0.2~3.0	存在其他因素时出现刺激和不适
3.0~25	刺激和不适，其他因素联合作用时可出现头痛
>25	除头痛外的其他神经毒性症状

1. 酮醛类化合物

建筑材料、木材防腐剂、家具、装饰材料等均会直接导致室内醛酮类化合物浓度的升高。酮醛类化合物浓度高时会造成 DNA 损伤，其能够扰乱细胞的循环周期，可能会引起细胞染色体损伤和基因突变等生物学效应。研究人员研究加热大豆油、葵花籽油和猪油产生的油烟，并使用甲醇提取采集后的油烟污染物，发现油烟的甲醇提取物主要含有醛酮类化合物，可通过攻击人肺癌上皮Ⅱ型细胞 DNA 分子中鸟嘌呤碱基第 8 位碳原子而形成 8-OHdG，从而对人肺癌上皮Ⅱ型细胞 DNA 分子造成显著氧化损伤和遗传毒性。另外，这些有机化合物也会对人体体液免疫和细胞免疫功能造成影响，对人体外周血淋巴细胞具有毒性作用，降低红细胞免疫吸附功能。研究人员还研究了含有醛酮类的油烟冷凝物对淋巴细胞的遗传毒性作用，结果表明暴露于油烟冷凝物的细胞染色体畸变率显著升高，表现出剂量-效应关系。

2. 甲醛

甲醛是醛酮类污染物的代表，健康危害最为明显，在这里单独讲述。室内空气中的甲醛主要是由建筑装修装饰材料产生的，主要来源于板材及装修过程中所使用的含甲醛的胶黏剂。装修后甲醛在很长一段时间内会持续不断地释放。只要是生产过程中使用了酚醛、脲醛和三聚氰胺等胶黏剂的合成板(如颗粒板、生态板、免漆板等)，以及用这些板材制造的家具，都会产生甲醛污染问题。装饰用的窗帘和其他布艺装饰物、皮质家具等也会带来甲醛污染。《民用建筑工程室内环境污染控制标准》(GB 50325—2020)中规定，Ⅰ类民用建筑空气中甲醛的浓度限值为 0.07 mg/m³。当甲醛浓度在 0.06~0.07 mg/m³ 范围内时，会导致敏感人群及儿童轻度气喘；而当其浓度为 0.5 mg/m³ 或以上时，会发生眼部刺激、上呼吸道黏膜刺激等；伴随着甲醛浓度的不断上升，其危害性也愈来愈大，当其浓度达到 30 mg/m³ 时，将致人死亡。因此，在装修完成后，应及时开启通风设备保持室内空气流通，有助于排出室内甲醛。

3. 苯

室内苯的主要来源是建筑材料中的有机溶剂、染色剂、油漆、黏合剂及地毯、墙纸、合成纤维等。漆料的溶剂常使用苯和甲苯，苯和甲苯也常用于建筑、装饰材料及人造板家具的溶剂、添加剂和黏合剂。《民用建筑工程室内环境污染控制标准》(GB 50325—2020)中规定，Ⅰ类民用建筑空气中苯的浓度限值为 0.06 mg/m³。2017

年10月27日,世界卫生组织国际癌症研究机构将苯列为一类致癌物,如果室内空气中苯的含量过高,会引起皮肤黏膜、眼睛和上呼吸道不适,导致皮肤脱屑或出现过敏性湿疹,长期接触苯还可引起骨髓与遗传损害,可导致再生障碍性贫血,甚至引发白血病。此外,妇女孕期接触苯类混合物,可使妊娠高血压综合征、妊娠呕吐及妊娠贫血发病率增加,甚至造成自然流产。

9.2.4 重金属类污染物

建筑物室内装饰装修材料中的着色颜料(如红丹、铅铬黄、铅白)、壁纸、聚氯乙烯卷材地板等中均含重金属,人体长期接触会在体内累积,后可转化成毒性更强的金属有机化合物,对人体的危害更大。油漆属于涂料的一种,在装修装饰中发挥着重要作用,油漆中含有许多有害物质,包括金属、非金属的氧化物等,着色的颜料主要含有铅、铬等化学元素。如黑色油漆含有大量硫化铅,黄色油漆含有大量铬酸铅,红色油漆中则是四氧化三铅。一经挥发,有毒气体扩散,很可能引起急性或慢性中毒。

化妆品也经常含有重金属,主要是汞、铅、砷、镉等,其中以汞和铅的污染比较严重。研究发现,随机抽取市场上24种化妆品,对它们进行铅和汞的含量测定,发现化妆品中铅的含量为8.810~53.85 mg/kg,其中防晒霜类所测铅的含量为27.86~50.53 mg/kg,补水类为27.28~45.88 mg/kg,祛斑霜类为14.58~35.73 mg/kg,粉底液类为14.81~53.85 mg/kg,乳液类为8.810~50.82 mg/kg。对兰州市居民正在使用的化妆品进行研究,抽取的84份样品中,各类化妆品均以铅和汞污染指数最高,其中汞的超标率最高,84份样品中有7份超标,超标率为8.3%,汞含量最高达1.725 mg/kg,远远高于《化妆品安全技术规范》所规定的含量。当人体摄入过量的重金属后,会对血液循环、神经、消化和泌尿系统产生毒性效应,影响人体发育,特别是智力和骨骼发育,尤其是儿童铅中毒后会严重影响智力发育。

9.2.5 微生物污染物

1. 细菌

在室内空气微生物中细菌占绝大数量,其浓度在 $10^2 \sim 10^6 \mathrm{CFU/m^3}$ 范围内,室内主要的细菌有溶血性链球菌、绿色链球菌、肺炎双球菌、结核杆菌、白喉棒状杆菌等。这些细菌主要以两种形式存在:一是附着于空气颗粒物上,直径大于 $10~\mu m$ 的颗粒物可同细菌一起降落地面,直径小于 $10~\mu m$ 的颗粒物则可携菌长时间飘浮在空气中;二是含于飞沫中,可长时间飘浮在空气中,在通风不好、空气污浊的情况下,极易造成呼吸道传染病的传播。

军团菌是细菌的一种,属于革兰氏阴性菌,为需氧菌,又称作军团杆菌,主要寄生于水暖设备和输水管道及各种输水设施的内表面,在室内空气中非常常见。军团菌的主要危害是引发军团病,此病的主要症状表现为发热、寒战、肌痛、头痛、咳嗽、胸痛、呼吸困难等,更加让人担心的是其高达15%的病死率,年龄越大病死率越高。虽然军团病全年均可发生,但却以夏秋季为高峰期,老年人、吸烟酗酒者及免疫功能低下者更容易被感染。

2. 真菌

室内空气中的含毒素真菌包括葡萄穗霉、曲霉菌、灰黄青霉和镰刀菌类；致病真菌包括烟曲霉菌、组织胞浆菌和隐球酵母菌。真菌需要养分、水分和真菌孢子，方可大量繁殖，它们可以从普通建筑材料和建筑表面的污垢中取得养分和水分。室内真菌滋生最常见的原因是没有适当隔热的通风管，地毡受水损坏，建筑密封不够以致建筑表面产生积聚水。青霉菌、曲霉菌可在室内的草垫类、家具类及食品类等物品表面生长繁殖；交链孢霉菌常呈尘土状挂在室内的墙壁上，其孢子可在空气中飞散形成扩散污染；支孢霉菌在浴室、厕所的墙、瓷砖接缝等处形成黑色斑点，增殖后其孢子可飞散到室内各处，亦可形成扩散污染。

如果长期接触，大部分真菌可引起人体过敏和气喘反应；一些含毒素真菌如内毒素可引起"病态建筑综合征"，空气微生物中比较常见的革兰氏阴性菌在细胞膜的外层膜中，有一种脂类和杂糖形成的共价复合物即内毒素，内毒素与蛋白质、磷脂酰胆碱共同构成直径 30~50 nm 的盘状颗粒物，很容易形成积尘和气溶胶，当人吸入一定浓度的内毒素气溶胶就会引发健康风险，其症状主要有鼻咽发炎、头疼发热、上呼吸道感染、不明原因的过敏、皮肤干燥等。当真菌大量繁殖，会产生挥发性有机化合物，通常带有明显的发霉气味。

3. 尘螨

尘螨是一种肉眼不易看清的微型害虫，归属节肢动物门蜘蛛纲。它不仅能咬人，而且还可致病。尘螨普遍存在于人类居住和工作的环境中，尤其在温暖潮湿的沿海地带特别多。尘螨的种类很多，室内最常见的是屋尘螨，其大小约为 0.2~0.3 cm，以人体脱落的皮屑为生。室内尘螨的数量与室内的温度、湿度和清洁程度密切相关。湿度对尘螨数量起决定性作用，最适宜的相对湿度为 80% 左右。地毯、各种软垫家具及空调的普遍使用是近年来室内尘螨剧增的主要原因。尘螨的危害主要是源于其致敏作用，其中最典型的致敏作用是诱发哮喘。据研究，室内空气中尘螨密度达 500 个/g 尘时，就有可能引起室内人员急性哮喘发作。同时，螨虫还可引起过敏性鼻炎、过敏性皮炎、慢性荨麻疹等。

4. 病毒

一般情况下，室内病毒主要包括麻疹病毒、流感病毒、SARS 病毒、新型冠状病毒等。它们在自然环境中的抵抗力较差，但在适宜的温度和湿度下，附着于室内颗粒物或飞沫上的病毒也可存活一段时间。春、冬季节易发的流感、腮腺炎、麻疹、水痘和 SARS 等，均是由于相应的呼吸道病毒通过空气传播，将病原微生物通过飞沫喷入空气，传播给别人而造成疾病的暴发和流行。

9.2.6 电磁辐射污染物

室内电子产品的使用会产生一定量的辐射，微波炉使用频率一般是 2450 MHz，属于微波波段。根据《家用和类似用途电器的安全　商用微波炉的特殊要求》(GB

4706.90—2008),微波炉在距门 5 cm 处的微波泄漏功率不得大于 5 mW/cm^2。对多种牌号微波炉实际测量结果表明：在微波炉正面门缝处的高频辐射最强且衰减最慢，此处辐射最大值为 6453.1 mW/cm^2，远远超过安全限值 400 mW/cm^2。且微波炉门缝周围的辐射都很强，基本都超过限值。左右两侧面的辐射较弱，一般在安全限值内。因此在使用微波炉时，切忌将头凑近观察窗或门缝。

在使用电磁炉时，实际测量表明，电磁炉正前方 0.1 m 处磁场强度可达 8.70 μT，即使远离到 0.3 m 以外，也有 1.00 μT。因此，要使用电磁炉，从选购时就应该注意，一定要选择正规厂家生产的、符合标准的产品。使用时也应当尽量远离工作或通电的电磁炉。

电热毯对人体的影响主要是电磁感应。人体与通电的电热毯之间的感应电压可达 40~70 V，可以产生 15 mA 的感应电流，实际测得电热毯中央部位的磁场强度达到 0.55 μT，这种电磁波足以危害人体的健康，即使关上开关，仍然会扰乱体内的自然电场，对孕妇、儿童、老人的损害最大。所以应尽量少用电热毯，如果一定要用，最好提前打开，并在睡觉之前取出电热毯。

台式计算机中中央处理器(central processing unit，CPU)处的辐射衰减最慢，距 CPU 的距离 19 cm 处辐射才能衰减到安全限值以下。风扇和硬盘处的辐射也较强，但其随距离衰减较快，基本在距离其 10 cm 处辐射衰减到标准限值以下。液晶显示器背面约 7 cm、正面约 6 cm 即已衰减到标准限值以下。由此可见台式计算机主机的安全距离为 19 cm，显示器的安全距离为 7 cm。休息时头部不宜距键盘过近，有条件的用户尽量使用无辐射的液晶显示器。尽可能使用无线键盘鼠标，因为无线设备通常是直流供电，一般不会对人体造成影响。

有研究表明，使用手机时，会有 40%~60% 的辐射量直接渗透到脑部一寸到一寸半的深度，并在脑中形成累积。而脑细胞主要包括神经元细胞和神经胶质细胞，神经元细胞受到过强的辐射加热会死亡，这时神经胶质细胞就会增殖，达到一定程度会形成肿瘤，继而产生癌变。在使用冰箱时，要定期将散热管上的灰尘除掉，以提高冰箱散热管的工作效率，有效降低冰箱周围的磁场。

长期不当使用家电产品会对人体产生危害，主要总结为以下四点。

(1) 致癌性。有研究表明，牛奶、水果、麦片中的氨基酸可能会在微波照射后转化为致癌物，蔬菜中的植物生物碱也可能会在微波后转化成致癌物，危害人体健康。

(2) 影响心血管系统。在生活中有很多人为了方便，把手机挂在胸前，尤其是老年人居多。据研究发现，这种行为容易损伤人们的心脏，破坏人体内分泌系统，容易导致人们患上心脏病、脑梗等慢性疾病。特别是有心肌炎、心律失常的人要尽可能使手机远离心脏。不仅如此，手机的辐射物质还可能使人体中枢系统产生功能性障碍，引发其他疾病。另外，电磁波辐射还会影响细胞的代谢，造成体内钾、钙、钠等金属离子代谢紊乱。

(3) 影响生殖系统。由于生殖系统对辐射更敏感，所以电磁辐射在一定条件下会对人体生殖系统造成无法修复的损伤，严重影响人体的生殖功能。对于男性来说，可能由于使用计算机的时间过长，人体内部激素分泌失常，使得生殖功能降低。对于儿童、孕妇、老人等敏感人群来说，计算机对其眼睛、心脏、生殖系统等都可能有害。根据相关数据调查研究显示，由于长时间使用计算机，畸形儿的出生率、儿童白血病的患病率均显著增加。

（4）对眼的影响。眼睛的晶状体是对微波比较敏感和容易受到危害的器官，如果眼睛长时间受到超过安全规定的微波辐射，会损伤眼睛的结构以至视力衰退、视野缩小，甚至引起白内障造成视觉障碍。计算机对人体的眼球也能产生较大伤害，轻者容易眼睛干燥、畏光、充血，重者还会导致晶状体损伤，视力降低，出现白内障、夜盲症等，对于人体健康的损害十分严重。

9.3　典型案例

9.3.1　新居室甲醛和挥发性有机污染物污染

新居室甲醛和苯系物污染是一个普遍且严重的室内空气质量问题。这些污染物主要来源于家具、建筑材料等。甲醛和苯系物对白血病发病存在负面影响，会对人体健康构成威胁。2018年，"阿里员工住甲醛房，患白血病去世"的新闻引起了人们的注意。病逝阿里员工王先生的妻子称，王先生生前租住了杭州某平台管理的房屋，住了两个月，突患急性髓性白血病去世。而此前，王先生一直身体健康，在1月的入职体检时一切指标正常。事后，其妻子委托专业机构对房子进行了检测，证实了房子甲醛超标。2018年，镇江市一5岁女童被查出患有急性淋巴细胞白血病，江苏省某专业检测中心对她家里的卧室进行检测，结果显示两个房间甲醛含量分别为 0.117 mg/m³ 和 0.109 mg/m³，国家标准为 0.10 mg/m³，这个装修多年的房子甲醛含量仍超标。32岁的吴女士在搬进新家后便出现憋闷恶心、头晕目眩、嗓子不舒服、皮肤过敏等多种无法找到根由的症状，且持续不断，一年后被检测出急性髓系白血病，在对各种原因进行排除后，她对房屋进行了甲醛检测，结果显示，房屋内甲醛浓度达到 1.85 mg/m³，足足超出国家标准的十几倍。

另外，装修装饰材料排放的其他挥发性有机化合物也会对人体造成危害。2002年1月，江苏南京栗某与家人搬进了已装修的新居，同年4月，栗某与母亲犯起头晕、全身乏力的症状，医院检查为再生障碍性血虚。经检测，室内空气中甲醛超标21倍，氨超标12.6倍，TVOC超标3.2倍。2015年，一名孕妇任女士在入住某中介公司提供的房子后一段时间，出现贫血症状，最后确诊为妊娠合并急性髓系白血病。2016年经检测发现房间内甲醛和VOC超标，该孕妇长期暴露在低浓度甲醛与VOC的环境中，健康问题也不容忽视。2020年7月30日，一检测机构与清华大学环境学院联合发布《2020国民家居环保报告》（以下简称"《报告》"），该《报告》对国内67624个普通家庭的室内家居环境进行检测和调研，结果显示甲醛超标率为31.3%，VOC超标率为49.3%。

9.3.2 室内微生物污染事件

我国某工厂二层生产车间，有 25 名员工出现发热、头晕、胸闷等症状，经调查，在病例密集处旁二号加湿器内采集的管道存水和水箱存水的菌落总数分别达到 1400 CFU/mL 和 450 CFU/mL，显示存水中大量细菌滋生，水中的病原微生物（主要为铜绿假单胞菌、皮氏罗尔斯顿菌等混杂细菌）经由超声波振荡加湿器通过水雾传播，引起公司员工致病。

2022 年，杨先生在潮湿的空调房中长期居住后，出现重症肺炎等症状，经检测，病原是"嗜肺军团菌"，该微生物生存繁殖于温水及潮湿闷热的地方，空调、热水器、淋浴器、喷泉、温泉等都是其生长的摇篮。尘螨是不容忽视的室内有害微生物，会诱发湿疹、哮喘等过敏性疾病。沈阳市儿童医院 2011 年 6 月—2014 年 9 月门诊就诊的尘螨过敏患儿 400 例，其中哮喘 290 例，鼻炎 85 例，荨麻疹 25 例。2019 年，南阳市何女士的孩子在回到农村老家之后身体上开始出现红疹，经医院诊断，是对毛毯中存在的尘螨等过敏。

2020 年，天津市疆港区某小区内接连出现 8 名新型冠状病毒感染者，公安干警和疾控人员连续两个晚上不眠不休，终于调查出病原为该小区第一例检测出新型冠状病毒核酸阳性的王某，因其在电梯内并未佩戴口罩，并出现咳嗽、打喷嚏的情况，最终导致病毒在小区内传播。随后疾控人员对小区内全面消杀，防止病毒大肆传播。2020 年 1 月 24 日中午，在广州的一家餐厅里坐着来自武汉的一个家庭，其中一名家庭成员是新型冠状病毒感染者。当天晚上，这名患者就出现发烧症状并入院治疗。此后的两周内，当天同时段就餐的邻桌两家人也纷纷感染，包括武汉家庭在内共 9 人确诊。经调查，是因为病毒随空调风在室内空气中传播所致。

9.3.3 室内固体燃料燃烧污染及其健康风险

2015 年 10 月，有研究人员在山西对使用薪柴和蜂窝煤作为主要生活能源的 27 家农户进行了采样分析，利用居民在室内外停留时间和室内外 PAH 浓度估算居民因暴露导致的健康风险为 1.1×10^{-4}，超过国际严重危险安全标准。

2016 年 12 月，有研究在陕西咸阳对分别使用四种取暖方式（室内块煤炉、室内蜂窝煤炉、室内连炕柴火灶、电器暖）的共 10 个农户进行了人体暴露和室内外 PM2.5 样品的同步采集，并分析了人体暴露 PM2.5 提取液对细胞的毒性作用，得出室内块煤炉取暖的致癌风险最高，且最低细胞存活率和最高的内源性与外源性活性氧物质水平均发生在使用室内块煤炉取暖的家庭样品中，说明室内块煤炉对居民细胞可能产生更大的毒性作用。2018 年冬季和 2019 年夏季，研究人员在陕西西安周边农村分别对随机招募的 72 位农村家庭主妇进行了冬夏两次的流行病学调查，发现受试者冬季的收缩压、舒张压和心率显著高于夏季，且冬季尿液样本中分别代表体内炎症和氧化应激反应的生物标志物白介素-6（IL-6）和 8-羟基脱氧鸟苷（8-OHdG）的浓度显著高于夏季，表明冬季大量使用固体燃料对这些农村家庭主妇的健康具有负面影响。

2019年冬季在陕西铜川农村地区对18位主要使用清洁煤、块煤、生物质进行室内取暖和烹饪的家庭主妇的尿液和唾液中生物标志物的研究结果显示，该地区人群尿液中IL-6、8-OHdG和唾液中IL-6的浓度均高于西安市区对照组参与者（不使用固体燃料）的浓度，体现出与中国城市的集中供暖相比，农村地区家庭固体燃料燃烧带来了更大的健康危害。该研究还估算得出块煤和生物质使用居民的PAH在人体呼吸道沉积导致的致癌风险高于可接受的风险阈值。2020年12月在山西运城对123位当地村民进行的流行病学调查研究发现，使用生物质和煤炭作为主要取暖能源的参与者尿液中C反应蛋白（CRP）浓度显著高于用电和不取暖的家庭居民，体现家用固体燃料更高的细胞损伤和急性蛋白反应的健康风险。

2024年5月23日，国务院关于印发《2024—2025年节能降碳行动方案》的通知，要求严格合理控制煤炭消费，大力促进非化石能源消费。清洁能源的使用不仅提升了人类健康安全保障，并且对国家完善能源绿色低碳转型体制机制及全球能源转型碳中和目标实现具有重要意义。尽管全球固体燃料的使用正在减少，但数据显示，2019年全球仍有一半的人口（38亿人）受其影响。我国目前也仍有4亿多人在使用固体燃料。我国大部分农村室内通风条件差、火炉燃烧效能极低，柴和煤的燃烧不充分，从而产生大量有毒有害污染物。如大量颗粒物和气态有毒物，其中许多已被证实或怀疑为人类致癌物。这些致癌物可以与人类的DNA结合，并诱导氧化损伤，严重者可能导致肿瘤的发生。

第 10 章 总结与展望

环境为人类提供栖息场所和活动空间，人类又通过新陈代谢作用，不停地与周围环境进行能量传递和物质交换。物质的基本组成是化学元素，经过人和环境的漫长交换协调，人体中各种化学物质的平均含量与地壳中各种化学物质含量相适应。环境的任何异常变化，都会不同程度地影响到人体的正常生理功能，但人类也具有一定的调节能力，通过调节自己的生理功能来适应不断变化的环境。但是这种调节能力是有限度的。如果环境的变化超出了人类正常生理调节的限度，就可能引起人体某些功能和结构发生异常，甚至造成病理性的变化。这种能使人体发生病理变化的环境因素，称为环境致病因素。在环境致病因素中环境污染占重要的地位。环境污染常使环境中某些物质的含量突然增加，甚至出现环境中本来没有的合成物质，破坏了人与环境的统一和谐关系，进而引起机体疾病，甚至发生死亡，有时还会通过遗传殃及子孙后代。

10.1 环境污染物暴露导致人体健康的危害

10.1.1 环境污染物进入人体的途径

环境污染物进入人体的主要途径有饮食、呼吸和皮肤接触三种。人体对废物的排泄通道，即在消化道末端（排便）和肾脏（排尿）排出废物，在呼吸道进口端排出废气，以及通过皮肤的汗腺排出某些代谢废物。环境污染物进入人体后，在体内分布和代谢的同时，显示其对组织和器官的损害作用。即在组织和器官内产生化学或物理作用，破坏机体的正常生理功能，引起功能损害、组织损伤，甚至危及生命。

1. 消化道吸收

水和食物中的有害物质主要通过消化道被人体吸收。已发现在饮用水中可能含有的有机污染物就有 1100 多种。世界卫生组织曾经调查指出，人类疾病 80% 与饮用水有关，世界上每年有 2500 万名以上的儿童因饮用被污染的水而死亡。化学污染物随饮食进入人体，先后经过口腔、咽、喉、食管、胃、小肠、大肠等部位。消化道任何部位都有吸收作用，但吸收主要发生在小肠。成人的小肠约 5.5 m，食物的最后全面消化也就在这一"黄金地段"内进行。小肠的管径小而均匀，由其黏膜分泌的多种酶可将初步消化过的食物进一步转为可被吸收的营养物。小肠对于毒物的吸收能力主要取决于毒物的性质。一般说来，分子量小的毒物（如醇类、氰化物等）在食管和胃壁处可被吸收，分子量大的毒物则需在有水输入后在小肠内被缓慢吸收。兼有水溶性和脂溶性的毒物（如酚类、苯胺等）更易被消化道吸收。胃肠道不同部位的 pH 值不同，胃液呈酸性，肠液呈碱性，所以许多酸、碱性的有机污染物在胃肠道不同部位的吸收有很大差别，有机酸主要在胃内吸收，有机碱主要在小肠内吸收。

在人体肠道内有大量的厌氧细菌，它们有很强的分解毒物的能力，分解后产物一般具有比初始毒物更强的被吸收能力，也可形成新的物质而改变其毒性。此外，胃肠道内容物的多少、排空时间及蠕动状况等其他个体因素也影响吸收。饮用含有高浓度硝酸盐的井水，在婴儿体内可导致高铁血红蛋白血症，成人则不会，这显示出不同污染物在体内吸收的个体差异。

2. 呼吸道吸收

各种污染物(呈气态或颗粒物形态的非生物物质或微生物)随空气进入人体，先后经过鼻、咽、喉、气管、支气管及肺等部位。从鼻腔到肺泡整个呼吸道各部分结构不同，对污染物的吸收情况不同。吸入部位愈深，面积愈大，停留时间愈长，吸收量愈大。因此，经呼吸道吸收，以肺泡为主。由于人体肺泡多，表面积大，毛细血管丰富，毛细血管壁和肺泡上皮细胞膜薄，有利于污染物的吸收。

气态污染物，如 CO、NH_3、HCl 等可直接进入肺部，不但直接危害肺组织，还可能进一步溶于血液而运转全身。如果是水溶性很大的气体毒物(如氢化氰或某些杀虫剂蒸气)，一般会被阻留在鼻腔或至多抵达支气管部位，由此显示出的毒性略为轻微。颗粒状物质的吸收主要取决于颗粒的大小。直径大于 $10\ \mu m$ 的颗粒物，因重力作用迅速沉降；$5\sim 10\ \mu m$ 的颗粒物进入呼吸系统后因惯性碰撞而大部分黏附在上呼吸道；$2.5\sim 5\ \mu m$ 的颗粒物因沉降作用，大部分阻留在气管和支气管；小于 $2.5\ \mu m$ 的颗粒物可随气流到达下呼吸道，并有部分到达肺泡；小于 $1\ \mu m$ 的颗粒物可能在肺泡内扩散而沉积下来；小于 $0.5\ \mu m$ 的更细微粒子则可深入肺部而不易复出，其中可被体液溶出部分又可进一步由肺泡中毛细血管载带，转入血液系统、淋巴系统或其他器官，因未经肝脏解毒而产生更大的危害作用。

3. 皮肤吸收

人体皮肤最外层是厚度约为 $10\ \mu m$ 的角质层，由角质化的上皮细胞所形成，具有保护皮肤和防止体液流失的功能。由于长时间接触外界环境，在皮肤上又生出毛发、指甲、汗腺、皮脂腺等衍生物。人体皮肤摄入毒物的能力较弱。相比之下，液态的醇类、酚类或某些有机磷杀虫剂较易渗入皮肤，而水溶性盐类等化合物较难渗入。皮肤还能吸收氧气、二氧化碳和水蒸气等，具有一定的呼吸功能。至于固体物质，必须先行溶解于皮肤上的汗水中，转成水溶液后方可渗入皮肤。入侵后的毒物可能滞留于皮肤表层，或进入真皮下的毛细血管后，转运到其他有关的器官组织。环境污染物经皮肤吸收还受其他因素的影响，例如，皮肤擦伤可促进各种环境污染物迅速经皮肤吸收，温热灼伤和酸碱损伤能增加皮肤的通渗性，潮湿也可促使某些气态物质的吸收。当皮肤不慎接触强酸或强碱后，不但会局部损伤表皮组织，引发炎症、湿疹、坏疽等，重者还会浸透内层组织，与血液淋巴相混合，并发各种中毒症状。皮肤排泄废物的能力相比其吸收外来毒物的能力要强得多。体内毒物可通过出汗转移到皮肤或者转移到头发和指甲。通过头发或指甲可排出诸如 As、P、S、Se 等非金属元素，还有 Hg、Au

等重金属及可挥发的一些有机物。

10.1.2 环境污染物在人体中的分布和代谢

总体来讲，环境污染物被摄入人体后，通过吸收进入血液和体液，随血流和淋巴液分散到全身各组织的过程称为分布。不同的污染物在体内并不是均匀地分布到各组织，不同环境污染物在体内分布不一致是因为不同物质在体内各组织的分布与该组织的血流量、亲和力及屏障作用等有关。所谓屏障作用是指具有固有的形态结构基础，更应理解为机体阻止或减少外来物由血液进入某种组织器官的一种保护机制，使其不受或少受污染物的危害。

血-脑屏障虽不能绝对阻止有毒物质进入中枢神经系统，但却比其他部位渗透性小。许多物质在相当大的剂量时仍不能进入大脑。例如，无机汞易进入肾脏，不容易进入脑部，而甲基汞易进入脑组织。进入血液的污染物大部分与血浆蛋白或体内各种组织（如肝脏、肾脏、脂肪组织、骨骼组织）结合，在特定部位累积。但环境污染物对各部位所产生的危害作用并不相同。有的部位环境污染物可直接发挥作用，称为靶器官。例如甲基汞积聚在脑，百草枯积聚在肺脏，均可引起这些组织的病变。肝脏、肾脏具有与许多污染物结合的能力，这些组织中的细胞含有特殊的结合蛋白，能将血浆中和蛋白质结合的有毒物质夺过来。动物实验表明，铅中毒 30 min 后，肝脏中铅浓度比血浆中高 50 倍。环境污染物中有许多脂溶性化合物，易于通过生物膜进入血液，并分布和累积在体脂内，如各种有机氯农药等。由于骨骼组织中某些成分与环境污染物有特殊亲和力，因此有些物质在骨骼中的浓度很高，如氟化物、铅、锶等能与骨基质结合而贮存其中，体内 90% 的铅贮存在骨组织内。人体内的环境污染物及其代谢产物排泄的主要器官是肾脏。肝胆系统也是污染物自体内排出的重要途径之一。通常小分子物质经肾脏排泄，大分子污染物经胆管排泄。此外，呼吸道、消化道、唾液等也都是污染物的排泄途径。

10.1.3 环境毒物对人体健康的危害总结

对于生物机体来说，有些物质是有害（毒）的，有些物质虽然无害（毒）甚至有益，但其中大多数在被超常量摄入时，也会转化为有害（毒）物质。当进入体内的毒物发作时，会使组织细胞或其功能受损，出现各类病理现象乃至死亡。根据经历时间的长短和症状发作的缓急可将毒物的中毒过程分为急性中毒、慢性中毒和远期性中毒。

1. 急性中毒

毒物的急性毒性主要源于其本身特定的化学结构，其毒性作用的强度又与其进入机体的量之间呈正相关。即当毒物在机体内的浓度相当低时，则一般不显示任何作用。当达到一定浓度时，就会开始出现该毒物所固有的生理作用，且随量的增大，其毒效应加强，作用时间也延长。当浓度再进一步加大时，机体的正常功能就难以维持，继而威胁生命，导致死亡。若原先进入机体内的量不大，且可能在体内被代谢，转化为水溶性物质而及时排出体外，这时中毒症状会趋向好转。

2. 慢性中毒

慢性中毒的特点是毒性显示与其在机体内的代谢过程有关。毒物在人或动物整个或大部分生命期内，持续作用于机体所引起的损害作用就是慢性中毒作用。这种毒的特点是小剂量，多次摄入，作用的持续时间长，引起的损害缓慢细微，易呈现耐受性，并有可能通过遗传危害后代。由于环境污染物排放受到国家法规的控制，又由于环境介质（水、空气、土壤）容量大，兼有一定的自净作用，所以毒物在环境中的浓度一般是很低的，在更多的情况下引起人体慢性中毒。另外，毒物进入环境后会在各种条件下发生扩散、迁移，所以污染波及地区广，受害者众多。环境毒物的慢性作用潜伏期长，比较隐蔽，容易被人们忽视。

3. 远期性中毒

具有致癌、致畸、致突变作用的三致性毒物是指进入人体后能产生远期中毒，使人体致癌、致畸和致突变的毒物。这些毒物的致病、致残、致死的效应是远期性的，但对人类生存的威胁很大。三致性毒物在环境中普遍存在，其种类非常多。在环境容量极大的环境介质中，它们的数量和浓度还是相当小的。但若是长期累积，极有可能造成巨大的无法估量的环境健康后果。

10.1.4 不同介质的污染物对人体健康的危害

污染物在人体内的作用机制是一个复杂而多样的过程，涉及分子水平的相互作用、细胞水平的损伤和组织器官水平的功能障碍。了解污染物在人体内的作用机制对于预防和治疗相关环境疾病具有重要意义。

1. 水污染物的健康危害

水污染物主要包括重金属、有机物、细菌等。通过饮用受污染的水或接触受污染的水体，导致污染物进入体内，损害人体器官和系统功能。砷和氟是地壳的构成元素，在自然界中广泛分布。我国幅员辽阔，不同地区水中砷和氟的含量差别很大。当某地区水中砷和氟超过一定含量，当地居民长期饮用含有高砷和高氟的水可导致饮水型地方性砷中毒和氟中毒。地方性砷中毒主要引起皮肤色素沉着和（或）过度角化及癌变，并可伴有多系统和多脏器受损，而地方性氟中毒主要表现为氟斑牙和氟骨症。

水中有机污染物含量通常较低，但种类繁多。目前，我国不同水体均受到不同程度的有机物污染，检出的有机物种类多达数百种，甚至上千种，如有机氯农药、有机磷农药、多环芳烃、多氯联苯、邻苯二甲酸酯类、全氟化合物等。水中有机污染物通常具有致突变、致畸、致癌等效应。对我国长江、黄河、珠江、松花江、黄浦江、淮河、巢湖、东湖等水源水和饮用水有机提取物进行致突变检测，发现大多数为致突变可疑阳性或阳性，可诱导细胞DNA损伤和微核效应。居民长期饮用或接触具有致突变性的水可导致人群恶性肿瘤发病率和死亡率升高。如饮用以黄浦江上、中、下游为水源的居民中男性胃癌、肝癌标化死亡率呈梯度变化，并且与水质致突变性实验结果基本相符。饮用以东湖为水源的居民，其男性肝、胃和肠癌合计死亡率及女性肠癌死亡率高于以长江为水源的居民，并且前者的饮用水非挥发性有机提取物经埃姆斯试验检测为阳性，而后者为阴性。此外，水中大多数有机污染物还具有内分泌干扰效应、生殖发育毒性、神经毒性等危害。对饮用水进行消毒的残余副产物也对健康有一定危害。

此外，水体受生物性致病因子污染后，人通过饮用、接触等途径引起传染病暴发流行，危害人体健康。最常见的疾病包括霍乱、伤寒、痢疾、甲型病毒肝炎、隐孢子虫病等肠道传染病及血吸虫病等寄生虫病。我国农村很多疾病的传播都与水体病原微生物污染有关。世界卫生组织根据2023年的最新数据报道，全球每年约有52万5岁以下儿童死于与不安全饮用水相关的腹泻病，每天约有1000名五岁以下儿童死于与不安全饮用水、不安全环境卫生及不良卫生条件引起的疾病。

除了上述化学性和生物性的污染物以外，水污染也包括物理性污染，主要包括热污染和放射性污染，其中热污染主要来自工业冷却水，特别是发电厂的冷却水。热污染可使水温升高，加速水体中化学和生物学反应速率，同时也可影响水体中藻类的增殖，加剧水体富营养化，这也是水体的生物性污染的主要作用机制。水体中放射性污染主要包括天然和人为两类。人体接触受放射性物质污染的水可引起外照射，而通过饮用受放射性物质污染的水可造成内照射。放射性物质对人体健康的危害除了核素本身的毒性外，主要是其在衰变过程中释放的射线对机体组织或器官产生辐射性损伤，进而可能诱导肿瘤发生，也可导致胎儿或婴幼儿生长发育障碍。

2. 土壤污染物的健康危害

随着工业化和现代化的快速发展，土壤污染问题日益严重，特别是新污染物，如抗生素及抗性基因、微塑料、纳米颗粒材料、全氟化合物和病原菌等的出现，给土壤生态系统带来了前所未有的挑战。土壤污染物主要包括重金属、农药、化学品、微生物等。土壤污染造成有害物质在农作物中累积，并通过食物链进入人体，从而引发各种疾病，最终危害到人体健康，引发癌症和其他疾病等。

土壤中影响人体健康的重金属有汞、镉、铅、砷、铜、锌等，可以通过在食物中富集，被人类摄入的方式进入人体。重金属大多数是通过抑制生物酶的活性破坏人体正常的生物化学反应。汞、铅等重金属即使在体内含量很低，仍会出现中毒作用。进入人体的重金属多数不再以离子的形式存在，而是与体内有机成分结合成金属结合物或金属螯合物，从而对人体产生危害。机体内蛋白质、核酸能与重金属反应，维生素、激素等微量活性物质和磷酸、糖等也能与重金属反应。由于发生化学反应，使上述物质丧失或改变了原来的生理化学功能而产生病变。另外，重金属还可能通过与酶的非活性部位结合而改变活性部位的构象，或与起辅酶作用的金属发生置换反应，致使酶的活性减弱甚至丧失，从而表现出毒性。

土壤中的有机物也会危害人体健康。喷施于作物上的农药，约有一半散落于农田，这一部分农药与直接施用于田间的农药构成农田土壤中农药的基本来源。农作物从土壤中吸收农药，在根、茎、叶、果实和种子中累积，通过食物链危害人体健康。此外，土壤中存在多种人体致病菌，例如可导致人体罹患破伤风的破伤风梭菌，引起肠胃炎的产气荚膜梭菌等，同样会引发人体的疾病。土壤中还含有少量的放射性核素，主要可分为中等质量（原子系数小于83）和重天然放射性同位素（铀系和钍系）两种。人类会通过饮食不断地把土壤中的放射性核素摄入体内，进入人体的微量放射性核素分布在全身各个器官和组织，对人体产生内照射剂量，进而诱发疾病。

3. 大气污染物的健康危害

大量流行病学研究证明，大气污染物暴露可导致急慢性气道炎症、肺组织纤维化、肺气肿、慢性阻塞性肺部疾病、气道高反应性、过敏性哮喘(鼻炎)及肺癌等呼吸系统疾病。此外，空气污染物还可通过血脑屏障进入中枢神经系统，引起炎症反应，导致心血管疾病。大气环境中的污染物亦可通过血液循环到达心脏、肝肾、胃肠及生殖系统等组织，引发多器官损伤。

比如 SO_2 会经呼吸在暴露部位形成衍生物——亚硫酸盐和亚硫酸氢盐，通过金属离子催化的自氧化作用或过氧化物酶催化的电子氧化作用形成反应活性很强的活性氧(ROS)。产生的 ROS 影响信号转导中关键转录因子的表达，造成由这些转录因子调控的线粒体 DNA 编码的氧化磷酸化复合体活性下降和线粒体结构改变、功能异常，最终影响机体心脏功能。无机刺激性气体，例如氯气、氨气，对人体的危害主要包括呼吸道刺激、眼睛刺激、皮肤刺激等。无机刺激性气体的作用机制主要是通过直接与呼吸道黏膜上的感受器接触，引起机体炎症反应。这些气体通常会与呼吸道黏膜上的细胞膜蛋白结合，导致细胞膜通透性增加、细胞内钙离子浓度升高等细胞内变化，最终引起炎症反应和细胞损伤，在眼睛和皮肤上的刺激作用也是通过类似的机制引起的。大气 PM2.5 暴露还会通过诱导机体系统炎性反应，最终导致神经退行性改变和功能损伤。大气臭氧、挥发性有机污染物、病原微生物等也同样会通过机体的氧化应激、炎症反应等机制危害人体的健康。

10.2 环境与健康促进策略

随着社会经济的飞速发展和人民生活质量的持续提升，环境健康问题受到全球各国的高度关注。环境污染对健康造成的损害已经成为 21 世纪各国政府、工业界、学术界和民众关注的热点问题。据世界卫生组织统计，2022 年，在全球范围内，24% 的疾病负担和 23% 的死亡可归因于环境因素；从区域差异来看发达国家只有 17% 的死亡可归因于环境因素，而发展中国家则可达 25%。因此，环境与健康问题应该成为 21 世纪世界各国特别是发展中国家认真思考、采取行动的重要问题，要集中有限的人力、物力、财力等各种资源优先研究突破威胁人群健康和生态健康的问题，真正实现经济发展以人为本、环境发展以人为本的目标。

解决环境与健康问题是一个系统工程，狭义上讲，它需要运用环境系统工程的原理和方法，从标准、监测、信息、法律、技术、经济、产业七个方面综合考虑，并突出解决重点问题，不断取得阶段性成果和实效。鉴于目前我国环境与健康工作还没有系统地开展，部分工作零散分布在环境保护部门和卫生部门，且各有侧重，掌握的相关数据不能共享、标准不统一，无法进行数据处理和信息传输，对决策和管理的基础支撑作用没有得到根本发挥。根据先易后难从解决当前突出问题入手的原则，在借鉴国内外现有工作经验和研究成果的基础上，尽快实现环境与健康工作的良好衔接，突出环境污染对人群和生态健康造成的威胁与损害这一核心主题，研究保护人群和生态免受环境污染的威胁与损害的标准、监测、信息、法律、技术、经济和产业方面的重点工作。

近年来，我国工业化、城镇化发展迅速，成功应对复杂的变化和一系列重大挑战，实现了经济平稳向好发展，人民生活水平显著改善，在资源节约和环境保护方面取得了积极进展。目前，我国面临的主要挑战之一是环境质量的迅速下降、健康风险的明显增加。尽管我国已经在环境污染物的治理方面取得了一定进展，但是与发达国家相比，在管理体制、法律法规、标准建设和技术支撑等方面还存在较大的差距，而且由于我国面临的生态环境问题是在短期内集中体现和爆发的，环境污染问题表现出显著的多样性、系统性、复杂性、潜在危险性和治理长期性等特点。特别是在未来全球变暖的大背景下，我国还将同时面临快速城镇化、能源匮乏、资源短缺、水资源危机、粮食安全及环境质量恶化等诸多挑战，这也会进一步加剧环境健康风险，严重影响我国的生态文明建设和小康社会目标的实现。这就需要我们进一步转变发展思路，创新发展模式，积极借鉴国外在环境与健康方面的先进经验，应对环境与健康问题，在发展中解决不平衡、不协调、不可持续性等问题，不断提升可持续发展能力和生态文明建设。

10.2.1 改进体制机构和扶持科研机构

我国目前在生态环境保护方面严重存在执法力度不够的缺陷，其主要表现在两方面。一是管理体制不顺，导致环保部门的监管作用无法很好发挥，主要是生态环境涉及水利、农业、土地等多个方面，加上环保部门协调机制和管理模式规定不完善，生态环境监管领域存在"九龙治水"现象，部门职责交叉导致协同不足。分管部门因权责边界模糊存在配角意识，工作积极性不高，未能有效履行监督职能，造成生态环境保护整体性被分割。二是部分地区执法部门对群众反映的环境问题存在敷衍塞责、消极应对现象，导致越级上访事件频发，执法工作陷入被动应付局面。个别地方存在保护主义倾向，干扰正常执法活动，引发环境纠纷不断。

深化环保体制改革，推进环境治理体系和治理能力现代化，是生态文明建设的一项重要基础性工作。所以，如何深化环保体制改革，以进一步推进生态环境的治理，可能是环保领域最为关注的话题。在"2017年环境保护治理体系与治理能力"研讨会上，时任中央机构编制委员会办公室副主任何建中表示，中央编办正按照中央的改革部署，配合环保部（现已更改为中华人民共和国生态环境部，以下简称"生态环境部"）开展按流域设置环境监管和行政执法机构、建立跨地区环保机构试点工作，进一步强化区域联防联控，探索水、大气污染治理的新模式。

10.2.1.1 建立环境变化与健康管理新体制

水和大气这些环境要素具有很强的流动性，其环境污染和生态破坏往往以区域性、流域性的形式表现出来，空间分布和行政区划并不一致，因此建立跨行政区域的环保机构，实行符合区域和流域生态环境特点的防控措施，对改善环境质量至关重要。为此，从1988年设立国家环保局以来，我国历经多轮环保体制改革。现行生态环境管理体制形成于2018年机构改革后，实行生态环境部统一监管、自然资源等部门分工负责的横向体制，以及国家监察、地方监管、单位负责的纵向体制，总体适应环保工作需要。但仍存在两个突出问题：横向层面部门环保职责落实机制不健全，保护与发展责任存在脱节；纵向层面地方重发展轻环保现象普遍，缺乏有效督察机制。

为破解这些体制机制障碍，近年来，通过建立环保督察制度，开展跨地区、按流域设置环保机构，以及实行省以下环保机构监测监察执法垂直管理体制改革等政策举措，环境治理体系不断调整和优化。在国家层面，构建环保督察体制，探索跨地区、按流域设置环保机构。2006年以来，生态环境部（原环保部）先后设立6个区域督察局和5个流域海域生态环境监督管理局。2015年2月，在生态环境部环境监察局加挂"国家环境监察办公室"牌子，设置了8名国家环境监察专员。2015年8月，为贯彻落实《环境保护督察方案（试行）》，国家环境监察办公室更名为国家环境保护督察办公室，并作为国务院环境保护督察工作领导小组的办事机构单独设置。

针对环境与健康领域的管理、研究和发展，还需要做到以下两点。

1. 建立完善监管体制机制，健全各级环境与健康部门的协调机制

由于环境变化会对人类健康产生重要的影响，不仅会加剧公共卫生方面的问题，还会对社会的可持续发展带来诸多无法预估的新问题。因此，已有的措施并不足以解决目前所面临的重大挑战，要把环境变化对人民健康的影响作为政府管理的重要组成部分，协调多部门制定多种联合机制，着眼于多个层面，才能形成有效管理。为此，国家需要进一步健全政府环境与健康职能及体制机制。中央层面升级现行国家环境与健康领导小组，明确相关部门的环境与健康综合管理职权，建立部门协调、协同机制，完善信息共享、综合决策机制；地方层面应建立健全省、市级环境与健康机构，明确各协同部门职责、共同承担责任，建立环境与健康政府绩效考核和问责机制。

2. 建立以环境与健康风险评估为核心的制度体系

环境健康风险评估是通过有害因子对人体不良影响发生概率的估算，评价暴露于该有害因子的个体健康受到影响的风险。其主要特征是将环境污染程度与人体健康联系起来，定量描述污染对人体产生健康危害的程度。环境健康风险评估是风险管理的主要内容，风险评估的结果可以综合政治、经济、法律等信息，制定相关政策，最大限度地保护公众健康，有效地降低环境污染对人群造成的健康风险，促进对环境与健康风险实施有效的管理。其结果也可以为媒体及公众进行风险交流提供数据支撑。韩国和美国在环境健康风险评估及管理方面具有几十年的历史经验，韩国《环境健康法》设专章规定风险评价制度，开展风险评价是环境部的法定义务。1983年，美国国家科学院制定"风险管理"策略，将环境与健康风险管理分为两个阶段，即风险评价与风险管理，并提出了人群健康风险评估的经典模型，明确了健康风险的评价步骤，即风险评估"四步法"，包括危害识别、剂量-反应关系、暴露评价和风险特征。这一风险管理框架得到了许多国家的认可，加拿大、澳大利亚、荷兰等国环境立法予以采纳并实施

效果良好。

10.2.1.2 完善扶持环境与健康相关科研机构

环境问题首先会导致公害病的出现。公害病主要是指由人类对环境的破坏和环境污染导致的一系列地区性疾病。常见的公害病比如大气污染导致的哮喘，由于土壤污染造成的病痛病，由于水污染造成的水俣病等；环境问题还会导致急慢性危害，环境遭受破坏容易出现很多急性中毒和死亡事件。此外，由于现在农业生产中常用有机氯农药而这种农药容易导致各种慢性病的出现。人类食用粮食，而粮食中有大量的农药残留，农药就间接地进入人体，对人类的健康构成严重的威胁；环境污染还给人类造成远期的健康危害，如一些污染物容易致癌、致畸等。由此可见，如果不及时地处理环境问题，则容易导致各种疾病的出现。根据一项相关调查，人类所患的癌症有80%与环境污染有关。肝癌一般与水污染有关，肺癌与吸烟和大气污染有关。这些问题的解决都主要依赖于对上述病症的机理进行深入的科学研究，寻找预防或者治疗的手段。

为此，各国政府和民间组织也积极开展环境和健康领域的科学研究工作，以应对全球严峻的环境污染态势。结合全球环境变化的趋势，在环境变化与健康研究方面，亟待解决的问题主要有：①深化环境变化与健康关系的复杂性和不确定性研究；②揭示环境中多介质、多因素、多剂量的关联性与综合健康效应及其机理；③建立环境变化与健康安全的综合风险评估体系，揭示环境变化与健康重点风险区的特征；④基于数据共享机制，建立综合环境变化—健康风险—社会经济关系，建立具有预报功能和辅助决策的模型系统。环境污染与健康研究是一项跨学科的综合研究，需要有跨学科的研究方法和科学数据共享计划（国家间和国家内部），这是开展科学研究的重点和难点。在国内要加强与全球环境变化和健康研究相关的各领域（如环境、卫生、社会等）的密切协作。

10.2.2 建立健全环境与健康相关法律法规体系

为了更好地保护地球环境和关注人类健康，许多国家和地区通过了相关环境健康类法律法规，规范了环境污染影响人体健康的行为。

10.2.2.1 中国环境与健康相关法律体系

1. 中国环境与健康相关法律法规

我国政府向来非常重视环境健康问题。1960年2月，卫生部、国家科学技术委员会颁布的《放射性工作卫生防护暂行规定》以保证从事放射性工作的人员和居民的健康与安全为目的。1961年，建工部、农业部与卫生部联合发布的《污水灌溉农田卫生管理试行办法》不仅强调要保障农业生产，还强调对环境卫生和人民身体健康的保护。1979年9月颁布的《环境保护法（试行）》明确强调"为人民造成清洁事宜的生活和劳动环境，保护人民健康"（第2条）、"劳动环境的有害气体和粉尘含量必须符合国家工业卫生标准的规定"（第23条）。1994年3月25日，经国务院第十六次常务会议审议通过的《中国21世纪议程——中国21世纪人口、环境与发展白皮书》第九章第二部分规定了减少因环境污染和公害引起的健康危害。2005年国务院《关于落实科学发展观加强环境保护的决定》中指出："让人民群众喝上干净的水,呼吸清洁的空气,吃上放心的食物。"2006年4月,温家宝总理在第六次全国环境保护大会上提出"全面推进、重点突破,着力解决危害人民群众健康的突出环境问题"。2007年11月5日,卫生部、原国家环保总局和国家发展和改革委员会等18个部门联合启动《国家环境与健康行动计划(2007—2015)》,这是中国政府相关职能部门共同制定的我国环境与健康领域的第一个纲领性文件,它指出了我国环境健康事业的发展方向和主要任务,明确了相关部门的职责,对推进我国环境与健康工作的发展具有重要的指导意义。2012年3月,温家宝总理在政府工作报告中指出:"中国绝不靠牺牲生态环境和人民健康来换取经济增长。"2018年1月25日,环境保护部印发了环境与经济政策研究中心技术牵头制定的《国家环境保护环境与健康工作办法(试行)》,以加强环境健康风险管理,推动保障公众健康理念融入环境保护政策,指导和规范环境保护部门的环境与健康相关工作。我国环境健康管理政策的发展历程,详见表10-1。

表10-1 我国环境健康管理政策的发展历程

发展阶段	时间	健康管理政策	主要内容
环保意识缺乏,以民众健康为主阶段	1949—1972年	《生活饮用水卫生规程》	基于保护人体健康的目的,对水质标准、水源选择和水源卫生防护作出规定
		《放射性工作卫生防护暂行规定》	保证从事放射性工作的人员和居民的健康与安全
		《污水灌溉农田卫生管理试行办法》	不仅要保障农业生产,还强调对环境卫生和人民身体健康的保护
环境健康管理起步阶段	1973—1988年	《工业"三废"排放试行标准》	根据"对人体的危害程度"暂订十三类"废气"的排放标准;根据水源的用途限制"废水"排放,并对"能在环境或动植物体内累积,对人体健康产生长远影响的有害物质"单独规定严格的排放标准
		《中华人民共和国环境保护法(试行)》	为人民营造清洁事宜的生活和劳动环境,保护人民健康
		《环境卫生监测站暂行工作条例》	规定环境卫生监测站的主要任务是进行环境污染物及其他有害因素对人体近期和远期作用影响及其规律的调查研究与监测
伴随着环保机构专门化、独立化,环保与健康出现分离阶段	1989—2000年	《居住区大气中可吸入颗粒物卫生标准》	明确14个环境卫生标准及相应的检验方法标准

续表

发展阶段	时间	健康管理政策	主要内容
强化环境健康管理，将健康纳入环境保护工作阶段	2001年至今	《国家环境与健康行动计划（2007—2015年）》	规定了我国环境与健康工作的指导思想、基本原则、总体目标与阶段目标、行动策略、保障机制等
		《"健康中国2030"规划纲要》	明确"加强影响健康的环境问题治理"，强调"深入开展大气、水、土壤等污染防治""实施工业污染源全面达标排放计划"和"建立健全环境与健康监测、调查和风险评估制度"
		《"十四五"环境健康工作规划》	设置了加强环境健康风险监测评估、大力提升居民环境健康素养、持续探索环境健康管理对策、增强环境健康技术支撑能力、打造环境健康专业人才队伍5项重点任务和15项工作安排

2. 中国环境与健康相关法律法规存在的问题

(1)环境与健康孤立立法。目前我国在环境与健康方面的立法还存在条块分割、部门分割的现象，缺乏对环境与健康问题内在联系的应有考量，环境立法忽视环境问题的健康影响，健康立法忽视健康问题的环境机理因素。我国的环境立法虽然把保障人体健康作为立法目的加以规定，但实践中保障人体健康并不是一个首要的目标，往往让位于经济发展。在具体环境法律制度的设计上也没有明确地把环境污染与健康联系起来，长期着眼于环境问题的逐个解决，围绕相对单一的环境因素进行规制。污染的防治主要是防治对环境的污染和危害，忽视防治对人体健康的危害，往往形成为防治而防治，导致保障人体健康立法的实际目的落空。

(2)环境健康影响评价的范围有限。环境影响评价制度是贯彻预防为主的原则，从源头防治新的环境污染和生态破坏的一项重要的法律制度。我国现行《中华人民共和国环境影响评价法》尚未明确健康影响评价内容。2009年《规划环境影响评价条例》第二十一条首次将健康影响纳入审查范围，规定对可能造成重大健康风险且无法提出有效对策的规划不予通过。该规范规定的健康影响评价是针对已经发生的环境污染的健康影响评价，实际上属于一种末端评价，不是真正意义上的环境健康影响评价。要真正发挥环境健康影响评价的作用，评价的对象必须是可能对环境造成不利影响的活动，并且是在该影响环境的项目处于可行性研究阶段时实施评价。

(3)缺乏环境健康标准。环境标准是制定环境政策法律、进行环境管理与环境执法的依据。我国已制定各类环境保护标准超过千余项。由于我国环境标准的制定是以保证经济合理、技术可行为前提，不以保障人体健康的限定条件为依据，因而现有的环境标准没有专门涉及人体健康的内容，没有充分反映环境与健康之间的内在关系，往往"排污达标,健康超标",起不到保障人体健康的目的。缺乏专门的环境健康标准,就不能依据特定的技术指标和规范,科学地对环境污染和破坏行为可能给人体健康造成的风险与危害进行分析与评价。

10.2.2.2 完善环境健康问题法律规制的建议

1. 加强环境健康立法

首先,在立法的路径选择上可以是环境健康的专门立法,也可以通过修改完善已有的环境保护立法。不论采取何种模式,都需要进行环境与健康综合立法,把对人体健康的考量融入具体的环境法律制度的设计中,充分反映环境与健康之间的内在关联,加快制定和完善涉及环境与健康的法律法规,形成内在协调统一的环境健康法律规范体系。其次,以保障人体健康为环境立法的首要目的和最终目的。我国《环境保护法》第一条明确将"保障公众健康"列为立法目的,第二十三条规定劳动环境有害因素必须符合国家卫生标准,但在实践中,环境保护往往让位于经济发展,走"先污染、后治理"的传统发展老路。在保护和改善生活环境与生态环境,防治污染和其他公害方面,则陷入为保护而保护、为防治而防治,实质上还是为经济发展服务,脱离了保障人体健康的目的。无论是经济发展优先还是环境保护优先,抑或是生态利益优先,最终的评价标准仍应该是人体的健康。因而在环境立法中应该回归理性,必须明确以保障人体健康为首要目的和最终目的。

2. 确立环境健康风险预防原则

环境健康问题一旦产生,不仅后果严重,而且造成的损害很难消除,因而需要确立环境健康风险预防的原则。1992年《里约宣言》明确提出了风险预防原则:"为了保护环境,各国应按照本国的能力,广泛使用预防措施。遇有严重或不可逆转损害的威胁时,不得以缺乏科学充分确实证据为理由,延迟采取符合成本效益的措施防止环境恶化。"根据风险预防原则,即使缺乏明确的或绝对的对环境造成损害的科学证据,仍应规制或禁止可能危害环境的活动和物质。我国2009年10月1日施行的《规划环境影响评价条例》中体现了风险预防原则。该条例第二十一条规定有下列情形之一的,审查小组应当提出不予通过环境影响报告书的意见:①依据现有知识水平和技术条件,对规划实施可能产生的不良环境影响的程度或者范围不能做出科学判断的;②规划实施可能造成重大不良环境影响,并且无法提出切实可行的预防或者减轻对策和措施的。在我国环境保护的其他法律制度中,也应该充分认识到环境健康风险的严重性,确立环境健康风险预防原则。

3. 完善环境健康影响评价制度和风险评估方法

建议修改环境影响评价法,把对规划和建设项目实施后可能造成的环境健康影响作为分析、预测和评估的法定内容,并提出预防或者减轻不良环境健康影响的对策和措施,以及进行对人体健康影响的跟踪和监测。随着社会的发展,人们对健康的理解越来越全面。健康不仅仅是生理上的无疾病,还应包括具有良好的心理状态和社会关系。因此,环境污染的健康损害还应包括对人们心理的损害,评价环境健康影响的范围也应涵盖对心理健康的影响。

我国还应规范环境污染物的健康风险评估方法。美国和加拿大建立的与环境和健康风险评估制度相关的法律法规包括：《联邦政府风险评价：管理过程》《美国环境健康风险管理框架》《环境决策中的风险评估与风险管理》《生态风险评价指南》《理解风险：民主社会的决策指南》《超级基金风险评价指南（第一卷）：人体健康评估指南》《超级基金风险评价指南（第二卷）：环境评估手册》《加拿大环境健康风险管理入门手册》《生态风险评估：一般指南》等。这些都可以为我国该领域的发展提供积极的借鉴。

4. 建立环境健康标准体系

应加快制定各类环境健康标准，建立全面的环境健康标准体系，为制定环境健康的政策和法律，以及进行环境健康的管理与执法提供明确的依据。《国家环境与健康行动计划（2007—2015）》提出，当前急需制定以下方面的标准：环境污染健康损害评价与判定；环境污染健康影响监测；环境健康影响评价与风险评估；饮用水、室内空气及电磁辐射等卫生学评价；土壤生物性污染；环境污染物与健康影响指标检测；突发环境污染公共事件应急处置。

总之，我国环境健康问题严重的原因尽管有全球环境变化和我国经济发展长期以来实施粗放型经济增长模式的大背景，但是环境健康法律规制的不足是我们面对环境健康问题无法做出及时反应的重要原因。为有效应对环境健康问题，切实保障人体健康，需要完善相关立法，建立一整套预防、预警、治理的法律机制。

10.2.3 鼓励公众参与环境保护

随着社会的进步，人们越来越关注自身的健康。但把环境变化与健康的影响联系起来，把个体的健康与环境变化联系起来的意识还不够强。应对全球环境变化的挑战，需要全民参与，特别是要用新的思想体系去规范全民的行为，从自身做起，自觉用自己的行动减少全球环境变化与健康风险。为此，树立可持续发展的环境伦理观，提高全民应对全球环境变化与健康风险挑战的意识，尤其具有重要意义。公众参与一直是推动世界环境保护运动发展的重要力量。公众作为生产者和消费者，他们的行为直接影响环境。如果公众能够认识到环境保护的重要性，并自觉采取有利于环境保护的行动，即可以大大减轻环境的压力。

目前我国公众参与环境保护的自觉程度还比较低。主要体现在如下几方面。①环境保护意识不足：目前我国公众的环保意识还停留在一个较低的层次上，环境忧患意识和环保奉献精神还不足。②自上而下的政府倡导式参与：当政府决定实施某一环保政策时，公众就会被组织起来集体参与，公众很难有自己的独立立场。③被动的末端参与模式：公众参与的重点集中锁定在对环境违法行为的事后监督上，缺乏对环境保护的事前参与的重视，这种参与模式较为被动。为此，我们应从以下方面提高公众的环保意识。

加强环境保护意识的教育，促进公众参与，激发公众的责任感与参与意识，提高公众的环保认识水平。环境保护教育承担着非常重要的责任，因此，学校教育除了学习文化知识和基本的社会知识外，还应加入环境保护方面的内容，采取课堂教学和课外实践相结合的方式，抓好对青少年的环境保护教育，这样才能有效地提高公众的环保意识，使人们能更自觉地参与环境保护。

加强环保宣传。对于已结束学校教育和社会化过程的群体来说，其环保知识的获取大多来源于政府、媒体等各种形式的宣传和知识普及，因此，我国应加强环保宣传，普及公众的环保知识及国家的环保政策、法规等，通过电视、广播、报纸等途径传授环保科学知识；出版生活环保方面的书籍、期刊；设立经常性的提供节能知识咨询的站点；开设免费电话的环保知识服务和节能知识网站；解答人们在节能环保方面遇到的问题；等等，以提高公众对于保护环境就是保护自身健康的认识。

实施环境变化与健康保护行动计划，是提高全民应对环境变化、保护健康的意识，并自觉付诸行动的重要措施。应积极促进全民参与，从公民自身做起，保护全民的健康。

10.3 环境健康科学新动向

10.3.1 多重环境与健康问题的挑战

从近 200 年来的人类历史看，发达国家在经济发展的不同阶段，逐渐经历了以下三类环境与健康问题：第一类主要是饮用水的微生物污染及粪便未得到卫生处理而导致的肠道传染病流行；第二类主要是工业化带来的大气污染、水污染等环境公害问题；第三类主要是城市化带来的交通污染、城市热岛效应及经济全球化导致的生态环境变化导致的健康影响问题。近年来，由于经济的高速增长和不同地区经济发展的不平衡，我国不得不同时面临上述三类环境与健康问题。在我国广大农村，基本的饮用水卫生条件还需进一步改善。目前，我国还有相当一部分农村居民的饮用水仍然来自分散式给水、水井等，水质卫生难以保障，存在着介水传染病传播的隐患。一些地区由于长期饮用高氟水、高砷水，使得的地方性氟中毒、砷中毒问题也仍需解决。由于经济发展水平、群众卫生意识等原因，许多农村地区粪便收集、储存和使用尚未达到无害化处理的要求，肠道传染病及寄生虫病仍然严重威胁着广大群众的健康。此外，燃煤和烧柴造成的室内空气污染也是农村家庭室内存在的突出污染问题。

随着工业的快速发展，我国还出现了很多新的环境污染问题。在大气污染方面，钢铁、石化、建材等行业的迅速扩张，导致二氧化硫、氮氧化物、颗粒物等大气污染物排放量显著增加，这些污染物不仅影响空气质量，还对人体健康构成威胁，如呼吸道疾病、心血管疾病等。在水污染方面，工业废水未经处理或处理不彻底直接排放，从而导致河流、湖泊和地下水受到污染，化学需氧量、氨氮、总氮、总磷等指标超标，严重影响水体生态系统和饮用水安全。除此以外，工业生产的飞速发展也产生了大量的固体废物，从而造成环境污染和资源浪费，其中，危险废物如电子垃圾、废油等若未经专业处理，会对环境和人体健康造成长期影响。同时，随着我国城市人口的增加和城市化进程的不断推进，交通污染问题日益严重，城市中机动车辆的活动产生了大量的氮氧化物、二氧化碳、粉尘等污染物，这些物质可以大量地吸收环境中热辐射的能量，产生温室效应，引起大气温度的上升。此外，机动车运行的过程中也会产生噪声污染，从而对人们的正常生活和身体健康产生危害。另一方面，城市热岛效应也是城市化过程中一个显著的环境问题。城市中的建筑物和道路等大量人工构筑物吸热快，在相同的太阳辐射条件下，它们比自然下垫面升温快，因而其表面温度明显高于自然下垫面，形成高温区，就像突出海面的岛屿。城市热岛效应使城市年平均气温比郊区高出 1 ℃，甚至更多，夏季局部地区的气温有时甚至比郊区高出 6 ℃ 以上。城市热岛效应不仅影响城市的气候和生态环境，还可能加剧城市居民的热应激，影响人体健康。

由此可见，在解决许多传统环境卫生问题的同时，我们还必须面对城市化工业化带来的一系列区域或全球性环境与健康问题。如何在多重环境问题的压力下，采取有效的政策和措施改善环境、保障人民群众的健康是我国面临的紧迫任务，而环境健康科学将在这方面发挥越来越重要的作用。

10.3.2 新污染物的环境健康研究

人类的生产和生活对生态系统造成了越来越严重的破坏，也严重威胁人类自身的健康和生存。土地沙漠化在影响干旱地区粮食供给的同时，还直接导致沙尘天气的增加，加重大气颗粒物污染，影响居民健康。生物多样性减少使生态系统变得脆弱，抵御洪水、旱灾和暴风雨等自然灾害的能力大大降低。人类活动在加快有害元素在生态系统中循环的同时，还向环境中排放了许多原本不存在的人工合成的化学物质，我们将其中具有较大生物毒性、环境持久性、生物累积性等特征，对生态环境或人体健康存在较大风险，且现阶段尚未被有效监管，相对传统已经被监管的污染物而言，较"新"的污染物称为新污染物。新污染物主要包括国际公约管控的持久性有机污染物、内分泌干扰物、微塑料和抗生素等。这些新污染物往往具有难以降解、生物累积性强等特点，一旦进入环境，就可能对生态系统造成长期影响。

新污染物对生态系统的破坏可能危及野生动植物，并对人类福祉构成威胁，从而对地球健康构成重大风险。许多新污染物表现出生态毒性，对水生生物、植物和其他生物构成威胁。例如，抗生素和激素等药物会破坏陆生和水生物种的内分泌系统，导致生殖和发育障碍。在自然环境中，生态系统经常面临新污染物的混合物，而不是独立的物质，这些化合物之间的相互作用可能导致协同或拮抗效应，从而放大生态风险。有证据表明，新污染物的暴露与以下种类的疾病有关：

1. 抗生素耐药性和传染病

新污染物带来的紧迫和日益严重的健康威胁之一是抗生素耐药性的上升。药品和个人护理产品（例如抗菌乳膏和软膏）如果使用、处置或处理不当，可能会导致抗生素细菌的发展。这一结果对公众健康构成重大威胁，因为常规治疗效果降低，导致传染病患病率增加。例如，传染病的症状，特别是与气道感染（例如肺部感染）相关的症状，在使用抗菌药物的健康受损或慢性病患者中更为常见。还有人认为，抗生素耐药性可能会增加细菌性疾病（包括结核病和霍乱），甚至病毒性疾病大流行期间的死亡风险，特别是在流感的情况下，其中很大一部分死亡通常是由细菌性肺炎合并感染引起的。

2. 内分泌紊乱和生殖障碍

干扰内分泌的化学物质，如双酚 A（bisphenol A，BPA）和塑料中的邻苯二甲酸脂类代表了一类模仿或干扰内分泌激素的新污染物，通常充当激动剂或拮抗剂。干扰内分泌的化学物质主要针对女性生殖系统。它们会增加各种生殖疾病的风险，包括生育问题、发育异常和激素敏感癌症（例如乳腺癌）。例如，患有多囊卵巢综合征（polycystic ovary syndrome，PCOS）的个体，其血清、尿液和卵泡液中的 BPA 更高，这表明 BPA 暴露是 PCOS 发病机制的重要因素。

3. 心肺疾病

空气中的颗粒物可以携带各种新污染物，包括重金属（准金属）、持久性有机污染物，甚至病毒。呼吸系统和心血管系统成为主要目标，其潜在后果包括刺激（例如咳嗽）和慢性心肺疾病（例如高血压和慢性阻塞性肺疾病）。值得注意的是，较小尺寸的颗粒物比较大的颗粒物危害更大，因为它们停留时间更长，并且更有能力更深入地渗透到呼吸道中。空气中的细颗粒物与 H1N1 病毒之间的相互作用已被证明会扩大病毒分布并加重呼吸道感染。

从 2022 年起，新污染物治理连续三年被写入我国政府工作报告。2021 年 11 月公布的《中共中央 国务院关于深入打好污染防治攻坚战的意见》，对新污染物治理做出明确部署，要求制定实施新污染物治理行动方案。2022 年《新污染物治理行动方案》（国办发〔2022〕15 号）明确在长江、黄河流域等重点区域开展治理试点，聚焦石化、医药等行业，推广有毒有害物质绿色替代技术。《中共中央 国务院关于全面推进美丽中国建设的意见》（2023 年）进一步要求深化新污染物治理，推动"无废城市"建设。2023 年 11 月发布的《中共中央 国务院关于全面推进美丽中国建设的意见》（中发〔2023〕36 号），进一步将新污染物治理纳入"无废城市"建设体系。该意见第十六条要求建立固体废物与新污染物协同治理机制，在重点行业推行"无废生产"模式。特别强调建立城乡有机废物资源化利用网络，实现新污染物从源头减量到循环利用的全链条管控。通过政策法规的持续完善和试点示范的深入推进，我国已形成"中央统筹—部门协同—地方落实"的治理格局。截至 2024 年底，全国已建成 127 个新污染物治理试点项目，覆盖 4 个重点行业，培育出具有自主知识产权的治理技术 45 项。这些实践为全球新污染物治理贡献了中国方案，为实现"2035 年美丽中国远景目标"奠定了坚实基础。

10.3.3　环境与敏感和遗传易感人群的健康

环境健康科学研究所关注的是整个人群，包括老、弱、病、幼甚至胎儿。充分了解敏感人群的特点，提供量体裁衣的环境健康服务成为保障人们生活质量的重要措施之一，受到了环境健康科学界的广泛关注。

由于生物膜、受体及药物代谢酶等的特性在人体发育过程中都会有所变化，因而在接触环境化学物质之后，婴幼儿、儿童可能表现出与成人截然不同的反应或对一些化学物质更为敏感。有调查显示，吸烟开始年龄在 16 岁前与 20 岁后相比，乳腺癌的致死危险度明显增高。实验表明，动物在围生期接触一些致癌物，如氯乙烯、二乙基亚硝胺、DDT等，会出现较高的肿瘤发生率。目前认为，婴幼儿如果在两岁前接触遗传毒性致癌物，那么终生患癌的危险度将增加约10倍；在2~15岁范围内接触，危险度将增加约3倍。此外，婴幼儿和儿童单位体重的进食、饮水和呼吸量与成人有明显差别，不同活动状态下儿童每小时的呼吸量接近甚至高于成人。婴幼儿和儿童还可能通过一些特殊的途径，如手-口方式摄入污染物。由此可见，在同样的外暴露情况下，内暴露水平在婴幼儿和儿童与成人之间会有很大差别。

人口老龄化是当今世界各国面临的社会和健康问题。根据第七次全国人口普查结果显示，我国60岁及以上人口占比为18.7%，与第六次人口普查数据相比，上升了5.44%。同时，据估计，中国65岁以上人口2050年将达到3.34亿，将是世界上老年人口最多的国家，中国未来将面临严峻的人口老龄化挑战。目前为止，从环境与健康的角度来看，我国对老年人口的重视还不够。环境因素对老年的生活与健康有重要影响，环境污染可加速老年因人心血管疾病、呼吸系统疾病及癌症等的死亡。最近的研究表明，大气颗粒物不仅损害老年人的呼吸系统功能，还可显著增加他们因心血管疾病死亡的危险度。由于生理、免疫功能的减退，老年人面对各种环境应激刺激的反应和防御能力明显减弱。此外，一些环境污染物可随着年龄的增长在体内累积，老年时达到一定水平或在一定条件下对机体产生损害。例如，妇女绝经后，骨骼的去矿化过程加剧，累积在骨中的铅可随之重新释放产生健康危害。老龄化是自然现象，探讨如何保障老年人在老龄化过程中实现身体、社会及心理上的健康，即充满活力的老龄化是环境健康科学当下及未来的重要课题之一。

人类的健康或疾病状态是遗传因素与环境因素相互作用的结果。在同样的环境因素暴露情况下，不同个体之间的反应可以差别很大，而这种差异往往与人群中基因多态性有关。人体对环境因素易感的基因，包括与代谢有关的基因与DNA修复有关的基因及与细胞增殖有关的基因等。不只是人群中的不同个体在同样的环境因素暴露情况下反应差别很大，基因多态性的发生频率在不同人种之间也有很大差异。近年来的研究为遗传易感性与环境因素所致疾病的关系提供了越来越多的证据。在不久的将来，这些将会成为制订系统性预防措施的依据，以指导人们通过调整生活方式、化学预防及有目的的监测和筛查预防疾病的发生等提高生活质量。

10.3.4 新型建筑产生的健康问题

人们对室内环境的要求越来越高，住宅的功能也由一般的生活起居场所延伸为学习工作、文体娱乐和家庭办公等多功能场所，室内装饰也越来越豪华。现代办公场所或居室多采用密闭的结构，室内新风量不足和空气交换率低等原因导致室内污染物浓度增加、空气负离子浓度减少，从而使在该建筑物内的人群出现疲乏、头痛、恶心、胸闷、呼吸困难等症状。这一系列症状称为不良建筑综合征，又称为病态建筑综合征、空调病、空调综合征、办公室病、密闭建筑物综合征。尽管人们提出许多理论或假说，但都难以很好地解释上述综合征发生的机制。事实上，其发生过程中还有许多重要的影响因素。不良建筑综合征的发生除与室内空气质量有关外，还有许多其他因素起着重要作用,如通风不畅,室内温度、湿度、采光、声响等舒适因素的失调,个人生活和工作习惯等。人们至今无法解释这些化学性、物理性、生物性,心理性和社会性因素是通过何种方式相互作用,而使某些易感个体诱发这些症状的。

近年来,一种被称作多种化学物质过敏症(multiple chemical sensitivities,MCS)的综合征也受到了广泛的关注。MCS 相关的病例于 20 世纪 50 年代由美国的伦道夫(Randolph)最早报告。目前认为,MCS 是一种原因不明的非变态反应性过敏症,该症又被不同的研究者称为特发性环境不耐受症、环境病、化学物质过敏症等。这些症状是非致死和非致残性病态综合征,脱离"不良建筑物"之后,有关症状亦可以缓解。但是,这些症状一方面可以长期困扰在"不良建筑物"中工作或生活的人,降低他们的工作效率,以及健康和舒适水平;另一方面,不能排除那些导致不良建筑综合征或过敏的危险因素的其他危害;例如甲醛和醛类化合物诱发的过敏性皮炎、哮喘;甲醛和苯系物的潜在的致癌、致畸、致突变作用等。因此在生活中我们不能够忽视室内环境对我们健康造成的影响,从源头上根治。此外,如果一旦发现有相关症状,一定要尽量远离所处环境。总之,上述由于在新型室内环境中出现的健康问题也是未来环境与健康领域研究的热点。

10.3.5　气候变化与人类健康

气候变化虽然不是直接环境污染导致的,但是环境污染间接地影响到了气候。气候变化是当前全世界人类生存与发展面临的最大挑战之一,由其引发的极端气象灾害(热浪、洪水、暴风雨)、海平面上升、物种灭绝、生态系统破坏等恶果,正在对全球经济、社会及自然生态造成深远的负面影响,气候变化还会直接或间接威胁人类健康。

气候变化中对人体健康影响最大的就是极端高温。稳定的气温条件是地球生物生存与发展的基本保障,然而,气候变暖所引发的极端高温天气却正在破坏这一条件。对人类而言,这一改变意味着致命的健康威胁。数据显示,近年来全球陆地热浪天数正在持续增加,与 1986—2005 年相比,2013—2022 年全球热浪天数增加了 94%,这导致每个 1 岁以下的婴儿遭受热浪的平均天数增加了 110%(1986—2005 年为 40 天,2013—2022 年为 84 天),每个 65 岁以上老年人遭受热浪的平均天数增加了 96%(从 50 天增加至 98 天)。同时,人口老龄化、城市化增加了极端高温气候对人们的危害,由此导致全球每年因高温死亡的人数迅速增加。报告显示,2018—2022 年,全球每年平均经历 86 天威胁健康的高温,考虑气候与人口结构变化,与 1991—2000 年相比,2013—2022 年每年与高温相关的死亡率增加了 85%。

除此以外,气候变化还会增强传染病的传播风险。气候变暖及随之引发的大气湿度和降水的变化,不仅会对传染病的病原体、媒介生物、宿主产生影响,还会影响易受传染的人群。传统医学和现代流行病学都认为,传染病的发生、蔓延和气候变暖密切相关。已有的研究结果表明,最高气温、气温日较差和相对湿度等与 SARS 的传播有密切关系。日最高气温相对较低(26 ℃以下),气温日较差较小,相对湿度较大的情况有利于 SARS 病毒的扩散和传播;反之,则不利于 SARS 病毒的扩散和传播。

气候变化导致的自然灾害也会增加对病毒或传染病的传播风险。暴雨、洪灾过后通常是传染病的高发期。洪水来临之后,地下阴暗处的动物就会开始向高处转移,尤其像蟑螂、老鼠等生物身上带有大量的病毒和细菌,所以极有可能造成病菌细菌的传播。其次,洪水会打乱水质的边界和分类,洪水侵袭后可能使得自来水、地下水、生活污水管道相互之间连接,所有的水和垃圾都掺杂在一起,而没有经过过滤杀毒的水含有大量的病毒和细菌,人体长时间接触可能会造成一定的感染。

针对气候变化与大气污染物的研究也是当今和未来环境健康领域的热点,大量的流行病学及体内外实验均已证实气候变化和大气污染会对人体健康造成损伤。研究表明,气候变化能改变大气污染物中化学和生物物质的成分和播散方式,还会引起花粉和孢子等吸入性变应原浓度的增加。而空气中孢子浓度的增加与哮喘入院和急诊就诊率呈正相关,还与哮喘药物零售量、哮喘症状严重程度正相关。一项基于英国生物样本库开展的研究表明,大气污染物长期暴露会增加抑郁和焦虑的发病风险,即使在较低大气污染水平下,仍能观察到其与抑郁和焦虑发生风险增加的关联。在我国,以臭氧为首要污染物的超标天数已超过PM2.5。根据现有证据对暴露反应关系的估算,臭氧短期暴露导致的疾病负担甚至超过了PM2.5。全球疾病负担研究的估计显示,2019年环境臭氧暴露造成全球约36.5万人的过早死亡,并导致约621万的伤残调整寿命年的损失。而极端温度对人群健康的影响也不容忽视,在多国多城市开展的研究显示,极端温度导致总心血管疾病、缺血性心脏病、中风和心力衰竭死亡风险和负担均有所增加,在每1000例心血管疾病与心力衰竭死亡的案例中,可归因于极端低温的分别为9.1例和12.8例。

总之,在经历了对环境污染各个方面的深入探讨后,人类意识到环境与人类健康之间的紧密联系不可忽视。通过深入的科学研究,能更加全面、准确地理解环境污染对健康的影响机制,进而为制定有效的政策和措施提供坚实的理论基础。环境污染不仅仅是科学和技术的问题,更是关乎人类未来的重要议题。随着工业化进程的加速和城市化的不断推进,空气、水源和土壤等自然资源面临着前所未有的压力。各类污染物对人类的生存环境造成了深远的影响,而这些影响又直接反映在人类的健康上。各类污染物均可能对人体造成严重危害,从而引发一系列健康问题,包括呼吸道疾病、心血管疾病、癌症等。因此,针对不同类型污染物的研究应当被纳入优先发展领域,只有通过系统的、科学的研究,才能够全面揭示这些污染物的来源、流动及对生物体的影响路径。

在全球应对气候变化及可持续发展目标的背景下,环境健康研究的必要性愈发凸显。可持续的环境治理策略不仅需要科学研究的支撑,更需要社会各界的积极参与合作。只有社会、政府和科研机构共同努力,才能真正解决环境污染带来的健康问题,推动社会的可持续发展。总之,深入的科学研究是环境健康领域发展的基石。通过不断地研究与探索,我们将能更好地理解环境与健康的关联,为人类创造一个更清洁、更健康的生活环境。我们期待未来在这个领域取得更大的突破,为全人类的健康福祉做出积极贡献。

参考文献

[1] 石碧清，赵育，间振华. 环境污染与人体健康[M]. 北京：中国环境科学出版社，2006.

[2] 杨周生. 环境与人类健康[M]. 芜湖：安徽师范大学出版社，2011.

[3] 贾振邦. 环境与健康[M]. 北京：北京大学出版社，2008.

[4] 袁涛. 环境健康科学[M]. 上海：上海交通大学出版社，2019.

[5] 刘春光，莫训强. 环境与健康[M]. 北京：化学工业出版社，2014.

[6] 张善发，王茜，关淳雅，等. 2001—2017 年中国近海水域赤潮发生规律及其影响因素[J]. 北京大学学报（自然科学版），2020，56(06)：1129-1140.

[7] 王尧，罗雅雪，陈睿山. 草原生态修复的挑战与综合路径：以青藏高原为例[J]. 中国土地，2024，(01)：56-58.

[8] 张飞宇，刘永杰，周富斐，等. 西藏退化草原生态修复项目设计的思考[J]. 林业建设，2024，42(01)：54-61.

[9] 许煜麟，赵雅萍，赵雨晴，等. 黄土高原退耕还林（草）前后土壤有机碳密度变化及其对气候变化和人类活动的响应[J]. 环境科学，2024，8：1-16.

[10] 郭明坤，王菲，刘宽，等. 黄河流域主要城市生活垃圾处理处置特征与对策建议[J]. 环境科学研究，2024，37(01)：256-260.

[11] 胡双庆，曹燕. 生态环境与健康管理探索及展望[J]. 健康教育与健康促进，2021，16(01)：44-46+74.

[12] 宋喜丽. 固相萃取-超高效液相色谱-串联质谱法测定人尿中环境化学污染物代谢物[D]. 中国疾病预防控制中心，2018.

[13] 鲁芳芳，徐锡金，曾志俊，等. 环境化学污染物暴露对儿童血清中 Th1/Th2 细胞因子白细胞介素-4 和干扰素-γ 的影响[J]. 汕头大学医学院学报，2014，27(04)：197-198.

[14] 周欣业，徐锡金，章宇，等. 环境化学污染物暴露对儿童外周血中 CD19＋B 淋巴细胞的影响[J]. 汕头大学医学院学报，2014，27(04)：199-200.

[15] GRANDOS J. Proeeedings of 4rh world surfactant congress(Part1), bareelona[J]. 1996，25(01)：100.

[16] 赵吉利，孟天予，岳雅蓉，等. IP3R2 及 RYR2 介导 Ca^{2+} 信号在急性一氧化碳中毒迟发性脑病小鼠模型中的表达[J]. 中国组织工程研究，2025，29(02)：254-261.

[17] 徐一文. 乳酸清除率联合磁共振弥散加权成像 ADC 值对一氧化碳中毒迟发性脑病的预测价值[J]. 医学理论与实践，2024，37(05)：822-824..

[18] 丁艳杰，肖向宇，王威，等. 一氧化碳中毒致听力障碍的法医学鉴定 1 例[J]. 刑事技术，2024，49(01)：107-110.

[19] 武艳品，徐艳敬，杜玲霞，等. 血清 Lp-PLA2、NSE、S-100β 联合检测对一氧化碳中毒患者并发急性脑梗死的诊断及预后评估[J]. 国际检验医学杂志，2024，45(02)：204-207.

[20] 佟卉, 刘思佳, 袁建国, 等. 2006—2022年某地石棉肺疾病负担分析[J]. 工业卫生与职业病, 2024, 50(02): 132-135.

[21] 张翠萍, 常永红, 李艳玲, 等. 1例职业性石棉致恶性胸膜间皮瘤诊断分析[J]. 工业卫生与职业病, 2024, 50(02): 191-192.

[22] 高崑梅. 大气污染的危害及应对策略[J]. 造纸装备及材料, 2024, 53(02): 136-138.

[23] 赵凤, 武志飞, 陈嘉树. 焚烧烟气的氮氧化物污染控制技术[J]. 中国环保产业, 2024, (01): 59-62.

[24] 张秀红, 夏俊梅, 肖芳. 大气环境污染监测与环境保护对策探讨[J]. 皮革制作与环保科技, 2024, 5(01): 145-147.

[25] 黄清涯. 石狮市环境空气氮氧化物污染特征[J]. 当代化工研究, 2023, (21): 83-85.

[26] 张翼, 周厚荣. 氮氧化物致急性肺损伤的临床特点及研究进展[J]. 现代医学与健康研究电子杂志, 2023, 7(08): 136-138.

[27] 陈阿玲, 张登松. 氮氧化物与挥发性有机物协同催化净化进展[J]. 能源环境保护, 2023, 37(01): 141-156.

[28] 桑春晖, 杨欣桐, 张红振, 等. 氰化物污染土壤修复工程环境足迹评估方法和案例研究[J]. 中国环境科学, 2020, 5(08): 1-11.

[29] 贾娟, 王超忍, 尉志文, 等. 氰化物急性中毒大鼠的血浆代谢组学研究[J]. 中国法医学杂志, 2023, 38(05): 525-529.

[30] 谢燕飞, 崔洋洋, 朱雯毅, 等. 土壤氰化物污染生物修复技术的实践应用[J]. 天津化工, 2022, 36(02): 60-64.

[31] 吕晨曦. 氰化物在动物体内的毒代动力学和代谢组学研究[D]. 太原: 山西医科大学, 2021.

[32] 石华香. 急性高原缺氧伴随氰化钠中毒对小鼠脑损伤机制研究[D]. 天津: 天津大学, 2021.

[33] 晏奎, 方志成, 杨贤义, 等. 急性重度氰化氢中毒1例报告[J]. 中国工业医学杂志, 2021, 34(01): 34-35.

[34] 张扬, 江晓燕, 樊林. 二氧化硫中毒引起巨大J波1例[J]. 心电与循环, 2022, 41(06): 600-602.

[35] 袁瑞, 彭聪, 蔡瑜, 等. 一次高浓度二氧化硫暴露致重度阻塞性通气功能障碍的演变[J]. 职业卫生与应急救援, 2022, 40(02): 234-237.

[36] 王瑶, 张劲松, 范博文, 等. 急性硫化氢中毒合并中枢神经系统损伤的相关危险因素及其预测价值研究[J]. 南京医科大学学报(自然科学版), 2023, 43(12): 1650-1655.

[37] 韩转转, 陈意飞. 硫化氢中毒的医学研究趋势及热点分析[C]中国毒理学会. 中国毒理学会第十次全国毒理学大会论文集. 扬州大学附属医院急诊医学科, 2023.

[38] 于鑫, 蔡湘龙, 张引, 等. 急性严重硫化氢中毒心肌损害1例[J]. 中国急救复苏与灾害医学杂志, 2022, 17(07): 977-980.

[39] 唐代迪, 王春燕, 戴应俊, 等. 硫化氢中毒脑损伤的影像学表现[J]. 中国临床医学影像杂志, 2020, 31(06): 381-384.

[40] 叶丹, 牛云莲, 盛世英, 等. 硫化氢气体中毒致迟发性脑病1例[J]. 江苏医药, 2020, 46(02): 212-214.

[41] 金鹏, 黄大萍, 文敏, 等. 急性硫化氢中毒致心肌炎1例[J]. 临床心电学杂志, 2020,

29(01): 47.

[42] 戴红燕, 陈丽, 陶利, 等. 12例儿童急性氯气中毒救治的护理体会[J]. 中国工业医学杂志, 2023, 36(02): 189-190.

[43] 尹思懿. 氯气中毒后合并慢性阻塞性肺疾病急性发作患者相关炎性指标观察[J]. 中国药物经济学, 2017, 12(07): 121-123.

[44] 齐磊, 牛希华, 娄季鹤. 氯气中毒致呼吸道损伤25例临床分析[J]. 临床医学, 2016, 36(05): 101.

[45] 王辉. 重度急性氯气中毒急救与护理体会[C]. 临床心身疾病杂志, 2015.

[46] 张满萍, 徐新兰, 俞小莲. 群体氯化氢中毒的急救与组织管理[C]. 第四届长三角地区创伤学术大会暨2014年浙江省创伤学术年会论文汇编, 2014.

[47] 熊永根, 樊明春, 韩志成. 急性氯化氢中毒144例分析[J]. 临床军医杂志, 2006, (04): 520-521.

[48] 张春港. 氟化氢泄漏中毒的风险防范[J]. 中国石油和化工标准与质量, 2019, 39(19): 189-190.

[49] 氟化氢可能引起燃煤型地氟病[J]. 科技传播, 2012, (04): 30.

[50] 梁汉东, 梁言慈. 贵州氟中毒病区燃煤的潜在氟化氢释放[J]. 科学通报, 2011, 56(27): 2311-2314.

[51] 陈业鸿. 氟化氢泄漏危险有害因素分析及中毒模型评价[J]. 石油化工安全环保技术, 2010, 26(06): 19-21.

[52] 何云仙, 何琦. 急性氟化氢吸入6例临床分析[J]. 职业卫生与应急救援, 2001, (04): 213.

[53] 蒋宪瑶, 张爱华, 鲍日铨, 等. 氟化氢接触者的诱变研究[J]. 贵阳医学院学报, 1994, (03): 247-249.

[54] 黄进, 孙映竹, 令狐兴兵, 等. 典型钢铁行业铊污染问题现状及防治对策研究[J]. 现代化工, 2024(05): 7-10.

[55] 成永生, 王丹平, 黄宽心, 等. 表生水土环境铊污染成因研究现状与发展趋势[J]. 中国有色金属学报, 2019, 9(12): 1-25.

[56] 朱梅, 杨伟, 吴永贵, 等. 不同天然矿物对铊污染土壤中铊生物有效性的影响[J]. 环境科学学报, 2024(06): 1-11.

[57] 曾建萍. 重金属铊污染及防治对策分析[J]. 山西化工, 2023, 43(12): 186-188.

[58] 苏翔, 白瑞. 钴污染土壤的治理修复综述[J]. 山东化工, 2020, 49(20): 238-240.

[59] 许小燕, 景二丹, 汤庆会, 等. 水源水钴污染的应急处理研究[J]. 中国给水排水, 2017, 33(23): 138-142.

[60] 谢洪科, 邹朝晖, 彭选明, 等. 重金属钴污染土壤的修复研究进展[J]. 现代农业科技, 2013(07): 222-223.

[61] 韩俊德, 吴茵茵, 周标. 我国食品镍污染及膳食暴露风险评估的研究进展[J]. 预防医学, 2023, 35(12): 1048-1052.

[62] 张秀锦, 张容慧, 蔡景行, 等. 镍污染稻田低积累水稻品种筛选及健康风险评价[J]. 河南农业科学, 2023, 52(06): 61-69.

[63] 李世杰. 镍污染土壤淋洗技术体系研究[D]. 重庆: 重庆理工大学, 2023.

[64] 顾丰颖, 丁雅楠, 朱金锦, 等. 我国小麦镍的污染调查及健康风险评估[J]. 核农学报,

2022,36(12):2447-2454.
[65] 罗诗睫.镍污染对人类健康的危害及其防治[J].化工管理,2021(17):19-20.
[66] 张崇曦.镉和镍污染设施菜地土壤安全生产的调理剂筛选及其作用特征研究[D].长春:吉林农业大学,2021.
[67] 程鹏飞,王泽铭,赵旭强,等.土壤中多环芳烃衍生物污染特征及迁移转化[J].中国环境科学,2024,44(03):1562-1574.
[68] 颜婷,葛天嗣,黄才欢,等.多环芳烃的形成、危害及其减控技术研究进展[J].食品科学,2024(05):1-17.
[69] 李意,徐承毅.水环境多环芳烃污染溯源研究[J].环境保护与循环经济,2024,44(01):89-93.
[70] 骆亮,陈凯涛,杨一帆,等.大气多环芳烃的浓度水平、来源与健康风险评价综述[J].首都师范大学学报(自然科学版),2024(03):1-16.
[71] 陈湘萍,刘思雨,利浩南,等.砷的暴露途径及其皮肤损伤机制[J].环境卫生学杂志,2023,13(09):701-707.
[72] 叶倩,耿兴超,张河战,等.亚硝胺类遗传毒性杂质的监管策略及思考[J].中国药事,2021,35(02):127-137.
[73] 蒋齐,位志峰,熊宇,等.男性膀胱癌中苯胺毒性相关的 lncRNA 的鉴定和肿瘤风险预测模型的构建[J].中华男科学杂志,2023,29(09):790-798.
[74] 姚菱一,刘腾飞,张丽,等.环境中多氯联苯污染水平及其样品制备方法的研究进展[J].实验室检测,2023,1(02):1-10.
[75] 陈辛月,张亚萍,吕占禄.多氯联苯在蔬菜中的积累及其健康风险研究进展[J].毒理学杂志,2022,36(04):362-366.
[76] 郭冀峰,程凯,李靖,等.多氯联苯污染土壤的微生物降解技术研究进展[J].安全与环境学报,2023,23(09):3337-3346.
[77] 张欣.中老年人群血清多氯联苯的影响因素分析及其与高血压的关联性研究[D].武汉:华中科技大学,2022.
[78] 陶楠.苯胺对水稻的毒性及其残留分析[D].哈尔滨:哈尔滨师范大学,2021.
[79] 蒋伟,朱洪坤,清江.苯胺对小鼠成纤维细胞 L929 的体外毒性评价[J].生态毒理学报,2018,13(05):256-261.
[80] 蒋齐,位志峰,熊宇,等.男性膀胱癌中苯胺毒性相关的 lncRNA 的鉴定和肿瘤风险预测模型的构建[J].中华男科学杂志,2023,29(09):790-798.
[81] 王志浩,杜宇,陈绍璞,等.硝基苯中毒的研究进展[J].化工管理,2023(30):73-76.
[82] 何姣姣,涂成龙,戴智慧.氯化甲基汞和硒代蛋氨酸联合暴露对大鼠体内汞的蓄积和毒性影响[J].生态毒理学报,2024(02):283-294.
[83] 黄蕾,杨沁怡,李晨,等.不同硒水平地区居民硒暴露及健康风险评估[J].中国环境科学,2024(08):4683-4689.
[84] 杜曼,杨燕,张春兰,等.硒含量对妊娠期糖尿病孕妇胎儿生长发育的影响[J].河北北方学院学报(自然科学版),2024,40(02):22-24.
[85] 成永生,王丹平,黄宽心,等.表生水土环境铊污染成因研究现状与发展趋势[J].中国有色金属学报,2024(06):1-25.
[86] 李鹏,丁大连,曾祥丽,等.钴的神经毒性及耳毒性[J].中华耳科学杂志,2015,13(01):

57-63.

[87] 韩俊德, 吴茵茵, 周标. 我国食品镍污染及膳食暴露风险评估的研究进展[J]. 预防医学, 2023, 35(12): 1048-1052.

[88] 王龙, 王秋英, 王宁, 等. 急性羰基镍中毒大鼠心脾肾组织 SOD 活力的动态观察[J]. 工业卫生与职业病, 2015, 41(04): 280-283.

[89] FRANGIOUDAKIS K, COLLINS G, OTNESS J, et al. Australia's ongoing challenge of legacy asbestos in the built environment: a review of contemporary asbestos exposure risks. Sustainability, 2023, 15: 12071.

[90] 魏夜香, 张霄羽, 张红. 中国二氧化硫的时空分布及主要排放来源研究[J]. 中国环境科学, 2023, 43(11): 5678-5686.

[91] 胡隆庆, 钱贝, 邴凯健, 等. 我国硒的环境分布及其与甲状腺疾病关系研究[J]. 安全与环境工程, 2022, 29(05): 13-21.

[92] 郭日, 张盈盈, 臧加伟, 等. 中国十省市土壤重金属镉生态风险和健康风险评估[J]. 环境卫生学杂志, 2023, 13(09): 680-685.

[93] 赵彬, 彭天玥, 张昊, 等. 汞污染场地特征识别与健康风险研究[J]. 环境工程, 2023, 41(04): 205-212.

[94] 李拥军, 高向娜, 程妍, 等. 甘肃省市售杏仁和扁桃仁及其制品中氰化物含量状况调查[J]. 中国食品卫生杂志, 2022, 34(01): 64-68.

[95] 梁静, 毛建素. 铅元素人为循环环境释放物形态分析[J]. 环境科学, 2014, (03): 1191-1197.

[96] 李青倩, 李丽和, 王锦, 等. 新污染物的污染现状及其检测方法研究进展[J]. 应用化工, 2023, 52(07): 2202-2206.

[97] 孟小燕, 黄宝荣. 我国新污染物治理的进展、问题及对策[J]. 环境保护, 2023, 51(07): 9-13.

[98] 张荣, 牛丕业. 持久性有机污染物与健康[M]. 武汉: 湖北技术科学出版社, 2019.

[99] 袁涛. 环境健康科学[M]. 上海: 上海交通大学出版社, 2019.

[100] SINCLAIR M G, LONG M S, JONES A O. What are the effects of PFAS exposure at environmentally relevant concentrations? [J]. Chemosphere, 2020, 258: 127340.

[101] WEN Z T, FAUZIAH H S, ISMAIL Y, et al. A review of PFAS research in Asia and occurrence of PFOA and PFOS in groundwater, surface water and coastal water in Asia[J]. Groundwater for Sustainable Development, 2023, 22: 100947.

[102] GAGLIANO E, SGROI M, FALCIGLIA P P, et al. Removal of poly- and perfluoroalkyl substances (PFAS) from water by adsorption: Role of PFAS chain length, effect of organic matter and challenges in adsorbent regeneration[J]. Water Research, 2020(15): 1-31.

[103] 胡譞予. 水环境中抗生素对健康的危害[J]. 食品与药品, 2015, 17(03): 215-219.

[104] 刘叶, 杨悦. 我国抗生素滥用现状分析及建议[J]. 中国现代医生, 2016, 54(29): 160-164.

[105] TARUN G, SANJUKTA P. Antibiotic persistence and its impact on the environment [J]. Biotech, 2023, 13(12): 401-403.

[106] ZHIXIANG X, YUE J, BIN H, et al. Spatial distribution, pollution characteristics, and health risks of antibiotic resistance genes in China: a review[J]. Environmental Chemis-

try Letters, 2023, 21(04): 2285-2309.

[107] JIA D, HUANXUAN L, SHAODAN X, et al. A review of organophosphorus flame retardants (OPFRs): occurrence, bioaccumulation, toxicity, and organism exposure[J]. Environmental science and pollution research international, 2019, 26(22): 22126-22136.

[108] WANG Y, ZHAO Y, HAN X, et al. A Review of Organophosphate Esters in Aquatic Environments: Levels, Distribution, and Human Exposure[J]. Water, 2023, 15(09): 1790.

[109] 廖梓聪,李会茹,杨愿愿,等. 有机磷酸酯(OPEs)的环境污染特征、毒性和分析方法研究进展[J]. 环境化学, 2022, 41(04): 1193-1215.

[110] CHOKWE B T, ABAFE A O, MBELU P S, et al. A review of sources, fate, levels, toxicity, exposure and transformations of organophosphorus flame-retardants and plasticizers in the environment[J]. Emerging Contaminants, 2020, 6(01): 345-367.

[111] TIAN Y X, CHEN H Y, MA J, et al. A critical review on sources and environmental behavior of organophosphorus flame retardants in the soil: current knowledge and future perspectives[J]. Journal of hazardous materials, 2023, 452: 131161.

[112] WANG X, ZHU Q, YAN X, et al. A review of organophosphate flame retardants and plasticizers in the environment: analysis, occurrence and risk assessment[J]. Science of the Total Environment, 2020, 731: 139071.

[113] ZHANG S, WANG J, LIU X, et al. Microplastics in the environment: a review of analytical methods, distribution, and biological effects[J]. Trends in Analytical Chemistry, 2019, 111: 62-72.

[114] 熊志乾,李奇蔚,贝学友,等. 环境中微塑料污染现状与研究进展[J]. 清洗世界, 2023, 39(03): 110-112.

[115] 杨敏,王莹,陈蕾,等. 水中微塑料污染及转化去除的研究进展[J]. 中国塑料, 2023, 37(02): 90-100.

[116] 陈斌. 海洋环境微塑料生态效应影响研究[J]. 环境与发展, 2018, 30(03): 33-37.

[117] DERRAIK G J. The pollution of the marine environment by plastic debris: a review[J]. Marine Pollution Bulletin, 2002, 44(9): 842-852.

[118] CHOI D, BANG J, KIM T, et al. In vitro chemical and physical toxicities of polystyrene microfragments in human-derived cells[J]. Journal of Hazardous Materials, 2020, 400: 123308-123308.

[119] HALE C R, SEELEY E M, GUARDIA L J M, et al. A global perspective on microplastics[J]. Journal of Geophysical Research: Oceans, 2020, 125(01): 15-23.

[120] YU S, SIYAN W, JING Y Y, et al. Polystyrene nanoparticles induced neurodevelopmental toxicity in Caenorhabditis elegans through regulation of dpy-5 and rol-6[J]. Ecotoxicology and environmental safety, 2021, 222: 112523.

[121] DRIS R, GASPERI J, MIRANDE C, et al. A first overview of textile fibers, including microplastics, in indoor and outdoor environments[J]. Environmental Pollution, 2017, 221: 453-458.

[122] GASTON E, WOO M, STEELE C, et al. Microplastics differ between indoor and outdoor air masses: insights from multiple microscopy methodologies[J]. Applied Spectros-

copy,2020,74(09):1079-1098.

[123] NYABIRE S A, LIU X J, ZHANG X H, et al. Does microplastic really represent a threat? a review of the atmospheric contamination sources and potential impacts[J]. Science of the Total Environment, 2021, 777: 146020.

[124] ALLEN S, ALLEN D, PHOENIX R V, et al. Atmospheric transport and deposition of microplastics in a remote mountain catchment[J]. Nature Geoscience, 2019, 12(05): 339-344.

[125] MOHAMED H N N. Risk assessment of microplastic particles[J]. Nature Reviews Materials, 2022, 7(02): 138-152.

[126] RAMSPERGER A F R M, NARAYANA V K B, GROSS W, et al. Environmental exposure enhances the internalization of microplastic particles into cells[J]. Science advances, 2020, 6(50): 253-259.

[127] BARBANO R W, MENJEAN L, PAULA B, et al. Temporal trends in microplastic accumulation in placentas from pregnancies in Hawai'i[J]. Environment international, 2023, 180: 108220.

[128] LI Z Y, ARPINE S. Anionic nanoplastic contaminants promote Parkinson's disease-associated α-synuclein aggregation. [J]. Science advances, 2023, 9(46): 8716.

[129] HERTHER A, MARTIN J M, VAN V, et al. Discovery and quantification of plastic particle pollution in human blood[J]. Environment international, 2022, 163: 107199.

[130] YANG Y Y, ENZEHUA X, DU Z Y, et al. Detection of various microplastics in patients undergoing cardiac surgery[J]. Environmental science & technology, 2023, 57(30): 10911-10918.

[131] CUSTODIO M, STEPHAN B. Worker studies suggest unique liver carcinogenicity potential of polyvinyl chloride microplastics[J]. American journal of industrial medicine, 2023, 66(12): 1033-1047.

[132] JOSEFA D, BALASUBRAMANYAM A, RICARD M, et al. Insights into the potential carcinogenicity of micro- and nano-plastics[J]. Mutation research. Reviews in mutation research, 2023, 791: 108453.

[133] 徐建, 郭昌胜, 陈力可. 环境中的新污染物: 精神活性物质[M]. 北京: 化学工业出版社, 2021.

[134] ARGUN G G, GBREGF I T R, EANG S L, et al. Global incidence, prevalence, and mortality of type 1 diabetes in 2021 with projection to 2040: a modelling study[J]. The lancet. Diabetes & endocrinology, 2022, 10(10): 741-760.

[135] CHIARA C, MARIO M, ANTONIO P, et al. Association between urinary bisphenol a concentrations and semen quality: a meta-analytic study[J]. Biochemical pharmacology, 2021, 197: 114896.

[136] LUHAN Y, CLAUDIA B, RABINDRANTH F L D, et al. Mechanisms underlying disruption of oocyte spindle stability by bisphenol compounds[J]. Reproduction (Cambridge, England), 2020, 159(04): 383-396.

[137] 高艳蓬, 李桂英, 马盛韬, 等. 合成麝香的研究新进展与当前挑战: 从人体护理、环境污染到人体健康[J]. 化学进展, 2017, 29(09): 1082-1092.

[138] 罗艺文, 高盼, 闫路, 等. 邻苯二甲酸二(异)丁酯及其替代品的内分泌干扰效应研究进展[J]. 环境化学, 2021, 40(01): 11-27.

[139] MAGID E B, COERMANN R R. The reaction of the human body to extreme vibrations [J]. Proceedings of the Institute of Environmental Science, 1960, 37: 135.

[140] PATEL P C. Light pollution and insufficient sleep: evidence from the United States [J]. American Journal of Human Biology, 2019, 31(06): e23300.

[141] ARGYS L M, AVERETT S L, YANG M. Light pollution, sleep deprivation, and infant health at birth [J]. Southern Economic Journal, 2021, 87(03): 849-888.

[142] HU K, LI W, ZHANG Y, et al. Association between outdoor artificial light at night and sleep duration among older adults in China: A cross-sectional study [J]. Environmental Research, 2022, 212: 113343.

[143] ZEMAN M, OKULIAROVA M, RUMANOVA V S. Disturbances of hormonal circadian rhythms by light pollution [J]. International Journal of Molecular Sciences, 2023, 24(08): 7255.

[144] OSTRIN L A. Ocular and systemic melatonin and the influence of light exposure [J]. Clinical and Experimental Optometry, 2019, 102(2): 9-108.

[145] 刘旭东. 光污染的危害及防治措施[J]. 中国环境管理干部学院学报, 2006, (04): 60-62.

[146] CAO M, XU T, YIN D. Understanding light pollution: Recent advances on its health threats and regulations [J]. Journal of Environmental Sciences, 2023, 127: 589-602.

[147] XIAO Q, GIERACH G L, BAUER C, et al. The association between outdoor artificial light at night and breast cancer risk in black and white women in the southern community cohort study [J]. Environmental Health Perspectives, 129(08): 087701.

[148] ZADNIK K, JONES L A, IRVIN B C, et al. Myopia and ambient night-time lighting [J]. Nature, 2000, 404(6774): 143-144.

[149] Paksarian D, Rudolph K E, Stapp E K, et al. Association of outdoor artificial light at night with mental disorders and sleep patterns among US adolescents [J]. JAMA Psychiatry, 2020, 77(12): 1266-1275.

[150] MIN J Y, MIN K B. Outdoor light at night and the prevalence of depressive symptoms and suicidal behaviors: A cross-sectional study in a nationally representative sample of Korean adults [J]. Journal of Affective Disorders, 2018, 227: 199-205.

[151] RAPTIS C E, VAN VLIET M T H, PFISTER S. Global thermal pollution of rivers from thermoelectric power plants [J]. Environmental Research Letters, 2016, 11(10): 104011.

[152] KENIGSBERG C, ABRAMOVICH S, HYAMS-KAPHZAN O. The effect of long-term brine discharge from desalination plants on benthic foraminifera [J]. PLOS ONE, 2020, 15(01): e0227589.

[153] 姜江, 郭文利, 王春玲. 春节期间北京地区交通出行对城市热岛和大气污染的影响[J]. 沙漠与绿洲气象, 2021, 15(02): 89-97.

[154] SHIOMOTO G T, OLSON B H. Thermal pollution impact upon aquatic life [J]. Journal of Environmental Health, 1978, 41(03): 132-139.

[155] JOHN J E. Thermal pollution: a potential threat to our aquatic environment [J]. Environmental Affairs, 1971, 1(02): 287-298.

[156] GUIMARÃES L S F, DE CARVALHO-JUNIOR L, FAÇANHA G L, et al. Meta-analysis of the thermal pollution caused by coastal nuclear power plants and its effects on marine biodiversity [J]. Marine Pollution Bulletin, 2023, 195: 115452.

[157] GRIGORYEVA I L, KOMISSAROV A B, KUZOVLEV V V, et al. Influence of thermal pollution on the ecological conditions in cooling reservoirs [J]. Water Resources, 2019, 46(01): S101-S109.

[158] INTERNATIONAL COMMISSION ON NON-IONIZING RADIATION PROTECTION. Guidelines for limiting exposure to time-varying electric, magnetic, and electromagnetic fields (up to 300 GHz) [J]. Health Physics, 1998, 74(04), 494-522.

[159] FIELDS R E. Evaluating compliance with FCC guidelines for human exposure to radiofrequency electromagnetic fields [J]. OET Bulletin, 1997, 65: 1-57.

[160] 环境保护部, 国家质量监督检验检疫总局. 电磁环境控制限值: GB 8702—2014[S]. 北京: 中国标准出版社, 2014.

[161] BONDAREVA L, KUDRYASHEVA N, TANANAEV I. Tritium: doses and responses of aquatic living organisms (model experiments) [J]. Environments 2022, 9(04): 51.

[162] ZHANG D, CHEN B, HUBACEK K, et al. Potential impacts of Fukushima nuclear wastewater discharge on nutrient supply and greenhouse gas emissions of food systems [J]. Resources, Conservation and Recycling, 2023, 193: 106985.

[163] ZHOU X. Uncharted effects of Fukushima nuclear plant wastewater discharge on marine life [J]. Journal of Plant Ecology, 2024, 17(03): rtae006.

[164] BUESSELER K O, LIVINGSTON H D. Fate of Fukushima contaminants in the ocean: understanding their impact on marine life [J]. Science of the Total Environment, 2020, 743: 140-145.

[165] 杨周生. 环境与人类健康[M]. 芜湖: 安徽师范大学出版社, 2011.

[166] 贾振邦. 环境与健康[M]. 北京: 北京大学出版社, 2008.

[167] 刘新会, 牛军峰, 史江红, 等. 环境与健康[M]. 北京: 北京师范大学出版社, 2009.

[168] 石碧清, 赵育, 闫振华. 环境污染与人体健康[M]. 北京: 中国环境科学出版社, 2006.

[169] 陈一晖, 李武. 新冠肺炎(Covid-19)的临床症状、临床分类与诊断[J]. 基因组学与应用生物学, 2020, 39(08): 3904-3907.

[170] 李晓旭, 翁祖峰, 曹爱丽, 等. 室内空气中致病微生物的种类及检测技术概述[J]. 科学通报, 2018, 63(21): 2116-2127.

[171] 赵影, 杨志平, 王志强, 等. 巢湖水藻类毒性及对饮用水水质影响[J]. 环境与健康杂志, 2003(04): 219-222.

[172] 许景. 安徽典型区域豚草入侵调查与防控研究[D]. 合肥: 安徽农业大学, 2023.

[173] 郑云昊, 李菁, 陈灏轩, 等. 生物气溶胶的昨天、今天和明天[J]. 科学通报, 2018, 63(10): 878-894.

[174] GOLLAKOTA A R K, GAUTAM S, SANTOSH M, et al. Bioaerosols: characterization, pathways, sampling strategies, and challenges to geo-environment and health[J].

Gondwana Research, 2021, 99: 178-203.

[175] MÖHLER L, FLOCKERZI D, SANN H, et al. Mathematical model of influenza a virus production in large-scale microcarrier culture[J]. Biotechnology and Bioengineering 2005, 90: 46-58.

[176] 钱佳婕, 黄迪, 徐颖华, 等. 食源性致病微生物检测技术研究进展[J]. 食品安全质量检测学报, 2021, 12(12): 4775-4785.

[177] MCEGAN R, MOOTIAN G, GOODRIDGE L D, et al. Predicting salmonella populations from biological, chemical, and physical indicators in Florida surface waters [J]. 2013, 79(13): 4094-4105.

[178] BERNS R S. Billmeyer and saltzman's principles of color technology [M]. John Wiley & Sons, 2019.

[179] DOBRIYAL P, BADOLA R, TUBOI C, et al. A review of methods for monitoring streamflow for sustainable water resource management [J]. Applied Water Science, 2017, 7(6): 2617-2628.

[180] SOOMRO S E H, SHI X, GUO J, et al. Effects of seasonal temperature regimes: does cyprinus carpio act as a health hazard during the construction of Suki Kinari hydropower project on Kunhar River in Pakistan? [J]. The Science of the total environment, 2024, 907: 168023.

[181] TOMPERI J, ISOKANGAS A, TUUTTILA T, et al. Functionality of turbidity measurement under changing water quality and environmental conditions [J]. John Wiley & Sons, 2022, 43(7): 1093-1101.

[182] CONSTANTIN S, DOXARAN D, CONSTANTINESCU Ş J C S R. Estimation of water turbidity and analysis of its spatio-temporal variability in the Danube River plume (Black Sea) using MODIS satellite data [J]. Continental Sheif Research, 2016, 112: 14-30.

[183] GALINDO G, SAINATO C, DAPEÑA C, et al. Surface and groundwater quality in the northeastern region of Buenos Aires Province, Argentina [J]. Journal of South American Earth Sciences, 2007, 23(4): 336-345.

[184] KUCZYNSKA-KIPPEN N, JONIAK T J L. Chlorophyll a and physical-chemical features of small water bodies as indicators of land use in the Wielkopolska region (Western Poland) [J]. Limnetica, 2010, 29(1): 0163-0170.

[185] BOYD C E, BOYD C E J W Q A I. pH, carbon dioxide, and alkalinity [J]. Carbon Dioxide, 2015: 153-178.

[186] SPYRA A J T S O N. Acidic, neutral and alkaline forest ponds as a landscape element affecting the biodiversity of freshwater snails [J]. Science of Nature, 2017, 104: 1-12.

[187] DIPPONG T, MIHALI C, AVRAM A J W. Water physico-chemical indicators and metal assessment of teceu lake and the adjacent groundwater located in a natura 2000 protected area, NW of romania [J]. Water, 2023, 15(22): 3996.

[188] AZIZULLAH A, KHATTAK M N K, RICHTER P, et al. Water pollution in Pakistan and its impact on public health-a review [J]. Invironment International, 2011, 37(2): 479-497.

[189] ZAGHLOUL A, SABER M, EL-DEWANY C J B O T N R C. Chemical indicators for

pollution detection in terrestrial and aquatic ecosystems [J]. Bulletin of the National Research Centre, 2019, 43: 1 - 7.

[190] MELLANDER P E, JORDAN P, BECHMANN M, et al. Integrated climate-chemical indicators of diffuse pollution from land to water [J]. Scientific Reports, 2018, 8(1): 944.

[191] RAZZAQUE M S J C S. Phosphate toxicity: new insights into an old problem [J]. Clinical Science, 2011, 120(3): 91 - 97.

[192] BASKARAN P, ABRAHAM M J P. Evaluation of groundwater quality and heavy metal pollution index of the industrial area, Chennai [J]. TERI Information Digest on Energy and Environment, 2022, 128: 103259.

[193] KLUSKA M, JABŁOŃSKA J J W. Variability and heavy metal pollution levels in water and bottom sediments of the Liwiec and Muchawka Rivers (Poland) [J]. Water, 2023, 15(15): 2833.

[194] ADEYEMI A A, OJEKUNLE Z O J S A. Concentrations and health risk assessment of industrial heavy metals pollution in groundwater in Ogun state, Nigeria [J]. Scintific African, 2021, 11: e00666.

[195] QUINETE N, HAUSER-DAVIS R A J E S, RESEARCH P. Drinking water pollutants may affect the immune system: concerns regarding COVID - 19 health effects [J]. Environmental Science and Pollution Research, 2021, 28: 1235 - 1246.

[196] PRAMBUDY H, SUPRIYATIN T, SETIAWAN F. The testing of chemical oxygen demand (COD) and biological oxygen demand (BOD) of river water in Cipager Cirebon [C]. proceedings of the Journal of Physics: Conference Series, F. IOP Publishing, 2019.

[197] TAO H, BOBAKER A M, RAMAL M M, et al. Determination of biochemical oxygen demand and dissolved oxygen for semi-arid river environment: application of soft computing models [J]. Environmental Science and Pollution Research, 2019, 26(1): 923 - 937.

[198] GRANATA F, PAPIRIO S, ESPOSITO G, et al. Machine learning algorithms for the forecasting of wastewater quality indicators [J]. Water, 2017, 9(2): 105.

[199] ORGANIZATION W H. Guidelines for drinking-water quality: incorporating the first and second addenda [M]. World Health Organization, 2022.

[200] ANKU W W, MAMO M A, GOVENDER P P J P C-N S, IMPORTANCE, et al. Phenolic compounds in water: sources, reactivity, toxicity and treatment methods [J]. 2017: 419 - 443.

[201] JACKSON M, EADSFORTH C, SCHOWANEK D, et al. Comprehensive review of several surfactants in marine environments: fate and ecotoxicity [J]. Environmental Toxicology and Chemistry, 2016, 35(5): 1077 - 1086.

[202] ISLAM M A, AMIN S N, RAHMAN M A, et al. Chronic effects of organic pesticides on the aquatic environment and human health: A review [J]. Water, 2022, 18: 100740.

[203] OLAOLU D, AKPOR O B, AKOR C O J I J O E P, et al. Pollution indicators and pathogenic microorganisms in wastewater treatment: implication on receiving water bodies [J]. International Journal of Environmental Protection, 2014, 2(6): 205 - 212.

[204] WEN X, CHEN F, LIN Y, et al. Microbial indicators and their use for monitoring

drinking water quality-a review [J]. Environmental Science and Pollution Research, 2020, 12(6): 2249.

[205] TEODOSIU C, ROBU B, COJOCARIU C, et al. Environmental impact and risk quantification based on selected water quality indicators [J]. Environmental Science and Pollution Research, 2015, 75: 89-105.

[206] BISWAS A K, TORTAJADA C J. Water crisis and water wars: myths and realities [Z]. Taylor & Francis, 2019: 727-731

[207] ZHANG L, WANG Z, CHAI J, et al. Temporal and spatial changes of non-point source N and P and its decoupling from agricultural development in water source area of middle route of the South-to-North Water Diversion Project [J]. Scintific African, 2019, 11(3): 895.

[208] LI A L, HAITAO C, YUANYUAN L, et al. Simulation of nitrogen pollution in the Shanxi reservoir watershed based on swat model [J]. Scientific African, 2020, 19(3): 1265-1272.

[209] DWIVEDI A K, SCIENCES A. Researches in water pollution: a review [J]. Water, 2017, 4(1): 118-142.

[210] HAN Y, MA J, XIAO B, et al. New integrated self-refluxing rotating biological contactor for rural sewage treatment [J]. Journal of Cleaner Production, 2019, 217: 324-234.

[211] CHENG F, WANG C, WEN C, et al. Full-scale application and performance of a low-consuming system for decentralized village domestic wastewater treatment [J]. Journal of Water Process Engineering, 2022, 46: 102594.

[212] SHENG X, QIU S, XU F, et al. Management of rural domestic wastewater in a city of Yangtze delta region: performance and remaining challenges [J]. Bioresource Technology Reports, 2020, 11: 100507.

[213] HASHMI I, FAROOQ S, QAISER S J D, et al. Incidence of fecal contamination within a public drinking water supply in Ratta Amral, Rawalpindi [J]. Jurnal of Water Process Engineering, Water, 2009, 11(1-3): 12-31.

[214] FITSANAKIS V A, ASCHNER M J T, PHARMACOLOGY A. The importance of glutamate, glycine, and γ-aminobutyric acid transport and regulation in manganese, mercury and lead neurotoxicity [J]. Journal of Cleaner Production, 2005, 204(3): 343-354.

[215] RAY R R. Haemotoxic effect of lead: a review; proceedings of the proceedings of the zoological society, F[C]. Springer, 2016.

[216] COSTA E M F, SPRITZER P M, HOHL A, et al. Effects of endocrine disruptors in the development of the female reproductive tract [J]. Journal of Cleaner Production, 2014, 58: 153-161.

[217] KJELLSTRÖM T J I S P. Mechanism and epidemiology of bone effects of cadmium [J]. Scintific African, 1992, (118): 301-310.

[218] AJSUVAKOVA O P, TINKOV A A, ASCHNER M, et al. Sulfhydryl groups as targets of mercury toxicity [J]. Scintific African, 2020, 417: 213343.

[219] HALLENBECK W H, CUNNINGHAM-BURNS K M. Pesticides and human health [M]. Springer Science & Business Media, 2012.

[220]ANDROUTSOPOULOS V P, HERNANDEZ A F, LIESIVUORI J, et al. A mechanistic overview of health associated effects of low levels of organochlorine and organophosphorous pesticides [J]. Jurnal of Water Process Engineering, 2013, 307: 89-94.

[221]DE BLEECKER J, VAN DEN NEUCKER K, COLARDYN F J C C M. Intermediate syndrome in organophosphorus poisoning: a prospective study [J]. Jurnal of Water Process Engineering, 1993, 21(11): 1706-1711.

[222]LOTTI M, MORETTO A J T R. Organophosphate-induced delayed polyneuropathy [J]. Water, 2005, 24(1): 37-49.

[223]MELARAM R, NEWTON A R, CHAFIN J J T. Microcystin contamination and toxicity: Implications for agriculture and public health [J]. Water, 2022, 14(5): 350.

[224]KAPER J B, NATARO J P, MOBLEY H L. Pathogenic escherichia coli [J]. International Journal of Environmental Protection, 2004, 2(2): 123-140.

[225]OHL M E, MILLER S I. Salmonella: a model for bacterial pathogenesis [J]. International Journal of Environmental Protection, 2001, 52(1): 259-274.

[226]KEUSCH G T. Shigella [M]. Molecular Medical Microbiology. Elsevier. 2002.

[227]MARA D, HORAN N J. Handbook of water and wastewater microbiology [M]. Elsevier, 2003.

[228]SINHA A, DUTTA S J. Waterborne & foodborne viral hepatitis: a public health perspective [J]. Jurnal of Water Process Engineering, 2019, 150(5): 432-435.

[229]RICHARDSON S D, POSTIGO C J, HEALTH H. Drinking water disinfection by-products [J]. Jurnal of Water Process Engineering, 2012: 93-137.

[230]中国环境监测总站. 中国土壤元素背景值[M]. 北京：中国科学出版社, 1900.

[231]李天杰. 土壤环境污染防治与生态保护[M]. 北京：高等教育出版社, 1996.

[232]蔡宏道. 现代环境卫生学[M]. 北京：人民卫生出版社, 1995.

[233]宋大成. 风险评价方法：EMS法[J]. 中国职业安全卫生管理体系认证, 2002(15): 34-35.

[234]林亲铁, 李适字, 厉红梅. 基于生命周期分析的致癌排放物人体健康风险评价[J]. 化工环保, 2004, 24(5): 367-371.

[235]潘贤. 卫生监督执法全书[M]. 北京：中国人民公安大学出版社, 1999.

[236]陈炳卿, 刘志诚, 王茂起. 现代食品卫生学[M]. 北京：人民卫生出版社, 2001.

[237]陈锡文, 邓楠. 中国食品安全战略研究[M]. 北京：化学工业出版社, 2004.

[238]姚卫蓉, 钱和. 食品安全指南[M]. 北京：中国轻工业出版社, 2005.

[239]莫天麟. 大气化学[M]. 北京：科学出版社, 1983.

[240]毛文永. 环境污染与致癌[M]. 北京：科学出版社, 1981.

[241]于天仁, 王振权. 土壤分析化学[M]. 北京：科学出版社, 1988.

[242]付立杰. 现代毒理学及其应用[M]. 上海：上海科学技术出版社, 2001.

[243]李常青, 陈左生, 李伟, 等. 土壤中的二噁英类物质污染及其污染源[J]. 地球与环境, 2004, 3(2): 4.

[244]张甘霖, 赵玉国, 杨金玲, 等. 城市土壤环境问题及其研究进展[J]. 土壤学报, 2007, 44(5): 925.

[245]郑立庆, 方娜, 周庆祥, 等. 农药在土壤中的吸附及其影响因素[J]. 安徽农业科学,

2007,35(21):6573-6575.
[246] 章立建,蔡典雄,王小彬,等.农业立体污染及其防治研究的探讨[J].中国农业科学,2005,38(2):350-357.
[247] 王文兴,童莉.海热提.土壤污染物来源及其前沿问题[J].生态环境,2005,14(1):1-5.
[248] 薛美香.土壤重金属污染现状与修复技术[J].广东化工,2007,34(8):73.
[249] 郭朝晖,宋杰,陈彩,等,有色矿业区耕作土壤、蔬菜和大米中重金属污染[J].生态环境,2007,16(4):1144-1148.
[250] 周宜开.环境医学概论("21世纪"教材)[M].北京:科学出版社,2006.
[251] 李黔军,黄雪飞,罗勇,等.贵州省某汞矿区山羊及其食物链中汞含量研究[J].江苏农业科学,2009(4):359-362.
[252] 段飞舟,何江,高吉喜,等,城市污水灌溉对农田土田环境影响的调查分析[J].华中科技大学学报(城市科学版),2005,22(增刊):181-184.
[253] 宰松梅,王朝辉,庞鸿宾,等.污水灌溉的现状与展望[J].土壤,2006,38(6):805-813.
[254] 郜红建,蒋新,王芳,等,蔬菜不同部位对DDT的富集与分配作用[J].农业环境科学学报,200928(6):1240-1245.
[255] 李波.林玉锁.公路两侧农田土壤铅污染及对农产品质量安全的影响[J].环境监测管理与技术,2005,17(1):11-14.
[256] 陈学敏,杨克敌.现代环境卫生学[M].2版.北京:人民卫生出版社,2008.
[257] 夏立江,王宏康.土壤污染及其防治[M].上海:华东理工大学出版社,2001.
[258] 邓南圣,吴峰.环境化学教程[M].2版.武汉:武汉大学出版社,2006.
[259] 魏筱红,魏泽义,镉的毒性及其危害[J].公共卫生与预防医学,2007,18(4):44-46.
[260] 安建博,张瑞娟.低剂量汞毒性与人体健康[J].国外医学地理分册,2007,28(1):39-42.
[261] 陈能场,郑煜基."痛痛病"的剖析与思考[J].今日科苑,2016(12):57-59.
[262] 周宜开,王琳.土壤污染与健康[M].武汉:湖北科学技术出版社,2016.
[263] 陈学敏,杨克敌,尹先仁,等.现代环境卫生学[M].北京:北京人民卫生出版社,2008.
[264] 夏立江,王宏康.土壤污染及其防治[M].上海:华东理工大学出版社,2001.
[265] 南圣,吴峰.环境化学教程[M].武汉:武汉大学出版社,2000.
[266] 张素洁,张忠诚,徐祗云.微量元素氟与人体健康[J].微量元素与健康研究,2007,24(02):2.
[267] 环境保护部自然生态保护司.土壤污染与人体健康[M].北京:中国环境出版社,2013.
[268] 诸欣平,苏川.人体寄生虫学[M].北京:人民卫生出版社,2013.
[269] 张朝武.卫生微生物学[M].北京:人民卫生出版社,2012.
[270] 王家玲.环境微生物学[M].北京:高等教育出版社,2004.
[271] Zhang H H, Xia B, Xu D R. Total fluoride in Guangdong soil profiles, China: spatial distribution and vertical variation[J]. Environment International, 2007, 33(3), 302-308.

[272] 陈江, 张英, 沈吉. 湖州表层土壤全氟含量分布及评价[J]. 环境保护科学, 2012, 38(05): 65-68.

[273] 于群英, 李孝良, 汪建飞, 等. 安徽省土壤氟含量及其赋存特征[J]. 长江流域资源与环境, 2013, 22(07): 915-921.

[274] 余孟玲, 胡晓荣, 周莉. 四川某氟斑牙病区水源土壤和作物中的氟含量[J]. 环境化学, 2013, 32(10): 1991-1992.

[275] 成杭新, 李括, 李敏, 等. 中国城市土壤化学元素的背景值与基准值[J]. 地学前缘, 2014, 21(03): 265-306.

[276] 张慧, 郑志志, 马鑫鹏, 等. 哈尔滨市土壤表层重金属污染特征及来源辨析[J]. 环境科学研究, 2017, 30(10): 1597-1606.

[277] JAFFAR S T A, CHEN L Z, YOUNAS H, et al. Heavy metals pollution assessment in correlation with magnetic susceptibility in topsoils of Shanghai[J]. Environmental Earth Sciences, 2017, 76(07): 661-669.

[278] 刘梦梅, 王利军, 王丽, 等. 西安市不同功能区土壤重金属含量及生态健康风险评价[J]. 土壤通报, 2018, 49(01): 167-175.

[279] YU L, ZHZNG J, DU C, et al. Distribution and pollution evaluation of fluoride in a soil-water-plant system in Shihezi, Xinjiang, China[J]. Human and Ecological Risk Assessment: An International Journal, 2018, 24(02), 445-455.

[280] 潘自平, 刘新红, 孟伟, 等. 贵阳中心区土壤氟的地球化学特征及其环境质量评价[J]. 环境科学研究, 2018, 31(01): 87-94.

[281] 杨笑笑, 曾道明, 罗先熔, 等. 珠三角新会地区表层土壤硒、氟、碘地球化学特征研究[J]. 地球与环境, 2020, 48(02): 181-189.

[282] 李朋飞, 陈富荣, 杜国强, 等. 安徽涡河沿岸土壤氟含量特征及其影响因素[J]. 物探与化探, 2020, 44(02): 426-434.

[283] 刘春跃, 王辉, 白明月, 等. 沈阳市老城区表层土壤重金属分布特征及风险评价[J]. 环境工程, 2020, 38(01): 167-171.

[284] 杨学兰, 马云飞. 基于PMF模型的济南市郊土壤重金属来源解析[J]. 河北环境工程学院学报, 2020, 30(06): 44-47+72.

[285] 殷秀莲, 谢志宜, 汪婉萍, 等. 广州市土壤重金属元素源解析: 三种受体模型的比较(英文)[J]. 中国科学技术大学学报, 2021, 51(11): 813-821.

[286] 陈铂垚, 刘凯利, 李明峰, 等. 典型高新技术产业开发区土壤重金属污染物来源及生态风险和产业工人健康风险评价[J]. 环境化学, 2021, 40(09): 2680-2692.

[287] 范春丽, 刘晓娟, 田云芳, 等. 郑州市西部工业走廊地区土壤重金属污染状况调查[J]. 安徽农学通报, 2021, 27(03): 113-116.

[288] 侯佳渝, 杨耀栋, 程绪江. 天津市城区不同功能区绿地土壤重金属分布特征及来源研究[J]. 物探与化探, 2021, 45(05): 1130-1134.

[289] 姚文文, 陈文德, 黄钟宣, 等. 重庆市主城区土壤重金属形态特征及风险评价[J]. 西南农业学报, 2021, 34(01): 159-164.

[290] 仕影, 陈景三, 于稳欠, 等. 农药对人体健康及生态环境的影响[J]. 安徽农业科学, 2022, 50(06): 53-59.

[291] 马常莲, 周金龙, 曾妍妍, 等. 新疆若羌县农用地表层土壤硒氟碘地球化学特征[J].

物探与化探，2022，46(06)：1573-1580.

[292] 汪洁，龚竟，刘雨佳，等. 昆明市土壤重金属污染特征及其生态与健康风险评价[J]. 轻工学报，2022，37(04)：118-126.

[293] 白宇明，李永利，周文辉，等. 典型工业城市土壤重金属元素形态特征及生态风险评估[J]. 岩矿测试，2022，41(04)：632-641.

[294] 李伟，高海涛，张娜，等. 拉萨市城区土壤重金属分布特征及生态风险评价[J]. 环境工程技术学报，2022，12(03)：869-877.

[295] 陈景辉，郭毅，杨博，等. 省会城市土壤重金属污染水平与健康风险评价[J]. 生态环境学报，2022，31(10)：2058-2069.

[296] 鲍丽然，王佳彬，刘剑锋，等. 重庆市万州区西部土壤氟地球化学特征及生态效应[J]. 湖北农业科学，2023，62(03)：35-39+172.

[297] 夏星辉，张真瑞，张效颖，等. 城市土壤重金属的时空变化特征对土壤重金属背景值确定的启示：以北京市为例[J]. 环境科学学报，2023，43(03)：438-447.

[298] UPADHYAY V, KUMARI A, KUMAR S. From soil to health hazards: Heavy metals contamination in northern India and health risk assessment[J]. Chemosphere, 2024, 354: 141697.

[299] DAVIS S, MIRICK D K, STEVENS R G. Night shift work, light at night, and risk of breast cancer[J]. Journal of the National Cancer Institute 2001, 93(20): 1557-1562.

[300] KLOOG I, HAIM A, STEVENS R G, et al. Light at night co-distributes with incident breast but not lung cancer in the female population of Israel[J]. Chronobiology international 2008, 25(1): 65-81.

[301] 李欣迪，刘刚，杨毅哲，等. 外来生物入侵防控体系建设研究[J]. 生物安全学报，2024，33(04)：318-326.

[302] 仕影，陈景三，于稳欠，等. 农药对人体健康及生态环境的影响[J]. 安徽农业科学，2022，50(06)：53-59.